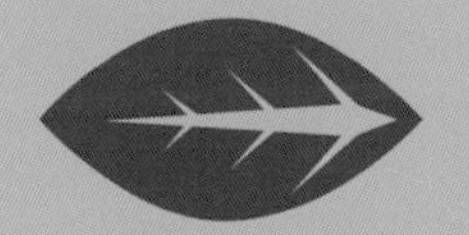

U0376314

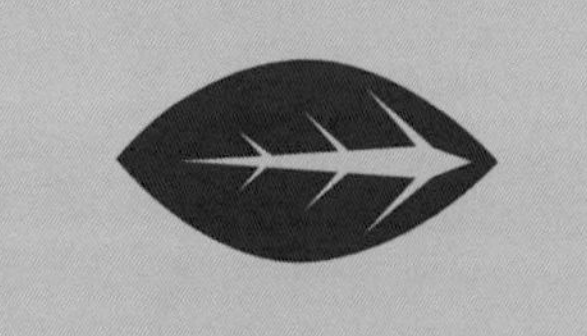

观赏植物

原色图鉴

4000种权威版

徐晔春　朱根发◎编著

吉林科学技术出版社

图书在版编目（C I P）数据

观赏植物原色图鉴 : 4000种权威版 / 徐晔春，朱根发编著
. -- 长春 : 吉林科学技术出版社，2018.2
ISBN 978-7-5578-1786-2

Ⅰ. ①观… Ⅱ. ①徐…② 朱…Ⅲ. ①观赏植物－图
谱 Ⅳ. ①S68-64

中国版本图书馆CIP数据核字(2017)第007736号

观赏植物原色图鉴

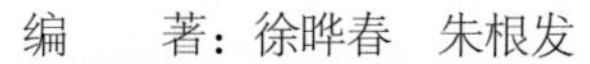

GUANSHANG ZHIWU YUANSE TUJIAN 4000 ZHONG QUANWEI BAN

编　　著：徐晔春　朱根发
出 版 人：李　梁
责任编辑：周　禹　张　超
封面设计：长春创意广告图文制作有限责任公司
制　　版：长春创意广告图文制作有限责任公司
开　　本：720 mm × 1000 mm　16开
印　　张：33.5
印　　数：1-1 500册
字　　数：720千字
版　　次：2018年2月第1版
印　　次：2018年2月第1次印刷
出版发行：吉林科学技术出版社
社　　址：长春市人民大街4646号
邮　　编：130021
发行部电话／传真：0431-85635177　85651759
85651628　85600611
编辑部电话：0431-85642539
储运部电话：0431-86059116
网　　址：http://www.jlstp.com
实　　名：吉林科学技术出版社
印　　刷：吉林省创美堂印刷有限公司
书　　号：ISBN 978-7-5578-1786-2
定　　价：198.00元

序 言

人们喜欢字典，就是因为查询起来方便，而且不需要多么高深的理论知识，也不需要多么深厚的专业素养，任何人都能轻松掌握它的使用方法。字典里内容言简意赅，设计风格简约实用。多年以来，我也想有一本植物字典，更准确地说是观赏植物字典——因为工作，也是因为爱好。很多时候，人们只是想简单了解一下某些植物的基本情况——科属、别名、产地，却需要花费大量的时间和精力去考证、比较后方能如愿。即便在网络十分发达的今天，我们仍然必须抱着严谨的态度正视每种植物的基本信息。

《观赏植物原色图鉴：4000种权威版》是一本植物工具书，又是一本植物字典，它是国内记录观赏植物最多的大众图书。本书按照苔藓植物、蕨类植物、裸子植物、被子植物分类，共收录了200科、2300属、近4000种植物，每种植物配有拉丁名、图片、科属、别名、产地等信息。

我国素有“世界园林之母”的美名，一直以观赏植物的“品种多、应用广”而著称。但随着时代的变迁，很多观赏植物渐渐淡出了人们的视线，因此将观赏植物以合理的形式整理出版是一件很有意义的事。从庞大的植物家族中甄选出恰当的观赏植物，不仅需要雄厚的植物分类学功底，更需要坚实的美学及摄影学的理论基础。4000种，单从数量上就能看出这本书的出版是一个卷帙浩繁的工程。作者历经20余年的辛勤积累，足迹踏遍大江南北，数十次深入山区、林区等人迹罕至而植物种类奇特的区域，拍摄了数十万张植物图片，又经过数年的鉴定甄选、仔细考证后方最终定稿。

经过近一年的编辑工作，《观赏植物原色图鉴：4000种权威版》终于和读者见面了！由于我们能力有限，一些工作还不能做得很圆满，所以由衷希望读者朋友们能不吝赐教，以便我们在今后的工作中加以改正。

作者简介

徐晔春

男，吉林省公主岭市人，研究员。1990年毕业于吉林农业大学，先后在吉林省公主岭农业局、广东省惠州农业学校、广东省农业科学院环境园艺研究所工作。主编《观花植物1000种经典图鉴》《中国景观植物应用大全（草本卷）》等60余部著作，并在台湾地区出版著作4部。发表论文10余篇，科普文章200余篇。多次被评为省、地、市、院、单位先进工作者，优秀党员，优秀班主任，村村通优秀专家。多项科技成果获部、省、市奖励，获计算机软件著作权1项，参与选育蝴蝶兰品种6个，中国植物图像库（PPBC）摄影师。任广东花卉杂志社有限公司总经理、《花卉》杂志副主编、《中国兰花》编辑、中国花卉协会兰花分会办公室主任、广东省兰花协会副秘书长。建有“花卉图片信息网”（ www.fpcn.net）等公益网站。

朱根发

男，博士、研究员、教授级高级工程师。现任广东省农业科学院花卉研究所副所长、广东省园林花卉种植创新综合利用重点实验室主任，广东省现代农业产业技术体系花卉创新团队专家。主攻方向为育种、生物技术、产业化生产技术研究与应用，以及花卉产业发展战略研究。主持承担了国家和省市重大科研项目50余项，获得科技成果奖励11项，其中获国家科技进步奖二等奖1项，广东省科学技术奖一等奖1项、三等奖4项，广东省农业技术推广奖二等奖1项。选育具自主知识产权兰花新品种30个，其中22个通过国际兰花新品种登记、8个通过广东省农作物品种审定。申请国家发明专利7项，获授权1项。出版著作11部，发表科技论文120多篇。现兼任中国花卉协会兰花分会秘书长、中国园艺学会常务理事、中国花卉协会常务理事、广东省园艺学会副理事长、广东省兰花协会常务副会长、华南师范大学和华中农业大学硕士生导师、《中国兰花》主编等职。

本书使用说明

红木科 木棉科 → 

植物科索引　　植物科

瓜栗/发财树

植物名称/别名

Pseudobombax ellipticum

拉丁文名

高清细节大图

红木/胭脂树、胭脂木

Bixa orellana

科属：红木科红木属

产地：产于热带美洲，我国云南、广东、福建、台湾等地有栽培。

木棉/红棉、攀枝花、英雄树

Bombax ceiba

科属：木棉科木棉属

产地：产于我国云南、四川、贵州、广西、广东、江西、福建及台湾等省区，东南亚至澳大利亚也有分布。生于海拔1400米以下的干热河谷及稀树草原。

猴面包树/猢狲树

Adansonia digitata

科属：木棉科猴面包树属

产地：产于非洲热带，我国云南及广东等地有栽培。

美丽异木棉/美人树

Chorisia speciosa

科属：木棉科美人树属

产地：产于巴西及阿根廷。

轻木/百色木

Ochroma lagopus

科属：木棉科轻木属

产地：产于美洲热带低海拔地区，现亚洲、非洲种植较多。

爪哇木棉/吉贝、美洲木棉

Ceiba pentandra

科属：木棉科吉贝属

产地：产于热带美洲，现亚洲及非洲广泛种植。

榴莲

Durio zibethinus

科属：木棉科榴莲属

产地：产于印度尼西亚，我国海南、云南等地有栽培。

水瓜栗

Pachira aquatica

科属：木棉科瓜栗属

产地：产于中南美洲及墨西哥南部。

瓜栗/发财树

Pachira glabra

科属：木棉科瓜栗属

产地：产于中美墨西哥至哥斯达黎加。

龟甲木棉/龟纹木棉、足球树

Pseudobombax ellipticum

科属：木棉科假木棉属

产地：产于墨西哥，我国南方地区有栽培。

好望角牛舌草/非洲勿忘草

Anchusa capensis

科属：紫草科牛舌草属

产地：产于非洲，我国引种栽培。

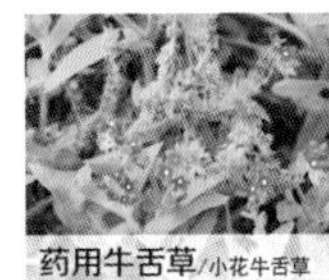

药用牛舌草/小花牛舌草

Anchusa officinalis

科属：紫草科牛舌草属

产地：产于欧洲，我国有栽培。

琉璃苣/玻璃苣

Borago officinalis

科属：紫草科琉璃苣属

产地：产于地中海沿岸及小亚细亚。

福建茶/基及树

Carmona microphylla

科属：紫草科基及树属

产地：产于我国广东、海南及台湾。生于低海拔平原、丘陵及空旷灌丛处。

倒提壶/蓝布裙

Cynoglossum amabile

科属：紫草科琉璃草属

产地：产于我国云南、贵州、西藏、四川及甘肃等地，不丹也有分布。生于海拔1250～4565米的山坡草地、山地灌丛、干旱路边及针叶林缘。

心叶琉璃草/暗淡倒提壶

Cynoglossum triste

科属：紫草科琉璃草属

产地：产于我国云南至四川。生于海拔2500～3100米的阴湿山坡及松林下。

车前叶蓝蓟

Echium plantagineum

科属：紫草科蓝蓟属

产地：产于欧洲，我国华东引种栽培。

云南粗糠树/滇西厚壳树

Ehretia confinis

科属：紫草科厚壳树属

产地：产于我国云南西南部。生于海拔700～2400米的林中。

科属：木棉科榴莲属

产地：产于印度尼西亚，我国海南、云南等地有栽培。

科属&产地

高清植物图片

75

页码

Contents

目录

第一章 苔藓植物

第二章 蕨类植物

第三章 裸子植物

第四章 被子植物

漆树科

番荔枝科

夹竹桃科

冬青科

天南星科

五加科

马兜铃科

萝藦科

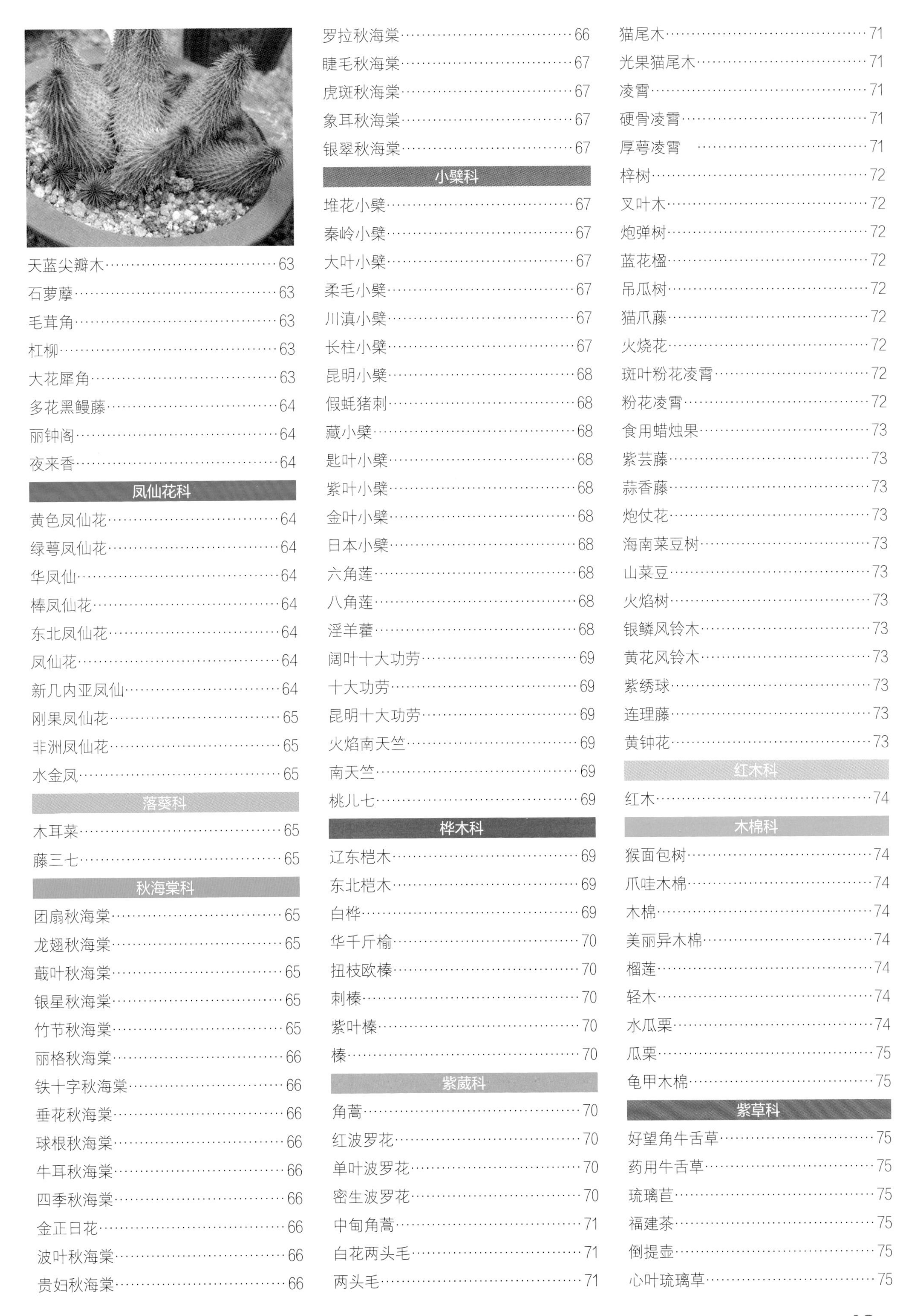

牛栓藤科

旋花科

山茱萸科

狸藻科

百合科

亚麻科

马钱科

桑寄生科

千屈菜科

木兰科

金虎尾科

锦葵科

竹芋科

野牡丹科

楝科

防己科

桑科

辣木科

芭蕉科

苦槛蓝科

杨梅科

肉豆蔻科

紫金牛科

桃金娘科

列当科

酢浆草科

棕榈科

露兜树科

罂粟科

西番莲科

胡麻科

五列木科

商陆科

胡椒科

海桐花科

车前科

悬铃木科

白花丹科

花荵科

远志科

蓼科

鼠李科

红树科

蔷薇科

茜草科

芸香科

清风藤科

杨柳科

檀香科

无患子科

山榄科

瓶子草科

三白草科

第一章

苔藓植物

葫芦藓/中华葫芦藓

Funaria sinensis

科属：葫芦藓科葫芦藓属

产地：产于我国新疆、陕西、浙江、江西、云南等地。生于林缘、林湿润处。

浮苔

Ricciocarpus natans

科属：钱苔科浮苔属

产地：产于我国大部分地区，世界广布种。生于水塘内。

地钱/米海苔、龙眼草

Marchantia polymorpha

科属：地钱科地钱属

产地：世界广布。生于阴湿墙角、土坡、溪边及岩石上。

第二章

蕨类植物

福建观音座莲/福建莲座蕨、马蹄蕨

Angiopteris fokiensis

科属：莲座蕨科观音座莲属
产地：产于我国福建、湖北、贵州、广东及香港。生于林下溪沟边。

荷叶铁线蕨/荷叶金钱草

Adiantum reniforme var. sinense

科属：铁线蕨科铁线蕨属
产地：产于我国四川。生于海拔350米的覆土的岩石及石缝中。

铁线蕨/钱线草

Adiantum capillus-veneris

科属：铁线蕨科铁线蕨属
产地：世界广布。生于海拔100~2800米的潮湿的石灰岩上或岩壁上。

金毛狗/黄狗蕨

Cibotium barometz

科属：蚌壳蕨科金毛狗属
产地：产于我国华南、西南及华东南部，东南亚及琉球也有分布。生于山地沟边及林下阴处。

栎叶槲蕨/槲蕨

Drynaria quercifolia

科属：槲蕨科槲蕨属
产地：产于我国海南，东南亚至热带大洋洲有分布。生于树干上或林下岩石上。

芒萁/铁芒萁

Dicranopteris pedata

科属：里白科芒萁属
产地：产于我国中南部地区，日本、印度及越南也有分布。生于强酸土的荒坡或林缘。

肾蕨/圆羊齿、蜈蚣草

Nephrolepis auriculata

科属：骨碎补科肾蕨属
产地：广布于全世界热带及亚热带地区。生于海拔30~1500米的溪边林下。

长叶肾蕨/双齿肾蕨

Nephrolepis biserrata

科属：骨碎补科肾蕨属
产地：广布于热带地区，我国产于台湾、广东、海南及云南。生于海拔30~750米的林中。

骨碎补/海州骨碎补

Davallia mariesii

科属：骨碎补科骨碎补属
产地：产于我国辽宁、山东、江苏及台湾，朝鲜南部及日本也有分布。生于海拔500~700米的山地林中的树干上或岩石上。

乌蕨/乌韭

Sphenomeris chinensis

科属：鳞始蕨科乌蕨属

产地：产于我国南部，热带亚洲至马达加斯加等地也有分布。生于海拔200～1900米的林下或灌丛中阴湿地。

虹鳞肋毛蕨/肋毛蕨

Ctenitis rhodolepis

科属：叉蕨科肋毛蕨属

产地：产于我国西南至华东南部，东南亚至太平洋地区也有分布。生于海拔500～3600米阔叶林下潮湿的岩石上。

大羽铁角蕨/新大羽铁角蕨

Asplenium neolaserpitiifolium

科属：铁角蕨科铁角蕨属

产地：产于我国台湾、海南、云南，东南亚等地也有分布。生于海拔650～800米密林中的树干上。

长生铁角蕨/长叶铁角蕨

Asplenium prolongatum

科属：铁角蕨科铁角蕨属

产地：产于我国，东南亚、日本、韩国及斐济群岛也有分布。附生于海拔150～1850米的林中树干上或潮湿岩石上。

乌毛蕨/龙船蕨

Blechnum orientale

科属：乌毛蕨科乌毛蕨属

产地：产于我国中南部及东南亚，日本至波利尼西亚也有分布。生于海拔300～800米的阴湿的水沟旁及坑穴边缘或疏林下。

苏铁蕨

Brainea insignis

科属：乌毛蕨科苏铁蕨属

产地：产于我国广东、广西、海南、福建及云南，广布于印度经东南亚至菲律宾的热带地区。生于海拔450～1700米的山坡向阳地区。

珠芽狗脊

/胎生狗脊蕨、台湾狗脊蕨

Woodwardia prolifera

科属：乌毛蕨科狗脊属

产地：广布于我国广东、广西、湖南、江西、浙江、安徽、福建及台湾，日本南部也有分布。生于海拔100～1100米丘陵或坡地的疏林下阴湿之地或溪边。

桫椤/刺桫椤

Cyathea spinulosa

科属：桫椤科桫椤属

产地：产于我国南部，东南亚、日本也有分布。生于海拔260～1600米的山地溪旁或疏林中。

笔筒树/多鳞白桫椤

Cyathea lepifera

科属：桫椤科桫椤属

产地：产于我国台湾、菲律宾北部，琉球群岛也有分布。生于海拔1500米以下林缘、路边或山坡的向阳地段。

贯众/山地贯众

Cyrtomium fortunei

科属：鳞毛蕨科贯众属

产地：产于我国、日本、朝鲜、越南及泰国。生于海拔2400米以下空旷地的石灰岩缝或林下。

藤石松/石子藤、木贼叶石松
Lycopodiastrum casuarinoides

科属：石杉科藤石松属
产地：产于我国华东、华南及西南大部分地区，其他热带及亚热带地区有分布。生于海拔100～3100米的林下、林缘、灌丛下或沟边。

四角石松
Huperzia tetrasticha

科属：石杉科石杉属
产地：产于爪哇、马来半岛。附生于林中树干上。

覆叶石松
/龙骨马尾杉、龙骨石松
Phlegmariurus carinatus

科属：石杉科马尾杉属
产地：产于我国海南、广东、广西及台湾，马来半岛、菲律宾至波利尼西亚也有分布。附生于密林中树干上。

杉叶石松/粗糙马尾杉
Huperzia squarrosa

科属：石杉科石杉属
产地：产于我国云南、台湾及西藏，东南亚、波利尼西亚至马达加斯加也有分布。附生于海拔600～1900米的林下树干上或土生。

垂枝石松/细穗石松
Huperzia phlegmaria

科属：石杉科石杉属
产地：产于我国海南、广东及广西，广布于亚洲、非洲及澳洲热带地区。附生于海拔100～2400米的林下树干或岩石上。

鳞叶石松/鳞叶马尾杉
Huperzia sieboldii

科属：石杉科石杉属
产地：产于日本、朝鲜半岛及我国台湾北部。附生于林下树干上。

杉叶蔓石松/多穗石松
Lycopodium annotinum

科属：石松科石松属
产地：产于我国东北、西北及湖北、四川、重庆、台湾等地，日本、俄罗斯、欧洲及北美也有分布。生于海拔700～3700米的针叶林，混交林或竹林林下、林缘。

灯笼石松/垂穗石松、灯笼草
Lycopodiella cernua

科属：石松科小石松属
产地：产于我国中南部，亚洲其他热带地区及亚热带地区、大洋洲、中南美洲也有分布。生于林下、林缘及灌丛下荫处或岩石上。

水蕨/水松草
Ceratopteris thalictroides

科属：水蕨科水蕨属
产地：广布于世界热带及亚热带地区。生于池沼、水口或水沟的淤泥中，有时漂浮于水上。

二岐鹿角蕨/蝙蝠蕨
Platycerium bifurcatum

科属：鹿角蕨科鹿角蕨属
产地：产于澳大利亚、新几内亚岛、小巽他群岛及爪哇等地。生于沿海地区的亚热带森林中。

鹿角蕨/蝙蝠蕨
Platycerium wallichii

科属：鹿角蕨科鹿角蕨属
产地：产于我国云南，缅甸、印度、泰国也有分布。生于山地雨林中。

伏石蕨/瓜子莲
Lemmaphyllum microphyllum

科属：水龙骨科伏石蕨属
产地：产于我国华东、华南、华中部分地区，越南、朝鲜及日本也有分布。附生于海拔95～1500米的林中树干上或岩石上。

钱币石韦
Pyrrosia nummulariifolia

科属：水龙骨科石韦属
产地：产于我国云南，东南亚也有分布。附生于海拔400～1050米的岩石及树干上。

松叶蕨/铁扫把、石龙须
Psilotum nudum

科属：松叶蕨科松叶蕨属
产地：产于我国西南至东南，广布于热带及亚热带。生于山上岩石裂缝中或附生于树干上。

巢蕨/山苏花、台湾山苏花
Neottopteris nidus

科属：凤尾蕨科凤尾蕨属
产地：产于我国台湾、广东、海南、广西、贵州、云南及西藏，东南亚至大洋洲及东非洲也有分布。附生于海拔100～1900米的雨林中树干上或岩石上。

银脉凤尾蕨/白斑凤尾蕨
Pteris ensiformis ‘Victoriae’

科属：凤尾蕨科凤尾蕨属
产地：栽培种，喜蔽阴、潮湿的环境。

傅氏凤尾蕨/金钗凤尾蕨
Pteris fauriei

科属：凤尾蕨科凤尾蕨属
产地：产于我国台湾、浙江、福建、江西、湖南、广东、广西、云南等地，越南及日本也有分布。生于海拔50～800米的林下沟旁。

半边旗/半边蕨
Pteris semipinnata

科属：凤尾蕨科凤尾蕨属
产地：产于我国台湾、福建、江西、广东、广西、湖南、贵州、四川及云南，东南亚及日本也有分布。生于海拔850米以下林下阴处、溪边或岩石旁的酸性土壤上。

苹/田字苹、四叶草
Marsilea quadrifolia

科属：苹科苹属
产地：产于我国大部分地区，世界温带及热带广布。生于田中或沟塘中。

小翠云/地柏
Selaginella kraussiana

科属：卷柏科卷柏属
产地：原产于非洲，我国南方引种栽培。生于林下阴湿处。

翠云草/蓝地柏
Selaginella uncinata

科属：卷柏科卷柏属
产地：我国特有种，产于华南、华东、西南及华中大部分地区，香港也产。生于海拔50～1200米的林下。

深绿卷柏/大凤尾草
Selaginella doederleinii

科属：卷柏科卷柏属
产地：产于我国中南部部分地区，中南半岛及日本也有分布。生于林下、路旁湿地或溪边。

第三章

裸子植物

大叶南洋杉/澳洲南洋杉、披针叶南洋杉

Araucaria bidwillii

科属：南洋杉科南洋杉属

产地：产于大洋洲的昆士兰。生于湿润的沿海一带。

南洋杉/肯氏南洋杉、鳞叶南洋杉

Araucaria cunninghamii

科属：南洋杉科南洋杉属

产地：产于大洋洲。生于沿海地区。

异叶南洋杉/钻叶杉

Araucaria heterophylla

科属：南洋杉科南洋杉属

产地：产于大洋洲诺和克群岛。生于湿润的山地森林中。

翠柏/长柄翠柏

Calocedrus macrolepis

科属：柏科翠柏属

产地：产于我国云南、广西、广东及贵州。生于海拔2000米以下的山地林中。

圆柏/桧柏

Juniperus chinensis

科属：柏科刺柏属

产地：我国北自内蒙古、东北，南至两广，东自闽浙，西至西藏均有分布，朝鲜、日本也有分布。生于山地中。

日本扁柏/白柏、钝叶扁柏

Chamaecyparis obtusa

科属：柏科扁柏属

产地：产于日本，我国引种栽培。

龙柏/龙爪柏

Juniperus chinensis 'Kaizuca'

科属：柏科刺柏属

产地：栽培种，喜阳，对环境适应性强。

西藏柏木/喜马拉雅柏、干柏杉

Cupressus torulosa

科属：柏科柏木属

产地：产于我国西藏东部及南部，印度、尼泊尔、不丹也有分布。生于石灰岩山地。

叉子圆柏/沙地柏、双子柏

Juniperus sabina

科属：柏科刺柏属

产地：产于我国新疆、宁夏、内蒙古、青海、甘肃及陕西，欧洲南部至中亚也有分布。生于海拔1100~3300米的多石山坡、混交林内及沙丘上。

福建柏/扁柏

Fokienia hodginsii

科属：柏科福建柏属

产地：产于我国华中、西南、华南及华东部分地区，越南也有分布。生于海拔1800以下的山地杂木林中。

昆明柏

Juniperus gaussenii

科属：柏科刺柏属

产地：产于我国云南昆明、西畴。生于海拔1200～2000米的地带。

侧柏/香柏、扁桧

Platycladus orientalis

科属：柏科侧柏属

产地：产于我国大部分地区，朝鲜也有分布。生于海拔3300米以下的山谷林中。

铺地柏/葡地柏、矮桧

Juniperus procumbens

科属：柏科刺柏属

产地：产于日本，我国各地引种栽培。生于山区及岛屿上。

葫芦苏铁

Cycas changjiangensis

科属：苏铁科苏铁属

产地：产于我国海南，我国特有种。生于干旱林地。

德保苏铁

Cycas debaoensis

科属：苏铁科苏铁属

产地：产于我国广西德保。生于常绿或落叶的石灰岩山坡林地中。

贵州苏铁/南盘江苏铁

Cycas guizhouensis

科属：苏铁科苏铁属

产地：产于我国贵州及广西。生于海拔400～1060米的河谷灌丛及林下。

仙湖苏铁

Cycas fairylakea

科属：苏铁科苏铁属

产地：产于我国广西、广东及湖南。生于山地沟谷中。

海南苏铁/刺柄苏铁

Cycas hainanensis

科属：苏铁科苏铁属

产地：产于我国海南。生于海拔200～1000米的山地中。

攀枝花苏铁/鹅公包

Cycas panzhihuaensis

科属：苏铁科苏铁属

产地：产于我国四川南部。生于海拔1100～2000米地带的稀树灌丛中。

篦齿苏铁

Cycas pectinata

科属：苏铁科苏铁属

产地：产于我国云南，东南亚也有分布。生于山地林中。

苏铁/辟火蕉、铁树、凤尾蕉

Cycas revoluta

科属：苏铁科苏铁属

产地：产于我国福建、台湾、广东等地，各地多栽培，喜温暖、湿润的环境。

华南苏铁/龙尾苏铁、刺叶苏铁

Cycas rumphii

科属：苏铁科苏铁属

产地：产于印度尼西亚、澳大利亚、越南、缅甸及非洲的马达加斯加。生于近海岸环境或钙质土的林地中。

四川苏铁/南盘江苏铁

Cycas szechuanensis

科属：苏铁科苏铁属

产地：产于我国广东及福建。生于潮湿的森林或封闭的林地中。

叉孢苏铁

Cycas segmentifida

科属：苏铁科苏铁属

产地：产于我国广西及贵州。生于石灰岩山地沟谷中或林中。

台湾苏铁/滇南苏铁、广东苏铁

Cycas taiwaniana

科属：苏铁科苏铁属

产地：产于我国台湾。生于河岸的丛林中。

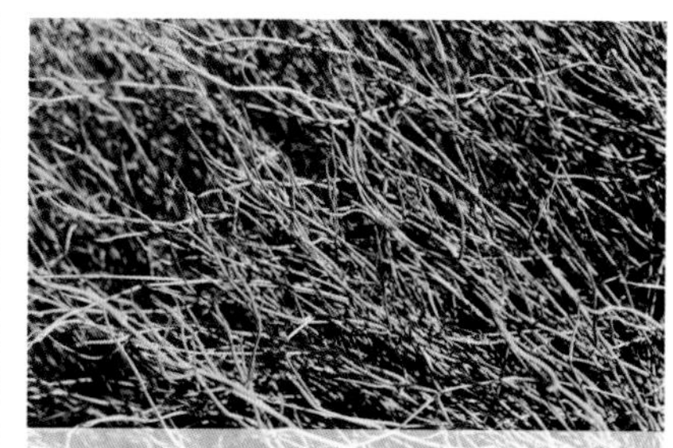

木贼麻黄/山麻黄

Ephedra equisetina

科属：麻黄科麻黄属

产地：产于我国河北、山西、内蒙古、陕西、甘肃及新疆等地，蒙古及俄罗斯也有分布。生于干旱的山脊、山顶及岩壁处。

中麻黄/甘肃麻黄

Ephedra intermedia

科属：麻黄科麻黄属

产地：产于我国西北部、东北及华北，阿富汗、伊朗及俄罗斯也有分布。生于海拔数百至2000米干旱荒漠、沙滩地区及干旱的山坡或草地中。

草麻黄/麻黄、华麻黄

Ephedra sinica

科属：麻黄科麻黄属

产地：产于我国东北、河北、山西、河南及陕西，蒙古也有分布。生于山坡、平原、干燥荒地、河床及草原等处。

银杏/公孙树
Ginkgo biloba

科属：银杏科银杏属
产地：野生仅产于我国浙江天目山。生于海拔500～1000米的天然林中。

罗浮买麻藤
Gnetum lofuense

科属：买麻藤科买麻藤属
产地：产于我国广东、福建及江西。生于林中，缠绕于树上。

银杉/杉公子
Cathaya argyrophylla

科属：松科银杉属
产地：产于我国广西、四川、贵州、湖南等地。生于海拔940～1870米的阳坡、山脊或石山顶部。

杉松/辽东冷杉、沙松
Abies holophylla

科属：松科冷杉属
产地：产于我国东北。生于山地林中。

巴山冷杉/太山冷杉、华枞
Abies fargesii

科属：松科冷杉属
产地：产于我国甘肃、四川。生于海拔2700～3900米的高山地带。

雪松/香柏、喜马拉雅雪松
Cedrus deodara

科属：松科雪松属
产地：原产于喜马拉雅山西部及喀喇昆仑山。生于海拔1200～3300米的高山地带。

黄枝油杉
Keteleeria calcarea

科属：松科油杉属
产地：产于我国广西及贵州。生于石灰岩山地。

油杉/杜松、海罗松
Keteleeria fortunei

科属：松科油杉属
产地：我国特有种，产于广东、福建、广西等地。生于海拔400～700米的常绿阔叶林内。

太白红杉/秦岭红杉

Larix potaninii var. *chinensis*

科属：松科落叶松属

产地：为我国特有树种，产于秦岭。生于海拔2600～3600米的高山地带。

红皮云杉/红皮臭

Picea koraiensis

科属：松科云杉属

产地：产于我国东北，俄罗斯及朝鲜也有分布。生于山地河谷低湿地、河流两旁、溪旁及山坡的坡脚。

欧洲云杉/挪威云杉

Picea abies

科属：松科落叶松属

产地：产于欧洲北部及中部。多生于山地林中，常成片生长。

云杉/白松、粗枝云杉

Picea asperata

科属：松科云杉属

产地：产于我国陕西、甘肃、四川等省。生于海拔2400～3600米的山地中。

青海云杉/祁连山云杉

Picea crassifolia

科属：松科云杉属

产地：产于我国青海、甘肃、宁夏及内蒙古等地。生于山谷、阴坡林中。

丽江云杉/丽江杉

Picea likiangensis

科属：松科云杉属

产地：产于我国云南及四川。生于海拔2500～3800米的山地中。

鳞皮云杉/密毛杉

Picea retroflexa

科属：松科云杉属

产地：产于我国四川、青海。生于海拔3000～3800米的河谷中或山地阳坡。

蒙古云杉/沙地云杉

Picea meyeri var. *mogolica*

科属：松科云杉属

产地：产于我国内蒙克什克腾旗。生于海拔1000米的沙地中。

白扦/白枝云杉

Picea meyeri

科属：松科云杉属

产地：产于我国山西、河北、内蒙古等地。生于海拔1600～2700米的云杉林中或阴坡。

青扦/白扦松、白扦云杉

Picea wilsonii

科属：松科云杉属

产地：产于我国内蒙古、河北、山西、陕西、湖北、甘肃、青海及四川等地。生于海拔1400～2800米的山地中。

华山松/白松

Pinus armandii

科属：松科松属

产地：产于我国云南、贵州、四川、湖北、甘肃、陕西、河南和山西。生于海拔800～1000米的山坡中。

白皮松/白骨松、白果松

Pinus bungeana

科属：松科松属

产地：产于我国湖北、四川及华北地区和西北南部。生于海拔500～1800米的山地中。

欧洲赤松/海拉尔松

Pinus sylvestris

科属：松科松属

产地：原产于欧洲，我国东北长白山也有分布。生于长白山北坡的山地林中。

华南五针松/广东松、广东五针松

Pinus kwangtungensis

科属：松科松属

产地：产于我国湖南、贵州、广西、广东及海南。喜生于酸性土及多岩石的山坡与山脊上。

金钱松/金松

Pseudolarix amabilis

科属：松科金钱松属

产地：我国特有种，分布于江苏、浙江、安徽、福建、江西、湖南、湖北及四川等省。生于海拔1500米以下的针阔混交林中。

马尾松/青松、山松

Pinus massoniana

科属：松科松属

产地：产于我国中南部大部分地区，越南也有分布。生于海拔1500米以下的低山或平原地带。

巴山松

Pinus tabuliformis var. *henryi*

科属：松科松属

产地：产于我国湖北、四川及陕西等地。生于海拔1150～2000米的山地中。

乔松

Pinus wallichiana

科属：松科松属

产地：产于我国西藏及云南，东南亚也有分布。生于海拔2500～3300米的针阔混交林中。

油松/红皮松、短叶松

Pinus tabuliformis

科属：松科松属

产地：产于我国中北部。生于海拔2600米以下的地带，多组成纯林。

鸡毛松/异叶罗汉松
Dacrycarpus imbricatus

科属：罗汉松科鸡毛松属
产地：产于我国海南、广西及云南。生于海拔400～1100米的山谷溪涧潮湿密林中。

罗汉松/罗汉杉、土杉
Podocarpus macrophyllus

科属：罗汉松科罗汉松属
产地：产于我国江苏、浙江、福建、安徽、江西、湖南、四川、云南、贵州、广西、广东等地，少见野生，多栽培。

长叶竹柏/桐木树
Nageia fleuryi

科属：罗汉松科竹柏属
产地：产于我国云南、广西及广东等地，越南、柬埔寨也有分布。散生于常绿阔叶树林中。

陆均松/卧子松
Dacrydium pectinatum

科属：罗汉松科陆均松属
产地：产于我国海南，越南、柬埔寨及泰国也有分布。生于海拔300～1700米的山坡针阔混交林内。

南方红豆杉/美丽红豆杉
Taxus chinensis var. *mairei*

科属：红豆杉科红豆杉属
产地：产于我国华中、华东、华南及西南大部分地区。常生于海拔1000～1200米以下的地方。

穗花杉/华西穗花杉
Amentotaxus argotaenia

科属：红豆杉科穗花杉属
产地：产于我国江西、湖北、湖南、四川、西藏、甘肃、广西、广东等地。生于海拔300～1100米地带的阴湿溪谷两旁或林内。

竹柏/铁甲树
Nageia nagi

科属：罗汉松科竹柏属
产地：产于我国浙江、福建、江西、湖南、广东、广西、四川等地，日本也有分布。生于海拔1600米以下的高山及丘陵地区。

榧树/野杉、钝叶榧树
Torreya grandis

科属：红豆杉科榧树属
产地：产于我国江苏、浙江、福建、江西、安徽、湖南及贵州等地。生于海拔1400米以下温暖多雨的地区。

红豆杉
Taxus chinensis

科属：红豆杉科红豆杉属
产地：产于我国甘肃、陕西、四川、云南、贵州、湖北、湖南、广西及安徽。生于海拔1000～1200米的高山上。

池杉/沼落羽杉
Taxodium distichum var. *imbricatum*

科属：杉科落羽杉属
产地：原产于北美东南部。生于沼泽地区及水湿地上。

水松/水杉纵
Glyptostrobus pensilis

科属：杉科水松属
产地：主要分布在我国广州珠江三角洲和福建中部及闽江下游地区。生于海拔1000米以下的沼泽地或水边。

落羽杉/落羽松
Taxodium distichum

科属：杉科落羽杉属
产地：原产于北美东南部。可生于排水不良的沼泽地上。

杉木/杉、杉树
Cunninghamia lanceolata

科属：杉科杉木属
产地：我国中南部广为栽培，越南也有分布，不同地区有差异。多生于湿润的山地。

柳杉/长叶孔雀松
Cryptomeria japonica var. *sinensis*

科属：杉科柳杉属
产地：产于我国浙江天目山、福建南屏及江西庐山等地。生于海拔1100米以下山地，有数百年的老树。

墨西哥落羽杉
/墨西哥落羽松、尖叶落羽杉
Taxodium mucronatum

科属：杉科落羽杉属
产地：产于墨西哥及美国西南部。生于亚热带温暖地区，耐水湿，多生于排水不良的沼泽地上。

南美苏铁/鳞秕泽米铁
Zamia furfuracea

科属：泽米铁科泽米铁属
产地：产于墨西哥、哥伦比亚。生于沿海热带草原。

食用苏铁/双子苏铁
Dioon edule

科属：泽米铁科双子铁属
产地：产于墨西哥、洪都拉斯及尼加拉瓜。生于热带地区的栎林中。

刺叶非洲铁

Encephalartos ferox

科属：泽米铁科非洲苏铁属

产地：产于非洲。生于森林边缘的沙丘或沿海灌丛中。

墨西哥角果泽米

/角果铁、墨西哥苏铁

Ceratozamia mexicana

科属：泽米铁科角果铁属

产地：产于墨西哥。生于湿热的低地雨林中。

摩尔苏铁/摩尔大苏铁

Macrozamia moorei

科属：泽米铁科大泽米铁属

产地：产于澳大利亚的昆士兰。生于雨林中。

第四章

被子植物

山叶蓟/姬叶蓟

Acanthus montanus

科属：爵床科老鼠簕属
产地：产于非洲西部。

宽叶十万错

Asystasia gangetica

科属：爵床科十万错属
产地：产于我国云南、广东，印度、泰国、中南半岛至马来半岛也有分布，已成为泛热带杂草。

虾蟆花/茛力花

Acanthus mollis

科属：爵床科老鼠簕属
产地：产于地中海一带至非洲。

穿心莲/一见喜

Andrographis paniculata

科属：爵床科穿心莲属
产地：我国福建、广东、海南、广西、云南常见栽培，原产地可能在南亚。

黄花假杜鹃

Barleria prionitis

科属：爵床科假杜鹃属
产地：产于我国云南南部，印度、中南半岛也有分布。生于海拔600米左右的路旁阳处灌丛中或常绿林下干燥处。

假杜鹃/刺血红

Barleria cristata

科属：爵床科假杜鹃属
产地：产于我国华南、华东南部及西南地区，中南半岛、印度和印度洋一些岛屿也有分布。生于海拔700～1100米的山坡、路旁或疏林下。

可爱花/喜花草

Eranthemum pulchellum

科属：爵床科喜花草属
产地：产于印度及热带喜马拉雅地区，我国引种栽培。

老鼠簕/老鼠筋

Acanthus ilicifolius

科属：爵床科老鼠簕属
产地：产于我国海南、广东、福建。生于海岸及潮汐能至的滨海地带。

色萼花

Chroesthes lanceolata

科属：爵床科色萼花属
产地：产于我国云南、广西，越南、老挝、泰国、缅甸也有分布。生于海拔200～1400米的林下。

竹节黄/青箭、扭序花、鳄嘴花
Clinacanthus nutans

科属：爵床科鳄嘴花属
产地：广布于我国华南热带至中南半岛、马来半岛、爪哇、加里曼丹。生于低海拔疏林中或灌丛内。

鸟尾花/十字爵床、半边黄
Crossandra infundibuliformis

科属：爵床科十字爵床属
产地：产于印度及斯里兰卡。

黄鸟尾花/黄十字爵床
Crossandra nilotica

科属：爵床科十字爵床属
产地：产于南非。

银脉鸟尾花
Crossandra pungens

科属：爵床科十字爵床属
产地：产于莫桑比克、坦桑尼亚。

白接骨/尼氏拟马偕花
Asystasiella chinensis

科属：爵床科白接骨属
产地：广布于我国中南部，印度的东喜马拉雅山区、越南至缅甸也有分布。生于林下或溪边。

狗肝菜/华九头狮子草
Dicliptera chinensis

科属：爵床科狗肝菜属
产地：产于我国华东南部、华南及西南地区，东南亚也有分布。生于海拔1800米以下的疏林下、溪边及路旁。

珊瑚花
Cyrtanthera carnea

科属：爵床科珊瑚花属
产地：产于巴西，我国引种栽培。

红网纹草
/网脉爵床、花脉爵床
Fittonia verschaffeltii

科属：爵床科网纹草属
产地：产于南美秘鲁。

白网纹草/白网脉爵床
Fittonia verschaffeltii var. *argyroneura*

科属：爵床科网纹草属
产地：产于南美秘鲁。

嫣红蔓/红点草
Hypoestes phyllostachya

科属：爵床科枪刀药属
产地：产于马达加斯加。

彩叶木/锦彩叶木
Graptophyllum pictum

科属：爵床科紫叶属
产地：产于新几内亚。

水罗兰/异叶水蓑衣
Hygrophila difformis

科属：爵床科水蓑衣属
产地：产于东南亚。

大花水蓑衣
Hygrophila megalantha

科属：爵床科水蓑衣属
产地：产于我国广东、福建、香港。生于江边湿地上。

红珊瑚/红花厚穗爵床
Pachystachys coccinea

科属：爵床科厚穗爵床属
产地：产于南美洲。

金苞花/黄虾花
Pachystachys lutea

科属：爵床科厚穗爵床属
产地：产于墨西哥、秘鲁。

红唇花
Justicia brasiliana

科属：爵床科爵床属
产地：产于中南美洲。

爵床/爵麻、鼠尾红
Justicia procumbens

科属：爵床科爵床属
产地：产于我国秦岭以南，亚洲南部至澳大利亚广布。生于山坡林间草丛中。

虾衣花/狐尾木、虾衣草
Justicia brandegeana

科属：爵床科爵床属
产地：原产于墨西哥，美国佛罗里达逸生。

鸭嘴花/野靛叶、鸭子花
Justicia adhatoda

科属：爵床科爵床属
产地：产于我国广东、广西、海南、澳门、香港、云南等地。分布于亚洲东南部。

银脉单药花/银脉爵床
Aphelandra squarros

科属：爵床科单药花属
产地：产于美洲的热带和亚热带地区。

花叶小驳骨
/花叶驳骨丹、花叶小接骨
Justicia gendarussa 'Silvery Stripe'

科属：爵床科爵床属
产地：园艺种，我国华南有少量栽培。

金叶拟美花
Pseuderanthemum carruthersii

科属：爵床科山壳骨属
产地：产于波利尼西亚。

小驳骨/接骨草
Justicia gendarussa

科属：爵床科驳骨草属
产地：产于我国华东南部、华南及云南，印度、斯里兰卡，中南半岛至马来半岛也有分布。生于村旁、路边或灌丛中。

鸡冠爵床/红楼花
Odontonema strictum

科属：爵床科鸡冠爵床属
产地：产于中美洲。

紫云杜鹃/紫云花
Pseuderanthemum laxiflorum

科属：爵床科山壳骨属
产地：产于南美洲。

多花山壳骨
Pseuderanthemum polyanthum

科属：爵床科山壳骨属
产地：产于我国云南、广西，印度至印度尼西亚也有分布。

焰爵床/金塔火焰花
Phlogacanthus pyramidalis

科属：爵床科火焰花属
产地：产于我国海南，越南也有分布。生于低海拔至中海拔林中。

金脉爵床/黄脉爵床

Sanchezia nobilis

科属：爵床科黄脉爵床属
产地：产于厄瓜多尔。

蓝花草/翠芦莉

Ruellia brittoniana

科属：爵床科蓝花草属
产地：产于墨西哥。

红花芦莉草/艳芦莉

Ruellia elegans

科属：爵床科蓝花草属
产地：产于巴西。

马可芦莉/银脉芦莉草

Ruellia makoyana

科属：爵床科蓝花草属
产地：产于巴西。

孩儿草/节节红

Rungia pectinata

科属：爵床科孩儿草属
产地：产于我国广东、海南、广西、云南等地，东南亚也有分布。生于草地上。

红背马蓝/红背耳叶马蓝

Strobilanthes auriculata var. *dyeriana*

科属：爵床科紫云菜属
产地：原产于缅甸，我国南部地区引种栽培。

南板蓝根/马蓝

Strobilanthes cusia

科属：爵床科紫芸菜属
产地：产于我国西南、华南、湖北、湖南、台湾及福建等地，越南及印度也有分布。生于阴湿地或林下。

樟叶山牵牛

/樟叶老鸦嘴、桂叶山牵牛

Thunbergia laurifolia

科属：爵床科山牵牛属
产地：产于中南半岛及马来半岛，我国广东、台湾等地引种栽培。

山牵牛/大花老鸦嘴

Thunbergia grandiflora

科属：爵床科山牵牛属
产地：产于我国南部及印度。生于山地灌丛中。

海南山牵牛/海南老鸦嘴

Thunbergia hainanensis

科属：爵床科山牵牛属
产地：产于我国海南，生于海拔850~1800米的灌丛中或竹林中。

直立山牵牛/硬枝老鸦嘴、立鹤花

Thunbergia erecta

科属：爵床科山牵牛属

产地：原产于非洲西部，各地广为栽培。

白花老鸦嘴/白花立鹤花

Thunbergia erecta 'Alba'

科属：爵床科山牵牛属

产地：园艺种。

黄花老鸦嘴/跳舞女郎

Thunbergia mysorensis

科属：爵床科山牵牛属

产地：产于印度。

黑眼花/翼叶山牵牛

Thunbergia alata

科属：爵床科山牵牛属

产地：产于热带非洲，我国南方部分地区已逸生。

三角枫/三角槭

Acer buergerianum

科属：槭树科槭树属

产地：产于我国山东、河南、华东、华南等地，日本也有分布。生于海拔300～1000米的阔叶林中。

血皮槭/红皮槭、马梨光

Acer griseum

科属：槭树科槭树属

产地：产于我国河南、陕西、甘肃、湖北及四川。生于海拔1500～2000米的疏林中。

秀丽槭/青枫

Acer elegantulum

科属：槭树科槭树属

产地：产于我国浙江、安徽及江西。生于海拔700～1000米的疏林中。

建始槭/亨利槭、三叶槭

Acer henryi

科属：槭树科槭树属

产地：产于我国中南部。生于海拔500～1500米的疏林中。

金边岑叶槭/金边复叶槭

Acer negundo 'Vureomarginatum'

科属：槭树科槭树属

产地：园艺种，我国北方有栽培。

夕佳鸡爪槭
Acer palmatum 'Higasayama'

科属：槭树科槭树属
产地：园艺种。

春艳鸡爪槭
Acer palmatum 'Shindeshojo'

科属：槭树科槭树属
产地：园艺种。

白鸡爪槭/白叶鸡爪槭
Acer palmatum f. *aureum*

科属：槭树科槭树属
产地：栽培变型。

细叶鸡爪槭/羽毛槭
Acer palmatum var. *dissectum*

科属：槭树科槭树属
产地：栽培变种。

红鸡爪槭/紫叶槭
Acer palmatum f. *atropurpureum*

科属：槭树科槭树属
产地：栽培变型。

飞蛾槭/飞蛾树
Acer oblongum

科属：槭树科槭树属
产地：产于我国陕西、甘肃、湖北、四川、贵州、云南及西藏等地，尼泊尔及印度也有分布。生于海拔1000～1800米的阔叶林中。

花叶复叶槭/花叶岑叶槭
Acer negundo var. *variegatum*

科属：槭树科槭树属
产地：栽培变种，产于北美，我国北方有栽培。

色木槭/五角枫、水色木

Acer pictum subsp. *mono*

科属：槭树科槭树属

产地：产于我国东北、华北及长江流域各省，俄罗斯、蒙古、朝鲜及日本也有分布。生于海拔800～1500米的山坡或山谷疏林中。

金沙槭/川滇三角枫、金江槭

Acer paxii

科属：槭树科槭树属

产地：产于我国云南及四川。生于海拔1500～2500米的林中。

花楷槭/花楷子

Acer ukurundense

科属：槭树科槭树属

产地：产于我国东北，俄罗斯、朝鲜及日本也有分布。生于海拔500～1500米的疏林中。

茶条枫/茶条槭

Acer tataricum subsp. *ginnala*

科属：槭树科槭树属

产地：产于中北亚，从蒙古经韩国至日本，北到西伯利亚等地也有分布。

元宝槭/平基槭、元宝树

Acer truncatum

科属：槭树科槭树属

产地：产于我国东北、河北、山西、山东、江苏、河南、陕西及甘肃。生于海拔400～1000米的疏林中。

岭南槭/岭南槭树

Acer tutcheri

科属：槭树科槭树属

产地：产于我国浙江、江西、湖南、福建、广东及广西东部。生于海拔300～1000米的疏林中。

红枫/红槭

Acer palmatum 'Atropurpureum'

科属：槭树科槭树属

产地：园艺种。

羽毛枫/羽毛槭

Acer palmatum 'Dissectum'

科属：槭树科槭树属

产地：园艺种。

大籽猕猴桃/梅叶猕猴桃

Actinidia macrosperma

科属：猕猴桃科猕猴桃属

产地：产于我国广东、湖北、江西、浙江、江苏及安徽等省。生于丘陵或低山地的丛林中或林缘。

中华猕猴桃/藤梨、猕猴桃
Actinidia chinensis

科属：猕猴桃科猕猴桃属
产地：产于我国中南部。生于海拔200～600米的低山区山林中。

美丽猕猴桃/两广猕猴桃
Actinidia melliana

科属：猕猴桃科猕猴桃属
产地：产于我国广东、海南、江西及湖南。生于海拔200～1250米的山地树丛中。

水东哥/白饭树、米花树
Saurauia tristyla

科属：猕猴桃科水东哥属
产地：产于我国广东、广西、云南及贵州，印度、马来西亚也有分布。生于丘陵、低山山地林下或灌丛中。

银边狭叶龙舌兰/白缘龙舌兰
Agave vivipara 'Marginata'

科属：龙舌兰科龙舌兰属
产地：园艺种。

金边龙舌兰/金边菠萝麻
Agave americana var. *variegata*

科属：龙舌兰科龙舌兰属
产地：产于墨西哥。

龙舌兰/菠萝麻
Agave americana

科属：龙舌兰科龙舌兰属
产地：原产于热带美洲，在我国云南已逸生。

狐尾龙舌兰/无刺龙舌兰
Agave attenuata

科属：龙舌兰科龙舌兰属
产地：产于墨西哥。

皇冠龙舌兰
Agave attenuata 'Nerva'

科属：龙舌兰科龙舌兰属
产地：园艺种。

劲叶龙舌兰/隐龙舌兰
Agave neglecta

科属：龙舌兰科龙舌兰属
产地：产于墨西哥。

金边礼美龙舌兰

Agave horrida 'Variegata'

科属：龙舌兰科龙舌兰属
产地：园艺种。

雷神/棱叶龙舌兰

Agave potatorum

科属：龙舌兰科龙舌兰属
产地：产于墨西哥高原。

忧之白丝

Agave schidigera

科属：龙舌兰科龙舌兰属
产地：产于墨西哥。

剑麻/菠萝麻

Agave sisalana

科属：龙舌兰科龙舌兰属
产地：产于墨西哥，我国华南及西南引种栽培。

吹上/直叶龙舌兰

Agave stricta

科属：龙舌兰科龙舌兰属
产地：产于美洲。

笹之雪/箭山积雪

Agave victoriae-reginae

科属：龙舌兰科龙舌兰属
产地：产于墨西哥。

七彩朱蕉

Cordyline fruticosa 'Kiwi'

科属：龙舌兰科朱蕉属
产地：园艺种，我国引种栽培。

朱蕉/铁树

Cordyline fruticosa

科属：龙舌兰科朱蕉属
产地：我国广东、广西、福建、台湾等地常见栽培，供观赏。原产地不详，今广泛栽种于亚洲温暖地区。

娃娃朱蕉

Cordyline fruticosa 'Kolly'

科属：龙舌兰科朱蕉属
产地：园艺种，我国引种栽培。

安德列小姐朱蕉

Cordyline fruticosa 'Miss Andrea'

科属：龙舌兰科朱蕉属
产地：园艺种，我国引种栽培。

梦幻朱蕉
Cordyline fruticosa 'Dreamy'

科属：龙舌兰科朱蕉属
产地：园艺种，我国引种栽培。

红边黑叶朱蕉
Cordyline fruticosa 'Red Edge'

科属：龙舌兰科朱蕉属
产地：园艺种，我国引种栽培。

彩叶朱蕉
Cordyline terminalis 'Rubra'

科属：龙舌兰科朱蕉属
产地：园艺种，我国引种栽培。

缟叶竹蕉
Dracaena fragrans 'Roehrs Gold'

科属：龙舌兰科龙血树属
产地：园艺栽培种，我国南方有栽培。

金心也门铁
Dracaena arborea cv.

科属：龙舌兰科龙血树属
产地：园艺种，我国南方有栽培。

也门铁/也门铁树
Dracaena arborea

科属：龙舌兰科龙血树属
产地：产于热带非洲，我国南北方均有栽培。

千年木/彩纹竹蕉
Dracaena marginata

科属：龙舌兰科龙血树属
产地：产于马达加斯加。

太阳神
Dracaena fragrans 'Compacta'

科属：龙舌兰科龙血树属
产地：园艺栽培种，我国南方有栽培。

金心巴西铁
Dracaena fragrans 'Massangeana'

科属：龙舌兰科龙血树属
产地：园艺栽培种，我国南方有栽培。

巴西铁/香龙血树
Dracaena fragrans

科属：龙舌兰科龙血树属
产地：产于热带非洲，我国南北方均有栽培。

海南龙血树

/山海带、小花龙血树

Dracaena cambodiana

科属：龙舌兰科龙血树属

产地：产于我国海南，越南、柬埔寨也有分布。生于林中或干燥沙壤土上。

银线龙血树

Dracaena fragrans 'Warneckii'

科属：龙舌兰科龙血树属

产地：园艺栽培种，我国南方有栽培。

百合竹/短叶竹蕉

Dracaena reflexa

科属：龙舌兰科龙血树属

产地：产于马达加斯加，我国华南、西南引种栽培。

金黄百合竹

Dracaena reflexa 'Song of Jamaica'

科属：龙舌兰科龙血树属

产地：园艺种，我国华南及西南地区有栽培。

金边百合竹

Dracaena reflexa 'Variegata'

科属：龙舌兰科龙血树属

产地：园艺种，我国华南及西南地区有栽培。

油点木

Dracaena surculosa 'Maculata'

科属：龙舌兰科龙血树属

产地：园艺种，我国华南、西南等地有栽培。

佛州星点木

Dracaena surculosa 'Florida Beauty'

科属：龙舌兰科龙血树属

产地：园艺种，我国引种栽培。

银边富贵竹/万年竹

Dracaena sanderiana

科属：龙舌兰科龙血树属

产地：产于非洲西部。

长柄富贵竹/长柄竹蕉

Dracaena aubryana

科属：龙舌兰科龙血树属
产地：产于热带非洲。

富贵竹/万寿竹

Dracaena sanderiana 'Virens'

科属：龙舌兰科龙血树属
产地：栽培种，我国各地均有栽培。

金边缝线麻

Furcraea selloa 'Marginata'

科属：龙舌兰科巨麻属
产地：原种产于热带南美洲，为缝线麻的班叶变种。

金边富贵竹

Dracaena sanderiana 'Golden edge'

科属：龙舌兰科龙血树属
产地：栽培种，我国华南等地有栽培。

缝线麻

Furcraea selloa

科属：龙舌兰科巨麻属
产地：产于热带南美洲。

万年麻

Furcraea foetida

科属：龙舌兰科巨麻属
产地：产于加勒比及南美洲北部。

长叶稠丝兰/墨西哥草树

Dasylirion longissimum

科属：龙舌兰科锯齿龙属

产地：产于墨西哥北部的沙漠地带。

酒瓶兰

Nolina recurvata

科属：龙舌兰科酒瓶兰属

产地：产于墨西哥北部及美国南部，我国南北地区均有栽培。

新西兰麻

Phormium 'Atropurpureum'

科属：龙舌兰科麻兰属

产地：园艺种，我国华南地区有栽培。

新西兰剑麻

Phormium cookianum

科属：龙舌兰科麻兰属

产地：产于新西兰，现温带及亚热带地区广为栽培。

石笔虎尾兰/柱叶虎尾兰

Sansevieria stuckyi

科属：龙舌兰科虎尾兰属

产地：产于非洲南部，我国华南、西南等地有栽培。

棒叶虎尾兰/圆叶虎尾兰

Sansevieria cylindrica

科属：龙舌兰科虎尾兰属

产地：热带非洲地区，我国华南、西南等地有栽培。

金边短叶虎尾兰/金边短叶虎皮兰

Sansevieria trifasciata 'Golden Hahnii'

科属：龙舌兰科虎尾兰属

产地：园艺种，我国有少量栽培。

虎尾兰/虎皮兰

Sansevieria trifasciata

科属：龙舌兰科虎尾兰属

产地：原产于非洲西部，我国各地均有栽培。

白肋虎尾兰/白肋虎皮兰

Sansevieria trifasciata 'Argentea-striata'

科属：龙舌兰科虎尾兰属

产地：园艺种，我国有少量栽培。

短叶虎尾兰/短叶虎皮兰

Sansevieria trifasciata 'Hahnii'

科属：龙舌兰科虎尾兰属

产地：园艺种，我国有少量栽培。

金边虎尾兰/金边虎皮兰

Sansevieria trifasciata 'Laurentii'

科属：龙舌兰科虎尾兰属

产地：园艺种，现世界各地都有栽培。

凤尾兰/凤尾丝兰

Yucca gloriosa

科属：龙舌兰科丝兰属

产地：产于北美洲，我国南北方均有栽培。

丝兰

Yucca smalliana

科属：龙舌兰科丝兰属

产地：产于北美的东南部，我国引种栽培。

鸟喙丝兰

Yucca rostrata

科属：龙舌兰科丝兰属

产地：产于美国南部及墨西哥北部，我国华南引种栽培。

象脚丝兰/荷兰铁

Yucca elephantipes

科属：龙舌兰科丝兰属

产地：产于墨西哥及危地马拉，我国南北方均有栽培。

金边千手兰/金边千手丝兰

Yucca aloifolia var. *marginata*

科属：龙舌兰科丝兰属

产地：产于墨西哥等地，我国华南等地有栽培。

鹿角海棠/熏波菊

Astridia velutina

科属：番杏科鹿角海棠属

产地：产于非洲西南部。

心叶冰花/露草

Aptenia cordifolia

科属：番杏科露花属

产地：原产于南非。

松叶菊/日中花、龙须海棠

Lampranthus spectabilis

科属：番杏科日中花属

产地：产于南非。

雷童/刺露子花

Delosperma echinatum

科属：番杏科露子花属

产地：产于南非干旱的亚热带地区。

快刀乱麻

Rhombophyllum nelii

科属：番杏科快刀乱麻属

产地：原产于南非。

四海波

Faucaria tigrina

科属：番杏科虎颧属

产地：原产于南非高原的石灰岩地区。

宝绿/佛手掌、舌叶花

Glottiphyllum linguiforme

科属：番杏科舌叶花属

产地：产于南非。

皇冠草/亚马逊皇冠草

Echinodorus grisebachii

科属：泽泻科刺果泽泻属

产地：产于美洲。

大叶皇冠草/巨叶皇冠草

Echinodorus macrophyllus

科属：泽泻科刺果泽泻属

产地：产于圭亚那、巴西西部到阿根廷。

长喙毛茛泽泻/毛茛泽泻

Ranalisma rostratum

科属：泽泻科泽泻属

产地：产于我国浙江丽水，越南、印度、马来西亚及热带非洲也有分布。生于池沼浅水中。

蒙特登慈姑/爆米花慈姑

Sagittaria montevidensis

科属：泽泻科慈姑属

产地：产于南美洲。

慈姑/华夏慈姑

Sagittaria trifolia var. *sinensis*

科属：泽泻科慈姑属

产地：产于我国长江以南各地，日本、朝鲜也有分布。

野慈姑/慈姑

Sagittaria trifolia

科属：泽泻科慈姑属

产地：我国除西藏等少数地区外均产。生于湖泊、池塘、沼泽、沟渠及水田处。

鸡冠花/鸡冠
Celosia cristata

科属：苋科青葙属
产地：广布于温暖地区，我国各地均有栽培。

青葙/野鸡冠花、百日红
Celosia argentea

科属：苋科青葙属
产地：我国广泛分布，东南亚、非洲及日本、俄罗斯、朝鲜也有分布。生于平原、田边、丘陵及山坡等处。

牛膝/牛磕膝
Achyranthes bidentata

科属：苋科牛膝属
产地：我国除东北外全国广布，朝鲜、俄罗斯、东南亚及非洲均有分布。生于海拔200～1750米的山坡林下。

千日红/火球花
Gomphrena globosa

科属：苋科千日红属
产地：原产于热带美洲，我国南北各地均有栽培。

银花苋/鸡冠千日红
Gomphrena celosioides

科属：苋科千日红属
产地：原产于美洲，现逸生于我国广东、台湾等地。生于路旁草地。

垂鞭绣绒球
Amaranthus hybrids

科属：苋科苋属
产地：园艺种。

锦绣苋/红莲子草、红节节草
Alternanthera bettzickiana

科属：苋科莲子草属
产地：原产于巴西，我国各地有栽培。

反枝苋/西风谷
Amaranthus retroflexus

科属：苋科苋属
产地：原产于美洲，现在我国中北部各地逸生。生于田园内、农地旁。

三色苋/苋、雁来红、老来少
Amaranthus tricolor

科属：苋科苋属
产地：原产于印度，分布于亚洲南部，中亚、日本也有分布，我国各地有栽培。

千穗谷/老枪谷、籽粒苋
Amaranthus hypochondriacus

科属：苋科苋属
产地：原产于北美，我国引种栽培，供欣赏。

空心莲子草/喜旱莲子草
Alternanthera philoxeroides

科属：苋科莲子草属
产地：原产于巴西，在我国逸为野生。生于池沼、水沟内。

大叶红草/红龙草
Alternanthera dentata 'Rubiginosa'

科属：苋科莲子草属
产地：园艺种。

五色苋/花叶法国苋
Alternanthera bettzickiana 'White carpet'

科属：苋科莲子草属
产地：园艺种。

虾钳菜/莲子草、节节花
Alternanthera sessilis

科属：苋科莲子草属
产地：产于我国华东、华南、西南及华中部分地区，东南亚也有分布。生于水沟、田边或沼泽等潮湿处。

君子兰/大花君子兰
Clivia miniata

科属：石蒜科君子兰属
产地：产于非洲南部，我国引种盆栽观赏。

垂笑君子兰/君子兰
Clivia nobilis

科属：石蒜科君子兰属
产地：产于非洲南部，我国引种栽培。

六出花/秘鲁百合
Alstroemeria aurea

科属：石蒜科六出花属
产地：产于南美洲。

小百子莲/早花百子莲
Agapanthus praecox

科属：石蒜科百子莲属
产地：产于南非。

百子莲/百子兰、非洲百合
Agapanthus africanus

科属：石蒜科百子莲属
产地：产于南非。

红花文殊兰

Crinum × amabile

科属：石蒜科文殊兰属

产地：杂交种，我国有栽培，引自印度尼西亚。

文殊兰/文珠兰

Crinum asiaticum var. *sinicum*

科属：石蒜科文殊兰属

产地：产于我国福建、广东、广西及台湾等地。多生于海滨地区或河旁沙地。

白缘文殊兰

Crinum asiaticum var. *japonicum* 'Variegatum'

科属：石蒜科文殊兰属

产地：园艺种。

香殊兰/穆氏文殊兰

Crinum moorei

科属：石蒜科文殊兰属

产地：产于热带非洲。

垂筒花/曲管花

Cyrtanthus mackenii

科属：石蒜科垂筒花属

产地：产于南非，我国引种栽培。

南美水仙/亚马逊石蒜

Eucharis × grandiflora

科属：石蒜科南美水仙属

产地：产于哥伦比亚及秘鲁，我国引种栽培。

龙须石蒜

Eucrosia bicolor

科属：石蒜科龙须石蒜属

产地：产于厄瓜多尔及秘鲁。

大叶仙茅/野棕、假槟榔树

Curculigo capitulata

科属：石蒜科仙茅属

产地：产于我国福建、云南、台湾、广东、广西、四川、贵州及西藏等地，东南亚也有分布。生于林下阴湿处。

朱顶红

/百枝莲、华胄兰、红花莲

Hippeastrum rutilum

科属：石蒜科朱顶红属

产地：产于巴西，我国引种栽培。

氛围朱顶红

Hippeastrum Ambiance

科属：石蒜科朱顶红属

产地：园艺种。

小精灵朱顶红
Hippeastrum Fairytale

科属：石蒜科朱顶红属
产地：园艺种。

白肋朱顶红/白肋华胄兰
Hippeastrum reticulatum var. *striatifolium*

科属：石蒜科朱顶红属
产地：原产于南非，我国引种栽培。

女神朱顶红
Hippeastrum Aphrodite

科属：石蒜科朱顶红属
产地：园艺种。

凤蝶朱顶红/凤蝶
Hippeastrum papilio

科属：石蒜科朱顶红属
产地：原产于巴西。

红狮朱顶红
Hippeastrum Red Lion

科属：石蒜科朱顶红属
产地：园艺种。

花边香石竹朱顶红
Hippeastrum Picotee

科属：石蒜科朱顶红属
产地：园艺种。

默朗格朱顶红
Hippeastrum Merenque

科属：石蒜科朱顶红属
产地：园艺种。

约翰逊朱顶红
Hippeastrum Pres Johnson

科属：石蒜科朱顶红属
产地：园艺种。

桑河朱顶红
Hippeastrum San Remo

科属：石蒜科朱顶红属
产地：园艺种。

探戈朱顶红
Hippeastrum Tango

科属：石蒜科朱顶红属
产地：园艺种。

银边水鬼蕉/银边蜘蛛兰
Hymenocallis americana 'Variegata'

科属：石蒜科水鬼蕉属
产地：园艺种。

水鬼焦/蜘蛛兰
Hymenocallis littoralis

科属：石蒜科水鬼蕉属
产地：产于中南美洲。

雪片莲/夏雪片莲
Leucojum aestivum

科属：石蒜科雪片莲属
产地：原产于欧洲中部及南部。

忽地笑/黄花石蒜、铁色箭
Lycoris aurea

科属：石蒜科石蒜属
产地：产于我国福建、台湾、湖北、湖南、广东、广西、四川及云南，日本及缅甸也有分布。生于阴湿山坡。

长筒石蒜
Lycoris longituba

科属：石蒜科石蒜属
产地：产于我国江苏。野生于山坡上。

石蒜/蟑螂花、龙爪花
Lycoris radiata

科属：石蒜科石蒜属
产地：产于我国华东、华中、华南、西南及西北部分地区，日本也有分布。生于阴湿山坡或溪沟边的石缝处。

夏水仙/鹿葱
Lycoris squamigera

科属：石蒜科石蒜属
产地：产于我国山东、江苏、浙江，日本及朝鲜也有分布。野生于山沟、溪边的阴湿处。

晚香玉/月下香、夜来香
Polianthes tuberosa

科属：石蒜科晚香玉属
产地：产于墨西哥，我国引种栽培。

红口水仙/红口洋水仙
Narcissus poeticus

科属：石蒜科水仙属
产地：原产于法国、希腊至地中海沿岸。

洋水仙/黄水仙、喇叭水仙
Narcissus pseudonarcissus

科属：石蒜科水仙属
产地：产于欧洲，我国引种栽培。

水仙/天葱、雅蒜
Narcissus tazetta var. *chinensis*

科属：石蒜科水仙属
产地：产于亚洲东部的海滨温暖地区，我国浙江、福建沿海岛屿有野生。

网球花/网球石蒜

Scadoxus multiflorus

科属：石蒜科虎耳兰属

产地：原产于非洲南部。

紫娇花/非洲小百合

Tulbaghia violacea

科属：石蒜科紫娇花属

产地：产于非洲南部。

燕子水仙/龙头花、火燕兰

Sprekelia formosissima

科属：石蒜科龙头花属

产地：原产于墨西哥，我国引种栽培。

韭兰/风雨花

Zephyranthes minuta

科属：石蒜科葱莲属

产地：原产于南美，我国引种栽培。

黄花葱兰/黄葱兰

Zephyranthes citrina

科属：石蒜科葱莲属

产地：产于南美洲热带地区。

小韭兰/淡红韭兰

Zephyranthes rosea

科属：石蒜科葱莲属

产地：产于古巴。

葱兰/玉帘、葱莲

Zephyranthes candida

科属：石蒜科葱莲属

产地：原产于南美，我国引种栽培。

腰果/鸡腰果
Anacardium occidentale

科属：漆树科腰果属
产地：原产于热带美洲，现全球热带地区广为引种，适合低海拔的干热地区栽培。

南酸枣/山枣、王眼果
Choerospondias axillaris

科属：漆树科南酸枣属
产地：产于我国西南、岭南、华东及华中部分地区，印度、中南半岛及日本也有分布。生于海拔300～2000米的山坡、丘陵或沟谷林中。

毛黄栌/柔毛黄栌
Cotinus coggygria var. *pubescens*

科属：漆树科黄栌属
产地：产于我国贵州、四川、甘肃、陕西、山西、河南、湖北、江苏、浙江等地，欧洲东南部，经叙利亚至高加索也有分布。生于海拔800～1500米的山坡林中。

美国红栌/烟树
Cotinus coggygria 'Royal purple'

科属：漆树科黄栌属
产地：园艺种。

人面子/人面树
Dracontomelon duperreanum

科属：漆树科人面子属
产地：产于我国云南、广东及广西，越南也有分布。生于海拔93～350米的林中。

扁桃/酸果、天桃木
Mangifera persiciformis

科属：漆树科杧果属
产地：产于我国云南、贵州及广西。生于海拔290～600米的林中。

杧果/芒果、蜜望子
Mangifera indica

科属：漆树科杧果属
产地：产于我国云南、广东、广西、福建及台湾，东南亚也有分布。生于海拔200～1350米的山坡、沟谷或旷野的林中。

黄连木/木黄连、黄连树
Pistacia chinensis

科属：漆树科黄连木属
产地：产于我国长江以南各地及华北、西北，菲律宾也有分布。生于140～3550的石山林中。

火炬树/火炬漆、加拿大盐肤木
Rhus typhina

科属：漆树科盐肤木属
产地：产于北美，我国北方引种栽培。

南洋橄榄/加椰芒
Spondias dulcis

科属：漆树科槟榔青属
产地：原产于太平洋诸岛。

槟榔青/鸡坑子、麻谷
Spondias pinnata

科属：漆树科槟榔青属
产地：产于我国云南、广西及广东，东南亚也有分布。生于海拔360～1200米的低山或沟谷林中。

刺果番荔枝/红毛榴莲

Annona muricata

科属：番荔枝科番荔枝属

产地：产于热带美洲。

番荔枝/林檎、洋波罗

Annona squamosa

科属：番荔枝科番荔枝属

产地：产于热带美洲，我国华南南部、华东南部及西南南部有栽培。

牛心梨/圆滑番荔枝、牛心果

Annona reticulata

科属：番荔枝科番荔枝属

产地：原产于热带美洲，我国华南、西南及台湾有栽培。

鹰爪花/鹰爪、鹰爪兰

Artabotrys hexapetalus

科属：番荔枝科鹰爪花属

产地：产于我国浙江、福建、台湾、江西、广东、广西及云南，东南亚也有分布。生于山地林中。

香港鹰爪花/港鹰爪

Artabotrys hongkongensis

科属：番荔枝科鹰爪花属

产地：产于我国湖南、广东、广西、云南及贵州等地，越南也有分布。生于海拔300～1500米的山地密林中或河谷阴湿处。

矮依兰/小依兰

Cananga odorata var. *fruticosa*

科属：番荔枝科依兰属

产地：原产于泰国、马来西亚及印度尼西亚，我国云南、广东等地有栽培。

依兰香/加拿楷

Cananga odorata

科属：番荔枝科依兰属

产地：原产于缅甸、印度尼西亚、菲律宾及马来西亚，我国引种栽培。

假鹰爪/酒饼叶

Desmos chinensis

科属：番荔枝科假鹰爪属

产地：产于我国广东、广西、云南及贵州，东南亚也有分布。生于丘陵山坡、林缘灌丛或旷地、荒野中。

蕉木/山蕉、海南山指甲

Oncodostigma hainanense

科属：番荔枝科蕉木属

产地：产于我国海南及广西。生于山谷水旁密林中。

大花紫玉盘/山椒子、山芭蕉罗

Uvaria grandiflora

科属：番荔枝科紫玉盘属

产地：产于我国广东南部及其岛屿，东南亚也有分布。生于低海拔灌木丛中或丘陵山地疏林中。

紫玉盘/油椎、酒饼木

Uvaria macrophylla

科属：番荔枝科紫玉盘属

产地：产于我国广西、广东及台湾，越南及老挝也有分布。生于低海拔灌木丛中或丘陵山地疏林中。

垂枝暗罗/印度塔树

Polyalthia longifolia

科属：番荔枝科暗罗属

产地：产于印度、巴基斯坦及斯里兰卡。

暗罗/眉尾木、老人皮

Polyalthia suberosa

科属：番荔枝科暗罗属

产地：产于我国广东及广西，东南亚也有分布。生于低海拔的山地疏林中。

沙漠玫瑰/天宝花

Adenium obesum

科属：夹竹桃科天宝花属

产地：产于非洲东部。

大花软枝黄蝉

Allamanda cathartica var. *hendersonii*

科属：夹竹桃科黄蝉属

产地：原产于南美洲的乌拉圭，我国南方引种栽培。

重瓣软枝黄蝉

Allamanda cathartica 'Williamsii Flore-pleno'

科属：夹竹桃科黄蝉属

产地：园艺种。

紫蝉花/大紫蝉

Allamanda blanchettii

科属：夹竹桃科黄蝉属

产地：原产于巴西。

银叶软枝黄蝉

Allamanda cathartica 'Nanus silvery'

科属：夹竹桃科黄蝉属

产地：园艺种。

黄蝉/黄兰蝉

Allemanda neriifolia

科属：夹竹桃科黄蝉属

产地：原产于巴西，现广植于热带地区。

软枝黄蝉/大紫蝉

Allamanda cathartica

科属：夹竹桃科黄蝉属

产地：产于巴西，现广泛栽培于热带地区。

盆架树/面条树

Alstonia rostrata

科属：夹竹桃科鸡骨常山属

产地：产于我国云南及海南，印度、缅甸及印度尼西亚也有分布。生于热带及亚热带山地常绿林中或山谷热带雨林中。

鸡骨常山/三台高、白虎木

Alstonia yunnanensis

科属：夹竹桃科鸡骨常山属

产地：产于我国云南、贵州及广西。生于海拔1100～2400米的山坡或沟谷地带灌丛中。

瓜子金/刺黄果

Carissa carandas

科属：夹竹桃科假虎刺属

产地：产于印度、斯里兰卡、缅甸及印度尼西亚，我国华南、西南有栽培。

长春花/日日春、日日新

Catharanthus roseus

科属：夹竹桃科长春花属

产地：原产于非洲东部，现热带及亚热带地区广泛栽培。

清明花/炮弹果

Beaumontia grandiflora

科属：夹竹桃科清明花属

产地：产于我国云南、广西、广东、福建及海南。生于山地林中。

海杧果/黄金茄、山样子

Cerbera manghas

科属：夹竹桃科海杧果属

产地：产于我国广东、广西、海南及台湾，亚洲及澳大利亚也有分布。生于海边或近海边湿润的地方。

狗牙花/白狗牙、豆腐花

Tabernaemontana divaricata

科属：夹竹桃科狗牙花属

产地：栽培于我国南方各地。

止泻木

Holarrhena pubescens

科属：夹竹桃科止泻木属

产地：产于我国云南南部，东南亚也有分布。生于海拔500～1000米的山地疏林、山坡路旁或密林山谷水沟边。

红花蕊木/木长春

Kopsia fruticosa

科属：夹竹桃科蕊木属

产地：产于印度尼西亚、印度、菲律宾及马来西亚，我国南方引种栽培。

蕊木/假乌榄树
Kopsia arborea

科属：夹竹桃科蕊木属
产地：产于我国广东、广西、云南及海南等地。常生于溪边、疏林中向阳处，也有生于山地密林中和山谷潮湿地方。

飘香藤/文藤
Mandevilla × amabilis

科属：夹竹桃科飘香藤属
产地：产于巴西、玻利维亚及阿根廷。

夹竹桃/欧夹竹桃、柳叶桃
Nerium oleander

科属：夹竹桃科夹竹桃属
产地：产于地中海、伊朗、印度及尼泊尔，现广植于世界热带地区。

白花夹竹桃
Nerium oleander 'Paihua'

科属：夹竹桃科夹竹桃属
产地：园艺种，常植于公园、绿地。

斑叶夹竹桃
Nerium oleander 'Variegatum'

科属：夹竹桃科夹竹桃属
产地：园艺种，我国广东、福建等地有栽培。

尖山橙/竹藤、鸡腿果
Melodinus fusiformis

科属：夹竹桃科山橙属
产地：产于我国广东、广西及贵州等地。生于海拔300～1400米的山地疏林中或山坡路旁、山谷水沟边。

山橙/马骝藤
Melodinus suaveolens

科属：夹竹桃科山橙属
产地：产于我国广东、广西等地。生于丘陵、山谷或攀援树木或石壁上。

古城玫瑰树/红玫瑰木
Ochrosia elliptica

科属：夹竹桃科玫瑰树属
产地：产于澳大利亚的昆士兰及其南部岛屿，我国华南、西南及华东南部有栽培。

双刺瓶干/李刺棒棰树

Pachypodium bispinosum

科属：夹竹桃科棒锤树属
产地：原产于非洲。

非洲霸王树/狼牙棒

Pachypodium geayi

科属：夹竹桃科棒锤树属
产地：产于马达加斯加。

钝叶鸡蛋花/钝叶缅栀

Plumeria obtusa

科属：夹竹桃科鸡蛋花属
产地：产于墨西哥，我国岭南及西南地区引种栽培。

鸡蛋花/缅栀子

Plumeria rubra 'Acutifolia'

科属：夹竹桃科鸡蛋花属
产地：原产于墨西哥，我国各地有栽培，在云南逸为野生。

红鸡蛋花/红缅栀

Plumeria rubra

科属：夹竹桃科鸡蛋花属
产地：原产于南美洲，现广植于亚洲热带及亚热带地区。

印度蛇木/印度萝芙木、蛇根木

Rauvolfia serpentina

科属：夹竹桃科萝芙木属
产地：产于我国云南南部，东南亚至大洋洲也有分布。

萝芙木/萝芙藤

Rauvolfia verticillata

科属：夹竹桃科萝芙木属
产地：产于我国西南、华南及台湾等地，越南也有分布。生于林边、丘陵的林中或溪边潮湿的灌丛中。

羊角拗/羊角扭、羊名树

Strophanthus divaricatus

科属：夹竹桃科羊角拗属
产地：产于我国贵州、云南、广西、广东及福建等地，越南、老挝也有分布。生于丘陵山地、路边疏林中或山坡灌丛中。

毛旋花/旋花羊角拗

Strophanthus gratus

科属：夹竹桃科羊角拗属
产地：产于热带非洲，我国台湾、云南也有栽培。

红酒杯花

Thevetia peruviana 'Aurantiaca'

科属：夹竹桃科黄花夹竹桃属
产地：园艺种，我国华南、西南及华东有栽培。

黄花夹竹桃
/酒杯花、黄花状元竹

Thevetia peruviana

科属：夹竹桃科黄花夹竹桃属

产地：产于热带美洲地区，现世界热带及亚热带广为栽培。

络石/万字茉莉、石龙藤

Trachelospermum jasminoides

科属：夹竹桃科络石属

产地：我国除东北、西藏、西北部分地区外，大部分地区均有分布，日本、朝鲜及越南也有分布。生于路边、林缘、溪边等处。

金香藤

Urechites luteus

科属：夹竹桃科金香藤属

产地：原产于美国的佛罗里达州。

酸叶胶藤/酸叶藤、石酸藤

Urceola rosea

科属：夹竹桃科水壶藤属

产地：分布于我国长江以南各地至台湾，越南及印度尼西亚也有分布。生于山地杂木林山谷中、水沟旁较湿润的地方。

花叶蔓长春/花叶蔓长春花

Vinca major 'Variegata'

科属：夹竹桃科蔓长春花属

产地：园艺种，我国南方引种栽培。

蔓长春花/攀缠长春花

Vinca major

科属：夹竹桃科蔓长春花属

产地：原产于欧洲，我国南方引种栽培。

小蔓长春花

Vinca minor

科属：夹竹桃科蔓长春花属

产地：产于欧洲，我国华东、华北等地有栽培。

红花小蔓长春花

Vinca minor 'Rubra'

科属：夹竹桃科蔓长春花属

产地：园艺种，我国华东地区引种栽培。

非洲马铃果/非洲沃坎加树

Voacanga africana

科属：夹竹桃科铃果属

产地：产于非洲。

泰国倒吊笔/无冠倒吊笔

Wrightia religiosa

科属：夹竹桃科倒吊笔属

产地：产于东南亚。

倒吊笔/神仙蜡烛、细姑木

Wrightia pubescens

科属：夹竹桃科倒吊笔属

产地：产于我国广东、广西、贵州及云南等地，东南亚至澳大利亚也有分布。散生于低海拔的热带雨林中或稀树林中。

蓝树/大蓝靛、木靛
Wrightia laevis

科属：夹竹桃科蓝树属
产地：产于我国广东、广西、贵州及云南等地，东南亚至澳大利亚也有分布。生于村中、路旁及山地疏林中或山谷向阳处。

金边枸骨/金边枸骨叶冬青
Ilex aquifolium 'Aurea Marginata'

科属：冬青科冬青属
产地：本种为园艺种，原种产于欧洲、北非及西非。

枸骨/猫儿刺、八角刺、鸟不宿
Ilex cornuta

科属：冬青科冬青属
产地：产于我国江苏、上海、江西、湖北、湖南等地，朝鲜也有分布。生于海拔150～1900米的山坡、丘陵等灌丛中、疏林中以及路边、溪边。

毛冬青/茶叶冬青、密毛假黄杨
Ilex pubescens

科属：冬青科冬青属
产地：产于我国安徽、浙江、江西、福建、台湾、广东、海南、广西、香港及贵州等地。生于海拔60～1000米的山坡常绿阔叶林中或林缘、灌丛及溪边、路边。

铁冬青/救必应
Ilex rotunda

科属：冬青科冬青属
产地：产于我国华东、华中、华南及西南，朝鲜、日本及越南北部也有分布。生于海拔400～1100米的山坡常绿阔叶林中和林缘。

冬青/大冬青
Ilex chinensis

科属：冬青科冬青属
产地：产于我国江苏、安徽、浙江、江西、福建、河南、台湾、湖北、湖南、广东、广西及云南等地。生于海拔500～1000米的山坡常绿阔叶林中或林缘。

梅叶冬青
/秤星树、假青梅、灯花树
Ilex asprella

科属：冬青科冬青属
产地：产于我国浙江、江西、福建、台湾、湖南、广东、广西及香港等地，菲律宾也有分布。生于海拔400～1000米的山地疏林中或路旁灌丛中。

北美冬青/美洲冬青
Ilex verticillata

科属：冬青科冬青属
产地：产于美国东北部，多生长在沼泽、潮湿灌木区和池塘边。

金叶石菖蒲

Acorus gramineus 'Ogan'

科属：天南星科菖蒲属
产地：园艺种，我国华东一带引种栽培。

斑叶金钱蒲

Acorus gramineus 'Variegatus'

科属：天南星科菖蒲属
产地：园艺种，我国南方引种栽培。

金钱蒲/菖蒲、小随手香

Acorus gramineus

科属：天南星科菖蒲属
产地：产于我国中南部。生于海拔1800米以下的水旁湿地或石上。

石菖蒲/水草蒲、随手香

Acorus tatarinowii

科属：天南星科菖蒲属
产地：产于我国黄河以南各地。生于海拔20～2600米的密林下、湿地或溪旁石上。

斜纹粗肋草/黑美人

Aglaonema commutatum 'San Remo'

科属：天南星科广东万年青属
产地：园艺种，我国南方引种栽培。

勿忘我粗肋草

Aglaonema 'Forget Me Not'

科属：天南星科广东万年青属
产地：园艺种，我国南方引种栽培。

狂欢粗肋草

Aglaonema 'Mardi Gras'

科属：天南星科广东万年青属
产地：园艺种，我国南方引种栽培。

白柄粗肋草/白雪公主

Aglaonema commutatum 'White Rajah'

科属：天南星科广东万年青属
产地：园艺种，我国南方引种栽培。

银皇后/银后万年青

Aglaonema commutatum 'Silvcr Queen'

科属：天南星科广东万年青属
产地：园艺种，我国南方引种栽培。

白肋万年青/白肋粗肋草

Aglaonema costatum 'Foxii'

科属：天南星科广东万年青属
产地：园艺种，我国南方引种栽培。

雅丽皇后

Aglaonema 'Pattaya Beauty'

科属：天南星科广东万年青属
产地：园艺种，我国南北各地引种栽培。

观音莲/黑叶芋

Alocasia × *amazonica*

科属：天南星科海芋属
产地：园艺杂交种，现我国全国各地均有栽培。

尖尾芋/大附子、野山芋

Alocasia cucullata

科属：天南星科海芋属
产地：产于我国浙江、福建、广西、广东、四川、贵州及云南，东南亚部分国家也有分布。生于海拔2000米的溪谷地或田边。

海芋/滴水观音、老虎芋

Alocasia odora

科属：天南星科海芋属
产地：产于我国江西、福建、台湾、湖南、广东、广西、四川、贵州及云南等地，东南亚也有分布。生于海拔1700米以下的林缘或河谷芭蕉林下。

水晶花烛

Anthurium crystallinum

科属：天南星科花烛属
产地：原产于哥伦比亚、秘鲁等地。

红掌/花烛、安祖花

Anthurium andraeanum

科属：天南星科花烛属

产地：原产于哥斯达黎加、危地马拉等地，现栽培的均为园艺种。

掌裂花烛/掌叶花烛

Anthurium pedatoradiatum

科属：天南星科花烛属

产地：原产于墨西哥，我国南方引种栽培。

火鹤

Anthurium scherzerianum

科属：天南星科花烛属

产地：原产于中美洲及南美洲热带雨林地区。

密林丛花烛/观叶花烛

Anthurium 'Jungle Bush'

科属：天南星科花烛属

产地：园艺种，我国南方引种栽培。

南蛇棒/大芋头、蛇枪头

Amorphophallus dunnii

科属：天南星科磨芋属

产地：产于我国湖南、广西、广东、云南东南部及沿海岛屿。生于海拔220~800米的林下。

紫芋/芋头花、广菜

Colocasia tonoimo

科属：天南星科芋属

产地：原产于我国，各地有栽培，日本也有分布。

彩叶芋/五彩芋、花叶芋

Caladium bicolor

科属：天南星科五彩芋属

产地：产于巴西及西印度群岛，我国各地有栽培。

芋头/芋

Colocasia esculenta

科属：天南星科芋属

产地：原产于我国和印度、马来半岛等热带地区，我国南北地区均有栽培。

灯台莲/大叶天南星、蛇包谷

Arisaema bockii

科属：天南星科天南星属

产地：产于我国华东、华中、华南及西南地区。生于海拔650~1500米的山坡林下或沟谷岩石上。

云台南星
/江苏南星、云台天南星
Arisaema du-bois-reymondiae

科属：天南星科天南星属
产地：我国特有，产于长江中下游诸省。生于海拔1800米以下的竹林内、灌丛中。

象南星/银半夏、象鼻南星
Arisaema elephas

科属：天南星科天南星属
产地：产于我国西藏、云南、四川及贵州。生于海拔1800～4000米的河岸、山坡林下、草地或荒地。

一把伞南星
/虎掌南星、一把伞
Arisaema erubescens

科属：天南星科天南星属
产地：我国除东北三省、山东、江苏及新疆外，均有分布，东南亚也有分布。生于海拔3200以下的林下、灌丛、草坡等处。

网檐南星
Arisaema utile

科属：天南星科天南星属
产地：产于我国云南北部、西部及西藏南部，东南亚也有分布。生于海拔2300～4000米的灌丛、杉树林下、杜鹃林以及高山草地等。

花叶万年青
Dieffenbachia picta

科属：天南星科叶花万年青属
产地：原产于南美，我国南方常见栽培，多为园艺种。

麒麟尾/上树龙、百足藤
Epipremnum pinnatum

科属：天南星科麒麟叶属
产地：产于我国台湾、广东、广西、云南的热带地域，自印度至菲律宾、太平洋诸岛及大洋洲均有分布。附生于热带雨林的树上或岩壁上。

金叶葛/金叶绿萝
Epipremnum aureum 'All Gold'

科属：天南星科麒麟叶属
产地：园艺种，我国南北地区均有栽培。

绿萝/黄金葛
Epipremnum aureum

科属：天南星科麒麟叶属
产地：原产于所罗门群岛，现亚洲各热带地区广为栽培。

千年健/香芋、一包针
Homalomena occulta

科属：天南星科千年健属
产地：产于我国海南、广西、云南等地，中南半岛也有分布。生于海拔80～1100米的沟谷密林下、竹林和山坡灌丛中。

刺芋/刺过江、旱茨菇

Lasia spinosa

科属：天南星科刺芋属

产地：产于我国云南、广西、广东及台湾，东南亚常见。生于海拔1530米以下的田边、沟旁及阴湿草丛中。

小龟背竹/小龟背芋

Monstera adansonii

科属：天南星科龟背竹属

产地：产于热带南美洲。

龟背竹/电线兰、龟背莲

Monstera deliciosa

科属：天南星科龟背竹属

产地：原产于墨西哥，我国南方普遍栽培。

白斑叶龟背竹/花叶龟背竹

Monstera deliciosa 'Albo Variegata'

科属：天南星科龟背竹属

产地：园艺种，我国南方有引种。

仙洞万年青/窗孔龟背竹

Monstera obliqua var. *expilata*

科属：天南星科龟背竹属

产地：原产于亚马逊地区。

希望蔓绿绒/羽裂蔓绿绒

Philodendron 'Hope'

科属：天南星科喜林芋属

产地：园艺种，我国广东现批量栽培。

绿帝王喜林芋/绿帝王

Philodendron erubescens 'Green Emerald'

科属：天南星科喜林芋属

产地：园艺种，我国各地有栽培。

红宝石喜林芋/红帝王

Philodendron erubescens 'Red Emerald'

科属：天南星科喜林芋属

产地：园艺种，我国各地有栽培。

团扇蔓绿绒

Philodendron grazielae

科属：天南星科龟背竹属

产地：产于秘鲁及巴西等地，我国南方引种栽培。

心叶蔓绿绒/圆叶蔓绿绒

Philodendron oxycardium

科属：天南星科喜林芋属

产地：产于巴西及西印度群岛。

春羽/羽裂蔓绿绒

Philodendron selloum

科属：天南星科喜林芋属

产地：产于巴西及巴拉圭等地。

飞燕喜林芋/绒柄蔓绿绒
Philodendron squamiferum

科属：天南星科喜林芋属
产地：产于热带美洲。

金钻蔓绿绒/金钻
Philodendron 'con-go'

科属：天南星科喜林芋属
产地：园艺种，我国南方引种栽培。

小天使/佛手蔓绿绒
Philodendron 'Xanadu'

科属：天南星科喜林芋属
产地：园艺种，我国华南等地广泛栽培。

芙蓉莲/水浮萍、水荷莲
Pistia stratiotes

科属：天南星科大薸属
产地：全球热带及亚热带地区广布，我国福建、台湾、广东、广西、云南等地有野生。

半夏/燕子尾、三步魂
Pinellia ternata

科属：天南星科半夏属
产地：我国除内蒙古、新疆、青海及西藏外，全国广布，朝鲜、日本也有分布。生于海拔2500米以下的草坡、荒地、田边或疏林下。

星点藤
Scindapsus pictus 'Argyraeus'

科属：天南星科藤芋属
产地：产于印度尼西亚，我国有少量栽培。

大叶岩角藤
Rhaphidophora megaphylla

科属：天南星科崖角藤属
产地：产于我国云南，为我国特有种。生于海拔600～1300米的潮湿热带密林中的树上及石灰岩崖壁上。

石柑子/石藤、石柑儿、藤桔
Pothos chinensis

科属：天南星科石柑属
产地：产于我国台湾、湖北、广东、广西、四川、贵州及云南等地，越南、老挝及泰国也有分布。生于海拔2400米以下的阴湿密林中，常匍匐于岩石上或附生于树干上。

落檐/万年青草、广东万年青
Schismatoglottis hainanensis

科属：天南星科落檐属
产地：产于我国广东、广西至云南，越南、菲律宾也有分布。生于海拔500～1700米的密林下。

合果芋/白蝴蝶
Syngonium podophyllum

科属：天南星科合果芋属
产地：产于美洲的热带雨林中，我国栽培广泛。

金钱树
/雪铁芋、泽米叶天南星

Zamioculcas zamiifolia

科属：天南星科雪铁芋属

产地：产于热带非洲地区，我国南北地区均有栽培。

犁头尖/小野芋、犁头七

Typhonium blumei

科属：天南星科犁头尖属

产地：产于我国浙江、江西、福建、湖南、广东、广西、四川及云南，东南亚及日本也有分布。生于海拔1200米的田边、草坡或石隙中。

马蹄莲/慈姑花

Zantedeschia aethiopica

科属：天南星科马蹄莲属

产地：原产于非洲东北部及南部，我国有栽培。

彩色马蹄莲

Zantedeschia hybrida

科属：天南星科马蹄莲属

产地：园艺种，我国南北地区均有栽培。

白掌/白鹤芋

Spathiphyllum kochii

科属：天南星科苞叶芋属

产地：产于热带美洲地区，我国各地均有栽培。

孔雀木/手树

Dizygotheca elegantissima

科属：五加科孔雀木属

产地：产于澳洲及波利尼西亚。

刺老芽/楤木、辽东楤木

Aralia elata

科属：五加科楤木属

产地：产于我国东北，日本、俄罗斯及朝鲜也有分布。生于海拔1000米上下的森林中。

熊掌木/五加科熊掌木属

×*Fatshedera lizei*

科属：五加科楤木属

产地：园艺种，我国华东地区栽培较多。

银边熊掌木

× *Fatshedera lizei* 'Silver'

科属：五加科熊掌木属

产地：园艺种，我国华东地区有栽培。

八角金盘/日本八角金盘
Fatsia japonica

科属：五加科八角金盘属
产地：产于日本。

枫叶洋常春藤/枫叶常春藤
Hedera helix ‘Pure Lady’

科属：五加科常春藤属
产地：园艺种，我国南方地区有栽培。

洋常春藤
Hedera helix

科属：五加科常春藤属
产地：产于欧洲、亚洲及非洲。

中华常春藤/常春藤
Hedera sinensis

科属：五加科常春藤属
产地：我国北自甘肃，南至广东，东至江苏均有分布，越南也有分布。攀援于林缘树林、路旁、岩石或墙壁上生长。

晃伞枫/大蛇药、五加通
Heteropanax fragrans

科属：五加科幌伞枫属
产地：产于我国云南、广西、广东等地，东南亚也有分布。生于海拔数十米至1000米的森林中。

刺楸/喜钉刺、云楸
Kalopanax septemlobus

科属：五加科刺楸属
产地：我国北自东北，南至广东，西自四川，东至海滨的广大地区均有分布。生于森林、灌木林中或林缘。

大叶三七/白三七
Panax pseudo-ginseng var. *japonicus*

科属：五加科人参属
产地：我国北自甘肃，南至云南，西起西藏，东至福建均有分布，越南、缅甸、日本及朝鲜也有分布。生于海拔1200～4000米的森林下或灌丛草坡中。

人参/棒槌
Panax ginseng

科属：五加科人参属
产地：产于我国东北，俄罗斯、朝鲜也有分布。生于海拔数百米的落叶阔叶林或针叶阔叶混交林下。

五爪木/黄金五爪木
Osmoxylon lineare

科属：五加科兰屿加属
产地：产于菲律宾。

黄斑圆叶福禄桐/黄斑圆叶南洋森
Polyscias balfouriana ‘Pennockii’

科属：五加科福禄桐属
产地：园艺种，我国南方栽培较多。

银边圆叶福禄桐
/银边圆叶南洋森

Polyscias balfouriana 'Morginata'

科属：五加科福禄桐属

产地：园艺种，我国南方栽培较多。

圆叶福禄桐/圆叶南洋森

Polyscias balfouriana

科属：五加科福禄桐属

产地：产于太平洋群岛。

羽叶福禄桐
/羽叶南洋森、南洋参

Polyscias fruticosa

科属：五加科福禄桐属

产地：产于太平洋群岛。

银边福禄桐/碎叶福禄桐

Polyscias guilfoylei var. *victoriae*

科属：五加科福禄桐属

产地：产于太平洋诸岛及波利尼西亚。

澳洲鸭脚木/辐叶鹅掌柴

Schefflera actinophylla

科属：五加科鹅掌柴属

产地：产于大洋洲。

花叶鹅掌藤/花叶七加皮

Schefflera arboricola 'Variegata'

科属：五加科鹅掌柴属

产地：产于我国台湾、广西及广东。生于谷地密林下或溪边湿润处。

鹅掌柴/鸭脚木

Schefflera octophylla

科属：五加科鹅掌柴属

产地：产于我国西藏、云南、广西、广东、浙江、福建及台湾等地，日本、越南及印度也有分布。生于常绿阔叶林中。

刺通草/广叶参、脱萝

Trevesia palmata

科属：五加科刺通草属

产地：产于我国云南、贵州、广西，东南亚也有分布。生于海拔1300～1900米的森林中。

木本马兜铃

Aristolochia arborea

科属：马兜铃科马兜铃属

产地：原产于中美洲墨西哥热带雨林。

美丽马兜铃/烟斗花藤

Aristolochia elegans

科属：马兜铃科马兜铃属
产地：产于巴西。

通城马兜铃/通城虎

Aristolochia fordiana

科属：马兜铃科马兜铃属
产地：产于我国广西、广东、江西、浙江及福建。生于山谷林下灌丛中和山地石隙中。

广西马兜铃/大叶马兜铃

Aristolochia kwangsiensis

科属：马兜铃科马兜铃属
产地：产于我国广西、云南、四川、贵州、湖南、浙江、广东及福建等。生于海拔600～1600米的山谷林中。

巨花马兜铃

Aristolochia gigantea

科属：马兜铃科马兜铃属
产地：产于巴西，我国广东、云南等地有栽培。

烟斗马兜铃

Aristolochia gibertii

科属：马兜铃科马兜铃属
产地：产于美国。

绵毛马兜铃/寻骨风、白毛藤

Aristolochia mollissima

科属：马兜铃科马兜铃属
产地：产于我国陕西、山西、山东、河南、湖北、贵州、江西、湖南及华东一带。生于海拔100～850米的山坡、草丛、沟边或路旁。

港口马兜铃

Aristolochia zollingeriana

科属：马兜铃科马兜铃属
产地：产于我国台湾，日本及爪哇也有分布。生于密林中。

杜衡/南细辛、马辛

Asarum forbesii

科属：马兜铃科细辛属
产地：产于我国江苏、安徽、浙江、江西、湖南、湖北及四川东部。生于海拔800米以下的林下沟边阴湿地。

马蹄香/马蹄细辛、狗肉香

Saruma henryi

科属：马兜铃科马蹄香属
产地：产于我国江西、湖北、河南、陕西、甘肃、四川及贵州等省。生于海拔600～1600米的山谷林下或沟边草丛中。

黄冠马利筋

Asclepias curassavica 'Flaviflora'

科属：萝藦科马利筋属
产地：园艺种。

马利筋/莲生桂子、芳草花

Asclepias curassavica

科属：萝藦科马利筋属
产地：产于拉丁美洲的西印度群岛，我国南方有栽培。

牛角瓜/断肠草、羊浸树

Calotropis gigantea

科属：萝藦科牛角瓜属
产地：产于我国云南、四川、广西及广东等地，东南亚也有分布。生于低海拔的向阳山坡、旷野地及海边。

白花牛角瓜/郭呼啦

Calotropis procera

科属：萝藦科牛角瓜属
产地：产于热带非洲、西亚、南亚等地。

爱之蔓/吊金钱、心心相印

Ceropegia woodii

科属：萝藦科吊灯花属
产地：产于南非，我国引种栽培。

浓云/褐吊灯花

Ceropegia fusca

科属：萝藦科吊灯花属
产地：产于加那利群岛。

鹅绒藤/祖子花

Cynanchum chinense

科属：萝藦科鹅绒藤属
产地：产于我国辽宁、河北、河南、山东、山西、陕西、宁夏、甘肃、江苏及浙江等地。生于海拔500米以下的山坡向阳灌丛中或路旁、河畔、田边等。

大理白前/丽江白薇

Cynanchum forrestii

科属：萝藦科鹅绒藤属
产地：产于我国西藏、甘肃、四川、贵州及云南等地。生于海拔1000～3500米的高原或山地、灌木林缘、草地或路边。

橡胶紫茉莉/鞍叶藤

Cryptostegia grandiflora

科属：萝藦科鞍叶藤属
产地：产于东非、马达加斯加至印度。

柳叶白前/江杨柳、草白前

Cynanchum stauntonii

科属：萝藦科鹅绒藤属
产地：产于我国甘肃、安徽、江苏、浙江、湖南、江西、福建、广东、广西及贵州等地。生于低海拔的山谷湿地、水旁以至半浸在水中。

玉荷包

Dischidia major

科属：萝藦科眼树莲属

产地：产于印度、缅甸至新几内亚及澳大利亚。

眼树莲/瓜子金

Dischidia chinensis

科属：萝藦科眼树莲属

产地：产于我国广东及广西。生于山地潮湿杂木林中或山谷、溪地，攀附于树上或附于山石上。

青蛙藤/爱元果

Dischidia pectinoides

科属：萝藦科眼树莲属

产地：产于菲律宾及大洋洲的热带地区。

钮扣玉藤/百万心

Dischidia ruscifolia

科属：萝藦科眼树莲属

产地：产于菲律宾。

园叶眼树莲/小叶眼树莲

Dischidia nummularia

科属：萝藦科眼树莲属

产地：产于澳大利亚东北部。

贝拉球兰/矮球兰

Hoya lanceolata subsp. *bella*

科属：萝藦科球兰属

产地：产于印度及泰国。

护耳草球兰/护耳草

Hoya fungii

科属：萝藦科球兰属

产地：产于我国云南、广西及海南。生于海拔300~700米的山地疏林中，附生于树上。

南方球兰/澳洲球兰

Hoya australis

科属：萝藦科球兰属

产地：产于澳大利亚。

孜然球兰/萝藦科球兰属

Hoya cumingiana

科属：萝藦科球兰属

产地：产于菲律宾。

球兰/爬岩板、铁脚板
Hoya carnosa

科属：萝藦科球兰属
产地：产于我国云南、广东、广西、福建及台湾等地。生于平原或山地，附于树上或石上生长。

球兰锦/花叶球兰
Hoya carnosa var. *marmorata*

科属：萝藦科球兰属
产地：栽培变种，我国各地均有栽培。

卷叶球兰
Hoya carnosa 'Compacta'

科属：萝藦科球兰属
产地：栽培变种，我国各地均有栽培。

心叶球兰/凹叶球兰
Hoya kerrii

科属：萝藦科球兰属
产地：产于泰国及老挝，我国引种栽培。

大花球兰/风铃球兰
Hoya archboldiana

科属：萝藦科球兰属
产地：产于新几内亚。

心叶球兰锦/凹叶球兰锦
Hoya kerrii var. *variegata*

科属：萝藦科球兰属
产地：栽培变种，我国引种栽培。

方叶球兰/香花球兰、石草鞋
Hoya lyi

科属：萝藦科球兰属
产地：产于我国云南、贵州、四川及广西等地。生于海拔1000米以下的山地密林中，附生于大树上或石上。

慧星球兰 /流星球兰
Hoya multiflora

科属：萝藦科球兰属
产地：产于中南半岛、印度尼西亚及菲律宾等地。

气球果/唐棉、钝钉头果
Gomphocarpus physocarpus

科属：萝藦科钉头果属
产地：产于热带非洲。

棉德岛球兰/火球

Hoya mindorensis

科属：萝藦科球兰属
产地：产于菲律宾。

剑龙角/摩星花

Huernia macrocarpa

科属：萝藦科剑龙角属
产地：产于南非。

阿修罗/比兰氏星钟花

Huernia pillansii

科属：萝藦科龙王角属
产地：产于南非。

斑马萝藦/斑马龙王角

Huernia zebrina

科属：萝藦科龙王角属
产地：产于南非及纳米比亚。

萝藦/奶合藤、老鸹瓢

Metaplexis japonica

科属：萝藦科萝藦属
产地：产于我国东北、华北、华东地区及甘肃、陕西、贵州、河南及湖北等地，日本、朝鲜及俄罗斯也有分布。生于林边、河边或路旁等处。

天蓝尖瓣木/彩冠花

Oxypetalum coeruleum

科属：萝藦科彩冠花属
产地：产于巴西及乌拉圭。

石萝藦/水杨柳、凤尾草

Pentasachme caudatum

科属：萝藦科石萝藦属
产地：产于我国华南地区及湖南、江西、云南等地。

毛茸角/毛绒角

Stapelianthus pilosus

科属：萝藦科丽钟角属
产地：产于马达加斯加。

杠柳/杠柳皮、北五加皮

Periploca sepium

科属：萝藦科杠柳属
产地：产于我国中北部。生于平原及低山丘的林缘、沟坡、河边或田边。

大花犀角/红花犀角

Stapelia grandiflora

科属：萝藦科豹皮花属
产地：产于南非，我国南方引种栽培。

多花黑鳗藤/非洲茉莉
Stephanotis floribunda

科属：萝藦科黑鳗藤属
产地：产于马达加斯加。

丽钟阁/丽钟角
Tavaresia grandiflora

科属：萝藦科丽钟角属
产地：产于南非开普省。

夜来香/夜香花
Telosma cordata

科属：萝藦科夜来香属
产地：产于我国华南地区。生于山坡灌木丛中。

黄色凤仙花/金色凤仙花
Impatiens auricoma 'Jungle Gold'

科属：凤仙花科凤仙花属
产地：园艺栽培种，我国部分地区引种栽培。

绿萼凤仙花/金耳环
Impatiens chlorosepala

科属：凤仙花科凤仙花属
产地：产于我国广东、广西、贵州等地。生于海拔300～1300米的山谷溪边蔽阴处。

华凤仙/水边指甲花
Impatiens chinensis

科属：凤仙花科凤仙花属
产地：产于我国江西、福建、浙江、安徽、广东、广西及云南等地，东南亚也有分布。生于海拔100～1200米的池塘、水沟旁、田边或沼泽地。

棒凤仙花/棒凤仙
Impatiens claviger

科属：凤仙花科凤仙花属
产地：产于我国云南、广西等地，越南北部也有分布。生于海拔1000～1800米山谷林下的潮湿处。

东北凤仙花/长距凤仙花
Impatiens furcillata

科属：凤仙花科凤仙花属
产地：产于我国辽宁、吉林、河北及内蒙古，朝鲜及俄罗斯也有分布。生于海拔700～1050米的山谷河边、林缘或草丛中。

凤仙花/急性子、指甲花
Impatiens balsamina

科属：凤仙花科凤仙花属
产地：我国各地广泛栽培，园艺种较多。

新几内亚凤仙
Impatiens hawkeri

科属：凤仙花科凤仙花属
产地：原产于新几内亚，现种植的均为园艺种。

刚果凤仙花/刚果凤仙

Impatiens niamniamensis

科属：凤仙花科凤仙花属

产地：产于非洲，我国引种栽培。

非洲凤仙花/苏丹凤仙花、玻璃翠

Impatiens walleriana

科属：凤仙花科凤仙花属

产地：产于东非，世界各地广泛引种栽培。

水金凤/山芨芨草、辉菜花

Impatiens noli-tangere

科属：凤仙花科凤仙花属

产地：产于我国东北、华东、华北、华中及西北部分地区，朝鲜、日本及俄罗斯也有分布。生于海拔900～2400米的林下、林缘草地或沟边。

木耳菜/落葵、藤菜

Basella alba

科属：落葵科落葵属

产地：产于亚洲热带地区，我国南北方均有种植。

藤三七/落葵薯

Anredera cordifolia

科属：落葵科落葵薯属

产地：产于南美热带地区，我国南方有栽培。

团扇秋海棠/癞叶秋海棠

Begonia leprosa

科属：秋海棠科秋海棠属

产地：产于我国广东、广西。生于海拔700～1800米林下、路边或山坡的湿润地或湿岩石上。

龙翅秋海棠

Begonia hybrida

科属：秋海棠科秋海棠属

产地：园艺种。

蕺叶秋海棠/七星花

Begonia limprichtii

科属：秋海棠科秋海棠属

产地：产于我国四川。生于海拔500～1650米的灌丛、林下阴湿处。

银星秋海棠/斑叶秋海棠

Begonia × albopicta

科属：秋海棠科秋海棠属

产地：园艺杂交种。

竹节秋海棠/斑叶竹节秋海棠

Berberis thunbergii var. atropurpurea

科属：秋海棠科秋海棠属

产地：产于巴西，我国引种栽培。

丽格秋海棠/玫瑰秋海棠

Begonia elatior

科属：秋海棠科秋海棠属

产地：园艺杂交种。

铁十字秋海棠/铁甲秋海棠

Begonia masoniana

科属：秋海棠科秋海棠属

产地：产于我国广西。生于海拔170~220米的山坡石灰岩石上及密林或沟边灌丛下。

垂花秋海棠

Begonia 'Pendula'

科属：秋海棠科秋海棠属

产地：园艺种。

球根秋海棠/球根海棠

Begonia × *tuberhybrida*

科属：秋海棠科秋海棠属

产地：园艺杂交种。

牛耳秋海棠/牛耳海棠

Begonia sanguinea

科属：秋海棠科秋海棠属

产地：产于巴西。

四季秋海棠/四季海棠

Begonia semperflorens

科属：秋海棠科秋海棠属

产地：产于巴西，我国普遍栽培。

金正日花

Begonia × *tuberhybrida* 'Kimjongilhwa'

科属：秋海棠科秋海棠属

产地：园艺杂交种。

波叶秋海棠

Begonia 'Crest bruchii'

科属：秋海棠科秋海棠属

产地：园艺种。

贵妇秋海棠

Begonia 'Kifujin'

科属：秋海棠科秋海棠属

产地：园艺种。

罗拉秋海棠

Begonia 'Norah Bedson'

科属：秋海棠科秋海棠属

产地：园艺种。

睫毛秋海棠

Begonia 'Ricinifolia'

科属：秋海棠科秋海棠属
产地：园艺种。

虎斑秋海棠/星点秋海棠

Begonia 'Tiger'

科属：秋海棠科秋海棠属
产地：园艺种，原种产于墨西哥。

象耳秋海棠

Begonia 'Thurstonii'

科属：秋海棠科秋海棠属
产地：园艺种。

银翠秋海棠

Begonia 'Silver Jewell'

科属：秋海棠科秋海棠属
产地：园艺种。

堆花小檗/黄檗子

Berberis aggregata

科属：小檗科小檗属
产地：产于我国青海、甘肃、四川、湖北及山西。生于海拔1000~3500米的山谷灌丛中、山坡路旁等处。

秦岭小檗/平基槭宝树

Berberis circumserrata

科属：小檗科小檗属
产地：产于我国湖北、陕西、甘肃、青海。生于海拔1450~3300米的山坡、林缘、灌丛中。

大叶小檗/昆明小檗

Berberis ferdinandi-coburgii

科属：小檗科小檗属
产地：产于我国云南。生于海拔100~2700米的山坡及路边灌丛中。

柔毛小檗

Berberis pubescens

科属：小檗科小檗属
产地：产于我国陕西、湖北。生于山坡或山谷中。

川滇小檗/鸡脚刺

Berberis jamesiana

科属：小檗科小檗属
产地：产于我国云南、四川及西藏。生于海拔2100~3600米的山坡、林缘或灌丛中。

长柱小檗/天台小檗

Berberis lempergiana

科属：小檗科小檗属
产地：产于我国浙江。生于海拔1200米的林下、林缘、灌丛或沟谷溪边。

昆明小檗/昆明鸡脚黄连
Berberis kunmingensis

科属：小檗科小檗属
产地：产于我国云南。生于山坡灌丛中或林缘。

假蚝猪刺/刺黄柏
Berberis soulieana

科属：小檗科小檗属
产地：产于我国湖北、四川、陕西、甘肃。生于海拔600～1800米的沟边、河丛中、山坡、林中或林缘。

藏小檗/西藏小檗
Berberis thibetica

科属：小檗科小檗属
产地：产于我国云南中甸及德钦，四川也有分布。生于海拔1500～2400米的山坡灌丛中。

匙叶小檗/西北小檗
Berberis vernae

科属：小檗科小檗属
产地：产于我国甘肃、青海及四川。生于海拔2200～3850米的河滩地或山坡灌丛中。

紫叶小檗
/红叶小檗、紫叶日本小檗
Berberis thunbergii var. *atropurpurea*

科属：小檗科小檗属
产地：栽培变种，原产于日本，我国广泛栽培。

金叶小檗
Berberis thunbergii 'Aurea'

科属：小檗科小檗属
产地：园艺种，我国华东地区栽培较多。

日本小檗/小檗
Berberis thunbergii

科属：小檗科小檗属
产地：产于日本，我国广泛栽培。

六角莲/山荷叶、独角莲
Dysosma pleiantha

科属：小檗科鬼臼属
产地：产于我国华东、华中及华南等地。生于海拔400～1600米的林下、山谷溪旁或阴湿溪谷草丛中。

八角莲/八角盘
Dysosma versipellis

科属：小檗科鬼臼属
产地：产于我国华中、华南及西南地区。生于海拔300～2400米的林下、灌丛中或溪边的阴湿处。

淫羊藿/短角淫羊藿
Epimedium brevicornu

科属：小檗科淫羊藿属
产地：产于我国陕西、甘肃、山西、河南、青海、湖北、四川等地。生于海拔650～3500米的林下、灌丛中或阴湿处。

阔叶十大功劳/大猫儿刺

Mahonia bealei

科属：小檗科十大功劳属

产地：产于我国华东、华中及华南等地区。生于海拔500～2000米的林下、林缘、溪边或路边。

十大功劳/狭叶十大功劳

Mahonia fortunei

科属：小檗科十大功劳属

产地：产于我国广西、四川、贵州、湖北、江西及浙江。生于350～2000米的山坡沟谷中、灌丛中、路边或河边。

昆明十大功劳/长柱十大功劳

Mahonia duclouxiana

科属：小檗科十大功劳属

产地：产于我国云南、四川及广西。生于海拔1800～2700米的林中、灌丛中、路边或山坡上。

火焰南天竺/火焰蓝天竹

Nandina domestica 'Firepower'

科属：小檗科南天竹属

产地：园艺种，我国华东等地广泛栽培。

南天竺/蓝天竹

Nandina domestica

科属：小檗科南天竹属

产地：产于我国华东、华中、华南及西南等地，日本也有分布。生于海拔1200米的林下、路边或灌丛中。

桃儿七/铜筷子

Sinopodophyllum hexandrum

科属：小檗科桃儿七属

产地：产于我国云南、四川、西藏、甘肃、青海和陕西。生于海拔2200～4300米的林下、林缘湿地、灌丛中或草丛中。

辽东桤木/毛赤杨、水冬瓜

Alnus hirsuta

科属：桦木科桤木属

产地：产于我国东北及山东，俄罗斯、朝鲜及日本也有分布。生于海拔700～1500米的山坡林中、岸边或潮湿地。

东北桤木/东北赤杨

Alnus mandshurica

科属：桦木科桤木属

产地：产于我国黑龙江、吉林，朝鲜及俄罗斯也有分布。生于海拔100～1700米的林边、河岸山坡的林中。

白桦/粉桦、桦皮树

Betula platyphylla

科属：桦木科桦木属

产地：产于我国河南、陕西、宁夏、甘肃、青海、四川、云南、西藏及东北和华北地区，俄罗斯、朝鲜及日本也有分布。生于海拔400～4100米的山坡或林中。

华千斤榆/小果千斤榆
Carpinus cordata var. *chinensis*

科属：桦木科鹅耳枥属
产地：产于我国华东地区、湖北及四川，朝鲜及日本也有分布。生于海拔500～2500米的山坡或山谷中。

扭枝欧榛/扭枝欧洲榛子
Corylus avellana 'Contorta'

科属：桦木科榛属
产地：园艺栽培种，我国华东地区有栽培。

刺榛/滇刺榛
Corylus ferox

科属：桦木科榛属
产地：产于我国西藏、云南、四川等地，印度及尼泊尔也有分布。生于海拔2000～3500米的山坡林中。

紫叶榛
Corylus maxima 'Purpurea'

科属：桦木科榛属
产地：园艺种，我国华东地区有栽培。

榛/榛子
Corylus heterophylla

科属：桦木科榛属
产地：产于我国河北、山西、陕西及东北地区，朝鲜、日本、蒙古及俄罗斯也有分布。生于海拔200～1000米的山地阴坡灌丛中。

角蒿/羊角蒿、萝蒿
Incarvillea sinensis

科属：紫葳科角蒿属
产地：产于我国中北部及西南部。生于海拔500～3850米的山坡及田野中。

红波罗花/鸡肉参、红花角蒿
Incarvillea delavayi

科属：紫葳科角蒿属
产地：产于我国四川、云南等地。生于海拔2400～3900米的高山草坡中。

单叶波罗花/宽萼波萝花
Incarvillea forrestii

科属：紫葳科角蒿属
产地：产于我国四川、云南等地。生于海拔3040～3500米的多石高山草地及灌丛中。

密生波罗花/密生角蒿
Incarvillea compacta

科属：紫葳科角蒿属
产地：产于我国甘肃、青海、四川、云南及西藏。生于海拔2600～4100米的空旷石砾山坡及草灌丛中。

中甸角蒿

Incarvillea zhongdianensis

科属：紫葳科角蒿属

产地：产于我国云南香格里拉。

白花两头毛/白花毛子草

Incarvillea arguta f. *alba*

科属：紫葳科角蒿属

产地：产于我国云南。

两头毛/毛子草、岩喇叭

Incarvillea arguta

科属：紫葳科角蒿属

产地：产于我国甘肃、四川、贵州、西藏及云南等地，印度、尼泊尔及不丹也有分布。生于海拔1400~3400米的干热河谷、山坡灌丛中。

猫尾木/猫尾

Dolichandrone cauda-felina

科属：紫葳科猫尾木属

产地：产于我国广东、广西、海南及云南。生于海拔200~300米的疏林边、阳坡等处。

光果猫尾木

Dolichandrone serrulata

科属：紫葳科猫尾木属

产地：产于泰国。

硬骨凌霄/四季凌霄

Tecomaria capensis

科属：紫葳科硬骨凌霄属

产地：产于南非。

厚萼凌霄

/美洲凌霄、美国凌霄

Campsis radicans

科属：紫葳科凌霄属

产地：产于美洲，我国华东至西南引种栽培。

凌霄/紫葳、女葳花

Campsis grandiflora

科属：紫葳科凌霄属

产地：产于我国河北及山东以南等大部分地区，日本也有分布。

梓树/臭梧桐
Catalpa ovata

科属：紫葳科梓属
产地：产于我国长江流域及以北地区，日本也有分布，野生极少。

叉叶木/十字架树
Crescentia alata

科属：紫葳科葫芦树属
产地：原产于墨西哥至哥斯达黎加，现广为栽培。

炮弹树/葫芦树、瓠瓜木
Crescentia cujete

科属：紫葳科葫芦树属
产地：原产于热带美洲，我国广东、福建、台湾及云南等地有栽培。

蓝花楹
Jacaranda mimosifolia

科属：紫葳科蓝花楹属
产地：产于巴西、玻利维亚及阿根廷，我国引种栽培。

吊瓜树/吊灯树
Kigelia africana

科属：紫葳科吊灯树属
产地：产于热带美洲、马达加斯加。

猫爪藤
Macfadyena unguis-cati

科属：紫葳科猫爪藤属
产地：产于西印度群岛及墨西哥、巴西、阿根廷等地，我国南方引种栽培。

火烧花/缅木
Mayodendron igneum

科属：紫葳科火烧花属
产地：产于我国台湾、广东、广西及云南，越南、老挝、印度也有分布。生于海拔150～1900米的干热河谷、低山丛林中。

斑叶粉花凌霄/斑叶肖粉凌霄
Pandorea jasminoides 'Ensel-Variegta'

科属：紫葳科粉花凌霄属
产地：园艺栽培种。

粉花凌霄/肖粉凌霄
Pandorea jasminoides

科属：紫葳科粉花凌霄属
产地：产于美洲，我国南方引种栽培。

食用蜡烛果/蜡烛果
Parmentiera aculeata

科属：紫葳科蜡烛果属
产地：产于墨西哥及危地马拉。

紫芸藤/非洲凌霄
Podranea ricasoliana

科属：紫葳科非洲凌霄属
产地：产于非洲南部。

蒜香藤/张氏紫葳
Pseudocalymma alliaceum

科属：紫葳科蒜香藤属
产地：产于印度、哥伦比亚及阿根廷。

炮仗花/黄鳝藤
Pyrostegia venusta

科属：紫葳科炮仗藤属
产地：产于巴西，我国南方引种栽培。

海南菜豆树
/绿宝树、大叶牛尾树
Radermachera hainanensis

科属：紫葳科菜豆树属
产地：产于我国广东、海南及云南。生于海拔300～550米的低山坡林中。

山菜豆/菜豆树、豇豆树
Radermachera sinica

科属：紫葳科菜豆树属
产地：产于我国台湾、广东、广西、贵州及云南。生于海拔340～750米的山谷或平地疏林中。

火焰树/火焰木
Spathodea campanulata

科属：紫葳科火焰树属
产地：产于热带非洲。

银鳞风铃木
Tabebuia aurea

科属：紫葳科黄钟木属
产地：产于南美洲。

黄花风铃木
/毛黄钟花、黄钟木
Tabebuia chrysantha

科属：紫葳科黄钟木属
产地：产于中南美洲。

紫绣球/粉花风铃木、掌叶木
Tabebuia rosea

科属：紫葳科黄钟木属
产地：产于热带非洲。

连理藤
Clytostoma callistegioides

科属：紫葳科连理藤属
产地：产于巴西及阿根廷。

黄钟花/金钟花
Tecoma stans

科属：紫葳科黄钟花属
产地：产于热带中美洲。

红木/胭脂树、胭脂木

Bixa orellana

科属：红木科红木属

产地：产于热带美洲，我国云南、广东、福建、台湾等地有栽培。

木棉/红棉、攀枝花、英雄树

Bombax ceiba

科属：木棉科木棉属

产地：产于我国云南、四川、贵州、广西、广东、江西、福建及台湾，东南亚至澳大利亚也有分布。生于海拔1400米以下的干热河谷及稀树草原。

猴面包树/猢狲树

Adansonia digitata

科属：木棉科猴面包树属

产地：产于热带非洲，我国云南及广东等地有栽培。

美丽异木棉/美人树

Chorisia speciosa

科属：木棉科美人树属

产地：产于巴西及阿根廷。

轻木/百色木

Ochroma lagopus

科属：木棉科轻木属

产地：产于热带美洲低海拔地区，现亚洲、非洲种植较多。

爪哇木棉/吉贝、美洲木棉

Ceiba pentandra

科属：木棉科吉贝属

产地：产于热带美洲，现亚洲及非洲广泛种植。

榴莲

Durio zibethinus

科属：木棉科榴莲属

产地：产于印度尼西亚，我国海南、云南等地有栽培。

水瓜栗

Pachira aquatica

科属：木棉科瓜栗属

产地：产于中南美洲及墨西哥南部。

瓜栗/发财树

Pachira glabra

科属：木棉科瓜栗属

产地：产于中美墨西哥至哥斯达黎加。

龟甲木棉/龟纹木棉、足球树

Pseudobombax ellipticum

科属：木棉科假木棉属

产地：产于墨西哥，我国南方地区有栽培。

好望角牛舌草/非洲勿忘草

Anchusa capensis

科属：紫草科牛舌草属

产地：产于非洲，我国引种栽培。

药用牛舌草/小花牛舌草

Anchusa officinalis

科属：紫草科牛舌草属

产地：产于欧洲，我国有栽培。

琉璃苣/玻璃苣

Borago officinalis

科属：紫草科琉璃苣属

产地：产于地中海沿岸及小亚细亚。

福建茶/基及树

Carmona microphylla

科属：紫草科基及树属

产地：产于我国广东、海南及台湾。生于低海拔平原、丘陵及空旷灌丛处。

倒提壶/蓝布裙

Cynoglossum amabile

科属：紫草科琉璃草属

产地：产于我国云南、贵州、西藏、四川及甘肃等地，不丹也有分布。生于海拔1250～4565米的山坡草地、山地灌丛、干旱路边及针叶林缘。

心叶琉璃草/暗淡倒提壶

Cynoglossum triste

科属：紫草科琉璃草属

产地：产于我国云南至四川一带。生于海拔2500～3100米的阴湿山坡及松林下。

车前叶蓝蓟

Echium plantagineum

科属：紫草科蓝蓟属

产地：产于欧洲，我国华东引种栽培。

云南粗糠树/滇西厚壳树

Ehretia confinis

科属：紫草科厚壳树属

产地：产于我国云南西南部。生于海拔700～2400米的林中。

粗糠树/大叶厚壳树、破布子

Ehretia macrophylla

科属：紫草科厚壳树属

产地：产于我国西南、华南、华东及台湾、河南、陕西、甘肃、青海等地，日本、越南、不丹及尼泊尔也有分布。生于海拔125～2300米的山坡疏林及土质肥沃的山脚湿润处。

厚壳树

Ehretia acuminata

科属：紫草科厚壳树属

产地：产于我国华南、西南、华东及台湾、山东、河南等地，日本及越南也有分布。生于海拔100～1700米的丘陵、平原疏林、山坡灌丛及山谷密林中。

宽叶假鹤虱/大叶假鹤虱

Hackelia brachytuba

科属：紫草科假鹤虱属

产地：产于我国西藏、云南、四川及甘肃，尼泊尔也有分布。生于海拔2900～3800米的山坡或林下。

香水草/南美天芥菜

Heliotropium arborescens

科属：紫草科天芥菜属

产地：产于秘鲁，我国引种栽培。

大尾摇/象鼻草

Heliotropium indicum

科属：紫草科天芥菜属

产地：产于我国海南、福建、台湾及云南等地，全球热带及亚热带地区广布。生于海拔650米以下的丘陵、路边、河岸及空旷之地。

梓木草/地仙桃

Lithospermum zollingeri

科属：紫草科紫草属

产地：产于我国台湾、浙江、江苏、安徽、贵州、四川、陕西、甘肃，朝鲜及日本也有分布。生于丘陵、低山草坡或灌丛下。

微孔草/锡金微孔草

Microula sikkimensis

科属：紫草科微孔草属

产地：产于我国陕西、甘肃、青海、四川、云南、西藏等地。生于海拔1900～4500米的山坡草地、灌丛下、林边或田中等处。

浙赣车前紫草

/浙江车前紫草

Sinojohnstonia chekiangensis

科属：紫草科车前紫草属

产地：产于我国浙江、江西、湖南、山西及陕西。生于林下或阴湿的岩石边。

聚合草/友谊草

Symphytum officinale

科属：紫草科聚合草属

产地：产于俄罗斯，我国广泛栽培。生于山林地带。

紫丹/长管滨紫

Tournefortia montana

科属：紫草科紫丹属

产地：产于我国云南、广东及其沿海岛屿，越南也有分布。散生于密林中。

秦岭附地菜

Trigonotis giraldii

科属：紫草科附地菜属

产地：产于我国陕西。生于海拔2400~2900米的山地灌丛、林缘及草坡。

附地菜/地胡椒

Trigonotis peduncularis

科属：紫草科附地菜属

产地：产于我国云南、广西、江西、福建、新疆、甘肃、内蒙古及东北等地，欧洲、亚洲温带也有分布。生于平原、丘陵草地、林缘及荒地。

伯乐树/钟萼木

Bretschneidera sinensis

科属：伯乐树科伯乐树属

产地：产于我国四川、云南、贵州、广西、广东、湖南、湖北、江西、浙江、福建等地，越南也有分布。生于低海拔至中海拔的林中。

粉菠萝/美叶光萼荷

Aechmea fasciata

科属：凤梨科蜻蜓凤梨属

产地：产于巴西，我国引种栽培。

菠萝/凤梨

Ananas comosus

科属：凤梨科凤梨属

产地：原产于热带美洲，我国广东、海南、云南等省有栽培。

金边凤梨

Ananas comosus var. *variegata*

科属：凤梨科凤梨属

产地：栽培变种，我国华南地区引种栽培。

巧克力光亮凤梨

Ananas lucidus 'Chocolat'

科属：凤梨科凤梨属

产地：园艺种，我国华南地区有引种。

亮叶无刺菠萝

Ananas lucidus

科属：凤梨科凤梨属

产地：产于委内瑞拉及厄瓜多尔。生于低地湿润河岸。

水塔花凤梨
/水塔花、火焰凤梨
Billbergia pyramidalis

科属：凤梨科水塔花属
产地：产于巴西，我国南方引种栽培。

白边水塔花
Billbergia pyramidalis 'Kyoto'

科属：凤梨科水塔花属
产地：园艺种，我国南方有栽培。

姬凤梨/紫锦凤梨
Cryptanthus acaulis

科属：凤梨科姬凤梨属
产地：产于南美热带地区，我国南北方均有栽培。

环带姬凤梨/虎纹小菠萝
Cryptanthus zonatus

科属：凤梨科姬凤梨属
产地：产于南美。

小雀舌兰/厚叶凤梨
Dyckia brevifolia

科属：凤梨科硬叶凤梨属
产地：产于南美的草原中。

双色喜炮凤梨
Guzmania 'Major'

科属：凤梨科果子蔓属
产地：园艺种，我国南方已商品化生产。

米娜果子蔓
Guzmania 'Mignafiora'

科属：凤梨科果子蔓属
产地：园艺种，我国南方引种栽培。

时光果子蔓
Guzmania 'Sunnytime'

科属：凤梨科果子蔓属
产地：园艺种，我国南方引种栽培。

里约红彩叶凤梨
Neoregelia 'Red Of Rio'

科属：凤梨科彩叶凤梨属
产地：园艺种。

橙光彩叶凤梨/彩叶凤梨属

Neoregelia 'Orange Glow'

科属：凤梨科

产地：园艺种。

阿比诺铁兰

Tillandsia albida

科属：凤梨科铁兰属

产地：产于墨西哥。

阿珠伊凤梨

Tillandsia araujei

科属：凤梨科铁兰属

产地：产于巴西。

卡比它凤梨

Tillandsia capitata 'Doming'

科属：凤梨科铁兰属

产地：园艺种。

贝可利凤梨

Tillandsia brachycaulos

科属：凤梨科铁兰属

产地：产于哥斯达黎加及危地马拉。

铁兰/紫花凤梨

Tillandsia cyanea

科属：凤梨科铁兰属

产地：产于热带美洲。

小精灵凤梨/小精灵

Tillandsia ionantha

科属：凤梨科铁兰属

产地：园艺杂交种。

丛生小精灵凤梨

Tillandsia ionantha 'Cluster'

科属：凤梨科铁兰属

产地：园艺栽培种。

捻叶花凤梨

Tillandsia streptophylla

科属：凤梨科铁兰属

产地：产于墨西哥、危地马拉及洪都拉斯等地。

多国花凤梨
/软叶多国花凤梨
Tillandsia stricta

科属：凤梨科铁兰属
产地：产于南美及西印度群岛。

松萝凤梨/老人须
Tillandsia usneoides

科属：凤梨科铁兰属
产地：产于美洲，我国南方引种栽培。

斑叶莺哥凤梨
Vriesea carinata 'Variegata'

科属：凤梨科莺哥凤梨属
产地：园艺种。

帝王凤梨
Vriesea imperialis

科属：凤梨科莺哥凤梨属
产地：原产于巴西。

莺哥凤梨
Vriesea carinata

科属：凤梨科莺哥凤梨属
产地：产于热带美洲。

毛叶榄/白榄、橄榄
Canarium subulatum

科属：橄榄科橄榄属
产地：产于我国福建、台湾、广东、广西及云南，越南也有分布。生于海拔1300米以下的沟谷和山坡杂木林中。

乌榄/墨榄

Canarium pimela

科属：橄榄科橄榄属

产地：产于我国广东、广西、海南及云南，越南、老挝、柬埔寨也有分布。生于海拔1280米以下的杂木林内。

三角榄/方榄

Canarium bengalense

科属：橄榄科橄榄属

产地：产于我国广西、云南，东南亚也有分布。生于海拔400～1300米的杂木林中。

黄花蔺

Limnocharis flava

科属：花蔺科黄花蔺属

产地：产于我国云南及广东沿海岛屿，东南亚、热带美洲也有分布。生于海拔600～700米地区的沼泽或浅水中。

水金英/水罂粟

Hydrocleys nymphoides

科属：花蔺科水罂粟属

产地：产于中南美洲，我国南方引种栽培。

河滩黄杨/滇南黄杨

Buxus austro-yunnanensis

科属：黄杨科黄杨属

产地：产于我国云南南部。生于海拔480～890米的江边、河岸石缝或灌丛中。

潮安黄杨

Buxus chaoanensis

科属：黄杨科黄杨属

产地：产于我国广东。

雀舌黄杨/匙叶黄杨

Buxus harlandii

科属：黄杨科黄杨属

产地：产于我国云南、四川、贵州、广西、广东、江西、浙江、湖北、河南、甘肃及陕西等地。生于海拔400～2700米的平地或山坡林下。

大叶黄杨/长叶黄杨

Buxus megistophylla

科属：黄杨科黄杨属

产地：产于我国贵州、广西、广东、湖南、江西等地。生于海拔500～1400米的山地、山谷、河岸或山坡林下。

黄杨/瓜子黄杨

Buxus sinica

科属：黄杨科黄杨属

产地：产于我国于陕西、甘肃、湖北、四川、贵州、广西、广东、江西、浙江、安徽、江苏及山东等地。生于山谷、溪边或林下。

板凳果/三角咪

Pachysandra axillaris

科属：黄杨科板凳果属
产地：产于我国云南、四川及台湾。生于海拔1800～2500米的林下或灌丛中。

顶花板凳果
/顶蕊三角咪、富贵草

Pachysandra terminalis

科属：黄杨科板凳果属
产地：产于我国甘肃、陕西、四川、湖北及浙江等省，日本也有分布。生于海拔1000～2500米的林下阴湿处。

龟甲牡丹

Ariocarpus fissuratus

科属：仙人掌科岩牡丹属
产地：产于美洲。

般若/星兜

Astrophytum ornatum

科属：仙人掌科星球属
产地：产于墨西哥。

星球/兜

Astrophytum asterias

科属：仙人掌科星球属
产地：产于墨西哥，世界各国广泛栽培。

鸾凤玉

Astrophytum myriostigma

科属：仙人掌科星球属
产地：产于墨西哥高原中部。

鸾凤玉锦

Astrophytum myriostigma 'Varegata'

科属：仙人掌科星球属
产地：园艺种。

三角鸾凤玉

Astrophytum myriostigma var. tricostatum

科属：仙人掌科星球属
产地：园艺变种。

四角鸾凤玉

Astrophytum myriostigma var. *quadricostatum*

科属：仙人掌科星球属
产地：园艺变种。

将军/将军棒
Austrocylindropuntia subulata

科属：仙人掌科圆筒仙人掌属
产地：产于秘鲁及阿根廷。

鬼面角/鬼面阁
Cereus hildmannianus

科属：仙人掌科天轮柱属
产地：产于南美洲。

白檀/白檀柱
Chamaecereus silvestrii

科属：仙人掌科白檀属
产地：产于阿根廷西部山地。

山吹
Chamaecereus silvestrii 'aureus'

科属：仙人掌科白檀属
产地：园艺种。

山吹缀化
Chamaecereus silvestrii f. *cristata*

科属：仙人掌科白檀属
产地：园艺种。

魔象球/黑象球
Coryphantha maiz-tablasensis

科属：仙人掌科菠萝球属
产地：产于墨西哥。

大祥冠
Coryphantha poselgeriana

科属：仙人掌科菠萝球属
产地：产于墨西哥。

鬼角子/锁链掌
Cylindropuntia imbricata

科属：仙人掌科圆柱掌属
产地：产于北美洲。

鼠尾掌/细柱孔雀
Disocactus flagelliformis

科属：仙人掌科姬孔雀属
产地：产于墨西哥。

蓬莱柱

Disocactus martianus

科属：仙人掌科姬孔雀属
产地：产于墨西哥。

花香球/芳香球

Dolichothele baumii

科属：仙人掌科长疣球属
产地：产于墨西哥。

金琥/象牙球

Echinocactus grusonii

科属：仙人掌科金琥属
产地：产于墨西哥中部圣路易波托西至伊达尔戈干燥炎热的沙漠。

金琥缀化/象牙球缀化

Echinocactus grusonii f. *cristatus*

科属：仙人掌科金琥属
产地：园艺种。

白刺金琥

Echinocactus grusonii var. *albispinus*

科属：仙人掌科金琥属
产地：园艺种。

狂刺金琥

Echinocactus grusonii var. *intertextus*

科属：仙人掌科金琥属
产地：园艺种。

裸琥

Echinocactus grusonii var. *inermis*

科属：仙人掌科金琥属
产地：园艺种。

太阳/彩虹仙人柱

Echinocereus rigidissimus

科属：仙人掌科鹿角柱属
产地：产于玻利维亚。

金龙

Echinocereus berlandieri

科属：仙人掌科鹿角柱属
产地：产于美洲。

宇宙殿

Echinocereus knippelianus

科属：仙人掌科鹿角柱属
产地：产于墨西哥及美国。

仙人球/花盛球

Echinopsis tubiflora

科属：仙人掌科仙人球属
产地：原产于阿根廷北部及巴西南部的干旱草原。

月世界

Epithelantha micromeris

科属：仙人掌科月世界属
产地：产于墨西哥北部。

姬月下美人/姬昙花

Epiphyllum pumilum

科属：仙人掌科昙花属
产地：产于美洲墨西哥的热带沙漠地区。

昙花/月下美人

Epiphyllum oxypetalum

科属：仙人掌科昙花属
产地：产于美洲，世界各国广泛栽培。

锯齿昙花/角裂昙花、鱼骨令箭

Epiphyllum anguliger

科属：仙人掌科昙花属
产地：原产于南非及墨西哥。

银翁玉

Eriosyce kunzei

科属：仙人掌科智利球属
产地：原产于智利中北部和阿根廷。

幻乐/老乐柱

Espostoa melanostele

科属：仙人掌科老乐柱属
产地：原产于秘鲁及厄瓜多尔南部。

龙虎

Ferocactus echidne

科属：仙人掌科强刺球属
产地：产于墨西哥。

文鸟丸

Ferocactus histrix

科属：仙人掌科强刺球属
产地：产于墨西哥中部。

巨鹫玉

Ferocactus peninsulae

科属：仙人掌科强刺球属
产地：产于墨西哥。

日出/日之出丸

Ferocactus recurvus

科属：仙人掌科强刺球属
产地：产于墨西哥。

半岛玉

Ferocactus peninsulae

科属：仙人掌科强刺球属
产地：产于北美。

士童

Frailea castanea

科属：仙人掌科士童属
产地：产于阿根廷、玻利维亚、巴西、巴拉圭和乌拉圭。

凤头

Gymnocalycium bodenbenderianum

科属：仙人掌科裸萼球属
产地：产于阿根廷中部。

绯花玉/绯红仙人球

Gymnocalycium baldianum

科属：仙人掌科裸萼球属
产地：产于阿根廷。

海王球/海王丸

Gymnocalycium paraguayense

科属：仙人掌科裸萼球属
产地：产于巴西、乌拉圭等地。

牡丹玉/瑞云丸

Gymnocalycium mihanovichii

科属：仙人掌科裸萼球属
产地：产于南美洲。

大红球/绯牡丹

Gymnocalycium mihanovichii var. *friedrichii*

科属：仙人掌科裸萼球属
产地：园艺变种。

新天地

Gymnocalycium saglione

科属：仙人掌科裸萼球属
产地：原产于阿根廷北部及玻利维亚等地。

袖浦柱/袖浦

Harrisia jusbertii

科属：仙人掌科卧龙柱属

产地：不详，可能为自然杂交种。

黄金钮

Hildewintera aureispina

科属：仙人掌科黄金钮属

产地：产于玻利维亚。

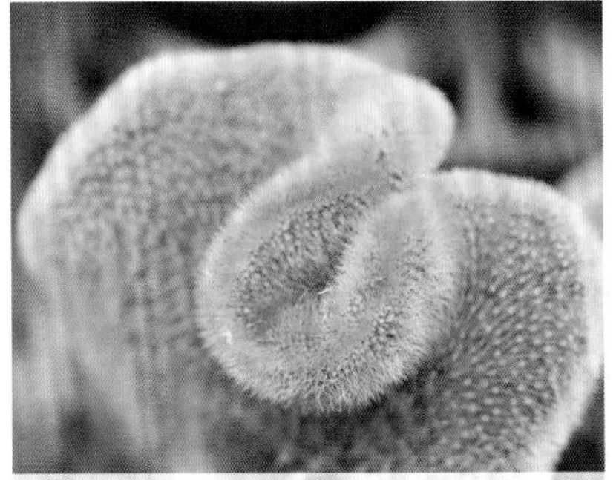

黄金钮缀化

Hildewintera aureispina f. *cristata*

科属：仙人掌科黄金钮属

产地：园艺变型。

量天尺/火龙果

Hylocereus undatus

科属：仙人掌科量天尺属

产地：产于中美洲，我国南方广泛栽培。

光山

Leuchtenbergia principis

科属：仙人掌科光山属

产地：产于墨西哥。

银冠玉

Lophophora fricii

科属：仙人掌科乌羽玉属

产地：产于墨西哥。

乌羽玉

Lophophora williamsii

科属：仙人掌科乌羽玉属

产地：产于墨西哥中部和美国得克萨斯州的荒漠地区。

金手指/黄金司

Mammillaria elongata var. *intertexta*

科属：仙人掌科乳突球属

产地：产于墨西哥。

玉翁

Mammillaria hahniana

科属：仙人掌科乳突球属

产地：产于墨西哥高原中部。

春星

Mammillaria humboldtii

科属：仙人掌科乳突球属

产地：产于墨西哥。

海王星

Mammillaria longimamma var. *uberiformis*

科属：仙人掌科乳突球属

产地：产于墨西哥。

松霞/黄毛球

Mammillaria prolifera

科属：仙人掌科乳突球属

产地：产于巴西。

猩猩球/艳珠丸
Mammillaria spinosissima

科属：仙人掌科乳突球属
产地：产于墨西哥。

蓝云
Melocactus azureus

科属：仙人掌科花座球属
产地：产于巴西。

魔云/朱云
Melocactus matanzanus

科属：仙人掌科花座球属
产地：产于巴西及委内瑞拉。

卷云
Melocactus neryi

科属：仙人掌科花座球属
产地：产于巴西。

碧云
Melocactus salvadorensis

科属：仙人掌科花座球属
产地：产于巴西。

桃云/茜云
Melocactus ernestii

科属：仙人掌科花座球属
产地：产于巴西。

翠云
Melocactus violaceus

科属：仙人掌科花座球属
产地：产于巴西。

令箭荷花/孔雀仙人掌
Nopalxochia ackermannii

科属：仙人掌科令箭荷花属
产地：原产于中美洲，我国大部分地区有栽培。

雪光/雪晃
Notocactus haselbergii

科属：仙人掌科南国玉属
产地：产于巴西。

英冠玉
Notocactus magnificus

科属：仙人掌科南国玉属
产地：产于巴西高原。

帝冠

Obregonia denegrii

科属：仙人掌科帝冠属

产地：产于北美墨西哥塔毛利帕斯州维多利亚城附近山区。

长刺武藏野

Opuntia articulata var. *diademata*

科属：仙人掌科仙人掌属

产地：变种，原种产于阿根廷中部安第斯山海拔4000米以上的山坡上。

胭脂掌/胭脂仙人掌

Opuntia cochinellifera

科属：仙人掌科仙人掌属

产地：产于墨西哥，世界各地广泛栽培。

梨果仙人掌/仙桃

Opuntia ficus-indica

科属：仙人掌科仙人掌属

产地：产于墨西哥，世界湿润地区广泛栽培。

仙人掌

Opuntia stricta var. *dillenii*

科属：仙人掌科仙人掌属

产地：产于墨西哥东海岸、美国南部及东南部沿海地区、西印度群岛、百慕大群岛及南洋洲北部。

金武扇仙人掌/平安刺

Opuntia tuna

科属：仙人掌科仙人掌属

产地：产于中南美洲及地中海沿岸。

仙人镜

Opuntia phaeacantha

科属：仙人掌科仙人掌属

产地：产于美洲。

武伦柱

Pachycereus pringlei

科属：仙人掌科摩天柱属

产地：产于墨西哥。

土人的栉柱

Pachycereus pecten-aboriginum

科属：仙人掌科摩天柱属

产地：产于美洲。

蓝柱/金青阁

Pilosocereus pachycladus

科属：仙人掌科毛柱属
产地：产于巴西。

红宝山/宝山球

Rebutia minuscula

科属：仙人掌科子孙球属
产地：产于阿根廷北部安第斯山。

假昙花/亮红仙人指

Rhipsalidopsis gaertneri

科属：仙人掌科假昙花属
产地：产于南美热带。

黄翁/金晃

Parodia leninghausii

科属：仙人掌科锦绣玉属
产地：产于巴西。

木麒麟/虎刺、叶仙人掌

Pereskia aculeata

科属：仙人掌科木麒麟属
产地：产于巴西。

樱麒麟

Pereskia grandifolia

科属：仙人掌科木麒麟属
产地：产于热带美洲。

毛萼叶仙人掌/仙人树

Pereskia sacharosa

科属：仙人掌科木麒麟属
产地：产于热带美洲。

丝苇

Rhipsalis baccifera

科属：仙人掌科丝苇属
产地：产于巴西。

桐壶丝苇

Rhipsalis oblonga

科属：仙人掌科丝苇属
产地：产于巴西。附生于海拔1300米的树木上。

番杏柳

Rhipsalis mesembryanthemoides

科属：仙人掌科丝苇属
产地：产于巴西热带地区。

仙人指/巴西蟹爪

Schlumbergera bridgesii

科属：仙人掌科仙人指属
产地：产于南美的热带森林中。

千波万波/多棱球

Stenocactus multicostatus

科属：仙人掌科多棱球属
产地：产于墨西哥。

菊水

Strombocactus disciformis

科属：仙人掌科菊水属
产地：产于墨西哥中部及东北部。

蟹爪兰/蟹爪

Zygocactus truncatus

科属：仙人掌科蟹爪兰属
产地：产于巴西的热带雨林中。

朝雾阁

Stenocereus pruinosus

科属：仙人掌科新绿柱属
产地：产于巴西南部山区。

茶柱/大王阁

Stenocereus thurberi

科属：仙人掌科新绿柱属
产地：产于墨西哥及美国。

大统领

Thelocactus bicolor

科属：仙人掌科瘤玉属
产地：产于美国及墨西哥。

夏蜡梅/黄梅花
Calycanthus chinensis

科属：蜡梅科夏蜡梅属
产地：产于我国浙江。生于海拔600~1000米的山地沟边林荫下。

美国夏蜡梅/美国蜡梅
Calycanthus floridus

科属：蜡梅科夏蜡梅属
产地：产于美国东南部。

蜡梅/腊梅、腊木
Chimonanthus praecox

科属：蜡梅科蜡梅属
产地：产于我国华东、华中、华南及西南等地，日本、朝鲜及欧洲也有分布。生于山地林中。

展枝沙参
/东北沙参、长白沙参
Adenophora divaricata

科属：桔梗科沙参属
产地：产于我国东北、河北等地，朝鲜、日本及俄罗斯也有分布。生于林下、灌丛中及草地中。

荠苨/白沙参、心叶沙参
Adenophora trachelioides

科属：桔梗科沙参属
产地：产于我国辽宁、河北、山东、江苏、浙江、安徽等地。生于山坡草地或林缘。

风铃草/风铃花、彩钟花
Campanula medium

科属：桔梗科风铃草属
产地：产于南欧，我国各地有栽培。

钟草叶风铃草
Campanula trachelium

科属：桔梗科风铃草属
产地：产于欧亚大陆。

聚花风铃草
Campanula glomerata subsp. *cephalotes*

科属：桔梗科风铃草属
产地：产于我国东北及内蒙古，蒙古、朝鲜、日本及俄罗斯也有分布。生于草地及灌丛中。

紫斑风铃草/灯笼花
Campanula punctata

科属：桔梗科风铃草属
产地：产于我国东北、内蒙古、河北、山西、河南、陕西、甘肃、四川、湖北等地，朝鲜、日本及俄罗斯也有分布。生于山地林中、灌丛及草地中。

金钱豹/土党参

Campanumoea javanica

科属：桔梗科金钱豹属
产地：广布于亚洲东部热带亚热带地区。生于海拔2400米以下的灌丛中及疏林中。

长叶轮钟草

/肉算盘、山荸荠

Campanumoea lancifolia

科属：桔梗科金钱豹属
产地：产于我国云南、四川、贵州、湖北、湖南、广东、广西及福建等地。东南亚也有分布。生于海拔1500米以下的林中、灌丛中以及草地中。

羊乳/轮叶党参、羊奶参

Codonopsis lanceolata

科属：桔梗科党参属
产地：产于我国东北、华北、华东及中南各地。生于山地森林下沟边的阴湿地区或阔叶林中。

同瓣草/许氏草

Hippobroma longiflora

科属：桔梗科许氏草属
产地：原产于热带美洲。

流星花/腋花同瓣草

Isotoma axillaris

科属：桔梗科同瓣草属
产地：产于大洋洲。

铜锤玉带草/狭叶半边莲

Lobelia angulata

科属：桔梗科铜锤玉带属
产地：产于我国西南、华南、华东及湖南、湖北、台湾、西藏等地，东南亚至巴布亚新几内亚也有分布。生于田边、路旁或疏林中。

半边莲/急解索、细米草

Lobelia chinensis

科属：桔梗科半边莲属
产地：产于我国长江中、下游及以南各地。生于水岸边、沟边及潮湿的草地上。

艳红半边莲

Lobelia hybrida

科属：桔梗科半边莲属
产地：园艺种，我国南方地区广为栽培。

线萼山梗菜/东南山梗菜

Lobelia melliana

科属：桔梗科半边莲属
产地：产于我国广东、福建、江西、湖南等地。生于海拔1000米以下的沟谷、路边、水沟边或林中潮湿地。

桔梗/铃当花
Platycodon grandiflorus

科属：桔梗科桔梗属
产地：产于我国东北、华北、华东、华中各省及广东、广西、贵州、云南、四川、陕西等地，朝鲜、日本、俄罗斯也有分布。生于海拔2000米以下的阳处草丛、灌丛中，少生于林下。

尖瓣花/楔瓣花
Sphenoclea zeylanica

科属：桔梗科尖瓣花属
产地：产于我国台湾、广东、广西及云南。生于田边潮湿处。

鸳鸯美人蕉
Canna 'Cleopatra'

科属：美人蕉科美人蕉属
产地：园艺种，我国南方地区栽培普遍。

兰花美人蕉/黄花美人蕉
Canna orchioides

科属：美人蕉科美人蕉属
产地：原产于欧洲，我国各地有栽培。

蕉芋/姜芋
Canna edulis

科属：美人蕉科美人蕉属
产地：原产于西印度群岛及南美洲，我国南方地区有栽培。

安旺美人蕉
Canna generalis 'Avant'

科属：美人蕉科美人蕉属
产地：园艺种，我国南方引种栽培。

大花美人蕉/美人蕉
Canna generalis

科属：美人蕉科美人蕉属
产地：园艺杂交种，世界各地广为栽培。

总统美人蕉

Canna generalis ‘President’

科属：美人蕉科美人蕉属

产地：园艺种，我国南方引种栽培。

金脉美人蕉

Canna generalis ‘Striatus’

科属：美人蕉科美人蕉属

产地：园艺种，我国南方引种栽培。

粉美人蕉/粉背美人蕉

Canna glauca

科属：美人蕉科美人蕉属

产地：产于南美洲及西印度群岛，我国南北方均有栽培。

美人蕉/兰蕉

Canna indica

科属：美人蕉科美人蕉属

产地：原产于印度，我国各地有栽培。

黄花美人蕉

Canna indica var. *flava*

科属：美人蕉科美人蕉属

产地：印度及日本有分布，我国南方有栽培。

紫叶美人蕉

Canna 'America'

科属：美人蕉科美人蕉属

产地：园艺种，广州有栽培。

野香橼花

/小毛毛花、猫胡子花

Capparis bodinieri

科属：山柑科山柑属

产地：产于我国四川、贵州及云南东部，印度、不丹、缅甸也有分布。生于2500米以下的灌丛或次生森林中。

海南槌果藤

/小刺山柑、小刺槌果藤

Capparis micracantha

科属：山柑科山柑属

产地：产于我国广西、海南、云南等地，东南亚也有分布。生于海拔1500米以下的森林或灌丛中。

醉蝶花/西洋白花菜

Tarenaya hassleriana

科属：山柑科白花菜属

产地：产于热带美洲，我国南北方均有栽培。

皱子白花菜/平伏茎白花菜
Cleome rutidosperma

科属：山柑科白花菜属
产地：原产于热带西非。生于路旁草地、荒地、田间等处，已成泛热带杂草。

鱼木/台湾鱼木、钝叶鱼木
Crateva formosensis

科属：山柑科鱼木属
产地：产于我国台湾、广东、广西及四川。生于海拔400米以下的沟谷或平地、低山水边或石山密林中。

云南双盾木/云南双楯
Dipelta yunnanensis

科属：忍冬科双盾木属
产地：产于我国陕西、甘肃、湖北、四川、贵州及云南等地。生于海拔880～2400米的杂木林下或山坡灌丛中。

糯米条/茶条树
Abelia chinensis

科属：忍冬科六道木属
产地：我国长江以南各地广泛分布。生于海拔170～1500米的山地中。

大花六道木
Abelia × grandiflora

科属：忍冬科六道木属
产地：园艺杂交种，我国华东栽培较多。

鬼吹箫/云通
Leycesteria formosa

科属：忍冬科鬼吹箫属
产地：产于我国四川、贵州、云南及西藏，东南亚也有分布。生于海拔1100～3300米的山坡、山谷、溪边或河边的林下、林缘或灌丛中。

猬实/蝟实
Kolkwitzia amabilis

科属：忍冬科蝟实属
产地：产于我国山西、陕西、甘肃、河南、湖北及安徽等省。生于海拔350～1340米的山坡、路边和灌丛中。

蓝靛果/蓝靛果忍冬
Lonicera caerulea var. *edulis*

科属：忍冬科忍冬属
产地：产于我国东北、华北、西北及西南等地，朝鲜、日本及俄罗斯也有分布。生于海拔2600～3500米的落叶林下或林缘荫处灌丛中。

垂红忍冬/布朗忍冬
Lonicera × brownii 'Dropmore Scarlet'

科属：忍冬科忍冬属
产地：园艺种，我国中北部栽培较多。

金花忍冬/黄花忍冬

Lonicera chrysantha

科属：忍冬科忍冬属

产地：我国除华南及西南的四川省外，大部分地区都有分布，朝鲜及俄罗斯也有分布。生于海拔250~3000米的沟谷、林下或林缘。

华南忍冬/山银花、大金银花

Lonicera confusa

科属：忍冬科忍冬属

产地：产于我国广东、广西及海南，越南及尼泊尔也有分布。生于丘陵地的山坡、杂森林和灌丛中及平原的旷野路旁或河边。

刚毛忍冬/刺毛忍冬

Lonicera hispida

科属：忍冬科忍冬属

产地：产于我国河北、山西、陕西、宁夏、甘肃、青海、新疆、四川、云南及西藏等地，蒙古、俄罗斯及印度也有分布。生于海拔1700~4200米的山坡林中、林缘或高山草地上。

郁香忍冬/香忍冬、四月红

Lonicera fragrantissima

科属：忍冬科忍冬属

产地：产于我国河北、河南、湖北、安徽、浙江及江西。生于海拔200~700米的山坡灌丛中。

金银花/忍冬、金银藤

Lonicera japonica

科属：忍冬科忍冬属

产地：除黑龙江、内蒙古、宁夏、青海、新疆、海南及西藏外，我国全国各省均有分布，日本及朝鲜也有分布。生于海拔1500米以下的山坡灌丛或疏林中、路边等处。

金银忍冬/金银木

Lonicera maackii

科属：忍冬科忍冬属

产地：产于我国东北、华北、华东、西北、华中、华南等部分地区，朝鲜、日本及俄罗斯也有分布。生于林中、林缘或灌丛中。

红花金银忍冬

Lonicera maackii var. *erubescens*

科属：忍冬科忍冬属

产地：产于我国甘肃、江苏、安徽及河南。生于山坡上。

红脉忍冬/红脉金银花

Lonicera nervosa

科属：忍冬科忍冬属

产地：产于我国山西、陕西、宁夏、甘肃、青海、河南、四川及云南。生于海拔2100~4000米的林下、灌丛或山坡草地上。

下江忍冬/素忍冬

Lonicera modesta

科属：忍冬科忍冬属

产地：产于我国安徽、浙江、江西、湖北及湖南等地。生于海拔500~1300米的杂木林下或灌丛中。

匍枝亮叶忍冬

Lonicera 'Maigrun'

科属：忍冬科忍冬属

产地：园艺种，我国华东地区栽培较多。

亮叶忍冬/云南蕊帽忍冬

Lonicera ligustrina var. *yunnanensis*

科属：忍冬科忍冬属

产地：产于我国陕西、甘肃、四川、云南等地。生于海拔1600~3000米的山谷林中。

长白忍冬/王八骨头

Lonicera ruprechtiana

科属：忍冬科忍冬属

产地：产于我国东北三省，朝鲜及俄罗斯也有分布。生于海拔300~1100米的阔叶林下或林缘。

唐古特忍冬/陇塞忍冬

Lonicera tangutica

科属：忍冬科忍冬属

产地：产于我国陕西、宁夏、甘肃、青海、湖北、四川、云南及西藏。生于海拔1600~3500米的林下、山坡草地或溪边灌丛中。

繁果忍冬

Lonicera tatarica 'Fan Guo'

科属：忍冬科忍冬属

产地：园艺种，我国北方地区有栽培。

鞑靼忍冬

/新疆忍冬、桃色忍冬

Lonicera tatarica

科属：忍冬科忍冬属

产地：产于我国新疆北部，俄罗斯也有分布。生于海拔900~1600米的石质山坡或山沟的林缘及灌丛中。

华西忍冬/裂叶忍冬

Lonicera webbiana

科属：忍冬科忍冬属

产地：产于我国山西、陕西、宁夏、甘肃、青海、江西、湖北、四川、云南及西藏。生于海拔1800~4000米的山坡灌丛或草坡上。

京红久忍冬/金光忍冬

Lonicera × *heckrottii*

科属：忍冬科忍冬属

产地：园艺杂交种，我国北方地区有栽培。

金叶接骨木

Sambucus canadensis 'Aurea'

科属：忍冬科接骨木属

产地：园艺种，原种产于北美。

接骨草/陆英
Sambucus chinensis

科属：忍冬科接骨木属
产地：产于我国中南部，日本也有分布。生于海拔300～2600米的山坡、林下、沟边及草丛中。

接骨木/续骨草、九节风
Sambucus williamsii

科属：忍冬科接骨木属
产地：在我国分布极广。生于海拔540～1600米的山坡、灌丛、沟边、宅边等处。

穿心莛子藨/大红参
Triosteum himalayanum

科属：忍冬科莛子藨属
产地：产于我国陕西、湖北、四川、云南及西藏，尼泊尔及印度也有分布。生于海拔1800～4100米的山坡、林缘、沟边或草地上。

莛子藨/羽裂叶莛子藨
Triosteum pinnatifidum

科属：忍冬科莛子藨属
产地：产于我国河北、山西、陕西、宁夏、甘肃、青海、河南、湖北及四川，日本也有分布。生于海拔1800～2900米的山坡林下或沟边向阳处。

杂交毛核木
Symphoricarpos × *doorenbosii* 'Amethyst'

科属：忍冬科毛核木属
产地：园艺杂交种。

布克荚蒾
Viburnum × *burkwoodii*

科属：忍冬科荚蒾属
产地：园艺种，我国华东地区有栽培。

红蕾荚蒾/香荚蒾
Viburnum carlesii

科属：忍冬科荚蒾属
产地：原产于朝鲜及日本，我国北方有栽培。

水红木/水红树
Viburnum cylindricum

科属：忍冬科荚蒾属
产地：产于我国甘肃、湖北、湖南、广东、广西、四川、贵州、云南及西藏东南部。生于海拔500～3300米的阳坡疏林或灌丛中。

香荚蒾/野绣球、香探春
Viburnum farreri

科属：忍冬科荚蒾属
产地：产于我国甘肃、青海、新疆等地。生于海拔1650～2750米的山谷林中。

甘肃荚蒾/甘肃琼花

Viburnum kansuense

科属：忍冬科荚蒾属

产地：产于我国陕西、甘肃、四川、云南及西藏。生于海拔2400～3600米的林中。

棉毛荚蒾/黑果荚蒾

Viburnum lantana

科属：忍冬科荚蒾属

产地：产于欧洲及亚洲。

琼花/木绣球

Viburnum macrocephalum

科属：忍冬科荚蒾属

产地：园艺种，我国各地有栽培。

琼花荚蒾/聚八仙

Viburnum macrocephalum f. *keteleeri*

科属：忍冬科荚蒾属

产地：产于我国江苏、安徽、浙江、江西、湖北及湖南。生于丘陵、山坡林下或灌丛中。

黑果荚蒾

Viburnum melanocarpum

科属：忍冬科荚蒾属

产地：产于我国江苏、安徽、浙江、江西及河南。生于海拔1000米的山地林中或山谷溪涧旁灌丛中。

珊瑚树/极香荚蒾、早禾树

Viburnum odoratissimum

科属：忍冬科荚蒾属

产地：产于我国福建、湖南、广东、广西及海南，东南亚也有分布。生于海拔200～1300米的山谷密林中溪涧荫蔽处、疏林中或灌丛中。

鸡树条

/鸡树条荚蒾、天目琼花

Viburnum opulus var. *sargentii*

科属：忍冬科荚蒾属

产地：产于我国新疆，欧洲及俄罗斯也有分布。生于海拔1000～1600米的河谷云杉林下。

欧洲绣球荚蒾

Viburnum opulus 'Roseum'

科属：忍冬科荚蒾属

产地：园艺种，原种产于我国新疆，欧洲及俄罗斯也有分布。

粉团/雪球荚蒾

Viburnum plicatum

科属：忍冬科荚蒾属

产地：产于我国湖北及贵州，栽培广泛，日本也有分布。

楷杷叶荚蒾/皱叶荚蒾

Viburnum rhytidophyllum

科属：忍冬科荚蒾属

产地：产于我国陕西、湖北、四川及贵州。生于海拔800～2400米的山坡林下或灌丛中。

常绿荚蒾/坚荚树

Viburnum sempervirens

科属：忍冬科荚蒾属
产地：产于我国江西、广东及广西。生于海拔100～1800米的山谷密林或疏林中。

饭汤子/茶荚蒾、垂果荚蒾

Viburnum setigerum

科属：忍冬科荚蒾属
产地：产于我国江苏、安徽、浙江、江西、福建、台湾、广东、广西、湖南、贵州、云南、四川、湖北及陕西。生于海拔200～1650米的山谷溪涧旁疏林或山坡灌丛中。

合轴荚蒾/丛轴荚蒾

Viburnum sympodiale

科属：忍冬科荚蒾属
产地：产于我国陕西、甘肃、安徽、浙江、江西、福建、台湾、湖北、湖南、广东、四川、贵州及云南。生于海拔800～2600米的林下或灌丛中。

地中海荚迷/泰林荚迷

Viburnum tinus

科属：忍冬科荚蒾属
产地：产于地中海地区。

伊芙棉毛海荚迷

Viburnum tinus 'Eve Price'

科属：忍冬科荚蒾属
产地：园艺种，我国华东地区有栽培。

烟管荚蒾/黑汉条

Viburnum utile

科属：忍冬科荚蒾属
产地：产于我国陕西、湖北、湖南、四川及贵州等地。生于海拔500～1800米的山坡林缘或灌丛中。

海仙花/朝鲜锦带花

Weigela coraeensis

科属：忍冬科锦带花属
产地：产于我国长江流域以北地区，日本、朝鲜也有分布。

锦带花/锦带、海仙

Weigela florida

科属：忍冬科锦带花属
产地：产于我国东北、内蒙古、山西、陕西、河南、山东、江苏等地，俄罗斯、朝鲜及日本也有分布。生于海拔100～1450米的杂木林下或山顶灌丛中。

花叶锦带

Weigela florida 'Variegata'

科属：忍冬科锦带花属
产地：园艺栽培种，我国引种栽培。

红王子锦带
Weigela florida 'Red Prince'

科属：忍冬科锦带花属
产地：园艺栽培种，我国华东等地栽培较多。

番木瓜/木瓜、番瓜
Carica papaya

科属：番木瓜科番木瓜属
产地：原产于热带美洲，我国南方引种栽培。

地被香石竹
Dianthus caryophyllus × *chinensis*

科属：石竹科石竹属
产地：园艺种，我国华东地区栽培较多。

盘状雪灵芝
/团状雪灵芝、团状福禄草
Arenaria polytrichoides

科属：石竹科蚤缀属
产地：产于我国云南、青海、四川及西藏等地。生于海拔3500～4600米的高山草地上。

头石竹
Dianthus barbatus var. *asiaticus*

科属：石竹科石竹属
产地：产于我国东北东部，俄罗斯和朝鲜北部也有分布。生于林缘及阔叶林下。

香石竹/康乃馨、麝香石竹
Dianthus caryophyllus

科属：石竹科石竹属
产地：原产于欧亚温带地区，我国栽培广泛，多为园艺种。

石竹/洛阳花
Dianthus chinensis

科属：石竹科石竹属
产地：产于我国北方，现全国各地有栽培。

日本石竹/滨瞿麦
Dianthus japonicus

科属：石竹科石竹属
产地：我国南方有栽培，原产地不详。

瞿麦/大石竹
Dianthus superbus

科属：石竹科石竹属
产地：产于我国大部分地区，欧洲至蒙古，朝鲜及日本均有分布。生于海拔400～3700米的丘陵山地疏林下、林缘、草甸、沟谷溪边。

常夏石竹/地被石竹

Dianthus plumarius

科属：石竹科石竹属
产地：产于欧洲，我国引种栽培。

高山瞿麦

Dianthus superbus var. *speciosus*

科属：石竹科石竹属
产地：产于我国吉林、内蒙古、河北、山西、陕西等地。生于海拔2100～3200米的林缘、林间空地等处。

长蕊石头花/石头花

Gypsophila oldhamiana

科属：石竹科石头花属
产地：产于我国辽宁、河北、山西、陕西、山东、江苏及河南，朝鲜也有分布。生于海拔2000米以下的山坡草地、灌丛或乱石滩等处。

剪秋罗/大花剪秋罗

Lychnis fulgens

科属：石竹科剪秋罗属
产地：产于我国河北、山西、内蒙古、云南、四川以及东北地区，日本及俄罗斯也有分布。生于低山疏林下、灌丛或草甸阴湿处。

毛叶剪秋罗/毛剪秋罗、毛缕

Lychnis coronaria

科属：石竹科剪秋罗属
产地：欧洲南部及亚洲有分布，我国引种栽培。

皱叶剪秋罗/皱叶剪夏罗

Lychnis chalcedonica

科属：石竹科剪秋罗属
产地：产于我国新疆，欧洲、中亚至西伯利亚，蒙古也有分布。

蔓枝满天星/匍生丝石竹

Gypsophila repens

科属：石竹科石头花属
产地：产于小亚细亚及高加索一带，现栽培的大多为园艺种。

长白米努草

Minuartia macrocarpa var. *koreana*

科属：石竹科米努草属
产地：产于我国吉林，朝鲜也有分布。生于海拔2400米处的石砾质坡地或岩石苔藓上。

孩儿参/太子参、异叶假繁缕

Pseudostellaria heterophylla

科属：石竹科孩儿参属
产地：产于我国辽宁、内蒙古、河北、陕西、山东、江苏、安徽、浙江、江西、河南、湖北、湖南及四川等地，日本及朝鲜也有分布。生于海拔800～2700米的山谷林下阴湿处。

肥皂草/石碱花

Saponaria officinalis

科属：石竹科肥皂草属
产地：地中海沿岸有野生，我国北方栽培较多，在部分地区已逸生。

矮雪伦/大蔓樱草

Silene pendula

科属：石竹科蝇子草属
产地：产于欧洲南部，我国引种栽培。

繁缕/鹅肠菜

Stellaria media

科属：石竹科繁缕属
产地：世界广布，为常见的田间杂草。

中国繁缕/鸦雀子窝

Stellaria chinensis

科属：石竹科繁缕属
产地：产于我国华北、华东、华中、西北及西南部分地区。生于海拔160～2500米的灌丛或冷杉林下、石缝或湿地。

垂梗繁缕/縫瓣繁缕

Stellaria radians

科属：石竹科繁缕属
产地：产于我国东北及华北，朝鲜、日本、俄罗斯及蒙古也有分布。生于海拔340～500米的丘陵灌丛或林缘草地。

细枝木麻黄/银线木麻黄

Casuarina cunninghamiana

科属：木麻黄科木麻黄属
产地：我国广西、广东、福建及台湾有栽培，原产于澳大利亚。

木麻黄/短枝木麻黄、马尾树

Casuarina equisetifolia

科属：木麻黄科木麻黄属
产地：原产于澳大利亚及太平洋岛屿，我国南方有栽培。

南蛇藤/蔓性落霜红、南蛇风

Celastrus orbiculatus

科属：卫矛科南蛇藤属
产地：产于我国东北、华北、西北及西南等地，朝鲜、日本也有分布。生于海拔450～2200米的山坡灌丛中。

卫矛/鬼箭羽

Euonymus alatus

科属：卫矛科卫矛属

产地：我国除东北、新疆、青海、西藏、广东及海南外，其他各省均有产，日本及朝鲜也有分布。生于山坡、沟地边沿。

丝棉木/白杜

Euonymus maackii

科属：卫矛科卫矛属

产地：我国除陕西、西南及两广没有野生外，其他各地均有，俄罗斯、朝鲜及日本也有分布。

扶芳藤/岩风草

Euonymus fortunei

科属：卫矛科卫矛属

产地：产于我国华东、华中、四川及陕西。生于山坡丛林中。

胶东卫矛/胶州卫矛

Euonymus fortunei 'Kiautschovicus'

科属：卫矛科卫矛属

产地：产于我国山东。生于平地或较低海拔的山坡、路旁等处。

正木/冬青卫矛

Euonymus japonicus

科属：卫矛科卫矛属

产地：本种于日本被发现，我国南北方均有栽培。

金心黄杨/金心正木

Euonymus japomcus 'Aureo-pictus'

科属：卫矛科卫矛属

产地：园艺种，我国栽培广泛。

银边黄杨/银边正木

Euonymus japonicus var. *albo-marginatus*

科属：卫矛科卫矛属

产地：园艺种，我国栽培广泛。

金边黄杨/金边正木

Euonymus japonicus var. *aurea-marginatus*

科属：卫矛科卫矛属

产地：园艺种，我国栽培广泛。

栓刺卫矛/石枣子、云木

Euonymus sanguineus

科属：卫矛科卫矛属

产地：产于我国甘肃、陕西、山西、河南、湖北、四川、贵州及云南。生于山地林缘或灌丛中。

陕西卫矛/长梗卫矛
Euonymus schensianus

科属：卫矛科卫矛属
产地：产于我国陕西、甘肃、四川、湖北及贵州。生于海拔600～1000米的沟边丛林中。

美登木/云南美登木
Maytenus hookeri

科属：卫矛科美登木属
产地：产于我国云南南部，缅甸、印度也有分布。生于山地或山谷的丛林中。

密花美登木
Maytenus confertiflorus

科属：卫矛科美登木属
产地：产于我国广西。生于石灰岩山地丛林中。

滇南美登木
Maytenus austroyunnanensis

科属：卫矛科美登木属
产地：产于我国云南，生于海拔550～900米的路边、江边灌丛中。

四翅滨藜/灰白滨黎
Atriplex canescens

科属：藜科滨黎属
产地：产于美国。

紫叶甜菜/厚皮菜
Beta vulgaris var. *cicla*

科属：藜科甜菜属
产地：原产于欧洲，我国引种栽培。

橙柄甜菜
Beta vulgaris 'Bright Yellow'

科属：藜科甜菜属
产地：园艺种，我国有栽培。

地肤/扫帚菜
Kochia scoparia

科属：藜科地肤属
产地：分布于欧洲及亚洲，我国各地均有分布。生于田边、路旁及荒地。

丝穗金粟兰
/四块瓦、水晶花
Chloranthus fortunei

科属：金粟兰科金粟兰属
产地：产于我国山东、江苏、安徽、浙江、台湾、江西、湖北、湖南、广东、广西及四川。生于海拔170～340米的山坡或低山林下阴湿处及山沟草丛中。

根线草/灯笼花、白毛七

Chloranthus japonicus

科属：金粟兰科金粟兰属
产地：产于我国吉林、辽宁、河北、山西、山东、陕西及甘肃，朝鲜及日本也有分布。生于海拔500～2300米的山坡或山谷杂木林下阴湿处或沟边草丛中。

金粟兰/珠兰

Chloranthus spicatus

科属：金粟兰科金粟兰属
产地：产于我国云南、四川、贵州、福建及广东。生于海拔150～990米的山坡、沟谷密林下。

草珊瑚/九节茶、九节兰

Sarcandra glabra

科属：金粟兰科草珊瑚属
产地：产于我国中南部，朝鲜、日本及东南亚也有分布。生于海拔420～1500米的山坡、沟谷林下阴湿处。

弯子木

Cochlospermum religiosum

科属：弯子木科弯子木属
产地：产于墨西哥、中美洲及南美洲。

重瓣弯子木

Cochlospermum vitifolium

科属：弯子木科弯子木属
产地：原产于南美洲。

风车子/华风车子、使君子藤

Combretum alfredii

科属：使君子科风车子属
产地：产于我国江西、湖南、广东及广西。生于海拔200～800米的河边、谷地。

非洲风车子

Combretum constrictum

科属：使君子科风车子属
产地：产于非洲东部海岸。

使君子/留求子、四君子

Quisqualis indica

科属：使君子科使君子属
产地：产于我国四川、贵州至南岭以南各处，印度、缅甸至菲律宾也有分布。

诃子/诃黎勒
Terminalia chebula

科属：使君子科诃子属
产地：产于我国云南，东南亚也有分布。生于海拔800～1800米的疏林中。

阿江榄仁/柳叶榄仁
Terminalia arjuna

科属：使君子科诃子属
产地：产于东南亚。

榄仁树/山楷杷树
Terminalia catappa

科属：使君子科诃子属
产地：产于我国广东、台湾及云南，马来西亚、越南及印度、大洋洲也有分布。生于湿热的海边沙滩。

锦叶榄仁/花叶榄仁
Terminalia neotaliala 'Tricolor'

科属：使君子科诃子属
产地：园艺种，我国华南地区有栽培。

小叶榄仁/细叶榄仁
Terminalia neotaliala

科属：使君子科诃子属
产地：产于热带非洲。

蓝姜/蓝竹花
Dichorisandra thyrsiflora

科属：鸭跖草科蓝姜属
产地：原产于热带美洲。

香锦竹草/大叶锦竹草
Callisia fragrans

科属：鸭跖草科锦竹草属
产地：产于墨西哥。

白纹香锦竹草
Callisia fragrans 'Variegatus'

科属：鸭跖草科锦竹草属
产地：园艺种。

鸭跖草/兰花草
Commelina communis

科属：鸭跖草科鸭跖草属
产地：产于我国云南、四川、甘肃以东的南北各地，越南、朝鲜、日本、俄罗斯及北美也有分布。常生于湿地。

聚花草/水竹菜
Floscopa scandens

科属：鸭跖草科聚花草属
产地：产于我国中南部，亚洲热带及大洋洲热带地区广布。生于海拔1700米以下的水边、山沟边草地及林中。

水竹叶/细竹叶高草
Murdannia triquetra

科属：鸭跖草科水竹叶属
产地：产于我国云南、贵州、湖南、湖北、河南、江苏、江西、浙江、福建及台湾，东南亚也有分布。生于海拔1600米以下的水稻田边或湿地上。

杜若/白接骨丹
Pollia japonica

科属：鸭跖草科杜若属
产地：产于我国华东、华南及西南部分地区，日本及朝鲜也有分布。生于海拔1200米以下的山谷林下。

紫背万年青/蚌花、小蚌花
Tradescantia spathacea

科属：鸭跖草科紫露草属
产地：产于墨西哥。

条纹小蚌花
Tradescantia spathacea 'Dwarf Variegata'

科属：鸭跖草科紫露草属
产地：园艺种。

紫锦草/紫鸭跖草
Tradescantia pallida

科属：鸭跖草科紫露草属
产地：产于墨西哥。

白雪姬/雪绢
Tradescantia sillamontana

科属：鸭跖草科紫露草属
产地：产于中南美洲。

无毛紫露草
Tradescantia virginiana

科属：鸭跖草科紫露草属
产地：产于北美洲。

吊竹草
Tradescantia zebrina

科属：鸭跖草科紫露草属
产地：产于墨西哥。

害羞新娘鸭跖草
Tradescantia × andersoniana 'Blushing Bride'

科属：鸭跖草科紫露草属
产地：园艺种。

西洋蓍草/千叶蓍、洋蓍草

Achillea millefolium

科属：菊科蓍属

产地：广泛分布于欧洲、非洲、伊朗至俄罗斯。生于湿草地、荒地，现栽培的多为园艺种。

紫茎泽兰/大黑草

Ageratina adenophora

科属：菊科假藿香蓟属

产地：原产于墨西哥，在我国已成为入侵植物。

藿香蓟/胜红蓟

Ageratum conyzoides

科属：菊科藿香蓟属

产地：原产于中南美洲，现我国南部地区已归化。生于山谷、山坡林下或林缘、河边或山坡草地、田边等处。

熊耳草/紫花藿香蓟

Ageratum houstonianum

科属：菊科藿香蓟属

产地：产于墨西哥及毗邻地区，我国南北方均有栽培，均为园艺种。

亚菊

Ajania pallasiana

科属：菊科亚菊属

产地：产于我国黑龙江省东南部，俄罗斯及朝鲜也有分布。生于山坡或灌丛中。

豚草/豕草

Ambrosia artemisiifolia

科属：菊科豚草属

产地：原产于北美，在我国部分地区已归化。

三裂叶豚草/三裂豚草

Ambrosia trifida

科属：菊科豚草属

产地：产于北美，在我国已归化，常见于田野、路边及灌丛湿地。

铃铃香青/铃铃香

Anaphalis hancockii

科属：菊科香青属

产地：产于我国青海、甘肃、陕西、山西、河北、四川及西藏。生于海拔2000～3700米的亚高山山顶及山坡草地。

牛蒡/大力子

Arctium lappa

科属：菊科牛蒡属

产地：我国全国各地普遍分布，广布欧亚大陆。生于海拔750～3500米的山坡、山谷、林缘、林中、灌丛中、路边等处。

玛格丽特

Argyranthemum 'Butterfly Yellow'

科属：菊科木茼蒿属
产地：园艺种。

重瓣粉花茼蒿菊

Argyranthemum 'Double Pink'

科属：菊科木茼蒿属
产地：园艺种。

艾/艾蒿、野艾

Artemisia argyi

科属：菊科蒿属
产地：几分布于我国全国，蒙古、俄罗斯及朝鲜也有分布。生于低海拔至中海拔地区的路边、荒地及山坡等地。

五月艾/野艾蒿

Artemisia indica

科属：菊科蒿属
产地：产于我国大部分地区，日本、朝鲜及东南亚也有分布。多见于路边、林缘、坡地及灌丛处。

白苞蒿/广东刘寄奴、鸭脚艾

Artemisia lactiflora

科属：菊科蒿属
产地：主要产于秦岭以南各地，东南亚也有分布。生于海拔3000米以下的林下、林缘、灌丛及山谷等处。

朝雾草/银叶草

Artemisia schmidtiana

科属：菊科蒿属
产地：原产于日本，世界各地有栽培。

黄金艾蒿

Artemisia vulgaris 'variegate'

科属：菊科蒿属
产地：园艺种，我国华东地区有栽培。

荷兰菊/荷兰紫菀

Aster novi-belgii

科属：菊科紫菀属
产地：原产于北美，现栽培的多为园艺种。

雏菊/延命菊、马兰头花

Bellis perennis

科属：菊科紫菀属
产地：原产于欧洲，我国南北方地区均有栽培。

鬼针草/三叶鬼针草、一包针

Bidens pilosa

科属：菊科鬼针草属

产地：产于我国华东、华中、华南及西南各地，广布于亚洲、美洲热带及亚热带地区。生于村旁、路边及荒地中。

白花鬼针草/金盏银盘

Bidens pilosa var. *radiata*

科属：菊科鬼针草属

产地：产于我国华东、华中、华南及西南各地，广布于亚洲、美洲热带及亚热带地区。生于村旁、路边及荒地中。

细叶菊/阿魏叶鬼针草

Bidens ferulifolia

科属：菊科鬼针草属

产地：产于北美洲。

艾纳香/大风艾

Blumea balsamifera

科属：菊科艾纳香属

产地：产于我国云南、贵州、广西、广东、福建及台湾，东南亚也有分布。生于海拔600～1000米的林缘、林下及草地上。

东风草/大头艾纳香

Blumea megacephala

科属：菊科艾纳香属

产地：产于我国云南、四川、贵州、广西、广东、湖南、江西、福建及台湾等地，越南北部也有分布。生于林缘或灌丛中。

五色菊/雁河菊

Brachycome iberidifolia

科属：菊科雁河菊属

产地：产于澳大利亚。

翠菊/江西腊

Callistephus chinensis

科属：菊科翠菊属

产地：产于我国吉林、辽宁、山西、山东、云南及四川。生于海拔30～2700米的山坡荒地、山坡草丛、水边或疏林荫处。

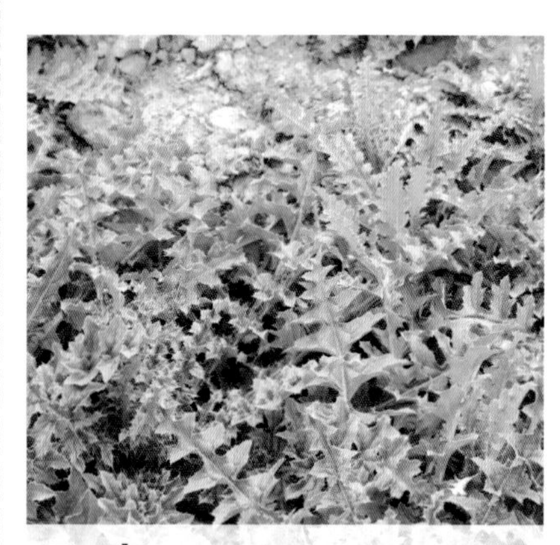

飞廉/垂头飞廉

Carduus nutans

科属：菊科飞廉属

产地：产于我国新疆，欧洲、北非、俄罗斯也有分布。生于海拔540～2300米的山谷、田边及草地中。

金盏花/金盏菊

Calendula officinalis

科属：菊科金盏花属

产地：原产于欧洲，我国南北方均有栽培。

红花/红蓝花、刺红花
Carthamus tinctorius

科属：菊科红花属
产地：原产于中亚地区，我国南北方均有栽培，在部分地区已逸生。

茼蒿/艾菜
Chrysanthemum coronarium

科属：菊科茼蒿属
产地：我国各地有栽培，用于观赏，河北、山东等地有野生。

矢车菊/蓝芙蓉、车轮花
Centaurea cyanus

科属：菊科矢车菊属
产地：我国南北方均有栽培，有部分地区逸生。

野菊/路边黄、黄菊仔
Chrysanthemum indicum

科属：菊科茼蒿属
产地：产于我国东北、华北、华中、华南及西南各地，印度、日本、朝鲜及俄罗斯也有分布。生于草地、灌丛、河边、田边及路旁。

甘菊/岩香菊
Chrysanthemum lavandulifolium

科属：菊科茼蒿属
产地：产于我国中部及北部。生于海拔630~2800米的山坡、岩石上、河谷、河岸、荒地及黄土丘陵上。

菊花/秋菊
Chrysanthemum morifolium

科属：菊科茼蒿属
产地：产于我国，各地有栽培，园艺品种极多。

小山菊/毛山菊
Chrysanthemum oreastrum

科属：菊科茼蒿属
产地：产于我国河北、山西及吉林，俄罗斯也有分布。生于海拔1800~3000米的草甸上。

南茼蒿/大茼蒿
Chrysanthemum segetum

科属：菊科茼蒿属
产地：原产地不详，我国南方各省作蔬菜栽培。

烟管蓟/垂头蓟
Cirsium pendulum

科属：菊科蓟属
产地：产于我国东北、华北、陕西及甘肃，朝鲜及日本也有分布。生于海拔300～2240米的山谷、山坡草地、林缘、林下、溪边等处。

菊苣/蓝菊
Cichorium intybus

科属：菊科菊苣属
产地：我国分布于北京、黑龙江、辽宁、山西、陕西、新疆、江西，欧洲、亚洲、北非也有广布。生于滨海荒地、河边、水沟边或山坡。

魁蓟/恶鸡婆
Cirsium leo

科属：菊科蓟属
产地：产于我国宁夏、山西、河北、河南、陕西、甘肃及四川等地。生于海拔700～3400米的山谷、山坡草地、林缘、河滩、溪边或路边。

黄晶菊/春俏菊
Coleostephus multicaulis

科属：菊科鞘冠菊属
产地：产于阿尔及利亚。

大花金鸡菊/大花婆斯菊
Coreopsis grandiflora

科属：菊科金鸡菊属
产地：原产于美洲，我国各地有栽培。

两色金鸡菊/蛇目菊
Coreopsis tinctoria

科属：菊科金鸡菊属
产地：原产于北美，我国各地有栽培。

波斯菊/秋英、大波斯菊
Cosmos bipinnata

科属：菊科秋英属
产地：产于美洲墨西哥，在我国部分地区已逸生。

硫华菊/黄秋英、硫磺菊
Cosmos sulphureus

科属：菊科秋英属
产地：产于墨西哥至巴西，在我国云南等部分地区已归化。

野茼蒿/革命菜
Crassocephalum crepidioides

科属：菊科野茼蒿属
产地：产于我国江西、福建、湖南、湖北、广东及西南地区。生于海拔300～1800米的山坡路旁、水边、灌丛中。

芙蓉菊/香菊、玉芙蓉
Crossostephium chinense

科属：菊科芙蓉菊属
产地：产于我国中南及东南部，中南半岛、菲律宾及日本有栽培。

菜蓟/洋蓟、食托菜蓟

Cynara scolymus

科属：菊科菜蓟属

产地：原产于地中海地区，我国引种栽培。

异果菊/绸缎花

Dimorphotheca sinuata

科属：菊科异果菊属

产地：本种为园艺种，原种产于南非。

鱼眼菊/鱼眼草

Dichrocephala auriculata

科属：菊科鱼眼草属

产地：产于我国云南、四川、贵州、陕西、湖北、广东、广西、浙江、福建及台湾，广布于亚洲与非洲的热带及亚热带地区。生于山坡、山谷、林下或田边。

甘肃多榔菊

Doronicum gansuense

科属：菊科多榔菊属

产地：产于我国甘肃及陕西。生于海拔3100米的草坡、林下。

松果菊/紫锥花

Echinacea purpurea

科属：菊科松果菊属

产地：产于北美，我国南北方均有栽培。

小蓝刺头/扁叶刺芹

Eryngium planum

科属：菊科蓝刺头属

产地：产于我国广东、广西、贵州及云南，美洲、非洲及亚洲的一些地区也有分布。生于海拔100～1540米的丘陵、山地林下、路旁、沟边等湿润处。

大丽花/大理菊、天竺牡丹

Dahlia pinnata

科属：菊科大丽花属

产地：产于墨西哥，全世界各地均有栽培。

醴肠/旱莲草、墨菜
Eclipta prostrata

科属：菊科鳢肠属
产地：产于我国全国各地，世界热带及亚热带广布。生于河边、田边及路旁。

一年蓬/千层塔、野蒿
Erigeron annuus

科属：菊科飞蓬属
产地：原产于北美，在我国已归化，常生于路边旷野或山坡荒地中。

山飞蓬
Erigeron komarovii

科属：菊科飞蓬属
产地：产于我国吉林，俄罗斯也有分布。生于海拔1700～2600米的高山草地、苔原或林缘。

多舌飞蓬/加舌飞蓬
Erigeron multiradiatus

科属：菊科飞蓬属
产地：产于我国西藏、云南、四川等地，东南亚也有分布。生于海拔2500～4600米的草地、山坡或林缘。

佩兰/兰草
Eupatorium fortunei

科属：菊科泽兰属
产地：产于我国山东、江苏、浙江、江西、湖北、湖南、云南、四川、贵州、广西、广东及陕西，日本、朝鲜也有分布。生于路边灌丛及山沟路边。

泽兰/白头婆
Eupatorium japonicum

科属：菊科泽兰属
产地：产于我国大部分地区，日本及朝鲜也有分布。生于山坡草地、林下、灌丛中及水湿地。

梳黄菊/南非菊
Euryops pectinatus

科属：菊科梳黄菊属
产地：产于南非山区，我国引种栽培。

黄金菊
Euryops pectinatus 'Viridis'

科属：菊科梳黄菊属
产地：园艺种，我国各地均有栽培。

大吴风草/活血莲、八角乌
Farfugium japonicum

科属：菊科大吴风草属
产地：产于我国湖北、湖南、广西、广东、福建及台湾，日本也有分布。生于低海拔地区的林下、山谷及草丛中。

蓝菊/蓝雏菊

Felicia amelloides

科属：菊科费利菊属

产地：产于南非，我国华东地区引种栽培。

天人菊/虎皮菊

Gaillardia pulchella

科属：菊科天人菊属

产地：原产地不详细，我国南北方均有栽培。

矢车天人菊

Gaillardia pulchella var. *picta*

科属：菊科天人菊属

产地：园艺变种，我国有少量栽培。

牛膝菊/辣子草、向阳花

Galinsoga parviflora

科属：菊科牛膝菊属

产地：原产于南美，在我国四川、云南、贵州、西藏等地区归化。生于林下、河谷、荒野、河边、田边或溪边等处。

勋章花/勋章菊

Gazania rigens

科属：菊科勋章菊属

产地：原产于南非，现栽培的均为园艺品种。

鼠麴草/鼠曲草

Gnaphalium affine

科属：菊科鼠麴草属

产地：产于我国大部分地区，生于草地上，以稻田最为常见。日本、朝鲜及东南亚等地也有分布。

细叶鼠麴草/细叶鼠曲草

Gnaphalium japonicum

科属：菊科鼠麴草属

产地：产于我国长江流域以南各地，北达河南、陕西，日本、朝鲜、澳大利亚及新西兰也有分布。生于草地或耕地上。

非洲菊/扶郎花

Gerbera jamesonii

科属：菊科大丁草属

产地：原产于非洲，我国各地有栽培。

紫鹅绒/橙花菊三七

Gynura aurantiaca

科属：菊科菊三七属

产地：产于爪哇，我国引种栽培。

堆心菊

Helenium autumnale

科属：菊科堆心菊属

产地：产于北美，我国南方有栽培。

紫背菜/红凤菜、红背菜

Gynura bicolor

科属：菊科菊三七属

产地：产于我国云南、贵州、四川、广西、广东及台湾等地，东南亚及日本也有分布。生于海拔600～1500米的林下、岩石上或河边湿地。

向日葵/丈菊、葵花

Helianthus annuus

科属：菊科向日葵属

产地：原产于北美，现世界各地均有栽培。

菊芋/鬼子姜、洋姜

Helianthus tuberosus

科属：菊科向日葵属

产地：原产于北美，我国各地均有栽培。

麦秆菊/蜡菊

Helichrysum bracteatum

科属：菊科蜡菊属

产地：产于澳大利亚，现我国南北方均有栽培。

旋覆花/金佛花、六月菊

Inula japonica

科属：菊科旋覆花属

产地：产于我国北部、东北部、中部及东部各省。生于海拔150～2400米的路边、草地、河岸及田梗上。

蓼子朴/黄喇嘛、山猫眼

Inula salsoloides

科属：菊科旋覆花属

产地：产于我国北部及西北部的干旱草原、半荒漠、流砂地、固定沙丘、冲积地、风沙地等处，俄罗斯及蒙古也有分布。

全缘叶马兰

/扫帚鸡儿肠、全叶马兰

Kalimeris integrifolia

科属：菊科马兰属

产地：产于我国西部、中部、东部、北部及东北部，朝鲜、日本、俄罗斯也有分布。生于山坡、林缘、灌丛、路旁等处。

马兰/马兰头、路边菊

Kalimeris indica

科属：菊科马兰属

产地：广泛分布于亚洲南部及东部。

猩红肉叶菊

Kleinia fulgens

科属：菊科肉红菊属

产地：产于南非、莫桑比克和赞比亚。

美头火绒草

Leontopodium calocephalum

科属：菊科火绒草属

产地：产于我国青海、甘肃、四川、云南等地。生于海拔2800～4500米的亚高山草甸、石砾坡地、湖岸、沼泽地、灌丛、林缘等处。

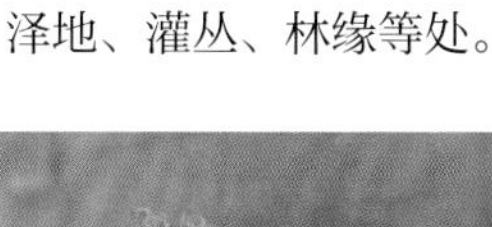

蛇鞭菊/麒麟菊、马尾花

Liatris spicata

科属：菊科蛇鞭菊属

产地：产于美国马萨诸塞州至佛罗里达州。

细茎橐吾/太白紫菀

Ligularia hookeri

科属：菊科橐吾属

产地：产于我国西藏、云南、四川及陕西，尼泊尔、印度及不丹也有分布。生于海拔3000～4200米的山坡、灌丛、林中、水边及高山草地。

蹄叶橐吾/马蹄草

Ligularia fischeri

科属：菊科橐吾属

产地：产于我国四川、湖北、贵州、湖南、河南、安徽、浙江、甘肃、陕西、华北及东北，尼泊尔、印度、不丹、蒙古、朝鲜及日本也有分布。生于海拔100～2700米的水边、草甸、山坡、灌丛中及林缘下。

长白山橐吾/单花橐吾、单头橐吾

Ligularia jamesii

科属：菊科橐吾属

产地：产于我国辽宁、吉林、内蒙古等地，朝鲜也有分布。生于海拔300～2500米的林下、灌丛及高山草地。

白晶菊/晶晶菊

Mauranthemum paludosum

科属：菊科白舌菊属

产地：原产于北非及西班牙等地。

美兰菊/黄帝菊

Melampodium paludosum

科属：菊科墨足菊属

产地：产于中南美洲，我国广泛栽培。

微甘菊/小花蔓泽兰

Mikania micrantha

科属：菊科假泽兰属

产地：原产于中南美洲，在我国已成为入侵植物。

非洲万寿菊/蓝目菊

Osteospermum ecklonis

科属：菊科蓝目菊属

产地：产于非洲，我国南北方均有栽培。

澳洲米花/米花

Ozothamnus diosmifolius

科属：菊科煤油草属

产地：产于澳大利亚，我国华南地区引种栽培。

星叶蟹甲草/星叶兔儿伞

Parasenecio komarovianus

科属：菊科蟹甲草属

产地：产于我国吉林、辽宁，朝鲜、俄罗斯也有分布。生于海拔850～2100米的林下或林缘。

银胶菊/西南银胶菊

Parthenium hysterophorus

科属：菊科银胶菊属

产地：产于我国广东、广西、贵州、云南等地，热带美洲及越南也有分布。生于海拔90～1500米的旷野、路旁、河边及坡地上。

瓜叶菊

Pericallis hybrida

科属：菊科瓜叶菊属

产地：原产于大西洋加那利群岛，我国南北方均有栽培。

毛裂蜂斗菜/冬花、蜂斗菜

Petasites tricholobus

科属：菊科蜂斗菜属

产地：产于我国山西、陕西、甘肃、青海、云南、四川、贵州、西藏等地，尼泊尔、印度及越南也有分布。常生于海拔700～4200米的山谷路旁或水旁。

假臭草/猫腥菊

Praxelis clematidea

科属：菊科假臭草属

产地：产于南美，现已归化于东半球热带及亚热带地区。

除虫菊/白花除虫菊

Pyrethrum cinerariifolium

科属：菊科匹菊属

产地：原产于欧洲，我国引种栽培作药用。

金光菊/黑眼菊

Rudbeckia laciniata

科属：菊科金光菊属

产地：产于北美，我国庭院栽培广泛。

黑心菊/黑心金光菊
Rudbeckia hirta

科属：菊科金光菊属
产地：产于北美，我国各地庭院有栽培。

绿心菊/绿心金光菊
Rudbeckia laciniata 'Herbstsonne'

科属：菊科金光菊属
产地：园艺种，我国华东地区有栽培。

重瓣金光菊/重瓣大还魂草
Rudbeckia laciniata var. *hortensis*

科属：菊科金光菊属
产地：产于北美。

银叶菊/雪叶草、雪叶莲
Senecio cineraria

科属：菊科千里光属
产地：产于地中海地区。

银香菊/绵杉菊、香绵菊
Santolina chamaecyparissus

科属：菊科香绵菊属
产地：产于中西部地中海地区。

鱼尾冠/紫蛮刀、紫金章
Senecio crassissimus

科属：菊科千里光属
产地：马达加斯加特有种，我国有栽培。

金玉菊/白金菊
Senecio macroglossus f. 'Varlegata'

科属：菊科千里光属
产地：本种为栽培变型，原种产于南非东部沿海地区。常生于森林及灌木丛中。

泥鳅掌/地龙
Senecio pendulus

科属：菊科千里光属
产地：产于东非及阿拉伯地区。

千里光/九里明、蔓黄菀
Senecio scandens

科属：菊科千里光属
产地：产于我国西南、华东、华南等地，东南亚及日本也有分布。生于海拔50～3200米的森林、灌丛中。

上弦月/香焦草
Senecio serpens

科属：菊科千里光属
产地：产于南部非洲。

翡翠珠/一串珠

Senecio rowleyanus

科属：菊科千里光属

产地：产于非洲西南部。

串叶松香草/菊花草

Silphium perfoliatum

科属：菊科松香草属

产地：产于北美的东部及中部。生于草原、开阔的林地及溪边等处。

水飞蓟/水飞雉、老鼠筋

Silybum marianum

科属：菊科水飞蓟属

产地：产于欧洲、地中海地区、北非及亚洲中部，我国各地有栽培。

耳柄蒲儿根/槭叶千里光

Sinosenecio euosmus

科属：菊科蒲儿根属

产地：产于我国西藏、陕西、甘肃、湖北、四川、云南等地。常生于海拔2400～4000米的林缘、高山草甸或潮湿处。

蒲儿根/矮千里光

Sinosenecio oldhamianus

科属：菊科蒲儿根属

产地：产于我国中南部大部分地区。生于海拔360～2100米的林缘、溪边、潮湿的岩边及草坡、田边。

菊薯/雪莲果

Smallanthus sonchifolius

科属：菊科离苞果属

产地：产于秘鲁安第斯山脉，我国引种栽培。

加拿大一枝黄花/金棒草

Solidago canadensis

科属：菊科一枝黄花属

产地：产于北美，我国南北方均有栽培。

金贝一枝黄花

Solidago canadensisd 'Golden Baby'

科属：菊科一枝黄花属

产地：园艺种，我国中部地区引种栽培。

桂圆菊

Acmella oleracea

科属：菊科金钮扣属

产地：产于巴西热带地区。

金纽扣/散血草、小铜锤

Acmella paniculata

科属：菊科金钮扣属

产地：产于我国云南、广东、广西及台湾，东南亚及日本也有分布。生于海拔800～1900米的田边、沟边、溪旁、路边或林缘。

甜叶菊/甜菊
Stevia rebaudiana

科属：菊科甜叶菊
产地：产于美洲热带和亚热带地区。

兔儿伞/一把伞、兔耳草
Syneilesis aconitifolia

科属：菊科兔儿伞属
产地：产于我国东北、华北、华中及陕西、甘肃、贵州，俄罗斯、朝鲜及日本也有分布。生于海拔500～1800米的山坡荒地林缘或路旁。

南方兔儿伞
Syneilesis australis

科属：菊科兔儿伞属
产地：产于我国浙江天目山、江山县及安徽的黄山。

华合耳菊/华尾药菊
Synotis sinica

科属：菊科合耳菊属
产地：产于我国四川、贵州。生于海拔1280～2200米的山坡密林中。

万寿菊/臭芙蓉
Tagetes erecta

科属：菊科万寿菊属
产地：原产于墨西哥，我国各地广为栽培。

孔雀草/小万寿菊、红黄草
Tagetes patula

科属：菊科万寿菊属
产地：产于墨西哥，我国南北方均有栽培。

艾菊/菊蒿
Tanacetum vulgare

科属：菊科菊蒿属
产地：产于我国黑龙江、新疆，北美、日本、朝鲜、蒙古、俄罗斯及欧洲也有分布。生于海拔250～2400米的山坡、河滩、草地、丘陵及桦木林下。

蒲公英/婆婆丁、黄花地丁
Taraxacum mongolicum

科属：菊科蒲公英属
产地：产于我国大部分地区，朝鲜、蒙古及俄罗斯也有分布。生于中、低海拔地区的山坡草地、路边、田野、河滩中。

肿柄菊/假向日葵
Tithonia diversifolia

科属：菊科肿柄菊属
产地：产于墨西哥，我国南方引种栽培。

圆叶肿柄菊

Tithonia rotundifolia

科属：菊科肿柄菊属

产地：产于墨西哥，我国北方地区引种栽培。

羽芒菊

Tridax procumbens

科属：菊科羽芒菊属

产地：产于我国台湾至东南部沿海各省及其南部一些岛屿。生于低海拔旷野、荒地、坡地以及路旁阳处。

大叶斑鸠菊

/大过山龙、咸虾花

Vernonia volkameriifolia

科属：菊科斑鸠菊属

产地：产于我国广东、广西、福建及云南。生于海拔500～1000米的山谷疏林中，或攀援于乔木上。

南美蟛蜞菊/三裂蟛蜞菊

Wedelia trilobata

科属：菊科蟛蜞菊属

产地：原产于热带美洲，在我国部分地区已逸生。

苍耳/老苍子、胡苍子

Xanthium sibiricum

科属：菊科苍耳属

产地：我国大部分地区有分布，俄罗斯、伊朗、印度、朝鲜及日本也有分布。生于平原、丘陵、低山、荒野的路边及田边。

小百日草

Zinnia angustifolia

科属：菊科百日菊属

产地：产于墨西哥，我国南北方均有栽培。

百日草/百日菊、步步登高

Zinnia elegans

科属：菊科百日菊属

产地：原产于墨西哥，我国全国各地均有栽培。

云南牛栓藤

Connarus yunnanensis

科属：牛栓藤科牛栓藤属

产地：产于我国云南、广西南部，缅甸也有分布。生于潮湿的密林中。

白鹤藤/白背藤、绸缎藤

Argyreia acuta

科属：旋花科银背藤属

产地：产于我国广东、广西，印度、越南、老挝均有分布。生于疏林下或路边灌丛、河边。

打碗花/扶子苗、走丝牡丹

Calystegia hederacea

科属：旋花科打碗花属

产地：我国全国各地均有，东非、亚洲南部、东部至马亚西亚也有分布。为农田、荒地、路旁常见杂草。

柔毛打碗花/缠枝牡丹

Calystegia pubescens

科属：旋花科打碗花属

产地：产于我国黑龙江、吉林、河北、江苏、安徽、浙江、四川等地，栽培或逸生。

旋花/篱天剑、打破碗花

Calystegia sepium

科属：旋花科打碗花属

产地：我国大部分地区有分布，美洲、欧洲，爪哇至澳大利亚、新西兰也有分布。生于海拔140～2600米的路旁、溪边草丛、农田或林缘。

银灰旋花/亚氏旋花

Convolvulus ammannii

科属：旋花科旋花属

产地：产于我国东北、河北、河南、西北及西藏等地，朝鲜、蒙古及俄罗斯也有分布。生于旱山坡草地或路旁。

田旋花/中国旋花、箭叶旋花

Convolvulus arvensis

科属：旋花科旋花属

产地：主要产于我国中北部，江苏、四川及西藏也有分布，广布两半球温带。生于耕地及荒坡草地上。

南方菟丝子

/金线藤、欧洲菟丝子

Cuscuta australis

科属：旋花科菟丝子属

产地：我国大部分地区有分布，亚洲至大洋洲均有分布。寄生于田边、路旁的小灌木或草本植物上。

马蹄金/金钱草

Dichondra micrantha

科属：旋花科马蹄金属

产地：我国长江以南各省均有分布，广布于两半球的热带及亚热带地区。生于海拔1300～1980米的山坡草地、路旁或沟边。

锈毛丁公藤/绣毛麻辣仔藤

Erycibe expansa

科属：旋花科丁公藤属

产地：产于我国云南，生于海拔1000～1200米的灌丛中。

光叶丁公藤

/麻辣仔藤、丁公藤

Erycibe schmidtii

科属：旋花科丁公藤属

产地：产于我国广东、广西及云南。生于海拔250～1200米的山谷林中或路旁灌丛。

蓝星花

Evolvulus nuttallianus

科属：旋花科土丁桂属

产地：产于北美，我国南方有栽培。

通心菜/蕹菜

Ipomoea aquatica

科属：旋花科番薯属

产地：原产于我国，现广为栽培，遍及热带亚洲、非洲及大洋洲。

月光花/嫦娥奔月

Ipomoea alba

科属：旋花科番薯属

产地：原产地可能为热带美洲，现广布于全热带地区。

番薯/山芋、地瓜、山药

Ipomoea batatas

科属：旋花科番薯属

产地：原产于南美洲及大、小安的列斯群岛。

紫叶番薯

Ipomoea batatas 'Black Heart'

科属：旋花科番薯属

产地：园艺种，我国各地有栽培。

金叶番薯

Ipomoea batatas 'Marguerite'

科属：旋花科番薯属

产地：园艺种，我国各地有栽培。

彩叶番薯

Ipomoea batatas 'Rainbow'

科属：旋花科番薯属

产地：园艺种，我国各地有栽培。

五爪金龙/五爪龙、牵牛藤

Ipomoea cairica

科属：旋花科番薯属

产地：原产于热带亚洲及非洲，在我国台湾、福建、广东、广西及云南已归化。生于海拔90～610米的平地或山地路边灌丛。

南美旋花/树牵牛、印度旋花

Ipomoea carnea subsp. *fistulosa*

科属：旋花科番薯属

产地：原产于美洲，现我国华南及西南有栽培。

圆叶茑萝/橙红茑萝

Ipomoea cholulensis

科属：旋花科番薯属

产地：原产于南美洲，我国南北方地区均有栽培。

王妃藤

Ipomoea horsfalliae

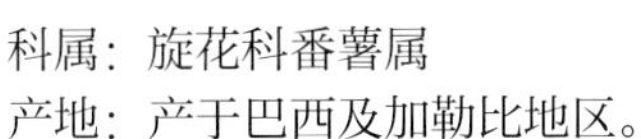

科属：旋花科番薯属
产地：产于巴西及加勒比地区。

槭叶茑萝/葵叶茑萝

Ipomoea × sloteri

科属：旋花科茑萝属
产地：本种为杂交种，我国全国各地均有栽培。

牵牛/喇叭花、勤娘子

Ipomoea nil

科属：旋花科番薯属
产地：原产于热带美洲，我国除西北和东北的一些省外，大部分地区都有分布。生于海拔100～1600米的山坡灌丛、干燥河谷路边、宅旁等。

圆叶牵牛/紫花牵牛

Ipomoea purpurea

科属：旋花科番薯属
产地：原产于热带美洲。生于平地至海拔2800米的田边、路边、宅旁或山谷林内。

三裂叶薯/小花假番薯

Ipomoea triloba

科属：旋花科番薯属
产地：原产于热带美洲，现成泛热带杂草，我国产于广东及台湾。生于丘陵路旁、荒草地或田野。

马鞍藤/厚藤

Ipomoea pes-caprae

科属：旋花科番薯属
产地：产于我国浙江、福建、台湾、广东、广西，广布于热带沿海地区。生于沙滩上及路边向阳处。

茑萝/茑萝松、绵屏封

Ipomoea quamoclit

科属：旋花科番薯属
产地：原产于热带美洲，我国各地均有栽培。

金钟藤/多花山猪菜

Merremia boisiana

科属：旋花科鱼黄草属
产地：产于我国海南、广西、云南等地，越南、老挝及印度尼西亚也有分布。生于海拔120～680米的疏林湿润处或次生杂木林中。

木玫瑰

Merremia tuberosa

科属：旋花科鱼黄草属

产地：原产于热带美洲，我国华南地区有栽培。

篱栏网/鱼黄草、茉栾藤

Merremia hederacea

科属：旋花科鱼黄草属

产地：产于我国台湾、广东、海南、广西、江西及云南，本种广布。生于海拔130～760米的灌丛或路旁草丛。

多裂鱼黄草

Merremia dissecta

科属：旋花科鱼黄草属

产地：原产于美洲，在非洲、东南亚至澳大利亚已归化。

掌叶鱼黄草

/毛牵牛、假番薯

Merremia vitifolia

科属：旋花科鱼黄草属

产地：产于我国广东、广西、云南，东南亚也有分布。生于海拔90～1600米的路旁、灌丛或林中。

盒果藤/紫翅藤、红薯藤

Operculina turpethum

科属：旋花科盒果藤属

产地：产于我国广东、广西、台湾及云南等地，非洲、热带亚洲至大洋洲也有分布。生于海拔500米左右的溪边、山谷路旁。

桃叶珊瑚

Aucuba chinensis

科属：山茱萸科桃叶珊瑚属

产地：产于我国福建、台湾、广东、广西及海南。常生于海拔1000米以下的常绿阔叶林中。

洒金桃叶珊瑚/花叶青木

Aucuba japonica var. *variegata*

科属：山茱萸科桃叶珊瑚属

产地：本种为变种，原种产于我国浙江南部及台湾，日本及朝鲜也有分布。

灯台树/六角树

Bothrocaryum controversum

科属：山茱萸科灯台树属

产地：产于我国辽宁、河北、陕西、甘肃、山东、安徽、台湾、河南、广东、广西及长江以南各地，朝鲜、日本及东南亚也有分布。生于阔叶林或混交林中。

红瑞木/凉子木

Cornus alba

科属：山茱萸科山茱萸属

产地：产于我国东北、华北、西北及华东等地，朝鲜、俄罗斯及欧洲也有分布。生于海拔600～1700米的杂木林或针阔叶混交林中。

金叶红瑞木
Cornus alba 'Aurea'

科属：山茱萸科山茱萸属
产地：园艺种，我国华东地区有栽培。

西伯利亚红瑞木
Cornus alba 'Sibirica'

科属：山茱萸科山茱萸属
产地：园艺种，我国北方地区有栽培。

山茱萸/山萸
Cornus officinalis

科属：山茱萸科山茱萸属
产地：产于我国山西、陕西、甘肃、浙江、山东、江苏、安徽、江西、河南及湖南等地，朝鲜及日本也有分布。生于海拔400～1500米的林缘或森林中。

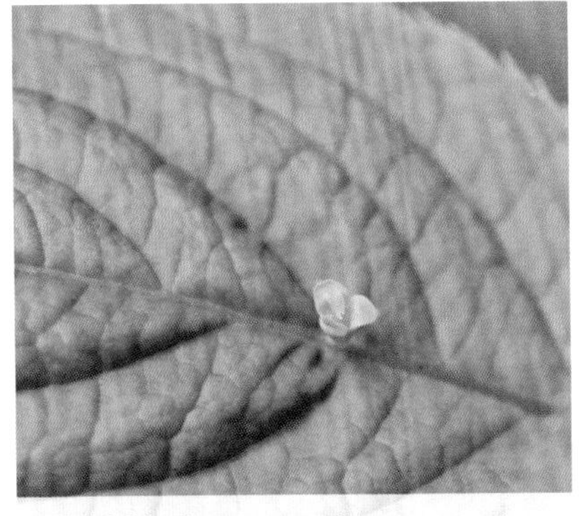

青荚叶/叶上珠
Helwingia japonica

科属：山茱萸科青荚叶属
产地：产于我国黄河流域以南各地，日本、缅甸、印度也有分布。生于海拔3300米以下的林中。

中华青荚叶/叶长花
Helwingia chinensis

科属：山茱萸科青荚叶属
产地：产于我国陕西、甘肃、湖北、湖南、四川及云南等地，缅甸北部也有分布。生于海拔1000～2000米的林下。

沙梾/毛山茱萸
Swida bretschneideri

科属：山茱萸科梾木属
产地：产于我国辽宁、内蒙古、河北、山西、陕西、宁夏、甘肃、青海、河南、湖北及四川等地，生于海拔1100～2300米的杂木林内或灌丛中。

欧洲红瑞木
Swida sanguinea

科属：山茱萸科梾木属
产地：产于欧洲，我国中北部地区引种栽培。

毛梾/小六谷、车梁木
Swida walteri

科属：山茱萸科梾木属
产地：产于我国辽宁、河北、山西以及华东、华中、华南西南各地，生于海拔300～3300米的杂木林或密林下。

黑法师
Aeonium arboreum 'Atropurpureum'

科属：景天科莲花掌属
产地：原种产于西班牙的加那利群岛。

夕映爱/夕映

Aeonium decorum

科属：景天科莲花掌属

产地：原产于西班牙及非洲东北部。

王妃君美丽

Aeonium arboreum var. *holochrysum*

科属：景天科莲花掌属

产地：产于西班牙的加那利群岛。

棒叶落地生根

/洋吊钟、棒叶景天

Bryophyllum delagoense

科属：景天落地生根属

产地：原产于南非。

大叶落地生根/落地生根

Bryophyllum daigremontianum

科属：景天科落地生根属

产地：产于马达加斯加。

熊童子

Cotyledon tomentosa

科属：景天科银波锦属

产地：产于非洲的纳米比亚。

青锁龙/鼠尾景天

Crassula lycopodioides

科属：景天科青锁龙属

产地：产于非洲南部。

茜之塔

Crassula corymbulosa

科属：景天科青锁龙属

产地：产于南非，我国南方栽培较多。

火祭/秋火莲

Crassula capitella 'Campfire'

科属：景天科青锁龙属

产地：本种为园艺种，原种产于南非。

神刀/尖刀

Crassula perfoliata var. minor

科属：景天科青锁龙属

产地：产于南非东南部。

舞乙女/数珠星

Crassula rupestris subsp. *marnieriana*

科属：景天科青锁龙属
产地：产于南部非洲。

玉树/玉树、燕子掌

Crassula ovata

科属：景天科青锁龙属
产地：原产于南非。

雨心

Crassula volkensii

科属：景天科青锁龙属
产地：原产于肯尼亚及坦桑尼亚。

小米星

Crassula 'Tom Thumb'

科属：景天科青锁龙属
产地：园艺种。

黑王子

Echeveria 'Black Prince'

科属：景天科莲座草属
产地：园艺种。

红缘莲花掌

Echeveria agavoides 'Red Edge'

科属：景天科莲座草属
产地：本种为园艺种，原种产于热带美洲。

吉娃莲/吉娃娃

Echeveria chihuahuaensis

科属：景天科莲座草属
产地：原产于墨西哥。

大和锦

Echeveria purpusorum

科属：景天科莲座草属
产地：原产于美洲。

石莲花/皮氏拟石莲花

Echeveria peacockii

科属：景天科莲座草属
产地：产于墨西哥。

高砂之翁

Echeveria 'Takasago No Okina'

科属：景天科莲座草属
产地：园艺种。

华丽景天
/八宝景天、长药景天

Hylotelephium spectabile

科属：景天科八宝属
产地：产于我国安徽、陕西、河南、山东、河北、辽宁、吉林及黑龙江，朝鲜也有分布。生于低山多石山坡上。

极乐鸟

Kalanchoe beauverdii

科属：景天科伽蓝菜属
产地：产于马达加斯加干燥的森林中。

仙女之舞

Kalanchoe beharensis

科属：景天科伽蓝菜属
产地：产于马达加斯加南部。

长寿花/多花伽蓝菜

Kalanchoe blossfeldiana

科属：景天科伽蓝菜属
产地：产于马达加斯加。

玉吊钟/蝴蝶之舞

Kalanchoe fedtschenkoi

科属：景天科伽蓝菜属
产地：产于马达加斯加。

鸡爪三七/伽蓝菜、大还魂

Kalanchoe laciniata

科属：景天科伽蓝菜属
产地：产于我国云南、广西、广东、台湾、福建等地，亚洲热带、亚热带地区及非洲北部也有分布。

仙人之舞/天人之舞

Kalanchoe orgyalis

科属：景天科伽蓝菜属
产地：产于马达加斯加。

宫灯长寿花/红提灯

Kalanchoe manginii

科属：景天科伽蓝菜属
产地：产于马达加斯加。

双飞蝴蝶/趣蝶莲

Kalanchoe synsepala

科属：景天科伽蓝菜属
产地：产于马达加斯加。

唐印/白娘子

Kalanchoe thyrsiflora

科属：景天科伽蓝菜属
产地：产于南非。

月兔耳/褐斑伽蓝

Kalanchoe tomentosa

科属：景天科伽蓝菜属
产地：产于马达加斯加。

子持年华/白蔓莲

Orostachys boehmeri

科属：景天科瓦松属
产地：产于日本北海道。

费菜/景天三七

Phedimus aizoon

科属：景天科费菜属
产地：产于我国东北、华北、西北、华中、华东部分地区，俄罗斯、蒙古、日本及朝鲜也有分布。

勘察加景天/勘察加费菜

Phedimus kamtschaticus

科属：景天科费菜属
产地：产于我国山西、河北、内蒙古及吉林，俄罗斯、朝鲜及日本也有分布。生于海拔600～1800米的多石山坡。

长白红景天
/长白景天、乌苏里景天

Rhodiola angusta

科属：景天科红景天属
产地：产于我国吉林及黑龙江，朝鲜及俄罗斯也有分布。生于海拔1700～2600米的高山草原或山坡石上。

高山红景天/高山蔷薇景天

Rhodiola cretinii subsp. *sinoalpina*

科属：景天科红景天属
产地：产于我国云南西北部。生于海拔4300～4400米的山地坡中。

小丛红景天
/凤尾草、雾灵景天

Rhodiola dumulosa

科属：景天科红景天属
产地：产于我国四川、青海、甘肃、陕西、湖北、山西、河北、内蒙古、吉林。生于海拔1600～3900米的山坡石上。

大苞景天/苞叶景天

Sedum amplibracteatum

科属：景天科景天属
产地：产于我国云南、贵州、四川、湖北、湖南、甘肃、陕西及河南，缅甸也有分布。生于海拔1100～2800米的山坡林下阴湿处。

姬星美人

Sedum anglicum

科属：景天科景天属
产地：产于西亚及北非。

轮叶景天

Sedum chauveaudii

科属：景天科景天属
产地：产于我国四川、云南等地。生于海拔1900~3500米的林缘石坡上或岩石上。

凹叶景天/打不死、岩板菜

Sedum emarginatum

科属：景天科景天属
产地：产于我国云南、四川、湖北、江西、安徽、浙江、江苏、甘肃及陕西。生于海拔600~1800米处的山坡阴湿处。

佛甲草/佛指甲、狗牙菜

Sedum lineare

科属：景天科景天属
产地：产于我国西南、华中、西北、华东等部分地区，日本也有分布。生于低山或平地草坡上。

白菩提/翡翠景天

Sedum morganianum

科属：景天科景天属
产地：产于墨西哥及洪都拉斯。

反曲景天/松塔景天

Sedum reflexum

科属：景天科景天属
产地：产于地中海地区。

垂盆草/豆瓣菜

Sedum sarmentosum

科属：景天科景天属
产地：产于我国华东、华中、华南及东北等地，朝鲜及日本也有分布。生于海拔1600米以下的山坡阳处或石上。

细小景天/姬莲花

Sedum subtile

科属：景天科景天属
产地：产于我国江西、江苏，日本也有分布。生于低山山地阴湿石上。

观音莲/观音座莲、长生草

Sempervivum tectorum

科属：景天科长生草属
产地：产于欧洲。

油菜花/芸薹

Brassica campestris

科属：十字花科芸薹属

产地：产于我国陕西、江苏、安徽、浙江、江西、湖北、湖南及四川。

羽衣甘蓝

Brassica oleracea var. *acephala*

科属：十字花科芸薹属

产地：园艺变种，我国南北方地区均有栽培。

宽翅碎米荠/宽翅弯蕊芥

Cardamine franchetiana

科属：十字花科碎米荠属属

产地：产于我国四川、云南及西藏。生于海拔2300～4000米的山坡沟边、河谷流石滩及石缝中。

颗粒碎米荠/弯蕊石蕊芥、三叶弯蕊芥

Cardamine granulifer

科属：十字花科碎米荠属属

产地：产于我国云南。生于海拔2950米的阴湿流沙石上。

弹裂碎米荠/水花菜

Cardamine impatiens

科属：十字花科碎米荠属

产地：产于我国东北、华东、西北、西南等地。生于海拔150～3500米的路边、沟谷、水边或阴湿地。

白花碎米荠/山芥菜

Cardamine leucantha

科属：十字花科碎米荠属

产地：产于我国东北、河北、山西、河南、安徽、江苏、浙江、湖北、江西、陕西及甘肃等地，日本、朝鲜及俄罗斯也有分布。生于海拔200～2000米的路边、山坡湿地、杂木林下及山谷沟边阴湿处。

心叶碎米荠/心叶诸葛菜

Cardamine limprichtiana

科属：十字花科碎米荠属

产地：产于我国安徽、江苏、浙江等地。生于林下、路边及山岩旁。

大叶碎米荠/华中碎米荠

Cardamine macrophylla

科属：十字花科碎米荠属

产地：产于我国内蒙古、河北、山西、湖北、陕西、甘肃、青海、四川、贵州、浙江、湖南、江西、陕西、云南及西藏等地。生于海拔1600～4200米的山坡灌丛下、沟边、石隙、高山草坡水湿处。

圆齿碎米荠/大叶水尖、浙江碎米荠

Cardamine zhejiangensis

科属：十字花科碎米荠属

产地：产于我国安徽、江苏、浙江、广东、贵州等省，日本、朝鲜及俄罗斯也有分布。生于海拔550～1100米的山坡石隙间、林下沟边及草丛中。

桂竹香/黄紫罗兰

Cheiranthus cheiri

科属：十字花科桂竹香属

产地：产于欧洲南部，我国各地有栽培。

香花芥/毛萼香芥
Clausia trichosepala

科属：十字花科香芥属
产地：产于我国吉林、内蒙古、河北、山西、山东等地，朝鲜也有分布。生于山坡上。

总苞葶苈
Draba involucrata

科属：十字花科葶苈属
产地：产于我国青海、四川、云南及西藏等地。生于海拔3300～5100米的悬岩上或山坡沟谷。

中国喜山葶苈
Draba oreades var. *chinensis*

科属：十字花科葶苈属
产地：产于我国陕西、甘肃、青海、四川、云南及西藏。生于海拔4300～4600米的高山岩石边。

云南葶苈
Draba yunnanensis

科属：十字花科葶苈属
产地：产于我国四川、云南、西藏等地区。生于海拔2300～4600米的岩石间隙、山坡水边。

具苞糖芥
Erysimum wardii

科属：十字花科糖芥属
产地：产于我国四川、云南及西藏。生于河滩等处。

糖芥
Erysimum amurense

科属：十字花科糖芥属
产地：产于我国东北、华北、江苏、四川及陕西，蒙古、朝鲜及俄罗斯也有分布。生于田边荒地、山坡。

雾灵香花芥/北香花芥
Hesperis sibirica

科属：十字花科香花芥属
产地：产于我国河北。生于山坡灌丛中。

香雪球
Lobularia maritima

科属：十字花科香雪球属
产地：产于地中海沿岸，我国南北方均有栽培。

紫罗兰/草桂花
Matthiola incana

科属：十字花科紫罗兰属
产地：产于欧洲南部，我国南北方均有栽培。

豆瓣菜/西洋菜、水田芥
Nasturtium officinale

科属：十字花科豆瓣菜属
产地：产于我国大部分地区，欧洲、亚洲及北美均有分布。生于海拔850～3700米的水沟边、山涧边、沼泽或水田中。

沙芥/山萝卜
Pugionium cornutum

科属：十字花科沙芥属
产地：产于我国内蒙古、陕西及宁夏。生于沙漠地带沙丘上。

斧翅沙芥
Pugionium dolabratum

科属：十字花科沙芥属
产地：产于我国内蒙古、陕西、甘肃、宁夏，蒙古也有分布。生于荒漠及半荒漠的沙地。

中甸丛菔
Solms-laubachia zhongdianensis

科属：十字花科丛菔属
产地：产于我国云南中甸。

线叶丛菔/鸡掌
Solms-Laubachia linearifolia

科属：十字花科丛菔属
产地：产于我国云南。生于海拔3600～4300米的山坡石灰岩缝中。

二月兰/诸葛菜
Orychophragmus violaceus

科属：十字花科诸葛菜属
产地：产于我国辽宁、河北、山西、山东、河南、安徽、浙江、湖北、江西、陕西、甘肃及四川，朝鲜也有分布。生于平原、山地、路旁或地旁。

睡布袋/伊莎头葫芦
Cephalopentandra ecirrhosa

科属：葫芦科睡布袋属
产地：产于非洲。

西瓜/寒瓜
Citrullus lanatus

科属：葫芦科西瓜属
产地：原种可能来自非洲，我国南北方均有栽培。

甜瓜/香瓜
Cucumis melo

科属：葫芦科黄瓜属
产地：世界温带至热带地区广为栽培，我国南北方均有栽培。

南瓜/倭瓜
Cucurbita moschata

科属：葫芦科南瓜属
产地：原产于墨西哥至中美洲一带，世界各地广为栽培。

笑布袋
Ibervillea sonorae

科属：葫芦科笑布袋属
产地：产于墨西哥北部。

葫芦/瓠
Lagenaria siceraria

科属：葫芦科葫芦属
产地：广泛栽培于世界热带到温带地区。

木鳖子/番木鳖
Momordica cochinchinensis

科属：葫芦科苦瓜属
产地：产于我国华东、华南、华中及西南部分地区，中南半岛及印度半岛也有分布。生于海拔450~1100米的山沟、林缘及路旁。

嘴状苦瓜
Momordica rostrata

科属：葫芦科苦瓜属
产地：产于非洲，我国南方引种栽培。

佛手瓜/洋丝瓜
Sechium edule

科属：葫芦科佛手瓜属
产地：原产于南美洲，我国华南及西南有栽培。

头花赤瓟
Thladiantha capitata

科属：葫芦科赤瓟属
产地：产于我国四川西部。生于海拔1000~2700米的林缘、山坡及灌木丛中。

赤瓟/赤包
Thladiantha dubia

科属：葫芦科赤瓟属
产地：产于我国东北、河北、山西、山东、陕西、甘肃及宁夏。生于海拔300~1800米的山坡、河谷及林缘湿处。

蛇瓜/蛇豆
Trichosanthes anguina

科属：葫芦科栝楼属
产地：原产于印度，我国南北方均有栽培。

栝楼/瓜蒌

Trichosanthes kirilowii

科属：葫芦科栝楼属

产地：产于我国辽宁、华北、华东、中南、陕西、甘肃、四川、贵州及云南，朝鲜、日本、越南及老挝也有分布。生于海拔200～1800米的山坡林下、灌丛中、草地及村旁田边。

糙点栝楼/红花括楼

Trichosanthes dunniana

科属：葫芦科栝楼属

产地：产于我国广东、广西、贵州、云南、四川及西藏等地区，东南亚也有分布。生于海拔150～1900米的山谷密林中、山坡疏林及灌丛中。

碧雷鼓

Xerosicyos danguyi

科属：葫芦科碧雷鼓属

产地：产于马达加斯加。

老鼠拉冬瓜

/马交儿、野梢瓜

Zehneria indica

科属：葫芦科马交儿属

产地：产于我国四川、湖北、安徽、江苏、浙江、福建、江西、湖南、广东、广西、贵州及云南，日本、朝鲜及东南亚也有分布。生于海拔500～1600米的林中阴湿处及路边、田边或灌丛中。

软毛沙葫芦

Zygosicyos pubescens

科属：葫芦科史葫芦属

产地：产于马达加斯加。

黑穗薹草/小鳞薹草

Carex atrata

科属：莎草科薹草属

产地：产于我国吉林，朝鲜、日本、俄罗斯及欧洲也有分布。生于高山冻原上。

浆果薹草/红稗子

Carex baccans

科属：莎草科薹草属

产地：产于我国福建、台湾、广东、广西、海南、四川、贵州及云南，东南亚也有分布。生于200～2700米的林边、河边及村边。

甘肃薹草/甘肃苔草

Carex kansuensis

科属：莎草科薹草属

产地：产于我国陕西、甘肃、青海、四川、云南及西藏。生于海拔3400～4600米的高山灌丛草甸、湖泊岸边及湿润草地。

高氏薹草/高氏苔草

Carex kaoi

科属：莎草科薹草属

产地：产于我国广东。生于林缘。

花莛薹草/花莛苔草

Carex scaposa

科属：莎草科薹草属

产地：产于我国浙江、江西、福建、湖南、广东、广西、四川南部、贵州、云南东部和东南部，越南也有分布。生于海拔400～1500米常绿阔叶林林下，水旁、山坡阴处或石灰岩山坡峭壁上。

旱伞草/风车草

Cyperus alternifolius subsp. *flabelliformis*

科属：莎草科莎草属

产地：我国南北各省均见栽培，原产于非洲，广泛分布于森林、草原地区的大湖、河流边缘的沼泽中。

畦畔莎草/埃及红纸莎

Cyperus haspan

科属：莎草科莎草属

产地：产于我国福建、台湾、广西、广东、云南、四川，朝鲜、日本、东南亚及非洲也有分布。多生长于水田或浅水塘等多水的地方，山坡上亦能见到。

埃及莎草/纸莎草

Cyperus papyrus

科属：莎草科莎草属

产地：原产于非洲，我国南北方均有栽培。

藨草/藨莞

Scirpus triqueter

科属：莎草科藨草属

产地：我国除广东、海南岛外，各省、各自治区都广泛分布，俄罗斯、日本、朝鲜，中亚细亚、欧洲、美洲也有分布。生于海拔2000米以下的水沟、水塘、山溪边或沼泽地。

水葱

Schoenoplectus tabernaemontani

科属：莎草科水葱属

产地：产于我国东北各省、内蒙古、山西、陕西、甘肃、新疆、河北、江苏、贵州、四川、云南，朝鲜、日本、澳洲、南北美洲也有分布。生长在湖边或浅水塘中。

花叶水葱

Schoenoplectus tabernaemontani var. *zebrinus*

科属：莎草科水葱属

产地：园艺变种，我国华东地区栽培较多。

星光草/星光莎草

Rhynchospora colorata

科属：莎草科刺子莞属

产地：产于北美洲。

牛耳枫/南岭虎皮楠

Daphniphyllum calycinum

科属：虎皮楠科虎皮楠属

产地：产于我国广西、广东、福建、江西等地，越南和日本也有分布。生于海拔60～700米的疏林或灌丛中。

交让木/豆腐头、山黄树

Daphniphyllum macropodum

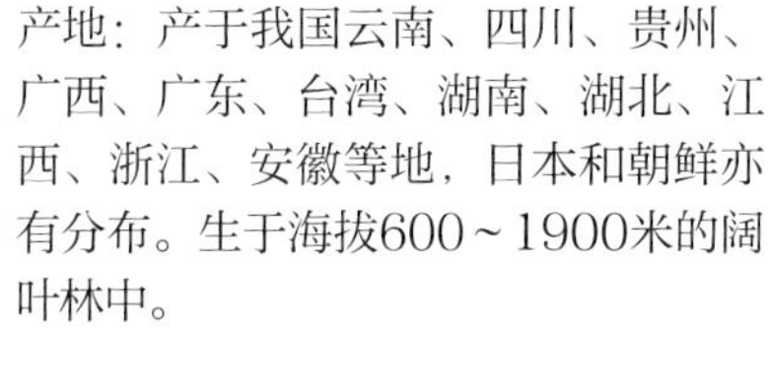

科属：虎皮楠科虎皮楠属

产地：产于我国云南、四川、贵州、广西、广东、台湾、湖南、湖北、江西、浙江、安徽等地，日本和朝鲜亦有分布。生于海拔600～1900米的阔叶林中。

戴维森李子/大维逊李子

Davidsonia pruriens

科属：大维逊李科澳楸属

产地：产于澳大利亚的昆士兰北部雨林中。

红花岩梅

Diapensia purpurea

科属：岩梅科岩梅属

产地：产于我国云南、四川。生于海拔2600～4500米的山顶或荒坡岩壁上。

亚龙木

Alluaudia procera

科属：龙树科亚龙木属

产地：产于马达加斯加。

阿修罗城

Didierea trollii

科属：龙树科龙树属

产地：产于马达加斯加。

亚森丹斯树/直立亚龙木

Alluaudia ascendens

科属：刺戟木科亚龙木属

产地：产于马达加斯加。

五桠果/第伦桃

Dillenia indica

科属：五桠果科五桠果属

产地：分布于我国云南省南部，喜生山谷溪旁水湿地带，也见于印度、斯里兰卡、中南半岛、马来西亚及印度尼西亚等地。

大花五桠果/大花第伦桃
Dillenia turbinata

科属：五桠果科五桠果属

产地：分布于我国广东、海南、广西及云南，越南也有分布。生于常绿林里。

蛇藤/束蕊花
Hibbertia scandens

科属：五桠果科五桠果属

产地：产于澳大利亚的南威尔士及昆士兰州。

锡叶藤
Tetracera sarmentosa

科属：五桠果科五桠果属

产地：我国分布于广东、广西，中南半岛、泰国、印度、斯里兰卡、马来西亚及印度尼西亚等地也有分布。

薯莨
Dioscorea cirrhosa

科属：薯蓣科薯蓣属

产地：分布于我国浙江、江西、福建、台湾、湖南、广东、广西、贵州、四川、云南、西藏，越南也有分布。生于海拔350～1500米的山坡、路旁、林中或林缘。

甘薯/甜薯
Dioscorea esculenta

科属：薯蓣科薯蓣属

产地：分布于亚洲东南部，栽培及野生均有，我国南方有栽培。

薯蓣/淮山
Dioscorea opposita

科属：薯蓣科薯蓣属

产地：分布于我国大部分地区，朝鲜、日本也有分布。生于山坡、山谷林下，溪边、路旁的灌丛中或杂草中，或为栽培。

龟甲龙/南非龟甲龙
Dioscorea elephantipes

科属：薯蓣科龟甲龙属

产地：产于南非西南部。

马其顿川续断
Knautia macedonica

科属：川续断科欧洲山萝卜属

产地：分布于巴尔干地区至罗马尼亚。

大花刺参
Morina nepalensis var. *delavayi*

科属：川续断科刺续断属

产地：产于我国四川和云南。生于海拔3000～4000米的山坡草甸。

白花刺参

Morina nepalensis var. *alba*

科属：川续断科刺续断属

产地：产于我国西藏、云南、四川、青海及甘肃。生于海拔3000～4000米的山坡草甸或林下。

华北蓝盆花/山萝卜

Scabiosa tschiliensis

科属：川续断科蓝盆花属

产地：产于我国东北、内蒙古、河北、山西、陕西、甘肃东部、宁夏。生于海拔300～1500米山坡草地或荒坡上。

具翼龙脑香

Dipterocarpus alatus

科属：龙脑香科龙脑香属

产地：产于印度南部。

竭布罗香

Dipterocarpus tubinatus

科属：龙脑香科龙脑香属

产地：产于我国云南及泰国。

狭叶坡垒/万年木

Hopea chinensis

科属：龙脑香科坡垒属

产地：产于我国广西。生于海拔600米左右的山谷、坡地、丘陵地区。

望天树/擎天树

Parashorea chinensis

科属：龙脑香科柳安属

产地：产于我国云南、广西。生于海拔300～1100米沟谷、坡地、丘陵密林中。

青梅/青皮、海梅、油楠

Vatica mangachapoi

科属：龙脑香科青梅属

产地：产于我国海南，越南、泰国、菲律宾、印度尼西亚等也有分布。生于海拔700米以下丘陵、坡地林中。

捕蝇草

Dionaea muscipula

科属：茅膏菜科捕蝇草属

产地：原产于北美洲，我国南北方地区均有栽培。

杯夹捕蝇草

Dionaea muscipula 'Cupped Trap'

科属：茅膏菜科捕蝇草属
产地：园艺种。

黄色捕蝇草

Dionaea muscipula 'Yellow'

科属：茅膏菜科捕蝇草属
产地：园艺种。

阿蒂露茅膏菜/南非茅膏菜

Drosera adelae

科属：茅膏菜科茅膏菜属
产地：产于南非。

绒毛茅膏菜/粉红茅膏菜

Drosera capillaris

科属：茅膏菜科茅膏菜属
产地：产于美国及加勒比地区。

银匙茅膏菜

Drosera ordensis

科属：茅膏菜科茅膏菜属
产地：产于澳大利亚。

孔雀茅膏菜

Drosera paradoxa

科属：茅膏菜科茅膏菜属
产地：产于澳大利亚。

匀叶茅膏菜

Drosera spatulata

科属：茅膏菜科茅膏菜属
产地：产于我国，日本、新几内亚、新西兰及澳大利亚也有分布。

迷你茅膏菜

Drosera nitidula × *pulchella*

科属：茅膏菜科茅膏菜属
产地：园艺杂交种。

瓶兰花/玉瓶兰

Diospyros armata

科属：柿科柿属
产地：产于我国湖北，较少见，华东有栽培。

乌柿/山柿子、丁香柿

Diospyros cathayensis

科属：柿科柿属
产地：产于我国四川、湖北、云南、贵州、湖南、安徽。生于海拔600～1500米的河谷、山地或山谷林中。

柿/柿树

Diospyros kaki

科属：柿科柿属
产地：原产于我国长江流域，辽宁及以南地区有栽培。

老鸦柿

Diospyros rhombifolia

科属：柿科柿属

产地：产于我国浙江、江苏、安徽、江西、福建等地。生于山坡灌丛或山谷沟畔林中。

君迁子/软枣、黑枣、牛奶柿

Diospyros lotus

科属：柿科柿属

产地：产于我国大部分地区，亚洲西部、小亚细亚、欧洲南部亦有分布。生于海拔500～2300米左右的山地、沟谷灌丛中或林缘。

银果牛奶子/银果胡颓子

Elaeagnus magna

科属：胡颓子科胡颓子属

产地：产于我国江西、湖北、湖南、四川、贵州、广东、广西。生于海拔100～1200米的山地、路旁、林缘、河边向阳处沙质土壤上。

牛奶子/剪子果、甜枣

Elaeagnus umbellata

科属：胡颓子科胡颓子属

产地：产于我国华北、华东、西南各地和陕西、甘肃、青海、宁夏、辽宁、湖北，日本、朝鲜、阿富汗、意大利及东南亚均有分布。

胡颓子/四枣、羊奶子

Elaeagnus pungens

科属：胡颓子科胡颓子属

产地：产于我国江苏、浙江、福建、安徽、江西、湖北、湖南、贵州、广东、广西，日本也有分布。生于海拔1000米以下的向阳山坡或路旁。

金边胡颓子

Elaeagnus pungens 'Aurea'

科属：胡颓子科胡颓子属

产地：园艺种。

沙枣/刺柳、银柳胡颓子

Elaeagnus angustifolia

科属：胡颓子科胡颓子属

产地：产于我国辽宁、河北、山西、河南、陕西、甘肃、内蒙古、宁夏、新疆、青海等，俄罗斯、中东、远东至欧洲也有分布。生于山地、平原、沙滩、荒漠中。

沙棘/中国沙棘、酸刺柳、酸刺

Hippophae rhamnoides

科属：胡颓子科沙棘属

产地：产于我国河北、内蒙古、山西、陕西、甘肃、青海、四川西部。常生于海拔800～3600米温带地区向阳的山脊、谷地、干涸河床地或山坡，多砾石、沙质土壤或黄土上。

尖叶杜英

/长芒杜英、毛果杜英

Elaeocarpus rugosus

科属：杜英科杜英属

产地：产于我国云南、广东和海南，中南半岛及马来西亚也有分布。生于低海拔的山谷中。

细叶杜英

Elaeocarpus rugosus 'Microphylla'

科属：杜英科杜英属
产地：园艺种。

水石榕/海南胆八树、水柳树

Elaeocarpus hainanensis

科属：杜英科杜英属
产地：产于我国海南、广西及云南，越南、泰国也有分布。喜生于低湿处及山谷水边。

锡兰橄榄

/锡兰杜英、锡兰榄、南亚杜英

Elaeocarpus serratus

科属：杜英科杜英属
产地：产于印度。

猴欢喜/猴板栗、破木

Sloanea sinensis

科属：杜英科猴欢喜属
产地：产于我国广东、海南、广西、贵州、湖南、江西、福建、台湾和浙江，越南也有分布。生长于海拔700～1000米的常绿林里。

深红树萝卜/灯笼花

Agapetes lacei

科属：杜鹃花科树萝卜属
产地：产于我国云南、西藏，缅甸也有分布。附生于海拔1500～1650米的常绿林中树上。

岩须/长梗岩须、雪灵芝

Cassiope selaginoides

科属：杜鹃花科岩须属
产地：产于我国四川、云南、西藏，印度、不丹也有分布。生于海拔2000～4500米的灌丛中或垫状灌丛草地。

吊钟花/铃儿花、白鸡烂树

Enkianthus quinqueflorus

科属：杜鹃花科吊钟花属
产地：产于我国江西、福建、湖北、湖南、广东、广西、四川、贵州、云南，越南亦有分布。生于海拔600～2400米的山坡灌丛中。

齿缘吊钟花

/九节筋、山枝仁、黄叶吊钟花

Enkianthus serrulatus

科属：杜鹃花科吊钟花属
产地：产于我国浙江、江西、福建、湖北、湖南、广东、广西、四川、贵州、云南。生于海拔800～1800米的山坡。

美丽马醉木

/兴山马醉木、长苞美丽马醉木

Pieris formosa

科属：杜鹃花科马醉木属
产地：产于我国浙江、江西、湖北、湖南、广东、广西、四川、贵州、云南等地，东南亚也有分布。生于海拔900～2300米的灌丛中。

长萼马醉木

Pieris swinhoei

科属：杜鹃花科马醉木属
产地：产于我国福建、广东、香港。生于灌丛中。

窄叶杜鹃

Rhododendron araiophyllum

科属：杜鹃花科杜鹃属

产地：产于我国云南西部，缅甸东北部也有分布。生于海拔2600～3400米的冷杉林缘、灌木丛中。

头花杜鹃

Rhododendron capitatum

科属：杜鹃花科杜鹃属

产地：产于我国陕西、甘肃、青海及四川。生于海拔2500～4300米的高山草原、草甸、湿草地或岩坡。

多花杜鹃/羊角杜鹃

Rhododendron cavaleriei

科属：杜鹃花科杜鹃属

产地：产于我国江西、湖南、广东、广西和贵州。生于海拔1000～2000米的疏林或密林中。

睫毛杜鹃

Rhododendron ciliatum

科属：杜鹃花科杜鹃属

产地：产于我国西藏，尼泊尔东部、印度、不丹也有分布。生于海拔2700～3500米的岩石、峭壁上，或陡坡杜鹃灌丛。

秀雅杜鹃

Rhododendron concinnum

科属：杜鹃花科杜鹃属

产地：产于我国陕西、河南、湖北西部、四川、贵州、云南。生于海拔2300～3800米的山坡灌丛、冷杉林带杜鹃林。

大白杜鹃/大白花杜鹃

Rhododendron decorum

科属：杜鹃花科杜鹃属

产地：产于我国四川、贵州、云南和西藏，缅甸东北部也有分布。生于海拔1000～4000米的灌丛中或森林下。

马缨花杜鹃/马缨花

Rhododendron delavayi

科属：杜鹃花科杜鹃属

产地：产于我国广西、四川、贵州、云南、西藏南部。越南、泰国、缅甸和印度也有分布。生于海拔1200～3200米的常绿阔叶林或灌木丛中。

云锦杜鹃

Rhododendron fortunei

科属：杜鹃花科杜鹃属

产地：产于我国陕西、湖北、湖南、河南、安徽、浙江、江西、福建、广东、广西、四川、贵州及云南东北部。生于海拔620～3000米的山脊阳处或林下。

富源杜鹃

Rhododendron fuyuanense

科属：杜鹃花科杜鹃属

产地：产于我国云南东部。生于海拔2000米的山地林中。

滇南杜鹃/蒙自杜鹃

Rhododendron hancockii

科属：杜鹃花科杜鹃属

产地：产于我国云南、广西。常生于海拔1100~2000米左右的山坡灌丛或杂木林内。

灰背杜鹃

Rhododendron hippophaeoides

科属：杜鹃花科杜鹃属

产地：产于我国四川、云南。生于海拔2400~4800米的松林、云杉林下、林内湿草地及高山杜鹃灌丛、灌丛草甸。

露珠杜鹃

Rhododendron irroratum

科属：杜鹃花科杜鹃属

产地：产于我国四川、贵州及云南。生于海拔1700~3600米的山坡常绿阔叶林中或灌木丛中。

广东杜鹃

Rhododendron kwangtungense

科属：杜鹃花科杜鹃属

产地：产于我国湖南、广东、广西。生于海拔800~1600米的灌丛中。

岭南杜鹃

/玛丽杜鹃、紫花杜鹃

Rhododendron mariae

科属：杜鹃花科杜鹃属

产地：产于我国安徽、江西、福建、湖南、广东、广西、贵州。生于海拔500~1250米的山丘灌丛中。

满山红/山石榴、马礼士杜鹃

Rhododendron mariesii

科属：杜鹃花科杜鹃属

产地：产于我国河北、陕西、江苏、安徽、浙江、江西、福建、台湾、河南、湖北、湖南、广东、广西、四川和贵州。生于海拔600~1500米的山地稀疏灌丛。

照山白

Rhododendron micranthum

科属：杜鹃花科杜鹃属

产地：广布于我国东北、华北及西北地区及山东、河南、湖北、湖南、四川等省，朝鲜也有分布。生于海拔1000~3000米山坡灌丛、山谷、峭壁及石岩上。

羊踯躅/闹羊花、羊不食草

Rhododendron molle

科属：杜鹃花科杜鹃属

产地：产于我国江苏、安徽、浙江、江西、福建、河南、湖北、湖南、广东、广西、四川、贵州和云南。生于海拔1000米的山坡草地或丘陵地带的灌丛或山脊杂木林下。

金踯躅

Rhododendron molle 'Jingzhizhu'

科属：杜鹃花科杜鹃属

产地：园艺栽培种。

白花杜鹃/尖叶杜鹃、白杜鹃

Rhododendron mucronatum

科属：杜鹃花科杜鹃属

产地：产于我国江苏、浙江、江西、福建、广东、广西、四川和云南。

山育杜鹃

Rhododendron oreotrephes

科属：杜鹃花科杜鹃属

产地：产于我国四川、云南、西藏，缅甸也有分布。生于海拔2100～3700米针阔混交林、黄栎杜鹃灌丛、落叶松林缘或冷杉林缘。

马银花

Rhododendron ovatum

科属：杜鹃花科杜鹃属

产地：产于我国江苏、安徽、浙江、江西、福建、台湾、湖北、湖南、广东、广西、四川和贵州。生于海拔1000米以下的灌丛中。

云上杜鹃/白豆花、波瓣杜鹃

Rhododendron pachypodum

科属：杜鹃花科杜鹃属

产地：产于我国云南大部分地区。生于海拔1200～3100米干燥山坡灌丛或山坡杂木林下、石山阳处。

栎叶杜鹃

Rhododendron phaeochrysum

科属：杜鹃花科杜鹃属

产地：产于我国四川、云南和西藏。生于海拔3300～4200米的高山杜鹃灌丛中或冷杉林下。

樱草杜鹃

Rhododendron primulaeflorum

科属：杜鹃花科杜鹃属

产地：产于我国云南、西藏、四川、甘肃。生于海拔2900～5100米的山坡灌丛、高山草甸、岩坡或沼泽草甸。

锦绣杜鹃/毛鹃、鲜艳杜鹃

Rhododendron pulchrum

科属：杜鹃花科杜鹃属

产地：产于我国江苏、浙江、江西、福建、湖北、湖南、广东和广西等地，著名栽培种，传说产于我国，但至今未见野生。

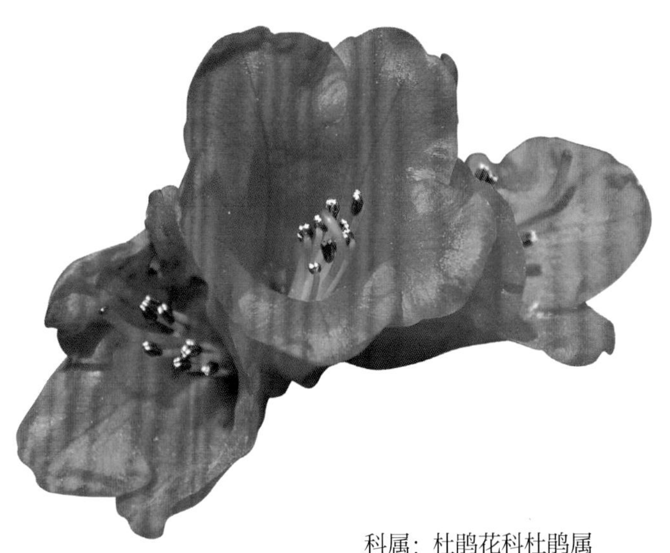

火红杜鹃

Rhododendron neriiflorum

科属：杜鹃花科杜鹃属

产地：产于我国云南和西藏，缅甸也有分布。生于海拔2550～3600米的铁杉杜鹃林或杂木林中。

腋花杜鹃

Rhododendron racemosum

科属：杜鹃花科杜鹃属

产地：产于我国四川、贵州、云南。生于海拔1500～3800米的松林、松栎林下，灌丛草地或冷杉林缘。

云间杜鹃/叶状苞杜鹃

Rhododendron redowskianum

科属：杜鹃花科杜鹃属

产地：产于我国吉林长白山，西伯利亚东部也有分布。生于海拔2000～2600米的高山草原、天池边或岩石旁。

基毛杜鹃

Rhododendron rigidum

科属：杜鹃花科杜鹃属

产地：产于我国四川、云南。生于海拔2000～3400米的灌丛或林缘。

红晕杜鹃

Rhododendron roseatum

科属：杜鹃花科杜鹃属

产地：产于我国云南腾冲、碧江。生于海拔2000～3000米的常绿阔叶林下、山坡阳处，山脊林内或岩石上灌丛中。

红棕杜鹃/茶花叶杜鹃

Rhododendron rubiginosum

科属：杜鹃花科杜鹃属

产地：产于我国四川、云南、西藏。生于海拔2500～4200米的云杉、冷杉、落叶松林林缘或林间间隙地，或黄栎、杉木等针阔叶混交林，常成群落中的优势种。

金黄杜鹃

Rhododendron rupicola var. *chryseum*

科属：杜鹃花科杜鹃属

产地：产于我国四川、云南、西藏，缅甸东北部也有分布。生于海拔3300～4800米的岩坡、杜鹃灌丛、冷杉林缘。

锈叶杜鹃

Rhododendron siderophyllum

科属：杜鹃花科杜鹃属

产地：产于我国四川、贵州、云南。生于海拔1200～3000米的山坡灌丛、杂木林或松林。

猴头杜鹃/南华杜鹃

Rhododendron simiarum

科属：杜鹃花科杜鹃属

产地：产于我国浙江、江西、福建、湖南、广东及广西。生于海拔500～1800米的山坡林中。

碎米花杜鹃

/碎米花、毛叶杜鹃

Rhododendron mariae

科属：杜鹃花科杜鹃属

产地：产于我国贵州、云南。生于海拔800～1200米的山坡灌丛、松林或次生林缘。

杜鹃/映山红、山踯躅、山石榴

Rhododendron simsii

科属：杜鹃花科杜鹃属
产地：产于我国江苏、安徽、浙江、江西、福建、台湾、湖北、湖南、广东、广西、四川、贵州和云南。生于海拔500～2500米的山地疏灌丛或松林下。

爆仗杜鹃/爆仗花

Rhododendron spinuliferum

科属：杜鹃花科杜鹃属
产地：产于我国四川、云南。生于海拔1900～2500米的松林、松栎林、油杉林或山谷灌木林。

太白山杜鹃

Rhododendron taibaiense

科属：杜鹃花科杜鹃属
产地：产于我国陕西中部。生于海拔3000米的高山坡及近山颠处。

亮叶杜鹃

Rhododendron vernicosum

科属：杜鹃花科杜鹃属
产地：产于我国四川、云南和西藏。生于海拔2650～4300米的森林中。

云南杜鹃

Rhododendron yunnanense

科属：杜鹃花科杜鹃属
产地：产于我国陕西、四川、贵州、云南、西藏，缅甸也有分布。生于海拔1600～4000米的山坡杂木林、灌丛、松林、松栎林、云杉或冷杉林缘。

粉花爆仗花

/粉红爆杖花、密通花

Rhododendron × duclouxii

科属：杜鹃花科杜鹃属
产地：产于我国大理及昆明近郊。生于海拔约2200米松林林缘或山谷林下。

西洋杜鹃/西鹃

Rhododendron × hybride

科属：杜鹃花科杜鹃属
产地：园艺杂交种，我国南北方广泛栽培。

石楠杜鹃

Rhododendron × hybride 'Felix de Sauvage'

科属：杜鹃花科杜鹃属
产地：园艺种，现我国已商品化生产。

乌饭树/南烛、乌饭叶

Vaccinium bracteatum

科属：杜鹃花科越桔属
产地：产于我国台湾地区、华东、华中、华南至西南，朝鲜、日本，南至中南半岛诸国也有分布。生于丘陵地带或海拔400～1400米的山地，常见于山坡林内或灌丛中。

谷精草/连萼谷精草、珍珠草

Eriocaulon buergerianum

科属：谷精草科谷精草属

产地：产于我国江苏、安徽、浙江、江西、福建、台湾、湖北、湖南、广东、广西、四川、贵州等地，日本也有分布。生于稻田、水边。

华南谷精草/谷精珠、大叶谷精草

Eriocaulon sexangulare

科属：谷精草科谷精草属

产地：产于我国福建、台湾、广东、海南、广西，东南亚也有分布。生于海拔760米以下的池塘、稻田边。

古柯/古加、爪哇古柯

Erythroxylum novogranatense

科属：古柯科古柯属

产地：原产于南美洲高山地区，我国华南、西南引种栽培。

勒尤丹鼠刺

Argophyllum lejourdanii

科属：多香木科雪叶属

产地：产于澳大利亚昆士兰。

杜仲

Eucommia ulmoides

科属：杜仲科杜仲属

产地：产于我国陕西、甘肃、河南、湖北、四川、云南、贵州、湖南及浙江等地。生于海拔300～500米的低山，谷地或低坡的疏林里。

狗尾红/红穗铁苋菜

Acalypha hispida

科属：大戟科铁苋菜属

产地：原产于太平洋岛屿，我国南方有栽培。

红尾铁苋/猫尾红

Acalypha reptans

科属：大戟科铁苋菜属

产地：原产于印度。

红桑/三色铁苋菜

Acalypha wilkesiana

科属：大戟科铁苋菜属

产地：原产于太平洋岛屿，现广泛栽培于热带、亚热带地区。

旋叶银边桑/旋叶铁苋菜

Acalypha wilkesiana 'Alba'

科属：大戟科铁苋菜属

产地：园艺种。

红边铁苋/红边铁苋菜

Acalypha wilkesiana 'Marginata'

科属：大戟科铁苋菜属

产地：园艺种。

撒金铁苋/撒金铁苋菜

Acalypha wilkesiana 'Java white'

科属：大戟科铁苋菜属

产地：园艺种。

山麻杆/荷包麻

Alchornea davidii

科属：大戟科山麻杆属

产地：产于我国陕西、四川、云南、贵州、广西、河南、湖北、湖南、江西、江苏、福建西部。生于海拔300～1000米沟谷或溪畔、河边的坡地灌丛中。

红背山麻杆/红背叶

Alchornea trewioides

科属：大戟科山麻杆属

产地：产于我国福建、江西、湖南、广东、广西、海南，泰国、越南、琉球群岛也有分布。生于海拔15～1000米的沿海平原或内陆山地矮灌丛中或疏林下或石灰岩山灌丛中。

石栗

Aleurites moluccanus

科属：大戟科石栗属

产地：产于我国福建、台湾、广东、海南、广西、云南等地，分布于亚洲热带、亚热带地区。

五月茶/污槽树

Antidesma bunius

科属：大戟科五月茶属

产地：产于我国江西、福建、湖南、广东、海南、广西、贵州、云南和西藏等地，广布亚洲热带地区直至澳大利亚昆士兰。生于海拔200～1500米的山地疏林中。

黄毛五月茶/木味水

Antidesma fordii

科属：大戟科五月茶属

产地：产于我国福建、广东、海南、广西、云南，越南、老挝也有分布。生于海拔300～1000米的山地密林中。

四边木/方叶五月茶、田边木

Antidesma ghaesembilla

科属：大戟科五月茶属

产地：产于我国广东、海南、广西、云南，东南亚至澳大利亚也有分布。生于海拔200～1100米的山地疏林中。

日本五月茶/枯里珍、酸味子

Antidesma japonicum

科属：大戟科五月茶属

产地：产于我国长江以南各地，日本、越南、泰国及马来西亚也有分布。生于海拔300～1700米的山地疏林中或山谷湿润处。

木奶果/白皮、山萝葡

Baccaurea ramiflora

科属：大戟科木奶果属

产地：产于我国广东、海南、广西和云南，东南亚也有分布。生于海拔100～1300米的山地林中。

秋枫/万年青树、加冬

Bischofia javanica

科属：大戟科秋枫属

产地：产于我国中南部各地，东南亚、日本、澳大利亚和波利尼西亚等也有分布。常生于海拔800米以下的山地潮湿沟谷林中。

重阳木/乌杨、水枧木
Bischofia polycarpa

科属：大戟科秋枫属
产地：产于我国秦岭、淮河流域以南至福建和广东的北部。生于海拔1000米以下的山地林中或平原栽培。

黑面神/蚁惊树、黑面叶
Breynia fruticosa

科属：大戟科黑面神属
产地：产于我国浙江、福建、广东、海南、广西、四川、贵州、云南等地，越南也有分布。散生于山坡、平地旷野灌木丛中或林缘。

红珠仔/小叶黑面神、山漆茎
Breynia vitis-idaea

科属：大戟科黑面神属
产地：产于我国福建、台湾、广东、广西、贵州和云南等地，东南亚也有分布。生于海拔150～1000米的山地灌木丛中。

雪花木/彩叶山漆茎
Breynia nivosa

科属：大戟科黑面神属
产地：原产于玻利维亚，我国南方引种栽培。

土蜜树/夹骨木、猪牙木
Bridelia tomentosa

科属：大戟科土蜜树属
产地：产于我国福建、台湾、广东、海南、广西和云南，亚洲东南部，经印度尼西亚、马来西亚至澳大利亚也有分布。生于海拔100～1500米的山地疏林中或平原灌木林中。

蝴蝶果/山板栗
Cleidiocarpon cavaleriei

科属：大戟科蝴蝶果属
产地：产于我国贵州、广西、云南，越南北部也有分布。生于海拔150～1000米山地或石灰岩山的山坡或沟谷常绿林中。

棒柄花/三台花
Cleidion brevipetiolatum

科属：大戟科棒柄花属
产地：产于我国广东、海南、广西、贵州、云南，越南也有分布。生于海拔200～1500米的山地湿润常绿林中。

闭花木/火炭木、闭花
Cleistanthus sumatranus

科属：大戟科闭花木属
产地：产于我国广东、海南、广西和云南，东南亚也有分布。常生于海拔500米以下山地密林中。

变叶木/洒金榕
Codiaeum variegatum

科属：大戟科变叶木属
产地：原产于亚洲马来半岛至大洋洲，现广泛栽培于热带地区。

蜂腰变叶木

Codiaeum variegatum var. *pictum*

科属：大戟科变叶木属

产地：园艺变种，我国南方有栽培。

金光变叶木

Codiaeum variegatum 'Chrysophyllum'

科属：大戟科变叶木属

产地：园艺种，我国华南、西南有栽培。

银叶巴豆

Croton cascarilloides

科属：大戟科巴豆属

产地：产于我国台湾、福建、广东、海南、广西、云南，日本、菲律宾和东南亚各国也有分布。生于海拔500米以下的河谷、海边灌木丛中或疏林中。

海南巴豆

Croton laui

科属：大戟科巴豆属

产地：我国海南特有。生于低海拔疏林中。

铜绿麒麟

Euphorbia aeruginosa

科属：大戟科大戟属

产地：原产于南非。

密刺麒麟

Euphorbia baioensis

科属：大戟科大戟属

产地：产于肯尼亚北部山区。

三角火殃勒

/三角霸王鞭、火殃勒

Euphorbia antiquorum

科属：大戟科大戟属

产地：原产于印度，分布于热带亚洲。

喷火龙/伪孔雀

Euphorbia viguieri

科属：大戟科大戟属

产地：产于马达加斯加。

紫锦木/俏黄栌

Euphorbia cotinifolia

科属：大戟科大戟属

产地：原产于热带美洲，我国南方引种栽培。

猩猩草/草一品红

Euphorbia cyathophora

科属：大戟科大戟属

产地：原产于中南美洲，归化于旧大陆，广泛栽培于我国大部分地区。

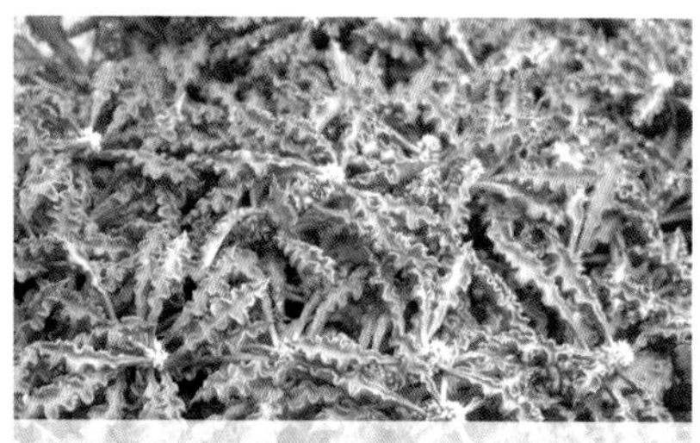

皱叶麒麟/狄氏大戟

Euphorbia decaryi

科属：大戟科大戟属

产地：产于马达加斯加。

阎魔麒麟

Euphorbia esculenta

科属：大戟科大戟属
产地：产于南非开普省南部。

乳浆大戟/猫眼草、华北大戟

Euphorbia esula

科属：大戟科大戟属
产地：我国除海南、贵州、云南和西藏外其他各地均有，广布于欧亚大陆。生于路旁、杂草丛、山坡、林下、河沟边、荒山、沙丘及草地。

孔雀姬/千蛇木

Euphorbia flanaganii

科属：大戟科大戟属
产地：产于南非开普省。

白苞猩猩草

/柳叶大戟、台湾大戟

Euphorbia heterophylla

科属：大戟科大戟属
产地：产于北美，栽培并归化于旧大陆。

续随子/千金子

Euphorbia lathyris

科属：大戟科大戟属
产地：产于我国大部分地区，栽培或逸为野生，广泛分布或栽培于欧洲、北非、中亚、东亚和南北美洲。

湖北大戟/西南大戟

Euphorbia hylonoma

科属：大戟科大戟属
产地：产于我国大部分地区，俄罗斯也有分布。生于海拔200～3000米的山沟、山坡、灌丛、草地、疏林等地。

虎刺梅/铁海棠、麒麟刺

Euphorbia milii

科属：大戟科大戟属
产地：原产于马达加斯加，广泛栽培于旧大陆热带和温带。

银边翠/高山积雪

Euphorbia marginata

科属：大戟科大戟属

产地：原产于北美，广泛栽培于旧大陆，我国大多数地区均有栽培。

贵青玉/甜瓜大戟

Euphorbia meloformis

科属：大戟科大戟属

产地：产于南非。

小花虎刺梅/小花铁海棠

Euphorbia milii var. *imperata*

科属：大戟科大戟属

产地：变种，我国栽培普遍。

人参大戟/高山单腺在戟

Euphorbia neorubella

科属：大戟科大戟属

产地：产于非洲中部。

麒麟掌/金刚纂、霸王鞭

Euphorbia neriifolia

科属：大戟科大戟属

产地：原产于印度，我国南北方均有栽培。

麒麟掌锦

Euphorbia neriifolia f. *cristata*

科属：大戟科大戟属

产地：栽培变型，我国华南、华东有栽培。

布纹球

Euphorbia obesa

科属：大戟科大戟属

产地：产于南非，以开普省为主。

鱼鳞大戟

Euphorbia piscidermis

科属：大戟科大戟属

产地：产于南非。

大戟/京大戟

Euphorbia pekinensis

科属：大戟科大戟属

产地：我国除台湾、云南、西藏和新疆外均产，朝鲜和日本也有分布。生于山坡、灌丛、路旁、荒地、草丛、林缘和疏林内。

一品红/猩猩木、老来娇

Euphorbia pulcherrima

科属：大戟科大戟属

产地：原产于中美洲，广泛栽培于热带和亚热带地区，我国绝大部分省市均有栽培。

银角珊瑚

Euphorbia stenoclada

科属：大戟科大戟属

产地：马达加斯加特有种。

高山大戟/藏西大戟、柴胡大戟

Euphorbia stracheyi

科属：大戟科大戟属

产地：产于我国四川、云南、西藏、青海和甘肃，喜马拉雅地区诸国也有分布。生于海拔1000～4900米的高山草甸、灌丛、林缘或杂木林下。

琉璃晃

Euphorbia susannae

科属：大戟科大戟属

产地：产于南非开普省。

光棍树/绿玉树、绿珊瑚

Euphorbia tirucalli

科属：大戟科大戟属

产地：原产于非洲安哥拉，广泛栽培于热带和亚热带。

螺旋麒麟

Euphorbia tortirama

科属：大戟科大戟属

产地：产于南非。

龙骨/彩云阁

Euphorbia trigona

科属：大戟科大戟属

产地：产于纳米比亚。

红龙骨/红彩云阁

Euphorbia trigona f. *variegata*

科属：大戟科大戟属

产地：栽培变型。

红背桂/红背桂花、紫背桂

Excoecaria cochinchinensis

科属：大戟科海漆属

产地：我国华南、华东南部及西南地区有栽培，广西龙州有野生，亚洲东南部各国也有分布。生于丘陵灌丛中。

绿背桂/绿背桂花

Excoecaria formosana

科属：大戟科

产地：分布于我国广西、广东、海南及台湾，东南亚也有分布。生于丘陵或山谷密林中。

里白算盘子/里白馒头果

Glochidion triandrum

科属：大戟科算盘子属

产地：产于我国福建、台湾、湖南、广东、广西、四川、贵州和云南等地，印度、尼泊尔、柬埔寨、日本和菲律宾等也有分布。生于海拔500～2600米的山地疏林中或山谷、溪旁灌木丛中。

橡胶树/巴西橡胶、三叶橡胶

Hevea brasiliensis

科属：大戟科橡胶树属

产地：原产于巴西，现广泛栽培于亚洲热带地区。

麻疯树

/膏桐、黄肿树、假白榄

Jatropha curcas

科属：大戟科麻疯树属

产地：原产于热带美洲，现广布于全球热带地区。

棉叶膏桐

/棉叶麻疯树、棉叶珊瑚花

Jatropha gossypiifolia

科属：大戟科麻疯树属

产地：产于美洲。

琴叶珊瑚/变叶珊瑚、琴叶樱

Jatropha integerrima

科属：大戟科麻疯树属

产地：产于古巴及伊斯帕尼奥拉岛。

细裂麻疯树/珊瑚花

Jatropha multifida

科属：大戟科麻疯树属

产地：原产于美洲热带和亚热带地区，现栽培作观赏植物。

佛肚树

Jatropha podagrica

科属：大戟科麻疯树属

产地：原产于中美洲或南美洲热带地区，我国各地有栽培。

血桐/流血桐、帐篷树

Macaranga tanarius

科属：大戟科血桐属

产地：产于我国台湾、广东，日本、东南亚至澳大利亚也有分布。生于沿海低山灌木林或次生林中。

白背叶/酒药子树、白背桐

Mallotus apelta

科属：大戟科野桐属

产地：产于我国云南、广西、湖南、江西、福建、广东和海南，越南也有分布。生于海拔30～1000米的山坡或山谷灌丛中。

山苦茶/鹧鸪茶、毛茶

Mallotus peltatus

科属：大戟科野桐属

产地：产于我国南部地区，中印半岛及苏门答腊岛也有分布。生于山谷溪边疏林或密林中。

罗定野桐

/罗定白桐、密序野桐

Mallotus lotingensis

科属：大戟科野桐属

产地：产于我国云南、四川、贵州、湖南、广东和广西等地，亚洲东部和南部各国也有分布。

白楸/力树、黄背桐

Mallotus paniculatus

科属：大戟科野桐属

产地：产于我国云南、贵州、广西、广东、海南、福建和台湾，亚洲东南部各国也有分布。生于海拔50～1300米的林缘或灌丛中。

木薯/树葛

Manihot esculenta

科属：大戟科木薯属

产地：原产于巴西，现全世界热带地区广泛栽培。

花叶木薯/花叶树葛

Manihot esculenta var. *variegata*

科属：大戟科木薯属

产地：变种，我国华南、西南等地有栽培。

红雀珊瑚/拖鞋花、洋珊瑚

Pedilanthus tithymaloides

科属：大戟科红雀珊瑚属

产地：原产于美洲，我国全国各地均有栽培。

余甘子/油甘子

Phyllanthus emblica

科属：大戟科叶下珠属

产地：产于我国江西、福建、台湾、广东、海南、广西、四川、贵州和云南等地，中南半岛及东南亚也有分布。生于海拔200～2300米的山地疏林、灌丛、荒地或山沟向阳处。

西印度酢栗

Phyllanthus acidus

科属：大戟科叶下珠属

产地：产于马达加斯加。

浙江叶下珠

Phyllanthus chekiangensis

科属：大戟科叶下珠属

产地：产于我国安徽、浙江、江西、福建、广东、广西、湖北和湖南等地。生于海拔300～750米的山地疏林下或山坡灌木丛中。

青灰叶下珠
/鼻血树、黑籽树
Phyllanthus glaucus

科属：大戟科叶下珠属
产地：产于我国江苏、安徽、浙江、江西、湖北、湖南、广东、广西、四川、贵州、云南和西藏等地，东南亚也有分布。生于海拔200～1000米的山地灌木丛中或稀疏林下。

广东叶下珠/隐脉叶下珠
Phyllanthus guangdongensis

科属：大戟科叶下珠属
产地：产于我国广东。生于海拔300～500米山地疏林下。

锡兰叶下珠
/瘤腺叶下珠、锡兰桃金娘
Phyllanthus myrtifolius

科属：大戟科叶下珠属
产地：原产于斯里兰卡，我国华南及西南栽培较多。

云桂叶下珠/滇南叶下珠
Phyllanthus pulcher

科属：大戟科叶下珠属
产地：产于我国广西和云南，东南亚等地也有分布。生于海拔700～1760米的山地林下或溪边灌木丛中。

红鱼眼/烂头钵、小果叶下珠
Phyllanthus reticulatus

科属：大戟科叶下珠属
产地：产于我国江西、福建、台湾、湖南、广东、海南、广西、四川、贵州和云南等地，广布于西非至印度、中南半岛至澳大利亚。生于海拔200～800米的山地林下或灌木丛中。

珍珠草/叶下珠
Phyllanthus urinaria

科属：大戟科叶下珠属
产地：产于我国河北、山西、陕西以及华东、华中、华南、西南等地，东南亚经印度尼西亚至南美也有分布。通常生于海拔500米以下的旷野平地、旱田、山地路旁或林缘。

红叶蓖麻
Ricinus communis 'Sanguineus'

科属：大戟科蓖麻属
产地：园艺种，我国南北方均有栽培。

蓖麻/大麻子
Ricinus communis

科属：大戟科蓖麻属
产地：原产地可能在非洲东北部的肯尼亚或索马里，现广布于全世界热带地区或栽培于热带至温暖带各国。

圆叶乌桕
/大叶乌桕、圆叶桕木
Sapium rotundifolium

科属：大戟科乌桕属
产地：分布于我国云南、贵州、广西、广东和湖南，越南北部也有分布。喜生于阳光充足的石灰岩山地。

双腺乌桕
Sapium glandulosum

科属：大戟科乌桕属
产地：产于美洲。

乌桕/腊子树、木子树
Sapium sebiferum

科属：大戟科乌桕属
产地：主要分布于我国黄河以南各地，北达陕西、甘肃，日本、越南、印度也有分布。生于旷野、塘边或疏林中。

天绿香/守宫木、树仔菜
Sauropus androgynus

科属：大戟科守宫木属
产地：分布于印度、斯里兰卡、老挝、柬埔寨、越南、菲律宾、印度尼西亚和马来西亚等地，我国南方有栽培。

龙脷叶/龙利叶、龙舌叶
Sauropus spatulifolius

科属：大戟科守宫木属
产地：原产于越南北部，我国南方引种栽培。

白树
Suregada glomerulata

科属：大戟科白树属
产地：产于我国广东、海南、广西和云南，分布于亚洲东南部各国、大洋洲。生于灌木丛中。

红叶之秋
Euphorbia umbellata 'Rubra'

科属：大戟科聚苞大戟属
产地：本种为园艺种，原种产于坦桑尼亚。

三宝木...

科属：大戟科三宝木属
产地：产于我国云南、广西及贵州。

剑叶三宝木
Trigonostemon xyphophylloides

科属：大戟科三宝木属
产地：我国海南特有，生于密林中。

油桐/桐油树、荏桐
Vernicia fordii

科属：大戟科油桐属
产地：产于我国陕西、河南、江苏、安徽、浙江、江西、福建、湖南、湖北、广东、海南、广西、四川、贵州、云南等地，越南也有分布。

木油桐/千年桐、皱果桐

Vernicia montana

科属：大戟科油桐属

产地：分布于我国浙江、江西、福建、台湾、湖南、广东、海南、广西、贵州、云南等地，越南、泰国、缅甸也有分布。生于海拔1300米以下的疏林中。

锥栗/尖栗、旋栗

Castanea henryi

科属：壳斗科栗属

产地：广布于我国秦岭南坡以南、五岭以北各地，但台湾及海南不产。生于海拔100～1800米的丘陵与山地，常见于落叶或常绿的混交林中。

板栗/栗、魁栗、毛栗

Castanea mollissima

科属：壳斗科栗属

产地：我国除青海、宁夏、新疆、海南外广布南北各地，见于平地至海拔2800米的山地。

罽蒴栲/罽蒴锥、大叶枹

Castanopsis fissa

科属：壳斗科锥属

产地：产于我国福建、江西、湖南、贵州、广东、海南、香港、广西、云南，越南北部也有分布。生于海拔约1600米以下的山地疏林中。

毛椎/毛槠

Castanopsis fordii

科属：壳斗科锥属

产地：产于我国浙江、江西、福建、湖南、广东、广西。生于海拔1200米以下的山地灌木或乔木林中。

烟斗柯/石锥、烟斗子

Lithocarpus corneus

科属：壳斗科柯属

产地：产于我国台湾、福建、湖南、贵州、广西、广东、云南东南部，越南东北部也有分布。生于海拔1000米以下的山地常绿阔叶林中。

耳柯/菴耳柯

Lithocarpus haipinii

科属：壳斗科柯属

产地：产于我国湖南、广东、香港、广西、贵州南部。生于海拔约1000米以下的山地杂木林中，较干燥的缓坡较常见。

锥连栎

Quercus franchetii

科属：壳斗科栎属

产地：产于我国四川、云南，泰国也有分布。生于海拔800～2600米的山地。

蒙古栎/蒙栎、柞栎

Quercus mongolica

科属：壳斗科栎属

产地：产于我国东北、内蒙古、河北、山东等地，俄罗斯、朝鲜、日本也有分布。生于海拔200～2100米的山地。

红槲栎/美国红橡

Quercus rubra

科属：壳斗科栎属

产地：产于美国，我国引种栽培。

高山栎

Quercus semecarpifolia

科属：壳斗科栎属

产地：产于我国西藏。生于海拔2600～4000米的山坡、山谷栎林或松栎林中。

枹栎/枹树

Quercus serrata

科属：壳斗科栎属

产地：产于我国辽宁、山西、陕西、甘肃、山东、江苏、安徽、河南、湖北、湖南、广东、广西、四川、贵州、云南等地，日本、朝鲜也有分布。生于海拔200～2000米的山地或沟谷林中。

乌岗栎

Quercus phillyraeoides

科属：壳斗科栎属

产地：产于我国中南部，日本也有分布。生于海拔300～1200米的山坡、山顶和山谷密林中山地岩石上。

山桂花/木勒木

Bennettiodendron leprosipes

科属：大风子科山桂花属

产地：产于我国海南、广东、广西和云南等地，东南亚等地也有分布。生于海拔200～1450米的山坡和山谷混交林或灌丛中。

紫梅/罗比梅

Flacourtia inermis

科属：大风子科刺篱木属

产地：产于苏门答腊岛。

天料木

Homalium cochinchinense

科属：大风子科天料木属

产地：产于我国湖南、江西、福建、台湾、广东、海南、广西，越南也有分布。生于海拔400～1200米的山地阔叶林中。

红花天料木/斯里兰卡天料木

Homalium ceylanicum

科属：大风子科天料木属

产地：产于我国云南、西藏，斯里兰卡、印度、老挝、泰国、越南也有分布。生于海拔630～1200米的山谷疏林中和林缘。

海南大风子/龙角、高根

Hydnocarpus hainanensis

科属：大风子科大风子属

产地：产于我国海南、广西，越南也有分布。生于常绿阔叶林中。

海南箣柊/黄杨叶箣柊
Scolopia buxifolia

科属：大风子科箣柊属
产地：产于我国海南，越南也有分布。生于海滨旷野沙地，为海边沙地常见植物。

长叶柞木
Xylosma longifolium

科属：大风子科柞木属
产地：产于我国福建、广东、广西、贵州、云南，老挝和越南、印度也有分布。生于海拔1000～1600米的山地林中。

罗星草/糠果草
Canscora andrographioides

科属：龙胆科穿心草属
产地：产于我国云南、广西、广东。生于海拔200～1400米山谷、田地中、林下。

洋桔梗/草原龙胆
Eustoma russellianum

科属：龙胆科草原龙胆属
产地：原产于美国。

紫芳草/藻百年
Exacum affine

科属：龙胆科藻百年属
产地：原产于非洲。

黄山龙胆
Gentiana delicata

科属：龙胆科龙胆属
产地：产于我国安徽。生于海拔400～2100米的山坡、路旁及潮湿处。

长白山龙胆/白山龙胆
Gentiana jamesii

科属：龙胆科龙胆属
产地：产于我国辽宁、吉林，朝鲜、日本也有分布。生于海拔1100～2450米的山坡草地、路旁、岩石上。

达乌里龙胆/达乌里秦艽
Gentiana dahurica

科属：龙胆科龙胆属
产地：产于我国四川、西北、华北、东北等地区，俄罗斯、蒙古也有分布。生于海拔870～4500米的田边、路旁、河滩、湖边沙地、水沟边、向阳山坡及干草原等地。

睡菜

Menyanthes trifoliata

科属：龙胆科睡菜属

产地：产于我国西藏、云南、四川、贵州、河北、黑龙江、辽宁、吉林、浙江，广布于北半球温带地区。在海拔450～3600米的沼泽中成群落生长。

金银莲花

/白花荇菜、印度荇菜

Nymphoides indica

科属：龙胆科荇菜属

产地：产于我国东北、华东、华南以及河北、云南，广布于世界的热带至温带地区。生于海拔50～1530米的池塘或静水中。

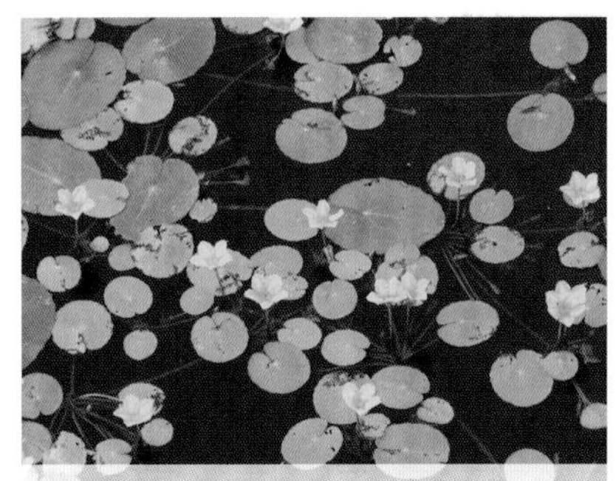

荇菜/莕菜、莲叶荇菜

Nymphoides peltatum

科属：龙胆科荇菜属

产地：产于我国绝大多数地区，中欧、俄罗斯、蒙古、朝鲜、日本、伊朗、印度、克什米尔地区也有分布。生于海拔60～1800米的池塘或不甚流动的河溪中。

香港双蝴蝶

Tripterospermum nienkui

科属：龙胆科双蝴蝶属

产地：产于我国湖南、福建、浙江、广西、广东。生于海拔500～1800米的山谷密林中或山坡路旁疏林中。

黄秦艽/滇黄芩、黄龙胆

Veratrilla baillonii

科属：龙胆科黄秦艽属

产地：产于我国西藏、云南、四川，印度也有分布。生于海拔3200～4600米的山坡草地、灌丛中、高山灌丛草甸。

牻牛儿苗/太阳花

Erodium stephanianum

科属：牻牛儿苗科牻牛儿苗属

产地：分布于我国华北、东北、西北、四川西北和西藏，俄罗斯、日本、蒙古、中亚各国等广泛分布。生于干山坡、农田边、沙质河滩地和草原凹地等。

野老鹳草

Geranium carolinianum

科属：牻牛儿苗科老鹳草属

产地：原产于美洲，我国为逸生。生于平原和低山荒坡杂草丛中。

粗根老鹳草

/块根老鹳草、长白老鹳草

Geranium dahuricum

科属：牻牛儿苗科老鹳草属

产地：分布于我国东北、内蒙古、河北、山西、陕西、宁夏、甘肃、青海、四川西部和西藏东部，俄罗斯东部、蒙古、朝鲜也有分布。生于海拔3500米以下的山地草甸或亚高山草甸。

达尔马提亚老鹳草

/达尔马提亚天葵竺

Geranium dalmaticum

科属：牻牛儿苗科老鹳草属

产地：产于欧洲东南部。

毛蕊老鹳草
Geranium platyanthum

科属：牻牛儿苗科老鹳草属
产地：分布于我国东北、华北、西北（除新疆）、湖北、四川等地，俄罗斯、蒙古和朝鲜也有分布。生于山地林下、灌丛和草甸。

汉荭鱼腥草/纤细老鹳草
Geranium robertianum

科属：牻牛儿苗科老鹳草属
产地：分布于我国西南、华中、华东、台湾等地，欧洲、地中海、中亚、俄罗斯、朝鲜和日本也有分布。生于山地林下、岩壁、沟坡和路旁等。

血红老鹳草/红花老鹳草
Geranium sanguineum

科属：牻牛儿苗科老鹳草属
产地：产于欧洲西北部。

湖北老鹳草
Geranium rosthornii

科属：牻牛儿苗科老鹳草属
产地：分布于我国山东、河南、安徽、湖北、陕西、甘肃和四川。生于海拔1600～2400米的山地林下和山坡草丛。

伞花老鹳草/白隔山消
Geranium umbelliforme

科属：牻牛儿苗科老鹳草属
产地：分布于我国云南和四川。生于海拔3000米左右的山地草坡。

老鹳草
Geranium wilfordii

科属：牻牛儿苗科老鹳草属
产地：分布于我国东北、华北、华东、华中、陕西、甘肃和四川，俄罗斯、朝鲜和日本也有分布。生于海拔1800米以下的低山林下、草甸。

灰背老鹳草
Geranium wlassowianum

科属：牻牛儿苗科老鹳草属
产地：分布于我国东北、山西、河北、山东和内蒙古等地区，俄罗斯、蒙古、朝鲜也有分布。生于低、中山的山地草甸、林缘等处。

天竺葵
Pelargonium hortorum

科属：牻牛儿苗科天竺葵属
产地：原产于非洲南部，我国各地普遍栽培。

香叶天竺葵/驱蚊草
Pelargonium graveolens

科属：牻牛儿苗科天竺葵属
产地：原产于南非，我国南北方均有栽培。

蔓性天竺葵/盾叶天竺葵

Pelargonium peltatum

科属：牻牛儿苗科天竺葵属

产地：原产于非洲南部，我国各地已引进栽培。

朱红苣苔

Calcareoboea coccinea

科属：苦苣苔科朱红苣苔属

产地：产于我国云南和广西。生于海拔1000～1460米的石灰岩山林中石上。

毛萼口红花/口红花

Aeschynanthus lobbianus

科属：苦苣苔科芒毛苣苔属

产地：产于马来半岛及爪哇。

索娥花/素娥花

Alsobia dianthiflora

科属：苦苣苔科额索花属

产地：产于南美洲。

袋鼠爪/袋鼠花

Anigozanthos manglesii

科属：苦苣苔科袋鼠花属

产地：产于澳大利亚。

牛耳朵/岩青菜

Chirita eburnea

科属：苦苣苔科唇柱苣苔属

产地：产于我国广东、广西、贵州、湖南、四川、湖北。生于海拔100～1500米的石灰山林中石上或沟边林下。

蚂蝗七/红蚂蝗七、岩蚂蝗

Chirita fimbrisepala

科属：苦苣苔科唇柱苣苔属

产地：产于我国广西、广东、贵州、湖南、江西和福建。生于海拔400～1000米的山地林中石上或石崖上，或山谷溪边。

光萼唇柱苣苔

Chirita anachoreta

科属：苦苣苔科唇柱苣苔属

产地：产于我国云南、广西、湖南、广东和台湾，缅甸、泰国、老挝和越南也有分布。生于海拔220～1900米的山谷林中石上和溪边石上。

烟叶唇柱苣苔

/烟叶长蒴苣苔

Chirita heterotricha

科属：苦苣苔科唇柱苣苔属

产地：产于我国海南。生于海拔约430米的山谷林中或溪边石上。

金红花
Chrysothemis pulchella

科属：苦苣苔科金红花属
产地：产于中南美洲。

鲸鱼花
Columnea microphylla

科属：苦苣苔科鲸鱼花属
产地：产于中南美洲的热带地区。

双片苣苔/唇柱苣苔
Didymostigma obtusum

科属：苦苣苔科双片苣苔属
产地：产于我国广东和福建。生于海拔约650米的山谷林中或溪边阴处。

喜荫花/红桐草
Episcia cupreata

科属：苦苣苔科喜荫花属
产地：产于墨西哥至巴西。

艳斑苣苔/波哥大约雾花
Kohleria bogotensis

科属：苦苣苔科红雾花属
产地：产于哥伦比亚。

吊石苣苔/石吊兰、白棒头
Lysionotus pauciflorus

科属：苦苣苔科吊石苣苔属
产地：产于我国云南、广西、广东、福建、台湾、浙江、江苏、安徽、江西、湖南、湖北、贵州、四川、陕西，越南及日本也有分布。生于海拔300～2000米的丘陵或山地林中或阴处石崖上或树上。

锥序蛛毛苣苔/旋荚木
Paraboea swinhoii

科属：苦苣苔科蛛毛苣苔属
产地：产于我国贵州、广西、台湾，泰国、越南至菲律宾也有分布。生于海拔300～750米的山坡林下阴湿岩石上。

丝毛石蝴蝶
Petrocosmea sericea

科属：苦苣苔科石蝴蝶属
产地：产于我国云南。生于海拔1000～1700米的山谷林下石上。

粉绿异裂苣苔
Pseudochirita guangxiensis var. *glauca*

科属：苦苣苔科异裂苣苔属
产地：产于我国广西的桂林及雁山。

大岩桐/落雪尼
Sinningia speciosa

科属：苦苣苔科大岩桐属
产地：产于巴西。

非洲堇/非洲紫罗兰
Saintpaulia ionantha

科属：苦苣苔科非洲紫罗兰属
产地：原产于非洲。

蓝扇花/紫扇花
Scaevola aemula

科属：草海桐科草海桐属
产地：产于澳大利亚的近海岸地区。

草海桐/羊角树
Scaevola sericea

科属：草海桐科草海桐属
产地：产于我国台湾、福建、广东、广西，日本、东南亚、马达加斯加、大洋洲热带、密克罗尼西亚以及夏威夷也有分布。生于海边，通常在开旷的海边沙地上或海岸峭壁上。

须芒草/圭亚那须芒草
Andropogon gayanus

科属：禾本科须芒草属
产地：产于非洲西部热带地区。

芦竹/荻芦竹
Arundo donax

科属：禾本科芦竹属
产地：产于我国华南、西南、华东及湖南、江西，亚洲、非洲、大洋洲热带地区广布。生于河岸道旁、沙质壤土上。

斑叶芦竹
Arundo donax var. *versicolor*

科属：禾本科芦竹属
产地：园艺变种，我国南方广泛栽培。

地毯草/大叶油草
Axonopus compressus

科属：禾本科地毯草属
产地：原产于热带美洲，世界各热带、亚热带地区有引种栽培。

蒲苇
Cortaderia selloana

科属：禾本科蒲苇属
产地：分布于美洲，我国南方引种栽培。

薏苡/薏米
Coix lacryma-jobi

科属：禾本科薏苡属
产地：我国大部分地区有栽培或逸生，印度、缅甸、泰国、越南、马来西亚、印度尼西亚、菲律宾等也有分布。

柠檬香茅/香茅
Cymbopogon citratus

科属：禾本科香茅属
产地：我国南北方均有栽培，广泛种植于热带地区。

弯叶画眉草
Eragrostis curvula

科属：禾本科画眉草属
产地：原产于非洲。我国南方有栽培。

野黍/拉拉草
Eriochloa villosa

科属：禾本科野黍属
产地：产于我国东北、华北、华东、华中、西南、华南等地区，日本、印度也有分布。生于山坡和潮湿地区。

水稻/糯、粳
Oryza sativa

科属：禾本科稻属
产地：我国南北方均有栽培，品种繁多。

野生稻
Oryza rufipogon

科属：禾本科稻属
产地：产于我国广东、海南、广西、云南、台湾，东南亚等地广泛分布。生于海拔600米以下的江河流域，平原地区的池塘、溪沟、藕塘、稻田、沟渠、沼泽等低湿地。

水禾
Hygroryza aristata

科属：禾本科水禾属
产地：产于我国广东、海南、福建、台湾，东南亚地区也有分布。生于池塘湖沼和小溪流中。

血草
Imperata cylindrica 'Rubra'

科属：禾本科白茅属
产地：原种白茅产于我国、非洲、西亚、高加索及地中海地区。生于低山带平原河岸草地、沙质草甸、荒漠与海滨。

斑叶芒

Miscanthus sinensis 'Variegatus'

科属：禾本科芒属

产地：园艺种，原种产于我国、朝鲜、日本。生于海拔1800米以下的山地、丘陵及荒坡原野。

类芦/假芦

Neyraudia reynaudiana

科属：禾本科类芦属

产地：产于我国华南、西南、湖北、湖南、江西、福建、台湾、浙江、江苏，印度、缅甸至马来西亚、亚洲东南部均有分布。生于海拔300～1500米的河边、山坡或砾石草地。

皇竹草/杂交狼尾草

Pennisetum hydridum

科属：禾本科狼尾草属

产地：为象草与美洲狼尾草杂交种。

观赏谷子/紫御谷

Pennisetum glaucum 'Purple Majesty'

科属：禾本科狼尾草属

产地：原产于非洲，亚洲和美洲均已引种栽培作粮食，我国河北省有栽培。

花叶虉草

Phalaris arundinacea 'Variegata'

科属：禾本科虉草属

产地：产于我国东北、内蒙古、甘肃、新疆、陕西、山西、河北、山东、江苏、浙江、江西、湖南、四川。生于海拔75～3200米的林下、潮湿草地或水湿处。

斑叶芦苇

Phragmites australis var. *variegatus*

科属：禾本科芦苇属

产地：园艺变种。

芦苇/芦、苇、葭

Phragmites australis

科属：禾本科芦苇属

产地：产于我国全国各地，为全球广泛分布的多型种。生于江河湖泽、池塘沟渠沿岸和低湿地。

甘蔗/秀贵甘蔗

Saccharum officinarum

科属：禾本科甘蔗属

产地：我国南方热带地区广泛种植。

高粱/蜀黍

Sorghum bicolor

科属：禾本科高粱属

产地：我国南北各地均有栽培。

滨刺草/老鼠艻、腊刺

Spinifex littoreus

科属：禾本科鬣刺属

产地：产于我国台湾、福建、广东、广西等地，印度、缅甸、斯里兰卡、马来西亚、越南和菲律宾也有分布。生于海边沙滩。

细茎针茅

Stipa tenuissima

科属：禾本科针茅属

产地：原产于美洲，现在部分地区已成为入侵物种。

小麦/普通小麦

Triticum aestivum

科属：禾本科小麦属

产地：我国南北方各地广为栽培，品种繁多。

香根草/岩兰草

Vetiveria zizanioides

科属：禾本科香根草属

产地：产于热带非洲至印度、斯里兰卡、泰国、缅甸、爪哇，喜生水湿溪流旁和疏松黏壤土上，我国南方引种栽培。

玉米/玉蜀黍、包谷

Zea mays

科属：禾本科玉蜀黍属

产地：我国各地均有栽培，全世界热带和温带地区广泛种植。

菰/茭白、茭儿菜、茭笋

Zizania latifolia

科属：禾本科菰属

产地：产于我国东北、内蒙古、河北、甘肃、陕西、四川、湖北、湖南、江西、福建、广东、台湾，亚洲温带、日本、俄罗斯及欧洲有分布。水生或沼生，常见栽培。

细叶结缕草 /沟叶结缕草、马尼拉草

Zoysia matrella

科属：禾本科结缕草属

产地：产于我国南部地区，分布于热带亚洲，现欧美各国已普遍引种。

菲黄竹

Arundinaria viridistriata

科属：禾本科青篱竹属

产地：产于日本，我国华东引种栽培。

单竹

Bambusa cerosissima

科属：禾本科簕竹属

产地：产于我国广东，广西有引种。

粉单竹

Bambusa chungii

科属：禾本科簕竹属

产地：我国华南特产，分布于湖南南部、福建、广东、广西。

观音竹

Bambusa multiplex var. *riviereorum*

科属：禾本科簕竹属

产地：原产于我国华南地区。多生于丘陵山地溪边，也常栽培于庭院供观赏。

凤尾竹

Bambusa multiplex 'Fernleaf'

科属：禾本科簕竹属

产地：园艺栽培种。

黄金间碧竹

Bambusa vulgaris 'Vittata'

科属：禾本科簕竹属

产地：园艺栽培种。

佛肚竹/佛竹、密节竹

Bambusa ventricosa

科属：禾本科簕竹属

产地：产于我国广东，现我国南方各地引种栽培。

小梨竹

Melocanna humilis

科属：禾本科梨竹属

产地：原产于印度、孟加拉国及巴基斯坦等地。

毛竹/江南竹、南竹

Phyllostachys edulis

科属：禾本科刚竹属

产地：我国产于自秦岭、汉水流域至长江流域以南及台湾地区。

菲白竹

Pleioblastus fortunei

科属：禾本科大明竹属

产地：产于日本，我国华东栽培较多。

紫竹/墨竹

Phyllostachys nigra

科属：禾本科刚竹属

产地：原产于我国，南北各地多有栽培，在湖南南部与广西交界处尚可见有野生的紫竹林。

黄牛木/黄牛茶、芽木

Cratoxylum cochinchinense

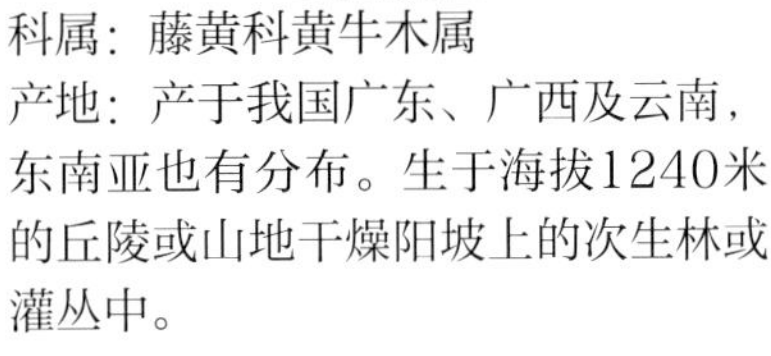

科属：藤黄科黄牛木属
产地：产于我国广东、广西及云南，东南亚也有分布。生于海拔1240米的丘陵或山地干燥阳坡上的次生林或灌丛中。

越南黄牛木/苦丁茶

Cratoxylum formosum

科属：藤黄科黄牛木属
产地：产于我国海南，自泰国、老挝、柬埔寨，经越南、马来西亚、印度尼西亚至菲律宾也有分布。生于海拔600米以下的灌丛中。

云树/云南山竹子

Garcinia cowa

科属：藤黄科藤黄属
产地：产于我国云南，印度、孟加拉国经中南半岛至马来群岛和安达曼群岛也有分布。生于海拔150～1300米沟谷、低丘潮湿的杂木林中。

木竹子/多花山竹子、山竹子

Garcinia multiflora

科属：藤黄科藤黄属
产地：产于我国台湾、福建、江西、湖南、广东、海南、广西、贵州、云南等地，越南北部也有分布。本种适应性较强，生于海拔100～1900米的山坡疏林或密林中。

莽吉柿/山竺、山竹

Garcinia mangostana

科属：藤黄科藤黄属
产地：原产于马鲁古，亚洲和非洲热带地区广泛栽培。

金丝李/埋贵

Garcinia paucinervis

科属：藤黄科藤黄属
产地：产于我国广西及云南。多生于海拔300～800米石灰岩山较干燥的疏林或密林中。

菲岛福木/福木、福树

Garcinia subelliptica

科属：藤黄科藤黄属
产地：产于我国台湾，生于海滨的杂木林中，琉球群岛、菲律宾、斯里兰卡、印度尼西亚也有分布。

大叶藤黄/人面果、岭南倒捻子

Garcinia xanthochymus

科属：藤黄科藤黄属
产地：产于我国云南、广西及喜马拉雅山地区，孟加拉国东部经缅甸、泰国至中南半岛及安达曼岛也有分布。生于海拔100～1400米沟谷和丘陵地潮湿的密林中。

版纳藤黄

Garcinia xipshuanbannaensis

科属：藤黄科藤黄属

产地：产于我国云南西双版纳。生于海拔600米的沟谷密林中。

地耳草/小还魂、雀舌草

Hypericum japonicum

科属：藤黄科金丝桃属

产地：产于我国辽宁、山东至长江以南各地，日本、朝鲜、东南亚至澳洲也有分布。生于海拔2800米以下的田边、沟边、草地以及撂荒地上。

长柱金丝桃/黄海棠、山辣椒、大叶金丝桃

Hypericum ascyron

科属：藤黄科金丝桃属

产地：我国除新疆及青海外，全国各地均产，俄罗斯、朝鲜、日本、越南、美国、加拿大也有分布。生于海拔2800米以下的山坡林下、林缘、灌丛间、草丛或草甸中、溪旁及河岸湿地等处。

金丝桃/金丝海棠、金丝莲

Hypericum monogynum

科属：藤黄科金丝桃属

产地：产于我国河北、陕西、山东、江苏、安徽、浙江、江西、福建、台湾、河南、湖北、湖南、广东、广西、四川及贵州等地。生于沿海海拔1500米以下的山坡、路旁或灌丛中。

金丝梅/土连翘

Hypericum patulum

科属：藤黄科金丝桃属

产地：产于我国陕西、江苏、安徽、浙江、江西、福建、台湾、湖北、湖南、广西、四川、贵州等地。生于海拔300～2400米山坡或山谷的疏林下、路旁或灌丛中。

贯叶连翘/小金丝桃、铁帚把

Hypericum perforatum

科属：藤黄科金丝桃属

产地：产于我国华北、西北、华中、西南等部分地区，南欧、非洲、远东、中亚、印度、蒙古和俄罗斯也有分布。生于海拔500～2100米的山坡、路旁、草地、林下及河边等处。

铁力木/铁栗木

Mesua ferrea

科属：藤黄科铁力木属

产地：产于我国云南、广东、广西等地，通常零星栽培，热带亚洲南部和东南部，从印度、斯里兰卡、孟加拉国、泰国经中南半岛至马来半岛等地均有分布。

长萼大叶草/根乃拉草、大叶蚁塔

Gunnera manicata

科属：小二仙草科根乃拉草属

产地：产于南美洲，我国西南引种栽培。

小二仙草/船板草、豆瓣草

Haloragis micrantha

科属：小二仙草科小二仙草属

产地：产于我国华北、华东、华中、华南及西南部分地区，日本、朝鲜、澳洲、东南亚等地也有分布。生于荒山草丛中。

粉绿狐尾藻/羽毛藻

Myriophyllum aquaticum

科属：小二仙草科狐尾藻属

产地：原产于南美洲，我国引种栽培。

穗状狐尾藻/聚藻、金鱼藻

Myriophyllum spicatum

科属：小二仙草科狐尾藻属

产地：世界广布种，我国南北各地池塘、河沟、沼泽中常有生长。

三裂狐尾藻/乌苏里狐尾藻

Myriophyllum ussuriense

科属：小二仙草科狐尾藻属

产地：产于我国黑龙江、吉林、河北、安徽、江苏、浙江、台湾、广东、广西等地，俄罗斯、朝鲜、日本也有分布。生于小池塘或沼泽水中。

狐尾藻/轮叶狐尾藻

Myriophyllum verticillatum

科属：小二仙草科狐尾藻属

产地：为世界广布种，我国南北各地池塘、河沟、沼泽中常有生长。

阿丁枫/蕈树

Altingia chinensis

科属：金缕梅科蕈树属

产地：分布于我国海南、广西、贵州、云南、湖南、福建、江西、浙江，亦见于越南北部。

细柄蕈树

Altingia gracilipes

科属：金缕梅科蕈树属

产地：分布于我国浙江、福建及广东，是广东东部低海拔常绿林里常见的乔木。

瑞木/大果蜡瓣花

Corylopsis multiflora

科属：金缕梅科蜡瓣花属

产地：分布于我国福建、台湾、广东、广西、贵州、湖南、湖北及云南等地。

蜡瓣花

Corylopsis sinensis

科属：金缕梅科蜡瓣花属

产地：分布于我国湖北、安徽、浙江、福建、江西、湖南、广东、广西及贵州等地，常见于山地灌丛。

小叶蚊母树

Distylium buxifolium

科属：金缕梅科蚊母树属

产地：分布于我国四川、湖北、湖南、福建、广东及广西等地。常生于山溪旁或河边。

蚊母树
Distylium racemosum

科属：金缕梅科蚊母树属
产地：分布于我国福建、浙江、台湾、海南，朝鲜及琉球群岛也有分布。

大果马蹄荷
Exbucklandia tonkinensis

科属：金缕梅科马蹄荷属
产地：分布于我国南部及西南各省的山地常绿林，越南的北部地区也有分布。

金缕梅
Hamamelis mollis

科属：金缕梅科金缕梅属
产地：分布于我国四川、湖北、安徽、浙江、江西、湖南及广西等地，常见于中海拔的次生林或灌丛。

枫香
Liquidambar formosana

科属：金缕梅科枫香树属
产地：产于我国秦岭及淮河以南各省，北起河南、山东，东至台湾，西至四川、云南及西藏，南至广东，越南、老挝及朝鲜也有分布。

继木/檵木、白花树
Loropetalum chinense

科属：金缕梅科继木属
产地：分布于我国中部、南部及西南各省，亦见于日本及印度。喜生于向阳的丘陵及山地，亦常出现在马尾松林及杉林下。

红花继木/红花檵木
Loropetalum chinense var. *rubrum*

科属：金缕梅科继木属
产地：分布于我国湖南长沙岳麓山，多属栽培。

四药门花
Loropetalum subcordatum

科属：金缕梅科继木属
产地：分布于我国广东沿海及广西龙州。

米老排/壳菜果
Mytilaria laosensis

科属：金缕梅科壳菜果属
产地：分布于我国云南、广西及广东，老挝及越南的北部也有分布。

红花荷/红苞木
Rhodoleia championii

科属：金缕梅科红花荷属
产地：分布于我国广东及香港的山地中。

半枫荷
Semiliquidambar cathayensis

科属：金缕梅科半枫荷属
产地：分布于我国江西、广西、贵州、广东及海南。

水丝梨/华水丝梨

Sycopsis sinensis

科属：金缕梅科水丝梨属

产地：分布于我国陕西、四川、云南、贵州、湖北、安徽、浙江、江西、福建、台湾、湖南、广东、广西等地。生于山地常绿林及灌丛中。

澳洲莲叶桐

Hernandia cordigera

科属：莲叶桐科莲叶桐属

产地：产于澳洲。

莲叶桐

Hernandia nymphaeifolia

科属：莲叶桐科莲叶桐属

产地：产于我国台湾南部及亚洲热带地区。常生长在海滩上。

宽药青藤

Illigera celebica

科属：莲叶桐科青藤属

产地：产于印度、缅甸等地。

红花青藤/毛青藤

Illigera rhodantha

科属：莲叶桐科青藤属

产地：产于我国广东、广西、云南。生于海拔100~2100米的山谷密林或疏林灌丛中。

七叶树/娑罗子

Aesculus chinensis

科属：七叶树科七叶树属

产地：我国河北、山西、河南、陕西均有栽培，仅秦岭有野生的。

天师栗/猴板栗

Aesculus chinensis var. *wilsonii*

科属：七叶树科七叶树属

产地：产于我国河南、湖北、湖南、江西、广东、四川、贵州和云南。生于海拔1000~1800米的阔叶林中。

杂交七叶树

Aesculus × carnea

科属：七叶树科七叶树属

产地：园艺杂交种。

杉叶藻

Hippuris vulgaris

科属：杉叶藻科杉叶藻属

产地：产于我国东北、华北北部、西北、台湾、西南等地，全世界均有分布。多群生在海拔40~5000米的池沼、湖泊、溪流、江河两岸等浅水处。

水鳖/马尿花
Hydrocharis dubia

科属：水鳖科水鳖属
产地：分布于我国大部分地区，大洋洲和亚洲其他地区也有分布。生于静水池沼中。

水车前/龙舌草
Ottelia alismoides

科属：水鳖科水车前属
产地：分布于我国大部分地区，广布于非洲东北部、亚洲东部及东南部至澳大利亚热带地区。常生于湖泊、沟渠、水塘、水田以及积水洼地。

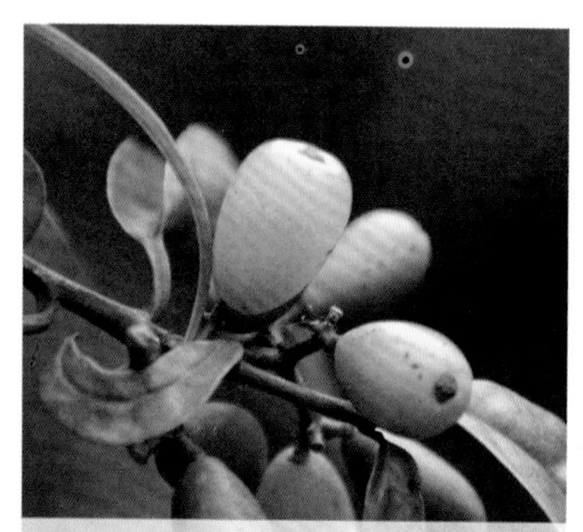

海南粗丝木
/粗丝木、毛蕊木
Gomphandra hainanensis

科属：茶茱萸科粗丝木属
产地：产于我国云南、贵州、广西、广东，印度、斯里兰卡、缅甸、泰国、柬埔寨、越南也有分布。生于海拔500～2200米的疏、密林下，石灰山林内及路旁灌丛、林缘。

射干/交剪草、野萱花
Belamcanda chinensis

科属：鸢尾科射干属
产地：产于我国大部分地区，朝鲜、日本、印度、越南、俄罗斯也有分布。生于海拔2200米以下的林缘或山坡草地。

火星花/雄黄兰、倒挂金钩
Crocosmia × crocosmiflora

科属：鸢尾科雄黄兰属
产地：本种为园艺杂交种，我国南北方广为栽培。

番红花/藏红花、西红花
Crocus sativus

科属：鸢尾科番红花属
产地：原产于欧洲南部，我国各地常见栽培。

双色野鸢尾
Dietes bicolor

科属：鸢尾科野鸢尾属
产地：原产于南非，我国华南引种栽培。

野鸢尾/非洲鸢尾
Dietes iridioides

科属：鸢尾科野鸢尾属
产地：产于非洲的常绿森林中。

香雪兰/小菖兰、菖蒲兰
Freesia refracta

科属：鸢尾科香雪兰属
产地：原产于非洲南部，我国南北方均有栽培。

唐菖蒲/剑兰、十样锦
Gladiolus gandavensis

科属：鸢尾科唐菖蒲属
产地：园艺杂交种，世界各地广为栽培。

西南鸢尾/空茎鸢尾
Iris bulleyana

科属：鸢尾科鸢尾属
产地：产于我国四川、云南、西藏。生于海拔2300~3500米的山坡草地或溪流旁的湿地上。

扁竹兰/扁竹根、扁竹
Iris confusa

科属：鸢尾科鸢尾属
产地：产于我国广西、四川、云南。生于林缘、疏林下、沟谷湿地或山坡草地。

长葶鸢尾
Iris delavayi

科属：鸢尾科鸢尾属
产地：产于我国四川、云南、西藏。生于海拔2700~3100米的水沟旁湿地或林缘草地。

玉蝉花/紫花鸢尾
Iris ensata

科属：鸢尾科鸢尾属
产地：产于我国东北、山东、浙江，朝鲜、日本及俄罗斯也有分布。生于沼泽地或河岸的水湿地。

锐果鸢尾/小排草
Iris goniocarpa

科属：鸢尾科鸢尾属
产地：产于我国陕西、甘肃、青海、四川、云南、西藏，印度、不丹、尼泊尔也有分布。生于海拔3000~4000米的高山草地、向阳山坡的草丛中以及林缘、疏林下。

花菖蒲
Iris ensata var. *hortensis*

科属：鸢尾科鸢尾属
产地：园艺变种，品种甚多，我国各地广为栽培。

德国鸢尾
Iris germanica

科属：鸢尾科鸢尾属
产地：原产于欧洲，我国各地庭院常见栽培。

东方美人荷兰鸢尾

Iris × hollandica 'Oriental Beauty'

科属：鸢尾科鸢尾属

产地：栽培种，我国引种栽培。

黄菖蒲/黄鸢尾

Iris pseudacorus

科属：鸢尾科鸢尾属

产地：产于欧洲，我国各地常见栽培。喜生于河湖沿岸的湿地或沼泽地上。

虎眼荷兰鸢尾

Iris × hollandica 'Eye of the Tiger'

科属：鸢尾科鸢尾属

产地：栽培种，我国引种栽培。

蝴蝶花/日本鸢尾、兰花草

Iris japonica

科属：鸢尾科鸢尾属

产地：产于我国江苏、安徽、浙江、福建、湖北、湖南、广东、广西、陕西、甘肃、四川、贵州、云南，日本也有分布。生于山坡较阴蔽而湿润的草地、疏林下或林缘草地。

马蔺/兰花草、马莲

Iris lactea

科属：鸢尾科鸢尾属

产地：产于我国大部分地区，朝鲜、俄罗斯及印度也有分布。生于荒地、路旁、山坡草地。

小鸢尾/拟罗斯鸢尾

Iris proantha

科属：鸢尾科鸢尾属

产地：产于我国安徽、江苏、浙江、湖北、湖南。生于山坡、草地、林缘或疏林下。

和谐网脉鸢尾

Iris reticulata 'Harmony'

科属：鸢尾科鸢尾属

产地：园艺种，原种产于欧亚大陆。

紫苞鸢尾

/矮紫苞鸢尾、俄罗斯鸢尾

Iris ruthenica

科属：鸢尾科鸢尾属

产地：产于我国东北、华北、西北、西南等部分省市。生于向阳沙质地或山坡草地。

溪荪/东方鸢尾
Iris sanguinea

科属：鸢尾科鸢尾属
产地：产于我国东北、内蒙古，日本、朝鲜及俄罗斯也有分布。生于沼泽地、湿草地或向阳坡地。

西伯利亚鸢尾
Iris sibirica

科属：鸢尾科鸢尾属
产地：原产于欧洲，常栽于庭院及花坛中供观赏。

鸢尾/蓝蝴蝶、紫蝴蝶
Iris tectorum

科属：鸢尾科鸢尾属
产地：．产于我国山西、安徽、江苏、浙江、福建、湖北、湖南、江西、广西、陕西、甘肃、四川、贵州、云南、西藏。生于向阳坡地、林缘及水边湿地。

黄花鸢尾
Iris wilsonii

科属：鸢尾科鸢尾属
产地：产于我国湖北、陕西、甘肃、四川、云南。生于山坡草丛、林缘草地及河旁沟边的湿地。

巴西鸢尾/美丽鸢尾
Neomarica gracilis

科属：鸢尾科巴西鸢尾属
产地：产于巴西，我国南方引种栽培。

庭菖蒲
Sisyrinchium rosulatum

科属：鸢尾科庭菖蒲属
产地：原产于北美洲，我国南方引种栽培。

加州庭菖蒲
Sisyrinchium californicum

科属：鸢尾科庭菖蒲属
产地：产于美国加州。

黄扇鸢尾
Trimezia martinicensis

科属：鸢尾科黄扇鸢尾属
产地：原产于巴西，我国华南地区有引种。

核桃/胡桃
Juglans regia

科属：胡桃科胡桃属
产地：产于我国华北、西北、西南、华中、华南和华东，中亚、西亚、南亚和欧洲也有分布。生于海拔400～1800米之山坡及丘陵地带。

化香树

Platycarya strobilacea

科属：胡桃科化香属

产地：产于我国甘肃、陕西、河南、山东、安徽、江苏、浙江、江西、福建、台湾、广东、广西、湖南、湖北、四川、贵州及云南等地。常生于海拔400～2200米的山顶或林中。

枫杨/麻柳

Pterocarya stenoptera

科属：胡桃科枫杨属

产地：产于我国陕西、河南、山东、安徽、江苏、浙江、江西、福建、台湾、广东、广西、湖南、湖北、四川、贵州、云南。生于海拔1500米以下沿溪涧河滩、阴湿山坡地的林中。

葱状灯心草/葱状灯芯草

Juncus allioides

科属：灯心草科灯心草属

产地：产于我国陕西、宁夏、甘肃、青海、四川、贵州、云南、西藏。生于海拔1800～4700米的山坡、草地和林下潮湿处。

灯心草/灯芯草

Juncus effusus

科属：灯心草科灯心草属

产地：产于我国大部分地区，全世界温暖地区均有分布。生于海拔1650～3400米的河边、池旁、水沟，稻田旁、草地及沼泽湿处。

藿香/合香、仁丹草

Agastache rugosa

科属：唇形科藿香属

产地：各地广泛分布，常见栽培，供药用，俄罗斯、朝鲜、日本及北美洲也有分布。

金叶藿香/金叶合香

Agastache rugosa 'Golden jubilee'

科属：唇形科藿香属

产地：园艺种，我国华东栽培较多。

筋骨草

Ajuga ciliata

科属：唇形科筋骨草属

产地：产于我国河北、山东、河南、山西、陕西、甘肃、四川及浙江。生于海拔340～1800山谷溪旁、阴湿的草地上，林下湿润处及路旁草丛中。

金疮小草/青鱼胆、苦地胆

Ajuga decumbens

科属：唇形科筋骨草属

产地：产于我国长江以南各地，朝鲜、日本也有分布。生于海拔360～1400米溪边、路旁湿润的草坡上。

匍匐筋骨草/紫唇花

Ajuga reptans

科属：唇形科筋骨草属

产地：原产于欧亚大陆，我国引种栽培。

多花筋骨草

Ajuga multiflora

科属：唇形科筋骨草属

产地：产于我国内蒙古、黑龙江、辽宁、河北、江苏、安徽，俄罗斯远东地区、朝鲜也有分布。生于山坡疏草丛中、河边草地或灌丛中。

新风轮菜/大叶假荆芥

Calamintha nepeta subsp. *nepeta*

科属：唇形科新风轮菜属

产地：产于欧洲及地中海地区。

猫须草/肾茶、猫须公

Clerodendranthus spicatus

科属：唇形科肾茶属

产地：产于我国海南、广西、云南、台湾及福建，印度、缅甸、泰国，经印度尼西亚、菲律宾至澳大利亚及邻近岛屿也有分布。常生于海拔1050米以下的林下潮湿处。

风轮菜/苦刀草

Clinopodium chinense

科属：唇形科风轮菜属

产地：产于我国山东、浙江、江苏、安徽、江西、福建、台湾、湖南、湖北、广东、广西及云南，日本也有分布。生于海拔在1000米以下的山坡、草丛、路边、沟边、灌丛、林下。

彩叶草/洋紫苏、锦紫苏

Coleus scutellarioides

科属：唇形科鞘蕊花属

产地：我国全国各地园圃普遍栽培，自印度经马来西亚、印度尼西亚、菲律宾至波利尼西亚也有分布。

光萼青兰/北青兰

Dracocephalum argunense

科属：唇形科青兰属

产地：产于我国东北、内蒙古、河北，俄罗斯、朝鲜也有分布。生于海拔180～750米的山坡草地或草原，江岸沙质草甸或灌丛中。

香青兰/山薄荷、青蓝

Dracocephalum moldavica

科属：唇形科青兰属

产地：产于我国东北、华北及西北，俄罗斯，东欧、中欧、南延至克什米尔地区均有分布。生于海拔220～1600米的干燥山地、山谷、河滩多石处。

齿叶水蜡烛/森氏水珍珠菜

Dysophylla sampsonii

科属：唇形科水蜡烛属

产地：产于我国湖南、江西、广东、广西、贵州。生于沼泽中或水边。

小野芝麻/假野芝麻

Galeobdolon chinense

科属：唇形科小野芝麻属

产地：产于我国江苏、安徽、浙江、江西、福建、台湾、湖南、广东及广西。生于海拔50～300米的疏林中。

香薷/山苏子、拉拉香

Elsholtzia ciliata

科属：唇形科香薷属

产地：我国除新疆、青海外几产全国各地，俄罗斯、蒙古、朝鲜、日本、印度、中南半岛也有分布。生于海拔3400米以下的路旁、山坡、荒地、林内、河岸。

广防风/防风草、土防风

Epimeredi indica

科属：唇形科广防风属

产地：产于我国广东、广西、贵州、云南、西藏、四川、湖南、江西、浙江、福建及台湾，印度、东南亚经马来西亚至菲律宾也有分布。生于海拔40～2400米的林缘或路旁等荒地上。

金钱薄荷/花叶活血丹

Glechoma hederacea 'Variegata'

科属：唇形科活血丹属

产地：园艺种，原种产于欧洲。

活血丹/金钱薄荷

Glechoma longituba

科属：唇形科活血丹属

产地：我国除青海、甘肃、新疆及西藏外，全国各地均产，俄罗斯、朝鲜也有分布。生于海拔50～2000米的林缘、疏林下、草地中、溪边等阴湿处。

宝盖草/接骨草、珍珠莲

Lamium amplexicaule

科属：唇形科野芝麻属

产地：产于我国江苏、安徽、浙江、福建、湖南、湖北、河南、陕西、甘肃、青海、新疆、四川、贵州、云南及西藏，欧洲、亚洲均有广泛的分布。生于海拔4000米以下的路旁、林缘、沼泽草地及宅旁等地。

光泽锥花/咸鱼郎树

Gomphostemma lucidum

科属：唇形科锥花属

产地：产于我国广东、广西、云南，印度、缅甸、泰国、老挝、越南也有分布。生于海拔140～1100米的沟谷密林中。

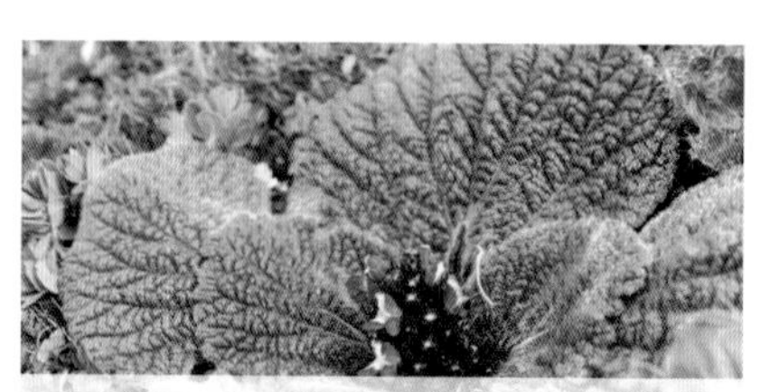

独一味/打布巴

Lamiophlomis rotata

科属：唇形科独一味属

产地：产于我国西藏、青海、甘肃、四川及云南西北部，尼泊尔、锡金、不丹也有分布。生于海拔2700～4500米的碎石滩中或石质高山草甸、河滩。

花叶野芝麻

Lamium galeobdolon 'Florentinum'

科属：唇形科野芝麻属

产地：原种产于欧洲，我国华东、西南地区有栽培。

野芝麻/地蚤、山麦胡

Lamium barbatum

科属：唇形科野芝麻属

产地：产于我国东北、华北、华东以及陕西、甘肃、湖北、湖南、四川、贵州，俄罗斯、朝鲜、日本也有分布。生于海拔2600米以下的路边、溪旁、田埂及荒坡上。

薰衣草/英国薰衣草

Lavandula angustifolia

科属：唇形科薰衣草属

产地：原产于地中海地区，我国有栽培。

齿叶薰衣草

Lavandula dentata

科属：唇形科薰衣草属

产地：原产于西班牙，我国南北方均有栽培。

甜蜜薰衣草

Lavandula heterophylla

科属：唇形科薰衣草属

产地：产于欧洲，我国引种栽培。

羽叶薰衣草/羽裂薰衣草

Lavandula pinnata

科属：唇形科薰衣草属

产地：产于加纳利群岛。

益母草/益母蒿、红花艾

Leonurus japonicus

科属：唇形科益母草属

产地：产于我国全国各地，俄罗斯、朝鲜、日本、热带亚洲、非洲、以及美洲各地均有分布。生长于多种生境，海拔可高达3400米。

细叶益母草/风葫芦草

Leonurus sibiricus

科属：唇形科益母草属

产地：产于我国内蒙古、河北、山西及陕西，俄罗斯、蒙古也有分布。生于海拔1500米以下的石质及沙质草地上及松林中。

龙头草/长穗美汉花

Meehania henryi

科属：唇形科龙头草属

产地：产于我国湖北、四川、湖南及贵州。生于低海拔地区的常绿林或混交林下。

米团花/山蜂蜜、渍糖花

Leucosceptrum canum

科属：唇形科米团花属

产地：产于我国云南、四川，不丹、尼泊尔、印度、缅甸、老挝、越南也有分布。生于海拔1000～2600米干燥的开阔荒地、路边、谷地溪边、林缘、小乔木灌丛中及石灰岩上。

蜜蜂花/香蜂草

Melissa officinalis

科属：唇形科蜜蜂花属

产地：原产于俄罗斯，伊朗至地中海及大西洋沿岸有分布。

欧薄荷

Mentha longifolia

科属：唇形科薄荷属

产地：原产于欧洲，我国南方作为芳香植物栽培。

薄荷/野薄荷、见肿消

Mentha canadensis

科属：唇形科薄荷属

产地：产于我国南北各地，热带亚洲、俄罗斯、朝鲜、日本及北美洲也有分布。生于海拔3500米以下的水旁潮湿地。

香花菜/青薄荷、皱叶留兰香

Mentha crispata

科属：唇形科薄荷属

产地：原产于欧洲，我国中南部栽培较多，在欧洲广为栽培。

胡椒薄荷/辣薄荷

Mentha piperita

科属：唇形科薄荷属

产地：原产于欧洲，我国中南部有栽培。

留兰香/绿薄荷、香薄荷

Mentha spicata

科属：唇形科薄荷属

产地：原产于南欧、加那利群岛、马德拉群岛、俄罗斯，我国新疆有野生。

斑叶凤梨薄荷

Mentha suaveolens 'Variegata'

科属：唇形科薄荷属

产地：园艺种，我国华东栽培较多。

唇萼薄荷/普列薄荷

Mentha pulegium

科属：唇形科薄荷属

产地：原产于中欧及西亚，我国中南部引种栽培。

凉粉草/仙草、仙人草

Mesona chinensis

科属：唇形科凉粉草属

产地：产于我国台湾、浙江、江西、广东、广西。生于水沟边及干沙地草丛中。

地笋/地参、提娄

Lycopus lucidus

科属：唇形科地笋属

产地：产于我国东北、河北、陕西、四川、贵州、云南，俄罗斯、日本也有分布。生于海拔320～2100米的沼泽地、水边、沟边等潮湿处。

美国薄荷

Monarda didyma

科属：唇形科美国薄荷属

产地：原产于美洲，我国各地园圃有栽培。

石荠苎/紫花草、野苏叶

Mosla scabra

科属：唇形科石荠苎属

产地：产于我国辽宁、陕西、甘肃、河南、江苏、安徽、浙江、江西、湖南、湖北、四川、福建、台湾、广东、广西，越南北部、日本也有分布。生于海拔50～1150米的山坡、路旁或灌丛下。

贝壳花/领圈花

Moluccella laevis

科属：唇形科贝壳花属

产地：原产于西亚，我国引种栽培。

荆芥/小薄荷、樟脑草

Nepeta cataria

科属：唇形科荆芥属

产地：产于我国新疆、甘肃、陕西、河南、山西、山东、湖北、贵州、四川及云南等地。多生于海拔2500米以下的宅旁或灌丛中。

罗勒/零陵香、九层塔
Ocimum basilicum

科属：唇形科罗勒属
产地：产于我国新疆、吉林、河北、华东、华南及西南，多为栽培，南部各地有逸为野生的，非洲至亚洲温暖地带也有分布。

金叶牛至
Origanum vulgare 'Aureum'

科属：唇形科牛至属
产地：园艺种，原种产于欧亚及北非。生于海拔500～3600米的路旁、山坡、林下及草地。

假糙苏
Paraphlomis javanica

科属：唇形科假糙苏属
产地：产于我国云南、广西、广东、台湾，印度、巴基斯坦、缅甸、泰国、老挝、越南经马来西亚至印度尼西亚及菲律宾也有分布。生于海拔320～2500米的热带林荫下。

紫苏/赤苏、香苏
Perilla frutescens

科属：唇形科紫苏属
产地：我国全国各地广泛栽培，不丹、印度、中南半岛南至印度尼西亚、东至日本、朝鲜也有分布。

回回苏/鸡冠紫苏
Perilla frutescens var. *crispa*

科属：唇形科紫苏属
产地：我国各地栽培，供药用及香料用。

大花糙苏
Phlomis megalantha

科属：唇形科糙苏属
产地：产于我国山西、陕西、四川。生于海拔2500～4200米的冷杉林下或灌丛草坡。

假龙头花/随意草
Physostegia virginiana

科属：唇形科假龙头花属
产地：产于美国，我国南北方均有栽培。

白花假龙头
Physostegia virginiana 'Alba'

科属：唇形科假龙头花属
产地：园艺种，我国南北方均有栽培。

到手香/碰碰香
Plectranthus amboinicus

科属：唇形科延命草属
产地：原产于非洲南部及东部。

山菠菜/灯笼头、东北夏枯草
Prunella asiatica

科属：唇形科夏枯草属
产地：产于我国东北、山西、山东、江苏、浙江、安徽及江西，日本、朝鲜也有分布。生于海拔1700米以下的路旁、山坡草地、灌丛及潮湿地上。

大花夏枯草

Prunella grandiflora

科属：唇形科夏枯草属

产地：原产于欧洲经巴尔干半岛及西亚至亚洲中部，我国引种栽培。

硬毛夏枯草

Prunella hispida

科属：唇形科夏枯草属

产地：产于我国云南、四川，印度也有分布。生于海拔1500～3800米的路旁、林缘及山坡草地上。

夏枯草/麦穗夏枯草、灯笼草

Prunella vulgaris

科属：唇形科夏枯草属

产地：产于我国中南部，欧洲各地、北非、俄罗斯、西亚、印度、巴基斯坦、尼泊尔、不丹、日本、朝鲜也有分布。生于海拔3000米以下的荒坡、草地、溪边及路旁等湿润地上。

蓝萼毛叶香茶菜/山苏子

Rabdosia japonica var. *glaucocalyx*

科属：唇形科香茶菜属

产地：产于我国东北、山东、河北及山西，俄罗斯、朝鲜、日本也有分布。生于海拔1800米以下的山坡、路旁、林缘、林下及草丛中。

溪黄草/溪沟草、大叶蛇总管

Rabdosia serra

科属：唇形科香茶菜属

产地：产于我国东北、华南、华东、华中等部分省市，俄罗斯、朝鲜也有分布。常成丛生于海拔120～1250米的山坡、路旁、田边、溪旁、河岸、草丛、灌丛、林下沙壤土上。

特丽莎香茶菜

Rabdosia 'Mona Lavender'

科属：唇形科香茶菜属

产地：园艺种，我国南北方均有栽培。

迷迭香

Rosmarinus officinalis

科属：唇形科迷迭香属

产地：原产于欧洲及北非地中海沿岸，我国南北方普遍栽培。

短冠鼠尾草

Salvia brachyloma

科属：唇形科鼠尾草属

产地：产于我国云南及四川，生于海拔3200～3800米的林下、林边草坡或草地上。

血盆草/叶下红、破罗子

Salvia cavaleriei var. *simplicifolia*

科属：唇形科鼠尾草属

产地：产于我国湖北、湖南、江西、广东、广西、贵州、云南及四川。生于海拔460～2700米的山坡、林下或沟边。

华鼠尾草/活血草、紫参
Salvia chinensis

科属：唇形科鼠尾草属
产地：产于我国山东、江苏、安徽、浙江、湖北、江西、湖南、福建、台湾、广东、广西、四川。生于海拔120～500米的山坡或平地林荫处及草丛中。

红唇/小红花
Salvia coccinea

科属：唇形科鼠尾草属
产地：原产于美洲，在我国也有栽培，云南等部分地区已逸为野生。

一串粉唇
Salvia coccinea 'Coral Nymph'

科属：唇形科鼠尾草属
产地：园艺种，我国引种栽培。

蓝花鼠尾草/粉萼鼠尾草
Salvia farinacea

科属：唇形科鼠尾草属
产地：产于地中海及南欧。

黄花丹参/黄花鼠尾草
Salvia flava

科属：唇形科鼠尾草属
产地：产于我国云南、四川。生于海拔2500～4000米的林下及山坡草地。

深蓝鼠尾草/瓜拉尼鼠尾草
Salvia guaranitica 'Black and Blue'

科属：唇形科鼠尾草属
产地：产于北美南部，我国华东有栽培。

墨西哥鼠尾草
Salvia leucantha

科属：唇形科鼠尾草属
产地：产于墨西哥中部及东部。

单叶丹参
Salvia miltiorrhiza var. *charbonnelii*

科属：唇形科鼠尾草属
产地：产于我国河北、山西、河南。生于草丛、山坡或路旁。

林地鼠尾草/森林鼠尾草
Salvia nemorosa

科属：唇形科鼠尾草属
产地：产于欧洲中部及西部。

一串红/墙下红
Salvia splendens

科属：唇形科鼠尾草属
产地：原产于巴西，我国各地庭院中广泛栽培。

天蓝鼠尾草

Salvia uliginosa

科属：唇形科鼠尾草属

产地：产于北美南部，我国华东有栽培。

彩苞鼠尾草

Salvia viridis

科属：唇形科鼠尾草属

产地：原产于地中海地区至伊朗一带。

蓝色鼠尾草

Salvia × sylvestris

科属：唇形科鼠尾草属

产地：园艺杂交种。

云南鼠尾草/小丹参、小红参

Salvia yunnanensis

科属：唇形科鼠尾草属

产地：产于我国云南、四川及贵州。生于海拔1800～2900米的山坡草地、林边路旁或疏林干燥地上。

黄芩/香水水草

Scutellaria baicalensis

科属：唇形科黄芩属

产地：产于我国黑龙江、辽宁、内蒙古、河北、河南、甘肃、陕西、山西、山东、四川等地，俄罗斯、蒙古、朝鲜、日本均有分布。生于海拔60～2000米的向阳草坡地、休荒地上。

半枝莲/水黄芩、狭叶韩信草

Scutellaria barbata

科属：唇形科黄芩属

产地：产于我国华北、华东、华南、西南及华中部分地区，印度、尼泊尔、缅甸、老挝、泰国、越南、日本及朝鲜也有分布。生于海拔2000米以下的水田边、溪边或湿润草地上。

韩信草/大力草、偏向花

Scutellaria indica

科属：唇形科黄芩属

产地：产于我国华东、华南、西南及华中等地，日本、印度、中南半岛、印度尼西亚等地也有分布。生于海拔1500米以下的山地或丘陵地、疏林下，路旁空地及草地上。

直萼黄芩/小黄芩

Scutellaria orthocalyx

科属：唇形科黄芩属

产地：产于我国云南、四川。生于海拔1200～3300米的草坡或松林中。

地蚕/五眼草

Stachys geobombycis

科属：唇形科水苏属

产地：产于我国浙江、福建、湖南、江西、广东及广西。生于海拔170～700米的荒地、田地及草丛湿地上。

水苏/白马蓝、宽叶水苏

Stachys japonica

科属：唇形科水苏属

产地：产于我国辽宁、内蒙古、河北、河南、山东、江苏、浙江、安徽、江西、福建，俄罗斯、日本也有分布。生于海拔在230米以下的水沟、河岸等湿地上。

棉毛水苏/羊毛花

Stachys lanata

科属：唇形科水苏属

产地：原产于巴尔干半岛、黑海沿岸至西亚，我国中南部引种栽培。

大花药水苏

Stachys macrantha

科属：唇形科水苏属

产地：分布于欧洲温带至中东，我国中部有栽培。

灌丛石蚕/银石蚕

Teucrium fruticans

科属：唇形科香科科属

产地：产于地中海地区及西班牙。

西尔加香科‘紫尾’

Teucrium hircanicum ‘Purple Tails’

科属：唇形科香科科属

产地：产于伊朗至高加索一带。

红花百里香/铺地百里香

Thymus serpyllum

科属：唇形科百里香属

产地：产于地中海西岸。

百里香/千里香

Thymus mongolicus

科属：唇形科百里香属

产地：产于我国甘肃、陕西、青海、山西、河北、内蒙古。生于海拔1100~3600米的多石山地、斜坡、山谷、山沟、路旁及杂草丛中。

法国百里香/银斑百里香

Thymus vulgaris

科属：唇形科百里香属

产地：产于欧洲南部。

澳洲迷迭香

Westringia fruticosa

科属：唇形科澳洲迷迭香属

产地：原产于澳洲，我国华南地区有引种。

木通/野木瓜

Akebia quinata

科属：木通科木通属

产地：产于我国长江流域各地，日本和朝鲜有分布。生于海拔300～1500米的山地灌木丛、林缘和沟谷中。

大花牛姆瓜/牛姆瓜

Holboellia grandiflora

科属：木通科八月瓜属

产地：产于我国四川、贵州和云南。生于海拔1100～3000米的山地杂木林或沟边灌丛内。

倒卵叶野木瓜/倒卵叶野木瓜

Stauntonia obovata

科属：木通科野木瓜属

产地：产于我国福建、台湾、广东、广西、香港、江西、湖南、四川。生于海拔300～800米的山地山谷疏林或密林中。

柳叶黄肉楠

Actinodaphne lecomtei

科属：樟科黄肉楠属

产地：产于我国四川、贵州、广东。生于海拔650～1800米的山地、路旁、溪旁及杂木林中。

毛黄肉楠/胶木

Actinodaphne pilosa

科属：樟科黄肉楠属

产地：产于我国广东、广西，越南、老挝也有分布。常生于海拔500米以下的旷野丛林或混交林中。

无根藤/无头草、无爷藤

Cassytha filiformis

科属：樟科无根藤属

产地：产于我国云南、贵州、广西、广东、湖南、江西、浙江、福建及台湾等地，热带亚洲、非洲和澳大利亚也有分布。生于海拔980～1600米的山坡灌木丛或疏林中。

毛桂/香桂子

Cinnamomum appelianum

科属：樟科樟属

产地：产于我国湖南、江西、广东、广西、贵州、四川、云南等地。生于海拔350～1400米山坡或谷地的灌丛和疏林中。

阴香/山肉桂

Cinnamomum burmannii

科属：樟科樟属

产地：产于我国广东、广西、云南及福建，印度经缅甸和越南至印度尼西亚和菲律宾也有分布。生于海拔100～2100米的疏林、密林、灌丛中或溪边路旁等处。

樟树/香樟

Cinnamomum camphora

科属：樟科樟属

产地：产于我国南方及西南各地，越南、朝鲜、日本也有分布。常生于山坡或沟谷中。

天竺桂/大叶天竺桂、土桂

Cinnamomum japonicum

科属：樟科樟属

产地：产于我国江苏、浙江、安徽、江西、福建及台湾，朝鲜、日本也有分布。生于海拔300～1000米以下低山或近海的常绿阔叶林中。

兰屿肉桂/平安树

Cinnamomum kotoense

科属：樟科樟属

产地：产于我国台湾南部（兰屿）。生于林中。

钝叶樟/土桂皮、山桂

Cinnamomum obtusifolium

科属：樟科樟属

产地：产于我国云南、广东，印度、孟加拉、缅甸、老挝、越南也有分布。生于海拔600～1780米山坡、沟谷的疏林或密林中。

少花桂/岩桂

Cinnamomum pauciflorum

科属：樟科樟属

产地：产于我国湖南、湖北、四川、云南、贵州、广西及广东，印度也有分布。生于海拔400～2200米石灰岩或砂岩上的山地或山谷疏林或密林中。

月桂

Laurus nobilis

科属：樟科月桂属

产地：原产于地中海一带，我国浙江、江苏、福建、台湾、四川及云南等省有引种栽培。

乌药/白叶子树

Lindera aggregata

科属：樟科山胡椒属

产地：产于我国浙江、江西、福建、安徽、湖南、广东、广西、台湾，越南、菲律宾也有分布。生于海拔200～1000米的向阳坡地、山谷或疏林灌丛中。

香叶树/香叶子、大香叶

Lindera communis

科属：樟科山胡椒属

产地：产于我国陕西、甘肃、湖南、湖北、江西、浙江、福建、台湾、广东、广西、云南、贵州、四川等地，中南半岛也有分布。散生或混生于常绿阔叶林中。

三桠乌药/红叶甘橿

Lindera obtusiloba

科属：樟科山胡椒属

产地：产于我国辽宁、山东、安徽、江苏、河南、陕西、甘肃、浙江、江西、福建、湖南、湖北、四川、西藏等地，朝鲜、日本也有分布。生于海拔20～3000米的山谷、密林灌丛中。

山苍子/山苍树、木姜子

Litsea cubeba

科属：樟科木姜子属

产地：产于我国广东、广西、福建、台湾、浙江、江苏、安徽、湖南、湖北、江西、贵州、四川、云南、西藏，东南亚各国也有分布。生于海拔500～3200米向阳的山地、灌丛、疏林或林中路旁、水边。

潺槁木姜子/潺槁树
Litsea glutinosa

科属：樟科木姜子属
产地：产于我国广东、广西、福建及云南，越南、菲律宾、印度也有分布。生于海拔500～1900米的山地林缘、溪旁、疏林或灌丛中。

杨叶木姜子/老鸦皮
Litsea populifolia

科属：樟科木姜子属
产地：产于我国四川、云南、西藏。生于海拔750～2000米的山地阳坡、河谷两岸、阴坡灌丛或干瘠土层的次生林中。

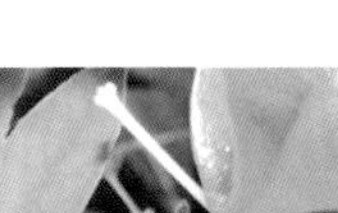

浙江润楠
Machilus chekiangensis

科属：樟科润楠属
产地：产于我国浙江。

华东楠/薄叶润楠
Machilus leptophylla

科属：樟科润楠属
产地：产于我国福建、浙江、江苏、湖南、广东、广西、贵州。生于海拔450～1200米的阴坡谷地混交林中。

柳叶润楠
Machilus salicina

科属：樟科润楠属
产地：产于我国广东、广西、贵州南部、云南南部，中南半岛亦有分布。常生于低海拔地区的溪畔河边。

绒毛润楠/绒楠
Machilus velutina

科属：樟科润楠属
产地：产于我国云南、贵州、广西、广东、湖南、福建、江西、浙江，中南半岛也有分布。

鳄梨/油梨、樟梨
Persea americana

科属：樟科鳄梨属
产地：原产于热带美洲，我国南方有少量栽培。

舟山新木姜子/男刁樟
Neolitsea sericea

科属：樟科新木姜子属
产地：产于我国浙江及上海，朝鲜、日本也有分布。生于山坡林中。

红花玉蕊
Barringtonia acutangula

科属：玉蕊科玉蕊属
产地：产于亚洲南部至大洋州。

滨玉蕊/棋盘脚树

Barringtonia asiatica

科属：玉蕊科玉蕊属
产地：产于我国台湾，分布于亚洲、东非和大洋洲的热带及亚热带地区。

梭果玉蕊

Barringtonia fusicarpa

科属：玉蕊科玉蕊属
产地：我国特有植物，产于云南南部和东南部。生于海拔120～760米密林中的潮湿地方。

大果玉蕊

Barringtonia macrocarpa

科属：玉蕊科玉蕊属
产地：产于印度尼西亚的热带雨林中。

玉蕊/水茄苳

Barringtonia racemosa

科属：玉蕊科玉蕊属
产地：产于我国台湾、海南，广布于非洲、亚洲和大洋洲的热带及亚热带地区。生于滨海地区林中。

炮弹果/炮弹树

Couroupita guianensis

科属：玉蕊科炮弹果属
产地：原产于美洲。生于热带雨林中。

相思子/红豆、相思豆

Abrus precatorius

科属：豆科相思子属
产地：产于我国台湾、广东、广西、云南，广布于热带地区。生于山地疏林中。

大叶相思/耳叶相思

Acacia auriculiformis

科属：豆科金合欢属
产地：原产于澳大利亚北部及新西兰，我国南方引种栽培。

儿茶/乌爹泥、孩儿茶

Acacia catechu

科属：豆科金合欢属
产地：我国除云南有野生外，华东、华南等引种栽培，印度、缅甸和非洲东部亦有分布。

纤细玉蕊

Gustavia gracillima

科属：玉蕊科纤细玉蕊属
产地：产于东南亚，我国西南引种栽培。

台湾相思/相思树、台湾柳

Acacia confusa

科属：豆科金合欢属

产地：产于我国台湾、福建、广东、广西、云南，野生或栽培，菲律宾、印度尼西亚、斐济亦有分布。

金合欢/消息花、牛角花

Acacia farnesiana

科属：豆科金合欢属

产地：原产于热带美洲，我国产于浙江、台湾、福建、广东、广西、云南、四川，现广布于热带地区。多生于阳光充足，土壤较肥沃、疏松的地方。

马占相思

Acacia mangium

科属：豆科金合欢属

产地：产于澳大利亚、巴布亚新几内亚及印尼等地。

钝叶金合欢

Acacia megaladena

科属：豆科金合欢属

产地：产于我国云南、广西，亚洲热带地区广布。生于疏林或灌丛中。

羽叶金合欢

/蛇藤、南蛇簕藤

Acacia pennata

科属：豆科金合欢属

产地：产于我国云南、广东、福建，亚洲和非洲的热带地区广布。多生于低海拔的疏林中，常攀附于灌木或小乔木的顶部。

珍珠相思/珍珠合欢

Acacia podalyriifolia

科属：豆科金合欢属

产地：产于澳大利亚，我国南方引种栽培。

三角叶相思树

Acacia pravissima

科属：豆科金合欢属

产地：产于澳大利亚。

海红豆/红豆、孔雀豆

Adenanthera pavonina var. *microsperma*

科属：豆科海红豆属

产地：产于我国云南、贵州、广西、广东、福建和台湾，缅甸、柬埔寨、老挝、越南、马来西亚、印度尼西亚也有分布。多生于山沟、溪边、林中或栽培于园庭。

南洋楹

Falcataria moluccana

科属：豆科南洋楹属

产地：原产于马六甲及印度尼西亚马鲁古群岛，现广植于各热带地区。我国华东南部、华南及西南有栽培。

合欢/马缨花、绒花树

Albizia julibrissin

科属：豆科合欢属

产地：产于我国东北至华南及西南部各地区，非洲、中亚至东亚均有分布。生于山坡或栽培。

山合欢/山槐

Albizia kalkora

科属：豆科合欢属

产地：产于我国华北、西北、华东、华南至西南部各地，越南、缅甸、印度亦分布。生于山坡灌丛、疏林中。

链荚豆/水咸草

Alysicarpus vaginalis

科属：豆科链荚豆属

产地：产于我国福建、广东、海南、广西、云南及台湾，广布于东半球热带地区。多生于海拔100～700米的空旷草坡、旱田边、路旁或海边沙地。

紫穗槐/紫槐、棉条

Amorpha fruticosa

科属：豆科紫穗槐属

产地：原产于美国东北部和东南部，现我国东北、华北、西北及山东、安徽、江苏、河南、湖北、广西、四川等地均有栽培。

沙冬青

Ammopiptanthus mongolicus

科属：豆科沙冬青属

产地：产于我国内蒙古、宁夏、甘肃，蒙古也有分布。生于沙丘、河滩边台地，为良好的固沙植物。

蔓花生/长喙花生

Arachis duranensis

科属：豆科落花生属

产地：产于亚洲热带及南美洲，我国南方广泛栽培。

花生/落花生

Arachis hypogaea

科属：豆科落花生属

产地：约在16世纪初叶或中叶引入我国，现我国南北方均有栽培。

黄芪/膜荚黄耆

Astragalus penduliflorus subsp. *mongholicus* var. *dahuricus*

科属：豆科黄芪属

产地：产于我国东北、华北及西北，俄罗斯也有分布。生于林缘、灌丛或疏林下，亦见于山坡草地或草甸中。

糙叶黄耆/粗糙紫云英、春黄耆

Astragalus scaberrimus

科属：豆科黄芪属

产地：产于我国东北、华北、西北各地，西伯利亚、蒙古也有分布。生于山坡石砾质草地、草原、沙丘及沿河流两岸的沙地。

紫云英

Astragalus sinicus

科属：豆科黄芪属

产地：产于我国长江流域各地。生于海拔400～3000米间的山坡、溪边及潮湿处。

白花羊蹄甲/马蹄豆

Bauhinia acuminata

科属：豆科羊蹄甲属

产地：产于我国云南、广西及广东，印度、斯里兰卡、马来半岛、越南及菲律宾也有分布。

红花羊蹄甲/红花紫荆

Bauhinia blakeana

科属：豆科羊蹄甲属

产地：世界各地广泛栽植，可能为自然杂交种。

鞍叶羊蹄甲/马鞍叶羊蹄甲

Bauhinia brachycarpa

科属：豆科羊蹄甲属

产地：产于我国四川、云南、甘肃、湖北，印度、缅甸和泰国也有分布。生于海拔800～2200米的山地草坡和河溪旁灌丛中。

棒花羊蹄甲

Bauhinia claviflora

科属：豆科羊蹄甲属

产地：产于我国云南南部（西双版纳大勐龙）。

龙须藤/乌郎藤

Bauhinia championii

科属：豆科羊蹄甲属

产地：产于我国浙江、台湾、福建、广东、广西、江西、湖南、湖北和贵州，印度、越南和印度尼西亚有分布。生于低海拔至中海拔的丘陵灌丛或山地疏林和密林中。

首冠藤/深裂叶羊蹄甲

Bauhinia corymbosa

科属：豆科羊蹄甲属

产地：产于我国广东、海南，世界热带、亚热带地区有栽培供观赏。生于山谷疏林中或山坡阳处。

孪叶羊蹄甲

/二裂片羊蹄甲、飞机藤

Bauhinia didyma

科属：豆科羊蹄甲属

产地：产于我国广东和广西。生于海拔100米的山腰灌丛中或300～500米的山谷溪边疏林中。

嘉氏羊蹄甲/南非羊蹄甲

Bauhinia galpinii

科属：豆科羊蹄甲属

产地：产于南非。

显脉羊蹄甲/多脉叶羊蹄甲

Bauhinia glauca subsp. *pernervosa*

科属：豆科羊蹄甲属

产地：产于我国云南。生于海拔1100～1900米的沟谷疏林中或密林边缘。

粉叶羊蹄甲
/拟粉叶羊蹄甲、光羊蹄甲
Bauhinia glauca

科属：豆科羊蹄甲属
产地：产于我国广东、广西、江西、湖南、贵州、云南，印度、中南半岛、印度尼西亚也有分布。生于山坡阳处疏林中或山谷蔽阴的密林或灌丛中。

羊蹄甲/玲甲花
Bauhinia purpurea

科属：豆科羊蹄甲属
产地：产于我国南部，中南半岛、印度、斯里兰卡也有分布。

白花洋紫荆/大白花
Bauhinia variegata var. *candida*

科属：豆科羊蹄甲属
产地：产于我国南部，印度、中南半岛也有分布。

洋紫荆/宫粉羊蹄甲、红紫荆
Bauhinia variegata

科属：豆科羊蹄甲属
产地：产于我国南部，印度、中南半岛也有分布。

黄花羊蹄甲
Bauhinia tomentosa

科属：豆科羊蹄甲属
产地：原产于印度。我国华东南部、华南及西南有栽培。

白枝羊蹄甲
Bauhinia viridescens var. *laui*

科属：豆科羊蹄甲属
产地：产于我国海南岛。生于低海拔疏林中。

云南羊蹄甲
Bauhinia yunnanensis

科属：豆科羊蹄甲属
产地：产于我国云南、四川和贵州，缅甸和泰国北部也有分布。生于海拔400~2000米的山地灌丛或悬崖石上。

紫矿
Butea monosperma

科属：豆科紫矿属
产地：我国云南、广西有栽培，印度、斯里兰卡、越南至缅甸有分布。生于林中，路旁潮湿处。

云实/水皂角、天豆
Caesalpinia decapetala

科属：豆科云实属
产地：产于我国华南、西南、华东、湖南、湖北、江西、河南、河北、陕西、甘肃等地，亚洲热带和温带地区有分布。生于山坡灌丛中及平原、丘陵、河旁等地。

喙荚云实/南蛇簕

Caesalpinia minax

科属：豆科云实属

产地：产于我国广东、广西、云南、贵州、四川。生于海拔400～1500米的山沟、溪旁或灌丛中。

金凤花/洋金凤

Caesalpinia pulcherrima

科属：豆科云实属

产地：产于我国云南。生于海拔1900～2300米的山坡混交林下潮湿处或草丛中。

苏木/苏方木、苏方

Caesalpinia sappan

科属：豆科云实属

产地：我国云南、贵州、四川、广西、广东、福建和台湾有栽培，云南有野生，印度、缅甸、越南、马来半岛及斯里兰卡也有分布。

春云实/乌爪簕藤

Caesalpinia vernalis

科属：豆科云实属

产地：产于我国广东、福建南部和浙江南部。生于山沟湿润的沙土上或岩石旁。

朱缨花/美蕊花

Calliandra haematocephala

科属：豆科朱缨花属

产地：原产于南美，我国台湾、福建、广东有引种，现热带、亚热带地区常有栽培。

苏里南朱樱花/小朱缨花

Calliandra surinamensis

科属：豆科朱缨花属

产地：产于巴西及苏里南岛。

红粉扑花/小朱缨花

Calliandra tergemina var. *emarginata*

科属：豆科朱缨花属

产地：产于墨西哥至危地马拉一带。

小雀花/多花胡枝子

Campylotropis polyantha

科属：豆科杭子梢属

产地：产于我国甘肃、四川、贵州、云南、西藏。多生于海拔1000～3000米山坡及向阳地的灌丛中。

杭子梢/野棉花条

Campylotropis macrocarpa

科属：豆科杭子梢属

产地：产于我国大部分地区，朝鲜也有分布。生于海拔150～1900米的山坡、灌丛、林缘、山谷沟边及林中，稀达2000米以上。

刀豆/挟剑豆
Canavalia gladiata

科属：豆科刀豆属
产地：我国长江以南各地均有栽培，热带、亚热带及非洲广布。

海刀豆
Canavalia maritima

科属：豆科刀豆属
产地：产于我国东南部至南部地区，热带海岸地区广布。蔓生于海边沙滩上。

鬼箭锦鸡儿/鬼箭愁
Caragana jubata

科属：豆科锦鸡儿属
产地：产于我国内蒙古、河北、山西、新疆，俄罗斯、蒙古也有分布。生于海拔2400～3000米的山坡、林缘。

柠条锦鸡儿/毛条
Caragana korshinskii

科属：豆科锦鸡儿属
产地：产于我国内蒙古、宁夏、甘肃。生于半固定和固定沙地，常为优势种。

红花锦鸡儿/金雀儿
Caragana rosea

科属：豆科锦鸡儿属
产地：产于我国东北、华北、华东及河南、甘肃。生于山坡及沟谷。

锦鸡儿/娘娘袜
Caragana sinica

科属：豆科锦鸡儿属
产地：产于我国河北、陕西、华东、河南、湖北、湖南、广西、四川、贵州及云南。生于山坡和灌丛中。

腊肠树/阿勃勒
Cassia fistula

科属：豆科决明属
产地：原产于印度、缅甸和斯里兰卡，我国南部和西南部各地均有栽培。

美丽决明
Cassia spectabilis

科属：豆科决明属
产地：原产于热带美洲，我国广东、云南南部有栽培。

缘生铁刀木/红花决明
Cassia roxburghii

科属：豆科决明属
产地：产于斯里兰卡及印度。

粉花决明
/粉花山扁豆、爪哇决明
Cassia javanica

科属：豆科决明属
产地：我国广州等地有栽培，夏威夷群岛有分布。

栗豆树/绿元宝
Castanospermum australe

科属：豆科栗豆树属
产地：产于澳洲，我国广泛栽培。

距瓣豆

Centrosema pubescens

科属：豆科距瓣豆属
产地：原产于热带美洲，我国华南、华东、西南等地引种栽培。

紫荆/裸枝树、紫珠

Cercis chinensis

科属：豆科紫荆属
产地：我国东南部，北至河北，南至广东、广西，西至云南、四川，西北至陕西，东至浙江、江苏和山东等地区有分布。多植于庭院、屋旁、寺街边，少数生于密林或石灰岩地区。

黄山紫荆/秦氏紫荆

Cercis chingii

科属：豆科紫荆属
产地：产于我国安徽、浙江。生于低海拔山地疏林灌丛、路旁或栽培于庭院中。

云南紫荆/湖北紫荆、乌桑树

Cercis glabra

科属：豆科紫荆属
产地：产于我国湖北、河南、陕西、四川、云南、贵州、广西、广东、湖南、浙江、安徽。生于海拔600~1900米的山地疏林或密林中。

含羞草决明/梦草

Chamaecrista mimosoides

科属：豆科豆茶属
产地：原产于热带美洲，我国东南部、南部至西南部有分布，现广布于全世界热带和亚热带地区。生于坡地或空旷地的灌木丛或草丛中。

云雾雀儿豆

Chesneya nubigena

科属：豆科雀儿豆属
产地：产于我国云南西北部、西藏南部至西部的普兰，印度西北部、尼泊尔也有分布。生于海拔3600~5300米的山坡和碎石山坡。

紫花雀儿豆

Chesneya nubigena subsp. *purpurea*

科属：豆科雀儿豆属
产地：分布于我国云南及西藏。生于海拔4400~5300米的山坡灌丛中或沼泽化草甸中。

蝙蝠草/飞锡草

Christia vespertilionis

科属：豆科蝙蝠草属
产地：产于我国广东、海南、广西。多生于旷野草地、灌丛中、路旁及海边地区，全世界热带地区均有分布。

枭眼豆/美丽沙耀花豆

Clianthus formosus

科属：豆科耀花豆属
产地：产于澳洲，我国引种栽培。

跳舞草/钟萼豆、舞草

Codariocalyx motorius

科属：豆科舞草属

产地：产于我国福建、江西、广东、广西、四川、贵州、云南及台湾，东南亚等地也有分布。生于海拔200～1500米的丘陵山坡或山沟灌丛中。

绣球小冠花/小冠花

Coronilla varia

科属：豆科小冠花属

产地：原产于欧洲地中海地区，我国东北、南方均有栽培。

大猪屎豆/大猪屎青

Crotalaria assamica

科属：豆科猪屎豆属

产地：产于我国台湾、广东、海南、广西、贵州、云南，中南半岛、南亚等地区也有分布。生于海拔50～3000米的山坡路边及山谷草丛中。

农吉利/野百合

Crotalaria sessiliflora

科属：豆科猪屎豆属

产地：产于我国大部分地区，中南半岛、南亚、太平洋诸岛及朝鲜、日本等地也有分布。生于海拔70～1500米的荒地路旁及山谷草地。

四棱猪屎豆

Crotalaria tetragona

科属：豆科猪屎豆属

产地：产于我国广东、广西、四川、云南，印度、尼泊尔、不丹、缅甸、越南、印度尼西亚也有分布。生于海拔500～1600米的山坡路旁及疏林中。

球果猪屎豆/钩状猪屎豆

Crotalaria uncinella

科属：豆科猪屎豆属

产地：产于我国广东、海南、广西，非洲、亚洲热带、亚热带地区也有分。生于海拔50～1100米的山地路旁。

光萼猪屎豆/光萼野百合

Crotalaria zanzibarica

科属：豆科猪屎豆属

产地：原产于南美洲，非洲，亚洲，大洋洲，美洲热带、亚热带地区均有分布。生于海拔100～1000米的田园路边及荒山草地。

黄檀/白檀、檀树

Dalbergia hupeana

科属：豆科黄檀属

产地：产于我国山东、江苏、安徽、浙江、江西、福建、湖北、湖南、广东、广西、四川、贵州及云南。生于海拔600～1400米的山地林中或灌丛中。

降香黄檀/降香檀、降香

Dalbergia odorifera

科属：豆科黄檀属

产地：产于我国海南。生于中海拔山坡疏林中、林缘或村旁旷地上。

印度黄檀/印度檀
Dalbergia sissoo

科属：豆科黄檀属

产地：伊朗东部至印度及世界各热带地区均有栽培，我国福建、广东、海南引种栽培。

凤凰木/红花楹
Delonix regia

科属：豆科凤凰木属

产地：原产于马达加斯加，世界热带地区常栽种。

假木豆/野蚂蝗
Dendrolobium triangulare

科属：豆科假木豆属

产地：产于我国广东、海南、广西、贵州、云南及台湾，东南亚等地也有分布。生于海拔100～1400米的沟边荒草地或山坡灌丛中。

鱼藤
Derris trifoliata

科属：豆科鱼藤属

产地：产于我国福建、台湾、广东、广西，印度、马来西亚及澳大利亚也有分布。多生于沿海河岸灌木丛、海边灌木丛或近海岸的红树林中。

假地豆/稗豆
Desmodium heterocarpon

科属：豆科山蚂蟥属

产地：产于我国长江以南各地，西至云南，东至台湾，东南亚、日本、太平洋群岛及大洋洲也有分布。生于海拔350～1800米的山坡草地、水旁、灌丛或林中。

广东金钱草/铜钱沙
Desmodium styracifolium

科属：豆科山蚂蟥属

产地：产于我国广东、海南、广西、云南，印度、斯里兰卡、缅甸、泰国、越南、马来西亚也有分布。生于海拔1000米以下的山坡、草地或灌木丛。

三点金/三点金草、蝇翅草
Desmodium triflorum

科属：豆科山蚂蟥属

产地：产于我国浙江、福建、江西、广东、海南、广西、云南、台湾，印度、东南亚、太平洋群岛、大洋洲和热带美洲也有分布。生于海拔180～570米的旷野草地、路旁或河边沙土上。

南非刺桐
Erythrina caffra

科属：豆科刺桐属

产地：产于南部非洲，我国西南地区有栽培。

龙牙花/珊瑚刺桐
Erythrina corallodendron

科属：豆科刺桐属

产地：原产于南美洲，我国华东、华南及西南等地有栽培。

鸡冠刺桐
Erythrina crista-galli

科属：豆科刺桐属

产地：产于巴西，我国华东南部、华南及西南有栽培。

绿刺桐/草刺桐

Erythrina herbacea

科属：豆科刺桐属
产地：产于美洲。

纳塔尔刺桐

Erythrina humeana

科属：豆科刺桐属
产地：原产于南非。

金脉刺桐

Erythrina variegata 'Aurea Variegata'

科属：豆科刺桐属
产地：园艺变种，我国华南地区有栽培。

劲直刺桐

Erythrina stricta

科属：豆科刺桐属
产地：产于我国广西、云南及西藏，东南亚也有分布。生于海拔1400米的山坡、森林或河边。

刺桐/海桐

Erythrina variegata

科属：豆科刺桐属
产地：原产于印度至大洋洲海岸林中，马来西亚、印度尼西亚、柬埔寨、老挝、越南亦有分布，我国南方引种栽培。

格木/赤叶柴

Erythrophleum fordii

科属：豆科格木属
产地：产于我国广西、广东、福建、台湾、浙江等地，越南也有分布。生于山地密林或疏林中。

大叶千斤拔

Flemingia macrophylla

科属：豆科千斤拔属
产地：产于我国云南、贵州、四川、江西、福建、台湾、广东、海南、广西，东南亚等地也有分布。常生长于海拔200～1500米的旷野草地上或灌丛中。

千斤拔/蔓千斤拔

Flemingia prostrata

科属：豆科千斤拔属

产地：产于我国云南、四川、贵州、湖北、湖南、广西、广东、海南、江西、福建和台湾，菲律宾也有分布。常生于海拔50～300米的平地旷野或山坡路旁草地上。

茎花豆/干花豆

Fordia cauliflora

科属：豆科茎花豆属

产地：产于我国广东、广西。生于山地灌木林中。

小金雀

Genista × spachiana

科属：豆科金雀儿属

产地：园艺杂交种，我国南方有栽培。

绒毛皂荚

Gleditsia japonica var. *velutina*

科属：豆科皂荚属

产地：特产于我国湖南衡山。生于海拔950米的山地、路边疏林中。

皂荚/皂角

Gleditsia sinensis

科属：豆科皂荚属

产地：产于我国大部分地区，生于海拔自平地至2500米的山坡林中或谷地、路旁。

刺果甘草

Glycyrrhiza pallidiflora

科属：豆科甘草属

产地：产于我国东北、华北各地及陕西、山东、江苏，俄罗斯远东地区也有分布。常生于河滩地、岸边、田野、路旁。

甘草/甜草

Glycyrrhiza uralensis

科属：豆科甘草属

产地：产于我国东北、华北、西北各地及山东，蒙古及俄罗斯也有分布。常生于干旱沙地、河岸沙质地、山坡草地及盐渍化土壤中。

花棒/细枝岩黄蓍

Hedysarum scoparium

科属：豆科岩黄蓍属

产地：产于我国新疆、青海、甘肃、内蒙古、宁夏，哈萨克斯坦也有分布。生于半荒漠的沙丘或沙地。

日本拟蚕豆岩黄蓍

Hedysarum vicioides subsp. *japonicum*

科属：豆科岩黄蓍属

产地：产于我国吉林长白山，日本北部的高山及亚高山石砾区也有分布。

多花木蓝

Indigofera amblyantha

科属：豆科木蓝属

产地：产于我国山西、陕西、甘肃、河南、河北、安徽、江苏、浙江、湖南、湖北、贵州、四川。生于海拔600～1600米的山坡草地、沟边、路旁灌丛中及林缘。

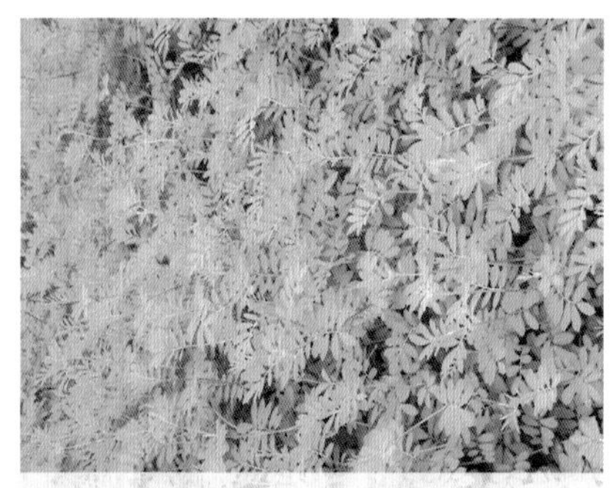

铺地木蓝/穗序木蓝

Indigofera spicata

科属：豆科木蓝属

产地：产于我国台湾、广东、云南，印度、越南、泰国、菲律宾、印度尼西亚也有分布。生于海拔800～1100米的空旷地、竹园、路边潮湿的向阳处。

野青树/假蓝靛

Indigofera suffruticosa

科属：豆科木蓝属

产地：原产于热带美洲，现广布于世界热带地区。

木蓝/蓝靛、靛

Indigofera tinctoria

科属：豆科木蓝属

产地：广泛分布于亚洲、热带非洲，我国引种栽培。

印加豆

Inga edulis

科属：豆科印加豆属

产地：原产于南美洲，我国华南地区有引种。

扁豆/老母猪耳豆

Lablab purpureus

科属：豆科扁豆属

产地：我国各地广泛栽培，可能原产于印度，今世界热带地区均有栽培。

宽叶香豌豆

Lathyrus latifolius

科属：豆科山藜豆属

产地：分布于欧洲，我国中部有引种栽培。

香豌豆/麝香豌豆

Lathyrus odoratus

科属：豆科山藜豆属

产地：原产于意大利，我国各地有栽培。

胡枝子

Lespedeza bicolor

科属：豆科胡枝子属

产地：我国大部分地区有产，朝鲜、日本、俄罗斯也有分布。生于海拔150～1000米的山坡、林缘、路旁、灌丛及杂木林间。

银合欢/白合欢

Leucaena leucocephala

科属：豆科银合欢属

产地：原产于热带美洲，现广布于世界热带地区，我国南部引种栽培。生于低海拔的荒地或疏林中。

百脉根/牛角花、五叶草

Lotus corniculatus

科属：豆科百脉根属

产地：产于我国西北、西南和长江中上游各地，亚洲、欧洲、北美洲和大洋洲均有分布。生于湿润而呈弱碱性的山坡、草地、田野或河滩地。

羽扇豆/鲁冰花

Lupinus micranthus

科属：豆科羽扇豆属

产地：原产于地中海地区。生于沙质土壤。

多叶羽扇豆

Lupinus polyphyllus

科属：豆科羽扇豆属

产地：原产于美国西部。生于河岸、草地和潮湿林地。

仪花/单刀根

Lysidice rhodostegia

科属：豆科仪花属

产地：产于我国广东、广西、云南。生于海拔500米以下的山地丛林中，常见于灌丛、路旁与山谷溪边。

紫花大翼豆

Macroptilium atropurpureum

科属：豆科大翼豆属

产地：原产于热带美洲，现世界上热带、亚热带许多地区均有栽培或已在当地归化。

天蓝苜蓿/天蓝

Medicago lupulina

科属：豆科苜蓿属

产地：产于我国南北各地以及青藏高原，常见于河岸、路边、田野及林缘，欧亚大陆广布。

白花草木樨

Melilotus alba

科属：豆科草木犀属

产地：产于我国东北、华北、西北及西南各地，欧洲地中海沿岸、中东、西南亚、中亚及西伯利亚均有分布。生于田边、路旁荒地及湿润的沙地。

草木犀/黄香草木犀

Melilotus officinalis

科属：豆科草木犀属

产地：产于我国东北、华南、西南各地，其余各省常见栽培。欧洲地中海东岸、中东、中亚、东亚均有分布。生于山坡、河岸、路旁、沙质草地及林缘。

香花崖豆藤

/昆明鸡血藤、山鸡血藤

Millettia dielsiana

科属：豆科崖豆藤属

产地：产于我国陕西、甘肃、安徽、浙江、江西、福建、湖北、湖南、广东、海南、广西、四川、贵州、云南，越南、老挝也有分布。生于海拔2500米的山坡杂木林与灌丛中。

榼藤子崖豆藤

/榼藤子鸡血藤

Millettia entadoides

科属：豆科崖豆藤属

产地：产于我国云南。生于海拔1500~2600米的山坡灌木林中。

海南崖豆藤/毛瓣鸡血藤
Callerya pachyloba

科属：豆科崖豆藤属

产地：产于我国广东、海南、广西、贵州及云南，越南北部也有分布。生于海拔1500米以下的沟谷常绿阔叶林中。

印度鸡血藤 /印度崖豆、美花崖豆藤
Millettia pulchra

科属：豆科崖豆藤属

产地：产于我国海南、广西、贵州、云南，印度、缅甸、老挝也有分布。生于海拔1400米的山地、旷野或杂木林缘。

牛大力/牛大力藤
Millettia speciosa

科属：豆科崖豆藤属

产地：产于我国福建、湖南、广东、海南、广西、贵州、云南，越南也有分布。生于海拔1500米以下的灌丛、疏林和旷野。

巴西含羞草
Mimosa invisa

科属：豆科含羞草属

产地：原产于巴西，现我国南方部分地区逸生于旷野、荒地。

美丽鸡血藤/牛大力藤
Millettia speciosa

科属：豆科崖豆藤属

产地：产于我国福建、湖南、广东、海南、广西、贵州、云南，越南也有分布。生于海拔1500米以下的灌丛、疏林和旷野。

含羞草/知羞草
Mimosa pudica

科属：豆科含羞草属

产地：原产于热带美洲，我国产于台湾、福建、广东、广西、云南等地，现广布于世界热带地区。生于旷野荒地、灌木丛中。

光荚含羞草/勒仔树
Mimosa sepiaria

科属：豆科含羞草属

产地：原产于热带美洲，我国产于广东南部沿海地区。逸生于疏林下。

禾雀花/白花油麻藤
Mucuna birdwoodiana

科属：豆科黧豆属

产地：产于我国江西、福建、广东、广西、贵州、四川等地。生于海拔800～2500米的山地阳处、路旁、溪边，常攀援在乔木、灌木上。

常春油麻藤/绵麻藤

Mucuna sempervirens

科属：豆科黧豆属

产地：产于我国四川、贵州、云南、陕西、湖北、浙江、江西、湖南、福建、广东、广西，日本也有分布。生于海拔300～3000米的亚热带森林、灌木丛、溪谷、河边。

花榈木/花梨木、红豆树

Ormosia henryi

科属：豆科红豆属

产地：产于我国安徽、浙江、江西、湖南、湖北、广东、四川、贵州、云南，越南、泰国也有分布。生于海拔100～1300米的山坡、溪谷两旁杂木林内。

海南红豆/大萼红豆、羽叶红豆

Ormosia pinnata

科属：豆科红豆属

产地：产于我国广东、海南、广西，越南、泰国也有分布。生于中海拔及低海拔的山谷、山坡、路旁森林中。

黑萼棘豆

Oxytropis melanocalyx

科属：豆科棘豆属

产地：产于我国陕西、甘肃、青海、四川、云南、西藏等地。生于海拔3100～4100米的山坡草地或灌丛下。

长白棘豆/毛棘豆

Oxytropis anertii

科属：豆科棘豆属

产地：产于我国吉林省长白山，朝鲜也有分布。生于海拔2000～2660米的高山冻原、高山草甸、高山草原、高山石缝、林缘和阳山坡。

豆薯/沙葛

Pachyrhizus erosus

科属：豆科豆薯属

产地：原产于热带美洲，现许多热带地区均有种植，我国南北方均有栽培。

扁轴木/巴金生豆

Parkinsonia aculeata

科属：豆科扁轴木属

产地：原产于热带美洲、亚热带地区，全世界热带地区广为栽培。

牛蹄豆/洋酸角

Pithecellobium dulce

科属：豆科猴耳环属

产地：原产于中美洲，现广布于热带干旱地区。我国华东南部、华南南部及西南地区有栽培。

盾柱木/双翼豆

Peltophorum pterocarpum

科属：豆科盾柱木属

产地：分布于越南、斯里兰卡、马来半岛、印度尼西亚和大洋洲北部。

排钱草/排钱树

Phyllodium pulchellum

科属：豆科排钱树属

产地：产于我国福建、江西南部、广东、海南、广西、云南南部及台湾，东南亚至澳大利亚也有分布。生于海拔160～2000米的丘陵荒地、路旁或山坡疏林中。

水黄皮/水流豆、野豆

Pongamia pinnata

科属：豆科水黄皮属

产地：产于我国福建、广东、海南，印度、斯里兰卡、马来西亚、澳大利亚、波利尼西亚也有分布。生于溪边、塘边及海边潮汐能到达的地方。

四棱豆/豆科四棱豆属

Psophocarpus tetragonolobus

科属：豆科排钱树属

产地：原产地可能是亚洲热带地区，现亚洲南部、大洋洲、非洲等地均有栽培。

紫檀/印度紫檀

Pterocarpus indicus

科属：豆科紫檀属

产地：产于我国台湾、广东和云南，印度、菲律宾、印度尼西亚和缅甸也有分布。生于坡地疏林中或栽培于庭院。

葛/野葛

Pueraria lobata

科属：豆科葛属

产地：我国除新疆、青海及西藏外，分布几遍全国，东南亚至澳大利亚亦有分布。生于山地疏或密林中。

葛麻姆

Pueraria lobata var. *montana*

科属：豆科葛属

产地：产于我国云南、四川、贵州、湖北、浙江、江西、湖南、福建、广西、广东、海南和台湾，日本、越南、老挝、泰国和菲律宾有分布。生于旷野灌丛中或山地疏林下。

爪哇葛藤/三裂叶葛藤

Pueraria phaseoloides

科属：豆科葛属

产地：产于我国云南、广东、海南、广西和浙江，印度、中南半岛及马来半岛亦有分布。生于山地、丘陵的灌丛中。

毛刺槐/毛洋槐

Robinia hispida

科属：豆科刺槐属

产地：原产于北美，我国南北方均有引种栽培。

刺槐/洋槐

Robinia pseudoacacia

科属：豆科刺槐属

产地：原产于美国东部，现全国各地广泛栽植。

金叶刺槐/金叶洋槐

Robinia pseudoacacia 'Frisia'

科属：豆科刺槐属

产地：园艺种，我国引种栽培。

紫花刺槐/紫花洋槐

Robinia pseudoacacia var. *decaisneana*

科属：豆科刺槐属

产地：园艺变种，我国南北方地区均有栽培。

雨树

Samanea saman

科属：豆科雨树属

产地：原产于热带美洲，现广植于全世界热带地区，我国台湾、海南和云南有引种。

印度无忧花

Saraca indica

科属：豆科无忧花属

产地：产于印度及马来西亚。

无忧花/垂枝无扰树

Saraca declinata

科属：豆科无忧花属

产地：原产于印度尼西亚，我国引种栽培。

中国无忧花/火焰花

Saraca dives

科属：豆科无忧花属

产地：产于我国云南、广西，越南、老挝也有分布。生于海拔200～1000米的密林或疏林中，常见于河流或溪谷两旁。

翅荚决明/翅荚槐

Senna alata

科属：豆科山扁豆属

产地：原产于热带美洲，分布于我国广东和云南南部地区，现广布于全世界热带地区。生于疏林或较干旱的山坡上。

黄槐/黄槐决明

Senna surattensis

科属：豆科山扁豆属

产地：原产于印度、斯里兰卡、印度尼西亚、菲律宾、澳大利亚、波利尼西亚地，目前世界各地均有栽培。

决明/草决明

Senna tora

科属：豆科山扁豆属

产地：原产于热带美洲，我国长江以南各地普遍分布，现全世界热带、亚热带地区广泛分布。生于山坡、旷野及河滩沙地上。

田菁
Sesbania cannabina

科属：豆科田菁属
产地：产于我国海南、江苏、浙江、江西、福建、广西、云南，印度、中南半岛、马来西亚至澳大利亚等地也有分布。通常生于水田、水沟等潮湿低地。

大花田菁/木田菁
Sesbania grandiflora

科属：豆科田菁属
产地：分布于巴基斯坦、印度、孟加拉国、中南半岛、菲律宾、毛里求斯，我国台湾、广东、广西、云南有栽培。

坡油甘/施氏豆
Smithia sensitiva

科属：豆科坡油甘属
产地：产于我国福建、台湾、广东、海南、广西、云南、贵州和四川，广布于热带亚洲。常生于海拔50～1000米的田边或低湿处。

东京油楠
Sindora tonkinensis

科属：豆科油楠属
产地：分布于中南半岛，我国广州有栽培。

白刺花/狼牙刺
Sophora davidii

科属：豆科槐属
产地：产于我国华北、陕西、甘肃、河南、江苏、浙江、湖北、湖南、广西、四川、贵州、云南、西藏。生于海拔2500米以下河谷沙丘和山坡路边的灌木丛中。

苦参/野槐
Sophora flavescens

科属：豆科槐属
产地：产于我国南北各地，印度、日本、朝鲜、俄罗斯也有分布。生于海拔1500米以下的山坡、沙地草坡灌木林中或田野附近。

毛苦参/豆科槐属
Sophora flavescens var. *kronei*

科属：豆科槐属
产地：产于我国河北、山西、陕西、甘肃、河南、湖北、山东、江苏。生于海拔1000米以下的山坡、沙地草坡灌木林中或田野附近。

槐/槐花树、豆槐
Sophora japonica

科属：豆科槐属
产地：原产于我国，现南北各地广泛栽培，日本、越南、朝鲜有野生，欧洲、美洲各国均有引种栽培。

龙爪槐/蟠槐、倒栽槐
Sophora japonica f. *pendula*

科属：豆科槐属
产地：栽培变型，我国中北部栽培较多。

金枝槐

Sophora japonica 'Golden Stem'

科属：豆科槐属

产地：园艺种，我国引种栽培。

绿玉藤/圆萼藤

Strongylodon macrobotrys

科属：豆科绿玉藤属

产地：产于菲律宾，我国华南及西南地区引种栽培。

葫芦茶/牛虫草

Tadehagi triquetrum

科属：豆科葫芦茶属

产地：产于我国福建、江西、广东、海南、广西、贵州及云南，东南亚、太平洋群岛、新喀里多尼亚和澳大利亚北部也有分布。生于海拔1400米以下的荒地、山地林缘、路旁。

酸豆/酸荚、酸角

Tamarindus indica

科属：豆科酸豆属

产地：原产于非洲，现各热带地区均有栽培，我国南部引种栽培，在部分地区逸为野生。

白灰毛豆/短萼灰叶

Tephrosia candida

科属：豆科灰毛豆属

产地：原产于印度东部和马来半岛。我国福建、广东、广西、云南有种植，并逸生于草地、旷野、山坡。

高山黄华/高山野决明

Thermopsis alpina

科属：豆科野决明属

产地：产于我国东北、内蒙古、河北、山西、陕西、甘肃、青海、新疆、四川、云南、西藏，蒙古、吉尔吉斯斯坦、俄罗斯也有分布。生于海拔2400～4800米的高山苔原、砾质荒漠、草原和河滩沙地。

矮生野决明

Thermopsis smithiana

科属：豆科野决明属

产地：产于我国四川西部、云南西北部及西藏。生于海拔3500～4500米的山坡。

黄花高山豆/黄花米口袋

Tibetia tongolensis

科属：豆科高山豆属

产地：产于我国四川、云南。生于海拔3000米以上的山区。

云南高山豆/云南米口袋

Tibetia yunnanensis

科属：豆科高山豆属

产地：产于我国云南及四川西部。生于海拔2500米以上山区。

野火球/红五叶

Trifolium lupinaster

科属：豆科车轴草属

产地：产于我国东北、内蒙古、河北、山西、新疆，朝鲜、日本、蒙古和俄罗斯均有分布。生于低湿草地、林缘和山坡。

红花三叶草/红车轴草

Trifolium pratense

科属：豆科车轴草属

产地：原产于欧洲中部，引种到世界各国。我国南北各地均有种植，并见逸生于林缘、路边、草地等湿润处。

白三叶草/白车轴草

Trifolium repens

科属：豆科车轴草属

产地：原产于欧洲和北非，世界各地均有栽培，我国常见于种植，并在湿润草地、河岸、路边呈半自生状态。

紫三叶草

Trifolium repens 'Purpurascens'

科属：豆科车轴草属

产地：园艺种，我国华东地区引种栽培。

胡卢巴/香草、香豆

Trigonella foenum-graecum

科属：豆科胡卢巴属

产地：我国南北各地均有栽培，在西南、西北各地呈半野生状态，地中海东岸、中东、伊朗高原以至喜马拉雅地区也有分布。生于田间、路旁。

长穗猫尾草

Uraria crinita var. *macrostachya*

科属：豆科狸尾豆属

产地：产于我国福建、江西、广东、海南、广西、云南及台湾等地，印度、中南半岛至澳大利亚也有分布。多生于海拔850米以下的干燥旷野坡地、路旁或灌丛中。

狸尾豆/狸尾草

Uraria lagopodioides

科属：豆科狸尾豆属

产地：产于我国福建、江西、湖南、广东、海南、广西、贵州、云南及台湾，印度、缅甸、越南、马来西亚、菲律宾、澳大利亚也有分布。多生于海拔1000米以下的旷野坡地灌丛中。

大花野豌豆/山黧豆

Vicia bungei

科属：豆科野豌豆属

产地：产于我国东北、华北、西北、西南、山东、江苏、安徽等地。生于海拔280～3800米的山坡、谷地、草丛、田边及路旁。

蚕豆/南豆、胡豆

Vicia faba

科属：豆科野豌豆属

产地：原产于欧洲地中海沿岸，亚洲西南部至北非有分布，我国全国各地均有栽培。

山野豌豆

Vicia amoena

科属：豆科野豌豆属

产地：产于我国东北、华北、陕西、甘肃、宁夏、河南、湖北、山东、江苏、安徽等地，俄罗斯、朝鲜、日本、蒙古亦有分布。生于海拔80～7500米的草甸、山坡、灌丛或杂木林中。

广布野豌豆/草藤、落豆秧

Vicia cracca

科属：豆科野豌豆属

产地：广布于我国各地的草甸、林缘、山坡、河滩草地及灌丛，亚欧大陆、北美大陆也有分布。

小巢菜/硬毛果野豌豆

Vicia hirsuta

科属：豆科野豌豆属

产地：产于我国陕西、甘肃、青海、广东、广西、华东、华中及西南等地，北美、北欧、俄罗斯、日本、朝鲜亦有分布。生于海拔200～1900米的山沟、河滩、田边或路旁草丛。

大巢菜/救荒野豌豆

Vicia sativa

科属：豆科野豌豆属

产地：原产于欧洲南部、亚洲西部，我国全国各地均产，现已广为栽培。生于海拔50～3000米的荒山、田边草丛及林中。

歪头菜/山豌豆、两叶豆苗

Vicia unijuga

科属：豆科野豌豆属

产地：产于我国东北、华北、华东、西南，朝鲜、日本、蒙古、俄罗斯均有分布。生于低海拔至4000米的山地、林缘、草地、沟边及灌丛。

多花紫藤

Wisteria floribunda

科属：豆科紫藤属

产地：原产于日本，我国各地有栽培。

紫藤

Wisteria sinensis

科属：豆科紫藤属

产地：产于我国河北以南黄河长江流域及陕西、河南、广西、贵州、云南，现全国各地有栽培。

白花紫藤

Wisteria sinensis f. *alba*

科属：豆科紫藤属

产地：产于我国湖北，现我国南北各地常见栽培。

丁癸草/二叶丁癸草

Zornia gibbosa

科属：豆科丁癸草属

产地：产于我国江南各省，日本、缅甸、尼泊尔、印度至斯里兰卡亦有分布。生于田边、村边稍干旱的旷野草地上。

大血藤/过江龙

Sargentodoxa cuneata

科属：豆科大血藤属

产地：产于我国陕西、四川、贵州、湖北、湖南、云南、广西、广东、海南、江西、浙江、安徽，中南半岛北部也有分布。常见于山坡灌丛、疏林和林缘等，海拔常为数百米。

挖耳草/金耳挖

Utricularia bifida

科属：狸藻科狸藻属

产地：产于我国、日本、东南亚等地，生于海拔40～1350米的沼泽地、稻田或沟边湿地。

樱叶捕虫堇

Pinguicula primuliflora

科属：狸藻科捕虫堇属

产地：产于美国东南部。

高山捕虫堇/捕虫堇

Pinguicula alpina

科属：狸藻科捕虫堇属

产地：产于我国陕西、四川、贵州、云南和西藏，分布于欧洲和亚洲的温带高山地区。生海拔2300～4500米的阴湿岩壁间或高山杜鹃灌丛下。

苹果捕虫堇

Pinguicula agnata × potosiensis

科属：狸藻科捕虫堇属

产地：杂交种，我国华南等地引种栽培。

黄花狸藻

/黄花挖耳草、水上一枝黄花

Utricularia aurea

科属：狸藻科狸藻属

产地：产于我国江苏、安徽、浙江、江西、福建、台湾、湖北、湖南、广东、广西和云南，日本、东南亚至澳大利亚也有分布。生于海拔50～2680米的湖泊、池塘和稻田中。

御所锦/斑叶天章
Adromischus maculatus

科属：百合科天章属
产地：产于南非。

神想曲
Adromischus cristatus var. *clavifolius*

科属：百合科天章属
产地：产于南非。

弹簧草/哨兵花
Albuca namaquensis

科属：百合科弹簧草属
产地：原产于南非，我国华东、华南、西南等地引种栽培。

大花葱/硕葱、高葱
Allium giganteum

科属：百合科葱属
产地：产于亚洲中部，我国中部及北方地区引种栽培。

大叶韭/宽叶韭
Allium hookeri

科属：百合科葱属
产地：产于我国四川、云南和西藏，斯里兰卡、不丹和印度的北部也有分布。生于海拔1500～4000米的湿润山坡或林下。

三柱韭
Allium humile var. *trifurcatum*

科属：百合科葱属
产地：产于我国云南和四川。生于海拔3000～4000米的阴湿山坡、溪边或树丛下。

卵叶韭/卵叶山葱
Allium ovalifolium

科属：百合科葱属
产地：产于我国甘肃、贵州、湖北、青海、陕西、四川及云南。生于海拔1500～4000米的潮湿的林缘、灌丛中。

太白韭/太白山葱
Allium prattii

科属：百合科葱属
产地：产于我国河南、安徽、甘肃、青海、陕西、四川、西藏及云南，印度、不丹、尼泊尔也有分布。生于海拔2000～4900米阴凉、潮湿的灌丛、林下、溪边或坡地中。

非洲芦荟
Aloe africana

科属：百合科芦荟属
产地：产于南非开普省。主要生于丘陵的林下。

木立芦荟
Aloe arborescens

科属：百合科芦荟属
产地：产于非洲大陆的东南部海岸。

芭芭拉芦荟

Aloe barberae

科属：百合科芦荟属

产地：产于非洲，为株形最大的芦荟之一。

两歧芦荟

Aloe dichotoma

科属：百合科芦荟属

产地：产于南非的开普省及纳米比亚。

高芦荟

Aloe excelsa

科属：百合科芦荟属

产地：产于南部非洲。生于海拔800~1600米的山坡有石砾地带。

多刺芦荟/好望角芦荟

Aloe ferox

科属：百合科芦荟属

产地：产于南部非洲。生于有岩石的山丘。

琉璃姬雀

Aloe haworthioides

科属：百合科芦荟属

产地：产于马达加斯加中部，我国引种栽培。

鬼切芦荟/马氏芦荟

Aloe marlothii

科属：百合科芦荟属

产地：产于南非。生于有岩石的山地或平坦的地方。

杰克逊芦荟

Aloe jacksonii

科属：百合科芦荟属

产地：产于非洲埃塞俄比亚等地。

不夜城芦荟/高尚芦荟

Aloe perfoliata

科属：百合科芦荟属

产地：产于南非的卡卢高原。

草地芦荟/雪娘

Aloe pratensis

科属：百合科芦荟属

产地：产于南部非洲。

银芳锦芦荟

Aloe striata

科属：百合科芦荟属

产地：分布于东欧及南非开普省的干旱地区。

卡拉芦荟

Aloe striata subsp. *karasbergensis*

科属：百合科芦荟属

产地：产于南非开普省。生于有岩石的山坡上。

翠花掌/千代田锦

Aloe variegata

科属：百合科芦荟属

产地：产于非洲南部，我国南北方均有栽培。

库拉索芦荟/油葱

Aloe vera

科属：百合科芦荟属

产地：可能起源于苏丹，现广泛分布于非洲、印度、尼泊尔及其他干旱地区。

芦荟/斑纹芦荟

Aloe vera var. *chinensis*

科属：百合科芦荟属

产地：我国南方各地常见栽培。

异色芦荟

Aloe versicolor

科属：百合科芦荟属

产地：产于南部非洲。

斑马芦荟

Aloe zebrina

科属：百合科芦荟属

产地：产于南部非洲。

翠绿芦荟

Aloe × *delaetii*

科属：百合科芦荟属

产地：园艺杂交种，我国华南地区引种栽培。

新西兰岩百合

Arthropodium cirrhatum

科属：百合科龙舌百合属

产地：产于澳大利亚及新西兰等国，我国华南、西南引种栽培。

天门冬/丝冬
Asparagus cochinchinensis

科属：百合科天门冬属

产地：我国从河北、山西、陕西、甘肃等省的南部至华东、中南、西南各地都有分布，朝鲜、日本、老挝和越南也有分布。生于海拔1750米以下的山坡、路旁、疏林下、山谷或荒地上。

非洲天门冬/万年青
Asparagus densiflorus

科属：百合科天门冬属

产地：原产于非洲南部，现已被广泛栽培。

狐尾天冬/狐尾天门冬
Asparagus densiflorus 'Meyeri'

科属：百合科天门冬属

产地：园艺种，我国华南、西南等地有栽培。

羊齿天门冬/千锤打
Asparagus filicinus

科属：百合科天门冬属

产地：产于我国山西、河南、陕西、甘肃、湖北、湖南、浙江、四川、贵州和云南，也分布于缅甸、不丹和印度。生于海拔1200～3000米的丛林下或山谷阴湿处。

文竹/云片竹
Asparagus setaceus

科属：百合科天门冬属

产地：原产于非洲南部，我国各地常见栽培。

松叶武竹/蓬莱松
Asparagus myriocladus

科属：百合科天门冬属

产地：产于非洲南部，我国华南、西南栽培较多。

蜘蛛抱蛋 /一叶兰
Aspidistra elatior

科属：百合科蜘蛛抱蛋属

产地：我国各地公园多有栽培，原产地不详。

鳞芹 /南非芦荟
Bulbine frutescens

科属：百合科鳞芹属

产地：产于南非，我国华东及华南地区引种栽培。

胡克酒瓶 /胡氏酒瓶
Calibanus hookeri

科属：百合科胡克酒瓶属

产地：产于墨西哥。

蝴蝶百合
Calochortus 'Cupido'

科属：百合科仙灯属
产地： 园艺种，我国引种栽培。

猫耳百合
Calochortus 'Symphony'

科属：百合科仙灯属
产地：园艺种，我国引种栽培。

大百合
Cardiocrinum giganteum

科属：百合科大百合属
产地：产于我国西藏、四川、陕西、湖南和广西，印度、尼泊尔、不丹等地也有分布。生于海拔1450～2300米的林下草丛中。

银心吊兰/中斑吊兰
Chlorophytum comosum 'Vittatum'

科属：百合科吊兰属
产地：园艺种，我国各地均有栽培。

吊兰/挂兰
Chlorophytum comosum

科属：百合科吊兰属
产地：原产于非洲南部，各地广泛栽培，供观赏。

马达加斯加吊兰/橙柄草
Chlorophytum madagascariense

科属：百合科吊兰属
产地：产于东非，我国各地有栽培。

七筋姑
Clintonia udensis

科属：百合科七筋姑属
产地：产于我国东北、河北、山西、河南、湖北、陕西、甘肃、西南等地，俄罗斯、日本、朝鲜、不丹和印度也有分布。生于海拔1600～4000米的高山疏林下或阴坡疏林下。

秋水仙
Colchicum autumnale

科属：百合科秋水仙属
产地：产于欧洲及地中海沿岸，我国中北方地区引种栽培。

铃兰/君影草
Convallaria majalis

科属：百合科铃兰属
产地：产于我国东北、华北、河南、陕西、甘肃、宁夏、浙江和湖南，朝鲜、日本至欧洲、北美洲也常见。生于海拔850～2500米的阴坡林下潮湿处或沟边。

山菅兰/山菅、山交剪
Dianella ensifolia

科属：百合科山菅属
产地：产于我国云南、四川、贵州、广西、广东、江西、浙江、福建和台湾，亚洲热带地区至非洲的马达加斯加岛也有分布。生于海拔1700米以下的林下、山坡或草丛中。

花叶山菅兰/花叶山菅

Dianella ensifolia 'Marginata'

科属：百合科山菅属

产地：园艺种，我国华南地区引种栽培。

银边山菅兰/银边山菅

Dianella ensifolia 'White Variegated'

科属：百合科山菅属

产地：园艺种，我国华南地区引种栽培。

竹根七

Disporopsis fuscopicta

科属：百合科竹根七属

产地：产于我国广东、广西、福建、江西、湖南、四川、贵州和云南。生于海拔500～2400米的林下或山谷中。

深裂竹根七/竹根假万寿竹

Disporopsis pernyi

科属：百合科竹根七属

产地：产于我国四川、贵州、湖南、广西、云南、广东、江西、浙江和台湾。生于海拔500～2500米的林下石山或荫蔽山谷水旁。

万寿竹/白龙须

Disporum cantoniense

科属：百合科万寿竹属

产地：产于我国台湾、福建、安徽、湖北、湖南、广东、广西、贵州、云南、陕西和西藏，不丹、尼泊尔、印度和泰国也有分布。生于海拔700～3000米的灌丛中或林下。

少花万寿竹

Disporum uniflorum

科属：百合科万寿竹属

产地：产于我国浙江、江苏、安徽、江西、湖南、山东、河南、河北、陕西、四川、贵州、云南、广西、广东、福建和台湾，朝鲜和日本也有分布。生于海拔600～2500米的林下或灌木丛中。

油点百合

Drimiopsis botryoides subsp. *botryoides*

科属：百合科油点百合属

产地：产于热带非洲，我国南北方均有栽培。

川贝母

Fritillaria cirrhosa

科属：百合科贝母属

产地：主要产于我国西藏、甘肃、青海、宁夏、陕西、云南、山西和四川，尼泊尔也有分布。生于海拔1800～4200米的林中、灌丛下、草地或河滩、山谷等湿地或岩缝中。

天目贝母

Fritillaria monantha

科属：百合科贝母属

产地：产于我国浙江北部和河南。生于海拔700～1200米的林下、水边或潮湿地上。

太白贝母

Fritillaria taipaiensis

科属：百合科贝母属

产地：产于我国陕西、甘肃、四川和湖北。生于海拔2400～3150米的山坡草丛中或水边。

平母类

Fritillaria ussuriensis

科属：百合科贝母属

产地：产于我国辽宁、吉林、黑龙江，俄罗斯也有分布。生于低海拔地区的林下、草甸或河谷。

露蒂贝母

Fritillaria 'Lutea'

科属：百合科贝母属

产地：园艺种，我国中北部引种栽培。

大牛舌

Gasteria carinata

科属：百合科砂鱼掌属

产地：产于南非沿海地区。

墨鉾/孖宝

Gasteria obliqua

科属：百合科鲨鱼掌属

产地：原产于南非南部，我国南北方均有栽培。

卧牛锦

Gasteria armstrongii f. *variegata*

科属：百合科沙鱼掌属

产地：栽培变型，我国华东地区有栽培。

嘉兰

Gloriosa superba

科属：百合科嘉兰属

产地：产于我国云南南部，也分布于亚洲热带地区和非洲。生于海拔950～1250米的林下或灌丛中。

水晶掌/玉露

Haworthia cooperi var. *leightonii*

科属：百合科十二卷属

产地：产于南非，我国南北方均有栽培。

条纹十二卷/蛇尾兰

Haworthia fasciata

科属：百合科十二卷属

产地：产于南非亚热带地区，我国引种栽培。

条纹十二卷锦
/条纹十二卷缟

Haworthia fasciata 'Elegans'

科属：百合科十二卷属

产地：园艺种。

玉扇/截形十二卷
Haworthia truncata

科属：百合科十二卷属

产地：产于南非，我国南方引种栽培。

黄花菜/金针菜、柠檬萱草
Hemerocallis citrina

科属：百合科萱草属

产地：产于我国秦岭以南各地以及河北、山西和山东。生于海拔2000米以下的山坡、山谷、荒地或林缘。

萱草/忘萱草
Hemerocallis fulva

科属：百合科萱草属

产地：全国各地常见栽培，秦岭以南地区有野生。

大花萱草
Hemerocallis hybrida

科属：百合科萱草属

产地：园艺杂交种，品种极多，世界各地广泛栽培。

大苞萱草/大花萱草
Hemerocallis middendorfii

科属：百合科萱草属

产地：产于我国黑龙江、吉林和辽宁，朝鲜、日本和俄罗斯也有分布。生于海拔较低的林下、湿地、草甸或草地上。

小黄花菜
Hemerocallis minor

科属：百合科萱草属

产地：产于我国黑龙江、吉林、辽宁、内蒙古、河北、山西、山东、陕西和甘肃，朝鲜与俄罗斯也有分布。生于海拔2300米以下的草地、山坡或林下。

东北玉簪
Hosta ensata

科属：百合科玉簪属

产地：产于我国吉林和辽宁，朝鲜和俄罗斯也有分布。生于海拔420米的林边或湿地上。

玉簪/棒玉簪、白鹤草
Hosta plantaginea

科属：百合科玉簪属

产地：产于我国四川、湖北、湖南、江苏、安徽、浙江、福建和广东。生于海拔2200米以下的林下、草坡或岩石边。

紫萼/紫萼玉簪

Hosta ventricosa

科属：百合科玉簪属

产地：产于我国江苏、安徽、浙江、福建、江西、广东、广西、贵州、云南、四川、湖北、湖南和陕西。生于海拔500~2400米的林下、草坡或路旁。

风信子/五彩水仙

Hyacinthus orientalis

科属：百合科风信子属

产地：原产于欧洲南部，我国南北方均有栽培。

火把莲/红火棒

Kniphofia caulescens

科属：百合科火炬花属

产地：产于非洲南部地区。

兰州百合

Lilium davidii var. *unicolor*

科属：百合科百合属

产地：产于我国甘肃，多为栽培。

松叶百合/垂花百合

Lilium cernuum

科属：百合科百合属

产地：产于我国吉林，朝鲜和俄罗斯也有分布。生于草丛或灌木林中。

阳光百合

Leucocoryne vittata

科属：百合科白棒莲属

产地：产于安第斯山脉，我国引种栽培。

东北百合

Lilium distichum

科属：百合科百合属

产地：产于我国吉林和辽宁。生于海拔200~1800米的山坡林下、林缘、路边或溪旁。

野百合
Lilium brownii

科属：百合科百合属
产地：产于我国广东、广西、湖南、湖北、江西、安徽、福建、浙江、四川、云南、贵州、陕西、甘肃和河南。生于海拔100～2150米的山坡、灌木林下、路边、溪旁或石缝中。

毛百合
Lilium dauricum

科属：百合科百合属
产地：产于我国黑龙江、吉林、辽宁、内蒙古和河北，朝鲜、日本、蒙古和俄罗斯也有分布。生于海拔450～1500米的山坡灌丛间、疏林下、路边及湿润的草甸。

杂交百合/百合花
Lilium hybrida

科属：百合科百合属
产地：园艺杂交种，我国南北方均有栽培。

铁炮百合/麝香百合
Lilium longiflorum

科属：百合科百合属
产地：产于我国台湾，琉球群岛也有分布，现我国南北方均有种植。

卷丹百合/珠芽百合
Lilium lancifolium

科属：百合科百合属
产地：产于我国大部分地区，日本、朝鲜也有分布。生于海拔400～2500米的灌木林下、草地、路边或水旁。

山丹/细叶百合
Lilium pumilum

科属：百合科百合属
产地：产于我国河北、河南、山西、陕西、宁夏、山东、青海、甘肃、内蒙古、黑龙江、辽宁和吉林，俄罗斯、朝鲜、蒙古也有分布。生于海拔400～2600米的山坡草地或林缘。

南川百合
Lilium rosthornii

科属：百合科百合属
产地：产于我国四川、湖北和贵州。生于海拔350～900米的山沟、溪边或林下。

山麦冬/土麦冬
Liriope spicata

科属：百合科山麦冬属
产地：我国除东北、内蒙古、青海、新疆、西藏外，其他地区广泛分布和栽培，也分布于日本、越南。生于海拔50～1400米的山坡、山谷林下、路旁或湿地，为常见栽培的观赏植物。

西藏洼瓣花
/狗牙贝、高山罗蒂
Lloydia tibetica

科属：百合科洼瓣花属
产地：产于我国西藏、四川、湖北、陕西、甘肃和山西，尼泊尔也有分布。生于海拔2300～4100米的山坡或草地上。

尖果洼瓣花

Lloydia oxycarpa

科属：百合科洼瓣花属
产地：产于我国云南、西藏、四川和甘肃南部。生于海拔3400～4800米的山坡、草地或疏林下。

舞鹤草/二叶舞鹤草

Maianthemum bifolium

科属：百合科舞鹤草属
产地：产于我国东北、内蒙古、河北、山西、青海、甘肃、陕西和四川，朝鲜、日本、俄罗斯和北美也有分布。生于高山阴坡林下。

葡萄风信子/串铃花

Muscari botryoides

科属：百合科蓝壶花属
产地：原产于地中海沿岸地区，我国南北方均有栽培。

沿阶草/白花麦冬

Ophiopogon bodinieri

科属：百合科沿阶草属
产地：产于我国云南、贵州、四川、湖北、河南、陕西、甘肃、西藏和台湾。生于海拔600～3400米的山坡、山谷潮湿处、沟边、灌木丛下或林下。

麦冬/麦门冬

Ophiopogon japonicus

科属：百合科沿阶草属
产地：产于我国华南、华东、西南、河南、陕西和河北，日本、越南、印度也有分布。生于海拔2000米以下的山坡阴湿处、林下或溪旁。

阿拉伯虎眼万年青/白花虎眼万年青

Ornithogalum arabicum

科属：百合科虎眼万年青属
产地：产于地中海地区。

虎眼万年青/海葱

Ornithogalum caudatum

科属：百合科虎眼万年青属
产地：原产于非洲南部，我国南北方均有栽培。

橙花虎眼万年青

Ornithogalum dubium

科属：百合科虎眼万年青属
产地：产于南非开普省。

白云花

Ornithogalum thyrsoides

科属：百合科虎眼万年青属
产地：产于南非开普省。

七叶一枝花/蚤休

Paris polyphylla

科属：百合科重楼属

产地：产于我国西藏、云南、四川和贵州，不丹、印度、尼泊尔和越南也有分布。生于海拔1800～3200米的林下。

狭叶重楼

Paris polyphylla var. *stenophylla*

科属：百合科重楼属

产地：产于我国西南、华东、广西、湖北、湖南、山西、陕西和甘肃，印度和不丹也有分布。生于海拔1000～2700米林下或草丛阴湿处。

北重楼

Paris verticillata

科属：百合科重楼属

产地：产于我国东北、内蒙古、河北、山西、陕西、甘肃、四川、安徽、浙江，朝鲜、日本和俄罗斯也有分布。生于海拔1100～2300米的山坡林下、草丛、阴湿地或沟边。

卷叶黄精/滇钩吻

Polygonatum cirrhifolium

科属：百合科黄精属

产地：产于我国西藏、云南、四川、甘肃、青海、宁夏、陕西，尼泊尔和印度也有分布。生于海拔2000～4000米的林下、山坡或草地。

垂叶黄精

Polygonatum curvistylum

科属：百合科黄精属

产地：产于我国四川、云南。生于海拔2700～3900米的林下或草地。

多花黄精/长叶黄精、山姜

Polygonatum cyrtonema

科属：百合科黄精属

产地：产于我国四川、贵州、湖南、湖北、河南、江西、安徽、江苏、浙江、福建、广东、广西。生于海拔500～2100米的林下、灌丛或山坡阴处。

独花黄精

Polygonatum hookeri

科属：百合科黄精属

产地：产于我国西藏、云南、四川、甘肃和青海，印度也有分布。生于海拔3200～4300米的林下、山坡草地或冲积扇上。

滇黄精/节节高、仙人饭

Polygonatum kingianum

科属：百合科黄精属

产地：产于我国云南、四川、贵州，越南、缅甸也有分布。生于海拔700～3600米的林下、灌丛或阴湿草坡，有时生于岩石上。

玉竹/铃铛菜、尾参

Polygonatum odoratum

科属：百合科黄精属

产地：产于我国东北、河北、山西、内蒙古、甘肃、青海、山东、河南、湖北、湖南、安徽、江西、江苏、台湾，欧亚大陆温带地区广布。生于海拔500～3000米的林下或山野阴坡。

康定玉竹

Polygonatum prattii

科属：百合科黄精属

产地：产于我国四川、云南。生于海拔2500～3300米的林下、灌丛或山坡草地。

吉祥草

Reineckia carnea

科属：百合科吉祥草属

产地：产于我国江苏、浙江、安徽、江西、湖南、湖北、河南、陕西、四川、云南、贵州、广西和广东。生于海拔170～3200米的阴湿山坡、山谷或密林下。

万年青

Rohdea japonica

科属：百合科万年青属

产地：产于我国山东、江苏、浙江、江西、湖北、湖南、广西、贵州、四川。生于海拔750～1700米的林下潮湿处或草地上。

假叶树

Ruscus aculeata

科属：百合科假叶树属

产地：原产于欧洲南部，我国各地有栽培。

舌苞假叶树/叶上花

Ruscus hypoglossum

科属：百合科假叶树属

产地：原产于伊朗，我国南方有引种。

宫灯百合/提灯花

Sandersonia aurantiaca

科属：百合科宫灯百合属

产地：原产于南非，我国有栽培。

地中海蓝钟花/秘鲁绵枣儿

Scilla peruviana

科属：百合科绵枣属

产地：产于地中海一带，我国华东等地引种栽培。

鹿药

Smilacina japonica

科属：百合科鹿药属

产地：产于我国大部分地区，日本、朝鲜和俄罗斯也有分布。生于海拔900～1950米的林下阴湿处或岩缝中。

白穗花

Speirantha gardenii

科属：百合科白穗花属

产地：产于我国江苏、浙江、安徽和江西。生于海拔630～900米的山谷溪边和阔叶树林下。

白花延龄草/吉林延龄草

Trillium kamtschaticum

科属：百合科延龄草属

产地：产于我国吉林，日本、朝鲜、俄罗斯、北美也有分布。生于海拔500～1400米的林下、林边或潮湿之处。

开口箭

Tupistra chinensis

科属：百合科开口箭属

产地：产于我国湖北、湖南、江西、福建、台湾、浙江、安徽、河南、陕西、四川、云南、广西、广东。生于海拔1000～2000米的林下阴湿处、溪边或路旁。

油点草

Tricyrtis macropoda

科属：百合科油点草属

产地：产于我国浙江、江西、福建、安徽、江苏、湖南、广东、广西和贵州，日本也有分布。生于海拔800～2400米的山地林下、草丛中或岩石缝隙中。

老鸦瓣/光慈姑

Tulipa edulis

科属：百合科郁金香属

产地：产于我国辽宁、山东、江苏、浙江、安徽、江西、湖北、湖南和陕西，朝鲜、日本也有分布。生于山坡草地及路旁。

郁金香

Tulipa gesneriana

科属：百合科郁金香属

产地：原产于欧洲，我国引种栽培。

兴安藜芦

Veratrum dahuricum

科属：百合科藜芦属

产地：产于我国辽宁、吉林和黑龙江，朝鲜和俄罗斯也有分布。生于草甸和山坡湿草地。

天目藜芦

/牯岭藜芦、闽浙藜芦

Veratrum schindleri

科属：百合科藜芦属

产地：产于我国江西、江苏、浙江、安徽、湖南、湖北、广东、广西和福建。生于海拔700～1350米的山坡林下阴湿处。

青篱柴

Tirpitzia sinensis

科属：亚麻科青篱柴属

产地：产于我国湖北、广西、贵州和云南，越南也有分布。生于海拔340～2000米的路旁、山坡、山地沃土和石灰岩山顶阳处。

宿根亚麻/多年生亚麻、豆麻
Linum perenne

科属：亚麻科亚麻属
产地：我国分布于河北、山西、内蒙古、西北和西南等地，俄罗斯西伯利亚至欧洲和西亚均有分布。生于海拔4100米以下的干旱草原、沙砾质干河滩和干旱的山地阳坡疏灌丛或草地。

石海椒/迎春柳、黄花香草
Reinwardtia indica

科属：亚麻科石海椒属
产地：我国分布于湖北、福建、广东、广西、四川、贵州和云南，东南亚等地也有分布。生于海拔550～2300米的林下、山坡灌丛、路旁和沟坡潮湿处，常喜生于石灰岩土壤上。

巴东醉鱼草/白花醉鱼草
Buddleja albiflora

科属：马钱科醉鱼草属
产地：产于我国陕西、甘肃、河南、湖北、湖南、四川、贵州和云南。生于海拔500～2800米的山地灌木丛中或林缘。

大叶醉鱼草/绛花醉鱼草
Buddleja davidii

科属：马钱科醉鱼草属
产地：产于我国陕西、甘肃、江苏、浙江、江西、湖北、湖南、广东、广西、四川、贵州、云南和西藏，日本也有分布。生于海拔800～3000米的山坡、沟边灌木丛中。

球花醉鱼草
Buddleja globosa

科属：马钱科醉鱼草属
产地：园艺种，原种产于秘鲁及阿根廷。

醉鱼草/闭鱼花、毒鱼草
Buddleja lindleyana

科属：马钱科醉鱼草属
产地：产于我国江苏、安徽、浙江、江西、福建、湖北、湖南、广东、广西、四川、贵州和云南。生于海拔200～2700米的山地路旁、河边灌木丛中或林缘。

密蒙花/蒙花、米汤花
Buddleja officinalis

科属：马钱科醉鱼草属
产地：产于我国华中、西北、华东、华南、西南等部分地区，不丹、缅甸、越南等也有分布。生于海拔200～2800米的向阳山坡、河边、村旁的灌木丛中或林缘。

圆锥醉鱼草/喉药醉鱼草
Buddleja paniculata

科属：马钱科醉鱼草属
产地：产于我国江西、湖南、广西、四川、贵州和云南，尼泊尔、不丹、印度、缅甸、越南等地也有分布。生于海拔500～3000米的山地路旁灌木丛中或疏林中。

灰莉/灰刺木、箐黄果
Fagraea ceilanica

科属：马钱科灰莉属
产地：产于我国台湾、海南、广东、广西和云南南部，东南亚等地也产。生于海拔500～1800米的山地密林中或石灰岩地区阔叶林中。

钩吻/断肠草、大茶药

Gelsemium elegans

科属：马钱科钩吻属

产地：产于我国江西、福建、台湾、湖南、广东、海南、广西、贵州、云南等地，印度至印度尼西亚等地也有分布。生于海拔500～2000米的山地路旁灌木丛中或疏林下。

金钩吻/卡罗来纳茉莉

Gelsemium sempervirens

科属：马钱科钩吻属

产地：产于美洲，我国引种栽培。

马钱/马钱树、马前

Strychnos nux-vomica

科属：马钱科马钱属

产地：产于印度、斯里兰卡、缅甸、泰国、越南、老挝、柬埔寨、马来西亚、印度尼西亚和菲律宾等国。生于深山老林中。

鞘花/杉寄生、狭叶鞘花

Macrosolen cochinchinensis

科属：桑寄生科鞘花属

产地：产于我国西藏、云南、四川、贵州、广西、广东、福建，东南亚等国也有分布。生于海拔20～1600米的平原或山地常绿阔叶林中，寄生于壳斗科、山茶科等多种植物上。

柳叶钝果寄生
/柳树寄生、柳寄生

Taxillus delavayi

科属：桑寄生科钝果寄生属

产地：产于我国西藏、云南、四川、贵州、广西，缅甸、越南北部也有分布。生于海拔1500～3500米的高原或山地林中，寄生于桦属、栎属、槭属、杜鹃属等植物上。

棱枝槲寄生
/柿寄生、桐木寄生

Viscum diospyrosicola

科属：桑寄生科槲寄生属

产地：产于我国西南、华东、华南、甘肃、湖北、湖南、江西、陕西。生于海拔20～2100米的平原或山地常绿阔叶林中，寄生于柿树、樟树、梨树等多种植物上。

多花水苋

Ammannia multiflora

科属：千屈菜科水苋菜属

产地：产于我国南部各地，广布于亚洲、非洲、大洋洲及欧洲。常生于湿地或水田中。

克菲亚草/雪茄草

Cuphea carthagenensis

科属：千屈菜科萼距花属

产地：原产于南美，我国南方已逸生。

细叶萼距花/紫花满天星

Cuphea hyssopifolia

科属：千屈菜科萼距花属

产地：原产于墨西哥，现热带地区广为种植。

火红萼距花
/火焰花、雪茄花

Cuphea platycentra

科属：千屈菜科萼距花属

产地：原产于热带美洲，我国华南等地有栽培。

黄薇
Heimia myrtifolia

科属：千屈菜科黄薇属
产地：原产于巴西，我国华东、华南及西南有栽培。

紫薇/痒痒树、百日红
Lagerstroemia indica

科属：千屈菜科紫薇属
产地：原产于亚洲，现广植于热带地区，我国北自吉林南至海南均有分布。

福建紫薇/浙江紫薇
Lagerstroemia limii

科属：千屈菜科紫薇属
产地：我国特有植物，产于福建、浙江和湖北，现中南部地区有栽培。

多花紫薇/南洋紫葳
Lagerstroemia siamica

科属：千屈菜科紫薇属
产地：产于缅甸、泰国、马来西亚，我国华南、台湾等地引种栽培。

大花紫薇/大叶紫薇
Lagerstroemia speciosa

科属：千屈菜科紫薇属
产地：原产于斯里兰卡、印度、马来西亚、越南及菲律宾，我国华东、华南及西南有栽培。

九芎/马铃花、南紫薇
Lagerstroemia subcostata

科属：千屈菜科紫薇属
产地：产于我国台湾、广东、广西、湖南、湖北、江西、福建、浙江、江苏、安徽、四川及青海，琉球群岛也有分布。常生于林缘、溪边。

千屈菜/水柳
Lythrum salicaria

科属：千屈菜科千屈菜属
产地：产于我国全国各地，分布于亚洲、欧洲、非洲的阿尔及利亚、北美洲和澳大利亚等地。生于河岸、湖畔、溪沟边和潮湿草地，亦有园艺栽培。

红蝴蝶
Rotala macrandra

科属：千屈菜科节节菜属
产地：原产于印度，我国引种栽培。

圆叶节节菜/豆瓣菜、水瓜子
Rotala rotundifolia

科属：千屈菜科节节菜属
产地：产于我国广东、广西、福建、台湾、浙江、江西、湖南、湖北、四川、贵州、云南等地，分布于印度、马来西亚、斯里兰卡、中南半岛及日本。生于水田或潮湿的地方。

虾仔花/吴福花
Woodfordia fruticosa

科属：千屈菜科虾子花属
产地：产于我国广东、广西及云南，越南、缅甸、印度、斯里兰卡、印度尼西亚及马达加斯加也有分布。常生于山坡路旁。

厚朴
Houpoea officinalis

科属：木兰科厚朴属
产地：产于我国陕西、甘肃、河南、湖北、湖南、四川、贵州东北部。生于海拔300～1500米的山地林间。

绢毛木兰
Lirianthe albosericea

科属：木兰科长喙木兰属
产地：产于我国海南。生于海拔500～800米潮湿的山坡、溪旁、常绿阔叶林中。

香港木兰/香港玉兰
Lirianthe championii

科属：木兰科长喙木兰属
产地：产于我国广东南部沿海岛屿及香港。生于低海拔山地常绿阔叶林中。

夜合/夜香木兰
Lirianthe coco

科属：木兰科长喙木兰属
产地：产于我国浙江、福建、台湾、广东、广西、云南，越南也有分布。生于海拔600～900米的湿润肥沃土壤林下。

红花山玉兰
Lirianthe delavayi 'Red Flower'

科属：木兰科长喙木兰属
产地：园艺种，我国南部有栽培。

大叶木兰/思茅玉兰、长喙厚朴
Lirianthe henryi

科属：木兰科长喙木兰属
产地：产于我国云南、西藏，缅甸也有分布。生于海拔2100～3000米的山地阔叶林中。

木论木兰
Lirianthe mulunica

科属：木兰科长喙木兰属
产地：产于我国广西及贵州。

馨香木兰/馨香玉兰
Lirianthe odoratissima

科属：木兰科长喙木兰属
产地：产于我国云南，我国南方有栽培。

山玉兰/优昙花、山波萝
Lirianthe delavayi

科属：木兰科长喙木兰属
产地：我国分布于四川、贵州、云南。喜生于海拔1500～2800米的石灰岩山地阔叶林中或沟边较潮湿的坡地。

鹅掌楸/马褂木

Liriodendron chinense

科属：木兰科鹅掌楸属

产地：产于我国陕西、安徽、浙江、江西、福建、湖北、湖南、广西、四川、贵州、云南，越南北部也有分布。生于海拔900～1000米的山地林中。

杂交鹅掌楸

Liriodendron chinensis × tulipifera

科属：木兰科鹅掌楸属

产地：园艺种，我国中南部有栽培。

荷花玉兰/洋玉兰、广玉兰

Magnolia grandiflora

科属：木兰科木兰属

产地：原产于北美洲东南部，我国长江流域以南各城市有栽培。

洛氏木兰

Magnolia × loebneri 'Dwarf No.1'

科属：木兰科木兰属

产地：园艺种，我国华南有栽培。

三瓣木兰

Magnolia tripetala

科属：木兰科木兰属

产地：产于美国东南部，我国引种栽培。

弗州木兰

Magnolia virginiana 'Navener'

科属：木兰科木兰属

产地：园艺种，原种产于美国东南部。

桂南木莲

Manglietia chingii

科属：木兰科木莲属

产地：产于我国广东、云南、广西、贵州，越南北部也有分布。生于海拔700～1300米的砂页岩山地，山谷潮湿处。

白蕊木莲

Manglietia albistaminata

科属：木兰科木莲属

产地：产于我国广西、海南。

木莲

Manglietia fordiana

科属：木兰科木莲属

产地：产于我国福建、广东、广西、贵州、云南。生于海拔1200米的花岗岩、沙质岩山地丘陵。

海南木莲/龙楠树

Manglietia fordiana var. *hainanensis*

科属：木兰科木莲属

产地：我国海南特产。生于海拔300～1200米的溪边、密林中。

大叶木莲

Manglietia megaphylla

科属：木兰科木莲属

产地：产于我国广西、云南。生于海拔450～1500米的山地林中，沟谷两旁。

蒙厂木莲

Manglietia miechangensis

科属：木兰科木莲属
产地：产于我国云南马关。

厚叶木莲

Manglietia pachyphylla

科属：木兰科木莲属
产地：产于我国广东。生于海拔800米林中。

毛果木莲

Manglietia ventii

科属：木兰科木莲属
产地：产于我国云南。生于海拔800～1120米的山谷林中。

广东木莲/毛桃木莲

Manglietia kwangtungensis

科属：木兰科木莲属
产地：产于我国福建、湖南、广东、广西。生于海拔400～1200米的酸性山地黄壤上。

红花木莲/红色木莲

Manglietia insignis

科属：木兰科木莲属
产地：产于我国湖南、广西、四川、贵州、云南、西藏，尼泊尔、印度、缅甸也有分布。生于海拔900～1200米的林间。

白兰/白兰花、白玉兰

Michelia alba

科属：木兰科含笑属
产地：原产于印度尼西亚，现广植于东南亚，我国福建、广东、广西、云南栽培极盛。

苦梓含笑/苦梓、八角苦梓

Michelia balansae

科属：木兰科含笑属
产地：产于我国广东、海南、广西、云南，越南也有分布。生于海拔350～1000米的山坡、溪旁、山谷密林中。

阔瓣含笑

/阔瓣白兰花、云山白兰花

Michelia cavaleriei var. *platypetala*

科属：木兰科含笑属
产地：产于我国湖北、湖南、广东、广西、贵州。生于海拔1200～1500米的密林中。

黄兰/黄玉兰、黄缅桂

Michelia champaca

科属：木兰科含笑属
产地：产于我国西藏、云南、福建、台湾、广东、海南、广西，印度、尼泊尔、缅甸、越南也有分布。

灰岩含笑/棕毛含笑

Michelia fulva

科属：木兰科含笑属
产地：产于我国云南、广西。生于海拔590～1500米的石山林中。

乐昌含笑

Michelia chapensis

科属：木兰科含笑属
产地：产于我国江西、湖南、广东、广西，越南也有分布。生于海拔500～1500米的山地林间。

紫花含笑

Michelia crassipes

科属：木兰科含笑属

产地：产于我国广东、湖南、广西。生于海拔300～1000米的山谷密林中。

石碌含笑

Michelia shiluensis

科属：木兰科含笑属

产地：产于我国海南。生于海拔200～1500米的山沟、山坡、路旁、水边。

云南含笑/皮袋香

Michelia yunnanensis

科属：木兰科含笑属

产地：产于我国云南。生于海拔1100～2300米的山地灌丛中。

含笑/含笑花

Michelia figo

科属：木兰科含笑属

产地：原产于我国华南南部各地，广东鼎湖山有野生，现广植于全国各地。生于阴坡杂木林中。

金叶含笑/亮叶含笑

Michelia foveolata

科属：木兰科含笑属

产地：产于我国贵州、湖北、湖南、江西、广东、广西、海南、云南，越南北部也有分布，模式标本采自广东英德。生于海拔500～1800米的阴湿林中。

深山含笑/光叶白兰花

Michelia maudiae

科属：木兰科含笑属

产地：产于我国浙江、福建、湖南、广东、广西、贵州。生于海拔600～1500米的密林中。

观光木

Michelia odora

科属：木兰科观光木属

产地：产于我国江西、福建、广东、海南、广西、云南。生于海拔500～1000米的岩山地常绿阔叶林中。

天女木兰/小花木兰、天女花

Oyama sieboldii

科属：木兰科毛叶天女花属

产地：产于我国辽宁、安徽、浙江、江西、福建及广西，朝鲜及日本也有分布。生于海拔1600～2000米的山地。

盖裂木

Talauma hodgsoni

科属：木兰科盖裂木属

产地：产于我国西藏，印度、不丹、尼泊尔、泰国及缅甸也有分布。生于海拔850～1500米的林间。

焕镛木/单性木兰
Woonyoungia septentrionalis

科属：木兰科焕镛木属
产地：产于我国广西、贵州及云南等地。

望春玉兰
Yulania biondii

科属：木兰科玉兰属
产地：产于我国陕西、甘肃、河南、湖北、四川等省。生于海拔600～2100米的山林间。

黄山玉兰/黄山木兰
Yulania cylindrical

科属：木兰科玉兰属
产地：产于我国安徽、浙江、江西、福建、湖北以及西南。生于海拔700～1600米的山地林间。

玉兰/木兰、玉兰花
Yulania denudate

科属：木兰科玉兰属
产地：产于我国江西、浙江、湖南、贵州。生于海拔 500～1000米的林中。

飞黄玉兰
Yulania denudata 'Fe Wang'

科属：木兰科玉兰属
产地：园艺种，我国各地有栽培。

红元宝玉兰
Yulania denudata 'Hong Yuan Pou'

科属：木兰科玉兰属
产地：园艺种，我国各地有栽培。

美丽玉兰
Yulania denudata 'Meili'

科属：木兰科玉兰属
产地：园艺种，我国各地有栽培。

香型玉兰
Yulania denudata 'Xiangxing'

科属：木兰科玉兰属
产地：园艺种，我国各地有栽培。

紫玉兰/辛夷、木笔
Yulania liliiflora

科属：木兰科玉兰属
产地：产于我国福建、湖北、四川、云南西北部。生于海拔300～1600米的山坡林缘。

常春二乔木兰
Yulania × *soulangeana* 'Semperflorens'

科属：木兰科玉兰属
产地：园艺种，我国各地有栽培。

丹馨二乔木兰
Yulania × *soulangeana* 'Danxin'

科属：木兰科玉兰属
产地：园艺种，我国各地有栽培。

红运二乔木兰

Yulania × soulangeana 'Hongyun'

科属：木兰科玉兰属
产地：园艺种，我国各地有栽培。

美丽二乔木兰

Yulania × soulangeana 'Meili'

科属：木兰科玉兰属
产地：园艺种，我国各地有栽培。

朱砂二乔玉兰

Yulania × soulangeana 'Zhu sha'

科属：木兰科玉兰属
产地：园艺种，我国各地有栽培。

星花木兰/星花玉兰

Yulania stellata

科属：木兰科玉兰属
产地：产于日本，我国有栽培。

阔瓣二乔木兰

Yulania × soulangeana 'Kuoban'

科属：木兰科玉兰属
产地：园艺种，我国各地有栽培。

杏黄林咖啡/文雀西亚木

Bunchosia armeniaca

科属：金虎尾科林咖啡属
产地：产于南美洲。生于低海拔地区。

狭叶异翅藤

Heteropterys glabra

科属：金虎尾科异翅藤属
产地：产于中南美洲，我国南方引种栽培。

西印度樱桃/黄褥花

Malpighia glabra

科属：金虎尾科金虎尾属
产地：产于热带美洲，我国南方引种栽培。

金英/金英花

Thryallis gracilis

科属：金虎尾科金英属
产地：原产于热带美洲，现广泛栽培于其他热带地区。

星果藤/三星果、三星果藤
Tristellateia australasiae

科属：金虎尾科三星果属
产地：产于我国台湾地区，马来西亚、澳大利亚热带地区和太平洋诸岛屿也有分布。生于近海边的林中。

黄秋葵/咖啡黄葵、糊麻
Abelmoschus esculentus

科属：锦葵科秋葵属
产地：原产于印度，我国有栽培，已广泛栽培于热带和亚热带地区。

黄葵/山芙蓉、芙蓉麻
Abelmoschus moschatus

科属：锦葵科秋葵属
产地：我国台湾、广东、广西、江西、湖南和云南等地栽培或野生，越南、老挝、柬埔寨、泰国和印度也有分布。常生于平原、山谷、溪涧旁或山坡灌丛中。

箭叶秋葵
/五指山参、小红芙蓉
Abelmoschus sagittifolius

科属：锦葵科秋葵属
产地：产于我国广东、广西、贵州、云南，越南、老挝、柬埔寨、泰国、缅甸、印度、马来西亚及澳大利亚等国也有分布。常见于低丘、草坡、旷地、稀疏松林下或干燥的瘠地。

观赏苘麻
Abutilon hybridum

科属：锦葵科苘麻属
产地：园艺杂交种，现我国南北方均有种植。

磨盘草/磨子树、耳响草
Abutilon indicum

科属：锦葵科苘麻属
产地：产于我国台湾、福建、广东、广西、贵州和云南等地，东南亚等地也有分布。常生于海拔800米以下的平原、海边、沙地、旷野、山坡、河谷及路旁等处。

黄蜀葵/秋葵、棉花葵
Abelmoschus manihot

科属：锦葵科秋葵属
产地：产于我国河北、山东、河南、陕西、湖北、湖南、四川、贵州、云南、广西、广东和福建，印度也有分布。生于山谷草丛、田边或沟旁灌丛间。

红萼苘麻
Abutilon megapotamicum

科属：锦葵科苘麻属
产地：原产于阿根廷、巴西及乌拉圭，我国南方引种栽培。

金铃花/纹瓣悬铃花、灯笼花
Abutilon pictum

科属：锦葵科苘麻属

产地：原产于南美洲的巴西、乌拉圭等地，我国南北方均有栽培。

苘麻/桐麻、青麻
Abutilon theophrasti

科属：锦葵科苘麻属

产地：我国除青藏高原不产外，其他各地区均产，东北各地有栽培，越南、印度、日本以及欧洲、北美洲等地区也有分布。

药蜀葵
Althaea officinalis

科属：锦葵科蜀葵属

产地：产于我国新疆塔城县。生于依灭勒河沿岸。

蜀葵/一丈红、棋盘花
Althaea rosea

科属：锦葵科蜀葵属

产地：原产于我国西南地区，全国各地广泛栽培供园林观赏用。世界各国均有栽培。

罂粟葵/矮粟葵
Callirhoe involucrata

科属：锦葵科罂粟葵属

产地：产于美国及墨西哥，我国北方有栽培。

棉花/陆地棉、大陆棉
Gossypium hirsutum

科属：锦葵科棉属

产地：原产于美洲墨西哥，十九世纪末传入我国。

小木槿/南非葵
Anisodontea capensis

科属：锦葵科南非葵属

产地：产于南非，我国各地有栽培。

红叶槿/紫叶槿
Hibiscus acetosella

科属：锦葵科木槿属

产地：产于热带美洲，我国南方有栽培。

高红槿
Hibiscus elatus

科属：锦葵科木槿属

产地：原产于西印度群岛，现我国华东南部及华南地区有栽培。

樟叶槿

Hibiscus grewiifolius

科属：锦葵科木槿属

产地：产于我国海南，越南、老挝、泰国、缅甸和印度尼西亚的爪哇等热带地区也有分布。生于海拔2000米的山地森林中。

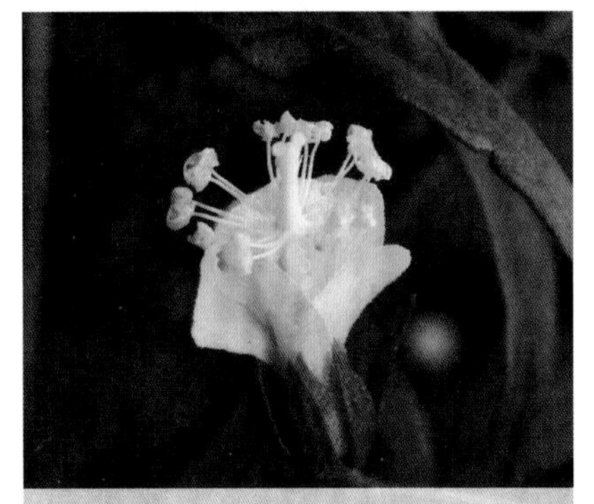

白炽花

Hibiscus macilwraithensis

科属：锦葵科木槿属

产地：产于澳洲，我国华南植物园有引种。

芙蓉葵/草芙蓉、美秋葵

Hibiscus moscheutos

科属：锦葵科木槿属

产地：原产于美国东部，我国北京、青岛、上海、南京、杭州和昆明有栽培。

木芙蓉/芙蓉花、酒醉芙蓉

Hibiscus mutabilis

科属：锦葵科木槿属

产地：产于我国湖南，现国内大部分地区有栽培，日本和东南亚各国也有栽培。

朱槿/扶桑、大红花

Hibiscus rosa-sinensis

科属：锦葵科木槿属

产地：我国南北方均有栽培。

花叶扶桑/花叶朱槿

Hibiscus rosa-sinensis var. *variegata*

科属：锦葵科木槿属

产地：园艺变种，我国广泛栽培。

玫瑰茄/山茄子

Hibiscus sabdariffa

科属：锦葵科木槿属

产地：原产于东半球热带地区，现全世界热带地区均有栽培。

吊灯扶桑/灯笼花

Hibiscus schizopetalus

科属：锦葵科木槿属

产地：原产于东非热带地区，为热带各国常见的园林观赏植物。

刺芙蓉/五爪藤、刺木槿

Hibiscus surattensis

科属：锦葵科木槿属

产地：产于我国海南和云南，东南亚和大洋洲、非洲等热带地区也有分布。生于海拔1000～1180米的热带山谷、荒山坡、溪涧旁灌丛或林缘。

木槿/朝开暮落花

Hibiscus syriacus

科属：锦葵科木槿属

产地：原产于我国中部各省，现全国各地均有栽培。

黄槿/盐水面头果、海麻
Hibiscus tiliaceus

科属：锦葵科木槿属
产地：产于我国台湾、广东、福建等地，分布于越南、柬埔寨、老挝、缅甸、印度、印度尼西亚、马来西亚及菲律宾等热带国家。

野西瓜苗/小秋葵、灯笼花
Hibiscus trionum

科属：锦葵科木槿属
产地：原产于非洲中部，分布于欧洲至亚洲各地，现我国全国各地均有栽培。

三月花葵/裂叶花葵
Lavatera trimestris

科属：锦葵科花葵属
产地：原产于欧洲地中海沿岸，我国中北部有栽培。

砖红蔓赛葵/蔓锦葵
Malvastrum lateritium

科属：锦葵科赛葵属
产地：原产于南美，我国华东等地栽培较多。

垂花悬铃花/悬铃花
Malvaviscus arboreus

科属：锦葵科悬铃花属
产地：原产于墨西哥和哥伦比亚，我国华南、西南、华东南部等地有栽培。

小悬铃/小茯桑
Malvaviscus arboreus var. *drummondii*

科属：锦葵科悬铃花属
产地：原产于古巴至墨西哥，我国华东、华南有栽培。

宫粉悬铃花
Malvaviscus arboreus 'Variegata'

科属：锦葵科悬铃花属
产地：园艺种，我国华南、西南等地有栽培。

银杯鸡冠蔓锦葵
Anoda cristata 'Silver Cup'

科属：锦葵科蔓锦葵属
产地：园艺种，原产于美洲，现我国引种栽培。

锦葵/钱葵、棋盘花
Malva cathayensis

科属：锦葵科锦葵属
产地：我国南自广东、广西，北至内蒙古、辽宁，东起台湾，西至新疆和西南各地，均有分布，印度也有分布。

圆叶锦葵/野锦葵、烧饼花

Malva rotundifolia

科属：锦葵科锦葵属

产地：产于我国河北、山东、河南、山西、陕西、甘肃、新疆、西藏、四川、贵州、云南、江苏和安徽，欧洲和亚洲各地均有分布。生于荒野、草坡。

野葵/棋盘叶

Malva verticillata

科属：锦葵科锦葵属

产地：产于我国全国各地，印度、缅甸、锡金、朝鲜、埃及、埃塞俄比亚以及欧洲等地均有分布。

黄丽葵

Pavonia praemorsa

科属：锦葵科粉葵属

产地：产于南非，我国华南植物园有栽培。

黄花稔/扫把麻

Sida acuta

科属：锦葵科黄花稔属

产地：产于我国台湾、福建、广东、广西和云南，印度、越南和老挝也有分布。常生于山坡灌丛间、路旁或荒坡。

心叶黄花稔

Sida cordifolia

科属：锦葵科黄花稔属

产地：产于我国台湾、福建、广东、广西、四川和云南等地，亚洲、热带非洲和亚热带地区也有分布。生于山坡灌丛间或路旁草丛中。

肖槿/白脚桐棉

Thespesia lampas

科属：锦葵科肖槿属

产地：产于我国云南、广西、广东、海南等地，越南、老挝、印度、菲律宾、印度尼西亚和东非等热带地区也有分布。在低海拔暖热山地的灌丛中常见。

地桃花/肖梵天花、田芙蓉

Urena lobata

科属：锦葵科梵天花属

产地：产于我国长江以南各地，分布于越南、柬埔寨、老挝、泰国、缅甸、印度和日本等地区。

黄花竹芋

Calathea crotalifera

科属：竹芋科肖竹芋属

产地：产于危地马拉，我国华南植物园引种栽培。

豹斑竹芋/小孔雀竹芋

Maranta leuconeura

科属：竹芋科竹芋属

产地：原产于南美洲，我国引种栽培。

罗氏竹芋

Calathea loeseneri

科属：竹芋科肖竹芋属

产地：产于巴西，我国华南引种栽培。

帝王罗氏竹芋

Calathea louisae 'Emperor'

科属：竹芋科肖竹芋属

产地：园艺种，原种产于巴西。

孔雀竹芋

Calathea makoyana

科属：竹芋科肖竹芋属

产地：产于巴西，我国南北方均有栽培。

玫瑰竹芋/彩虹竹芋

Calathea roseopicta

科属：竹芋科肖竹芋属

产地：产于巴西，我国南北方均有栽培。

浪心竹芋/波浪竹芋

Calathea rufibarba 'Wavestar'

科属：竹芋科肖竹芋属

产地：本种为园艺种，原种产于巴西。

天鹅绒竹芋/绒叶肖竹芋

Calathea zebrina

科属：竹芋科肖竹芋属

产地：产于热带美洲，我国引种栽培。

艳锦竹芋

Ctenanthe oppenheimiana 'Quadricolor'

科属：竹芋科栉花竹芋属

产地：园艺种，原种产于巴西，现华南地区栽培较多。

苹果竹芋/青苹果竹芋

Ischnosiphon rotundifolius 'Fasciata'

科属：竹芋科

产地：园艺种，原种产于热带美洲。

柊叶

Phrynium rheedei

科属：竹芋科柊叶属

产地：产于我国广东、福建、广西及云南，印度、越南也有分布。生于茂密阴湿的森林中。

红背竹芋/紫背竹芋

Stromanthe sanguinea

科属：竹芋科紫背竹芋属

产地：产于巴西，我国华南、西南等地引种栽培。

水竹芋/再力花

Thalia dealbata

科属：竹芋科再力花属

产地：产于美国及墨西哥，我国南方大量栽培。

红鞘水竹芋/垂花水竹芋

Thalia geniculata

科属：竹芋科再力花属

产地：产于热带非洲，近年来华南等地引种栽培。

线萼金花树

Blastus apricus

科属：野牡丹科柏拉木属

产地：产于我国湖南、广东、江西、福建。生于海拔300～800米的山谷、山坡疏林、密林下，湿润的地方或水旁。

光萼肥肉草

Fordiophyton fordii var. *vernicinum*

科属：野牡丹科异药花属

产地：产于我国广东。生于海拔约800米的山谷、山坡疏林下。

宝莲花/粉苞酸脚杆

Medinilla magnifica

科属：野牡丹科酸脚杆属

产地：产于热带非洲及东南亚一带的热带雨林地区。

野牡丹/大金香炉、猪古稔

Melastoma malabathricum

科属：野牡丹科野牡丹属

产地：产于我国云南、广西、广东、福建、台湾，东南亚等地也有分布。生于海拔约120米以下的山坡松林下或开阔的灌草丛中。

地菍/山地菍、地脚菍

Melastoma dodecandrum

科属：野牡丹科野牡丹属

产地：产于我国贵州、湖南、广西、广东、江西、浙江、福建，越南也有分布。生于海拔1250米以下的山坡矮草丛中。

细叶野牡丹/铺地莲

Melastoma intermedium

科属：野牡丹科野牡丹属

产地：产于我国贵州、广西、广东、福建、台湾。生于海拔约1300米以下地区的山坡或田边矮草丛中。

展毛野牡丹/猪姑稔

Melastoma normale

科属：野牡丹科野牡丹属

产地：产于我国西藏、四川、福建至台湾以南各地，东南亚等地也有分布。生于海拔150～2800米的开阔山坡灌草丛中或疏林下。

毛菍

Melastoma sanguineum

科属：野牡丹科野牡丹属

产地：产于我国广西、广东，印度、马来西亚至印度尼西亚也有分布。生于海拔400米以下坡脚、沟边湿润的草丛或矮灌丛中。

朝天罐/大金钟、阔叶金锦香

Osbeckia opipara

科属：野牡丹科金锦香属

产地：我国分布于贵州、广西至台湾、长江流域以南各地，越南至泰国也有分布。生于海拔250～800米的山坡、山谷、水边、路旁、疏林中或灌木丛中。

尖子木/酒瓶果、砚山红

Oxyspora paniculata

科属：野牡丹科尖子木属

产地：产于我国西藏、贵州、云南、广西，尼泊尔、缅甸至越南也有分布。生于海拔500～1900米的山谷密林下，阴湿处或溪边，也生长于山坡疏林下，灌木丛中湿润的地方。

虎颜花/大莲蓬、熊掌

Tigridiopalma magnifica

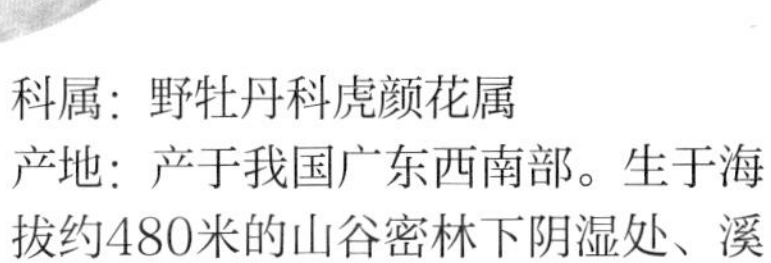

科属：野牡丹科虎颜花属

产地：产于我国广东西南部。生于海拔约480米的山谷密林下阴湿处、溪旁、河边或岩石积土上。

蜂斗草/桑叶草、仰天盅

Sonerila cantonensis

科属：野牡丹科蜂斗草属

产地：产于我国云南、广西、广东、福建，越南也有分布。生于海拔1000～1500米的山谷、山坡密林下，阴湿的地方或有时见于荒地上。

楮头红

Sarcopyramis napalensis

科属：野牡丹科肉穗草属

产地：产于我国福建、台湾、西藏、云南、四川、贵州、湖北、湖南、广西、广东、江西，东南亚也有分布。生于海拔3200米以下的林下阴湿的地方或溪边。

巴西野牡丹

Tibouchina semidecandra

科属：野牡丹科蒂牡花属

产地：产于巴西低海拔的山地或平地，我国南方引种栽培。

银毛野牡丹

Tibouchina aspera var. *asperrima*

科属：野牡丹科蒂牡花属

产地：产于热带美洲，我国南方引种栽培。

红果米仔兰/红果米兰

Aglaia odorata var. *chaudocensis*

科属：楝科米仔兰属

产地：产于我国南部，东南亚也有分布。生于低山灌丛或林中。

小叶米仔兰/小叶米兰

Aglaia odorata var. *microphyllina*

科属：楝科米仔兰属

产地：产于我国海南，我国南方各地广泛栽培。生于低海拔山地的疏林或灌木林中。

山楝/大叶山楝

Aphanamixis polystachya

科属：楝科山楝属

产地：产于我国广东、广西、云南等地，中南半岛、马来半岛及印度尼西亚等也有分布。生于低海拔至中海拔山地沟谷密林或疏林中。

麻楝/毛麻楝

Chukrasia tabularis var. *velutina*

科属：楝科麻楝属

产地：产于我国广东、广西、云南和西藏，尼泊尔、印度、斯里兰卡、中南半岛和马来半岛等也有分布。生于海拔380～1530米的山地杂木林或疏林中。

浆果楝/灰毛浆果楝

Cipadessa baccifera

科属：楝科浆果楝属

产地：产于我国云南，斯里兰卡、印度、中南半岛、印度尼西亚等也有分布。生于山地疏林或灌木林中。

茎花葱臭木

/兰屿樫木、兰屿桪木、肯氏樫木

Dysoxylum cauliflorum

科属：楝科樫木属

产地：产于东南亚，我国云南西双版纳有栽培。

非洲桃花心木

/非洲楝、塞楝

Khaya senegalensis

科属：楝科非洲楝属

产地：原产于热带非洲和马达加斯加，我国南方部分地区引种栽培。

椰色果/兰撒果

Lansium domesticum

科属：楝科椰色果属

产地：产于中南半岛及马来西亚，我国西南地区有栽培。

苦楝/楝、紫花树

Melia azedarach

科属：楝科楝属

产地：产于我国黄河以南各地，广布于亚洲热带和亚热带地区。生于低海拔旷野、路旁或疏林中。

桃花心木
Swietenia mahagoni

科属：楝科桃花心木属

产地：原产于南美洲，现各热带地区均有栽培。

香椿
Toona sinensis

科属：楝科香椿属

产地：产于我国华北、华东、中部、南部和西南部各地，朝鲜也有分布。生于山地杂木林或疏林中。

杜楝
Turraea pubescens

科属：楝科杜楝属

产地：产于我国广东南部及海南，中南半岛、印度尼西亚也有分布。生于低海拔山地或海边疏林和灌木丛中。

古山龙
Arcangelisia gusanlung

科属：防己科古山龙属

产地：产于我国海南各地。生于林中。

天仙藤/黄连藤、大黄藤
Fibraurea recisa

科属：防己科天仙藤属

产地：产于我国云南、广西和广东，越南、老挝和柬埔寨也有分布。生于林中。

木防己
Cocculus orbiculatus

科属：防己科木防己属

产地：我国除西北部及西藏外均有分布，广布于亚洲东南部和东部以及夏威夷群岛。生于灌丛、村边、林缘等处。

蝙蝠葛
Menispermum dauricum

科属：防己科蝙蝠葛属

产地：产于我国华北、东北及华东等地，日本、朝鲜和俄罗斯也有分布。常生于路边灌丛或疏林中。

一点血/血散薯
Stephania dielsiana

科属：防己科千金藤属

产地：产于我国广东、广西、贵州和湖南。常生于林中、林缘或溪边多石砾的地方。

青藤/风龙

Sinomenium acutum

科属：防己科风龙属

产地：产于我国长江流域及其以南各地，也分布于日本。生于林中。

见血封喉/箭毒木

Antiaris toxicaria

科属：桑科见血封喉属

产地：产于我国广东、海南、广西、云南，斯里兰卡、印度、缅甸、泰国、中南半岛、马来西亚、印度尼西亚也有分布。多生于海拔1500米以下的雨林中。

面包树/面包果树

Artocarpus communis

科属：桑科波罗蜜属

产地：原产于太平洋群岛及印度、菲律宾、马来群岛，我国引种栽培。

波罗蜜/木波罗、树波罗

Artocarpus heterophyllus

科属：桑科波罗蜜属

产地：可能原产于印度西高止山，我国及东南亚均有栽培。

桂木/红桂木

Artocarpus nitidus subsp. *lingnanensis*

科属：桑科波罗蜜属

产地：产于我国广东、海南、广西等地。生于中海拔湿润的杂木林中。

构树/楮树

Broussonetia papyrifera

科属：桑科构属

产地：广泛分布于我国华北、华中、华南、西南、西北，尤其是南方地区极为常见，越南和日本也有分布。

大麻/线麻、胡麻、火麻

Cannabis sativa

科属：桑科大麻属

产地：原产于不丹、印度和中亚细亚，现各国均有野生或栽培。

蚁晒树/号角树

Cecropia peltata

科属：桑科蚁晒树属

产地：产于墨西哥，我国华东、华南及西南有栽培。

构棘/葨芝

Cudrania cochinchinensis

科属：桑科柘属

产地：产于我国东南部至西南部的亚热带地区，东南亚等地也有分布。多生于村庄附近或荒野。

琉桑/臭桑

Dorstenia elata

科属：桑科琉桑属

产地：原产于巴西，我国华南等地有栽培。

厚叶盘花木/黑磨盘

Dorstenia contrajerva

科属：桑科

产地：产于热带美洲，我国华南地区有栽培。

高山榕/鸡榕

Ficus altissima

科属：桑科榕属

产地：产于我国海南、广西、云南、四川，东南亚等地也有分布。生于海拔100～2000米的山地或平原。

大果榕/馒头果、大无花果

Ficus auriculata

科属：桑科榕属

产地：产于我国海南、广西、云南、贵州、四川等地，印度、越南、巴基斯坦也有分布。喜生于低山沟谷潮湿雨林中。

垂榕/小叶榕

Ficus benjamina

科属：桑科榕属

产地：产于我国广东、海南、广西、云南、贵州，东南亚、巴布亚新几内亚、所罗门群岛、澳大利亚北部也有分布。

花叶垂榕

Ficus benjamina 'Variegata'

科属：桑科榕属

产地：园艺种，我国华南、西南等地广泛栽培。

金叶垂榕

Ficus benjamina 'Golden Leaves'

科属：桑科榕属

产地：园艺种，我国华南、西南等地广泛栽培。

长叶榕/柳叶榕

Ficus binnendijkii

科属：桑科榕属

产地：产于我国台湾，现南方引种栽培。

无花果

Ficus carica

科属：桑科榕属

产地：原产于地中海沿岸，分布于土耳其至阿富汗。我国南北方均有栽培。

纸叶榕

Ficus chartacea

科属：桑科榕属

产地：产于我国云南，缅甸、越南、泰国、马来西亚、北加里曼丹等国有分布。生于海拔1500米的山坡水沟边。

雅榕/万年青

Ficus concinna

科属：桑科榕属

产地：产于我国广东、广西、贵州、云南，印度、不丹、中南半岛各国，马来西亚、菲律宾、北加里曼丹也有分布。通常生于海拔900～1600米的密林中或村寨附近。

美丽枕果榕/毛果枕果榕
Ficus drupacea var. *pubescens*

科属：桑科榕属
产地：产于我国云南，尼泊尔、缅甸、老挝、越南、孟加拉国、印度、斯里兰卡有分布。生于海拔160～1500米的山地林中。

橡皮树/印度榕、印度胶树
Ficus elastica

科属：桑科榕属
产地：原产于不丹、尼泊尔、印度、缅甸、马来西亚、印度尼西亚，我国云南有野生。

花叶橡皮树/花叶橡胶榕
Ficus elastica 'Aureo-marginata'

科属：桑科榕属
产地：园艺种，各地广为种植。

富贵榕
Ficus elastica 'Schryveriana'

科属：桑科榕属
产地：园艺种，华南有栽培。

天仙果/牛乳榕
Ficus erecta

科属：桑科榕属
产地：产于我国广东、广西、贵州、湖北、湖南、江西、福建、浙江、台湾，日本、越南也有分布。生于山坡林下或溪边。

对叶榕/牛奶子
Ficus hispida

科属：桑科榕属
产地：产于我国广东、海南、广西、云南、贵州，东南亚至澳大利亚也有分布。喜生于沟谷潮湿地带。

黄毛榕
Ficus esquiroliana

科属：桑科榕属
产地：产于我国西藏、四川、贵州、云南、广西、广东、海南、台湾，越南、老挝、泰国的北部也有分布。

水筒木/水同木
Ficus fistulosa

科属：桑科榕属
产地：产于我国广东、香港、广西、云南等地，印度、孟加拉国、缅甸、泰国、越南、马来西亚、印度尼西亚、菲律宾、加里曼丹也有分布。生于溪边岩石上或森林中。

五指毛桃/粗叶榕
Ficus hirta

科属：桑科榕属
产地：产于我国云南、贵州、广西、广东、海南、湖南、福建、江西，东南亚等地也有分布。常见于村寨附近旷地或山坡林边，或附生于其他树干上。

榕树/细叶榕

Ficus microcarpa

科属：桑科榕属

产地：产于我国台湾、浙江、福建、广东、广西、湖北、贵州、云南，东南亚、日本、巴布亚新几内亚和澳大利亚也有分布。

黄金榕

Ficus microcarpa 'Golden Leaves'

科属：桑科榕属

产地：园艺种，我国南方广泛栽培。

凸脉榕/九丁榕

Ficus nervosa

科属：桑科榕属

产地：产于我国台湾、福建、广东、海南、广西、云南、四川、贵州，越南、缅甸、印度、斯里兰卡有分布。

苹果榕/木瓜果

Ficus oligodon

科属：桑科榕属

产地：产于我国海南、广西、贵州、云南、西藏，尼泊尔、不丹、印度、越南、泰国、马来西亚也有分布。喜生于低海拔山谷、沟边、湿润土壤地区。

大琴榕/琴叶榕

Ficus lyrata

科属：桑科榕属

产地：产于热带非洲，我国华南、华东南部及西南有栽培。

琴叶榕

Ficus pandurata

科属：桑科榕属

产地：产于我国广东、海南、广西、福建、湖南、湖北、江西、安徽、浙江，越南也有分布。生于山地，旷野或灌丛林下。

薜荔/凉粉果、鬼馒头
Ficus pumila

科属：桑科榕属

产地：产于我国福建、江西、浙江、安徽、江苏、台湾、湖南、广东、广西、贵州、云南东南部、四川及陕西，日本、越南北部也有分布。

花叶薜荔
Ficus pumila 'Variegata'

科属：桑科榕属

产地：园艺种，我国各地均有栽培。

舶梨榕/梨状牛奶子
Ficus pyriformis

科属：桑科榕属

产地：产于我国广东、福建，越南北部也有分布。常生于溪边林下潮湿地带。

菩提树/思维树
Ficus religiosa

科属：桑科榕属

产地：产于我国广东、广西、云南，多为栽培，从巴基斯坦拉瓦尔品第至不丹均有野生。

聚果榕/马郎果
Ficus racemosa

科属：桑科榕属

产地：产于我国广西、云南、贵州，东南亚、巴布亚新几内亚、澳大利亚也有分布。喜生于潮湿地带，常见于河畔、溪边，偶见生长在溪沟中。

竹叶榕/竹叶牛奶子
Ficus stenophylla

科属：桑科榕属

产地：产于我国福建、台湾、浙江、湖南、湖北、广东、海南、广西、贵州，越南北部和泰国北部也有分布。常生于沟旁堤岸边。

笔管榕
Ficus subpisocarpa

科属：桑科榕属

产地：产于我国台湾、福建、浙江、海南、云南，缅甸、泰国、中南半岛诸国、马来西亚至琉球群岛也有分布。常见于海拔140～1400米的平原或村庄。

斜叶榕
Ficus tinctoria subsp. *gibbosa*

科属：桑科榕属

产地：产于我国台湾，琉球群岛、菲律宾、印度尼西亚也有分布。常生于低海拔沿海岛屿。

地石榴/地果、地瓜
Ficus tikoua

科属：桑科榕属

产地：产于我国湖南、湖北、广西、贵州、云南、西藏、四川、甘肃、陕西，印度、越南、老挝也有分布。常生于荒地、草坡或岩石缝中。

三角榕
Ficus triangularis

科属：桑科榕属

产地：原产于热带非洲，我国华南、西南等地有引种。

杂色榕/青果榕

Ficus variegata

科属：桑科榕属

产地：产于我国广东、海南、广西、云南，越南、泰国、印度、缅甸、马来西亚、所罗门群岛和澳大利亚均有分布。生于低海拔沟谷地区。

黄葛榕/大叶榕

Ficus virens var. *sublanceolata*

科属：桑科榕属

产地：产于我国云南、广东、海南、广西、福建、台湾、浙江，东南亚至巴布亚新几内亚、所罗门群岛和澳大利亚均有分布。

葎草/勒草、拉拉藤

Humulus scandens

科属：桑科葎草属

产地：我国除新疆、青海外，南北各地均有分布，日本、越南也有分布。常生于沟边、荒地、废墟、林缘边。

桑

Morus alba

科属：桑科桑属

产地：本种原产于我国中部和北部，现各地有栽培，朝鲜、日本、蒙古、中亚各国、俄罗斯、欧洲等地以及印度、越南均有栽培。

龙爪桑

Morus alba 'Tortuosa'

科属：桑科桑属

产地：园艺种，多用于观赏。

光叶桑/奶桑

Morus macroura

科属：桑科桑属

产地：产于我国云南、西藏等地，东南亚等地也有分布。生于海拔300～2200米的山谷或沟边热带林中向阳地区。

假鹊肾树

Streblus indicus

科属：桑科鹊肾树属

产地：产于我国广东、海南、广西、云南，印度、泰国也有分布。生于海拔650～1400米的山地林中或阴湿地区。

辣木

Moringa oleifera

科属：辣木科辣木属

产地：原产于印度，现广植于各热带地区。

象腿树

Moringa drouhardii

科属：辣木科辣木属

产地：产于热带非洲，我国华南、西南引种栽培。

阿比西尼亚红脉蕉

Ensete ventricosum

科属：芭蕉科象腿蕉属

产地：产于南非，我国华南植物园有栽培。

翠鸟蝎尾蕉

Heliconia hirsuta

科属：芭蕉科蝎尾蕉属

产地：产于夏威夷，我国华南引种栽培。

红火炬蝎尾蕉

Heliconia nickeriensis

科属：芭蕉科蝎尾蕉属

产地：园艺杂交种，我国华南有栽培。

垂花粉鸟蕉

Heliconia chartacea

科属：芭蕉科蝎尾蕉属

产地：产于热带美洲，我国云南有栽培。

火红蝎尾蕉

Heliconia densiflora 'Fire Flsah'

科属：芭蕉科蝎尾蕉属

产地：园艺种，我国华南等地引种栽培。

富红蝎尾蕉

Heliconia caribaea × *H. bihai* 'Richmond Red'

科属：芭蕉科蝎尾蕉属

产地：园艺杂交种，我国华南有栽培。

粉鸟蝎尾蕉

Heliconia collinsiana

科属：芭蕉科蝎尾蕉属

产地：产于中美洲，我国华南等地引种栽培。

显著蝎尾蕉/光亮蝎尾蕉

Heliconia illustris

科属：芭蕉科蝎尾蕉属

产地：原产地不详，我国华南有栽培。

硬毛蝎尾蕉
Heliconia hirsuta 'Darrell'

科属：芭蕉科蝎尾蕉属
产地：园艺种。

黄苞蝎尾蕉
Heliconia latispatha

科属：芭蕉科蝎尾蕉属
产地：产于热带美洲。

红箭蝎尾蕉
Heliconia latispatha 'Distans'

科属：芭蕉科蝎尾蕉属
产地：园艺种。

红鹤蝎尾蕉
Heliconia latispatha 'Red-yellow'

科属：芭蕉科蝎尾蕉属
产地：园艺种，原种产于北美洲中部至南美洲。

扇形蝎尾蕉
Heliconia lingulata

科属：芭蕉科蝎尾蕉属
产地：产于热带美洲。

金火炬蝎尾蕉
Heliconia psittacorum × *H. spathocircinata*

科属：芭蕉科蝎尾蕉属
产地：园艺种，圭亚那栽培较多。

美女蝎尾蕉
Heliconia psittacorum 'Lady'

科属：芭蕉科蝎尾蕉属
产地：园艺种，原种产于美国及巴西。

圣红蝎尾蕉
Heliconia psittacorum 'Vincent Red'

科属：芭蕉科蝎尾蕉属
产地：园艺种，原种产于美国及巴西。

百合蝎尾蕉
Heliconia psittacorum

科属：芭蕉科蝎尾蕉属
产地：产于圭亚那及哥斯达黎加。

金嘴蝎尾蕉/金鸟赫蕉
Heliconia rostrata

科属：芭蕉科蝎尾蕉属
产地：产于秘鲁、厄瓜多尔，现世界热带地区广植。

波威尔蝎尾蕉
Heliconia stricta 'Bob'

科属：芭蕉科蝎尾蕉属
产地：园艺种，原种分布于厄瓜多尔及美国。

卡尼氏蝎尾蕉
Heliconia stricta 'Carli's Sharonii'

科属：芭蕉科蝎尾蕉属
产地：园艺种，原种产于美国及哥斯达黎加。

沙龙蝎尾蕉
Heliconia stricta 'Oliveira's Sharonii'

科属：芭蕉科蝎尾蕉属
产地：园艺种，原种产于美国及哥斯达黎加。

小鸟蕉
Heliconia subulata

科属：芭蕉科蝎尾蕉属
产地：产于巴西，我国南方有栽培。

阿娜蝎尾蕉
Heliconia rauliniana

科属：芭蕉科蝎尾蕉属
产地：自然杂交种，产于墨西哥至南美洲。

小果野芭蕉
/阿加蕉、小果野蕉
Musa acuminata

科属：芭蕉科芭蕉属
产地：产于我国云南，印度、缅甸、泰国、越南，经马来西亚至菲律宾也有分布。生于海拔1200米以下阴湿的沟谷、沼泽、半沼泽及坡地上。

芭蕉/大叶芭蕉、板蕉
Musa basjoo

科属：芭蕉科芭蕉属
产地：原产于琉球群岛，秦岭淮河以南可以露地栽培，多栽培于庭院及农舍附近。

红花蕉/芭蕉红、红蕉
Musa coccinea

科属：芭蕉科芭蕉属
产地：产于我国云南，越南亦有分布。散生于海拔600米以下的沟谷及水分条件良好的山坡上。

香蕉/芎蕉
Musa nana

科属：芭蕉科芭蕉属
产地：产于我国南部，台湾、福建、广东、广西、海南以及云南均有栽培，其中尤以广东栽培最盛。

紫苞芭蕉/紫芭蕉
Musa ornata

科属：芭蕉科芭蕉属
产地：产于印度、缅甸等地，我国南方引种栽培。

甘蕉
Musa paradisiaca

科属：芭蕉科芭蕉属
产地：原产于印度、马来西亚等地，我国福建、台湾、广东、广西及云南等地均有栽培。

美叶芭蕉
Musa acuminata var. *sumatrana*

科属：芭蕉科芭蕉属
产地：产于东南亚，我国华南等地有栽培。

树头芭蕉/野芭蕉
Musa wilsonii

科属：芭蕉科芭蕉属
产地：产于我国南岭以南各地区，越南、老挝亦有分布。多生于海拔2700米以下沟谷潮湿肥沃土中。

地涌金莲/地金莲、地涌莲
Musella lasiocarpa

科属：芭蕉科地涌金莲属
产地：产于我国云南中部至西部。多生于海拔1500～2500米的山间坡地或栽于庭院内。

兰花蕉
Orchidantha chinensis

科属：芭蕉科兰花蕉属
产地：产于我国广东、广西。生于山谷中。

马来兰花蕉
Orchidantha maxillarioides

科属：芭蕉科兰花蕉属
产地：产于马来西亚，我国华南引种栽培。

旅人蕉/水树
Ravenala madagascariensis

科属：芭蕉科旅人蕉属
产地：原产于非洲马达加斯加，我国广东、台湾、福建、云南等地有栽培。

大鹤望兰/白花鹤望兰
Strelitzia nicolai

科属：芭蕉科鹤望兰属
产地：原产于非洲南部，我国台湾、广东有引种。

鹤望兰/极乐鸟
Strelitzia reginae

科属：芭蕉科鹤望兰属
产地：原产于非洲南部，我国南北方均有栽培。

夏蓝角百灵
Eremophila 'Summertime Blue'

科属：苦槛蓝科喜沙木属
产地：园艺种，我国华南植物园有栽培。

苦槛蓝/苦槛盘、海菊花
Myoporum bontioides

科属：苦槛蓝科苦槛蓝属
产地：产于我国浙江、福建、台湾、广东、香港、广西、海南，日本、越南北部沿海地区有分布。生于海滨潮汐带以上沙地或多石地灌丛中。

杨梅/山杨梅、树梅
Myrica rubra

科属：杨梅科杨梅属
产地：产于我国江苏、浙江、台湾、福建、江西、湖南、贵州、四川、云南、广西和广东，日本、朝鲜和菲律宾也有分布。生于海拔125～1500米的山坡或山谷林中。

云南风吹楠/琴叶风吹楠
Horsfieldia prainii

科属：肉豆蔻科风吹楠属
产地：产于我国云南南部至西南部，生于海拔500～800米的沟谷密林或山坡密林中。

红光树
Knema furfuracea

科属：肉豆蔻科红光树属
产地：产于我国云南，分布于中南半岛、马来半岛、印度尼西亚等地。生于海拔500～1000米山坡或沟谷阴湿的密林中。

桐花树/黑脚梗、红蒴
Aegiceras corniculatum

科属：紫金牛科蜡烛果属
产地：产于我国广西、广东、福建及南海诸岛，印度、中南半岛至菲律宾及澳大利亚南部等均有分布。生于海边潮水涨落的污泥滩上，为红树林组成树种之一。

九管血/小罗伞
Ardisia brevicaulis

科属：紫金牛科紫金牛属
产地：产于我国西南至台湾，湖北至广东。生于海拔400～1260米的密林下阴湿的地方。

朱砂根/珍珠伞、万雨金
Ardisia crenata

科属：紫金牛科紫金牛属
产地：产于我国西藏东南部至台湾，湖北至海南等地，印度，缅甸经马来半岛、印度尼西亚至日本均有分布。生于海拔90～2400米的疏、密林下阴湿的灌木丛中。

铜盆花/钝叶紫金牛
Ardisia obtusa

科属：紫金牛科紫金牛属
产地：产于我国广东及海南。生于山谷、山坡灌木丛中或疏林下，或水旁。

矮紫金牛
Ardisia humilis

科属：紫金牛科紫金牛属
产地：产于我国广东、海南。生于海拔40～1100米的山间或坡地的疏、密林下，或开阔的坡地。

虎舌红/红毛毡、红毡
Ardisia mamillata

科属：紫金牛科紫金牛属
产地：产于我国四川、贵州、云南、湖南、广西、广东、福建，越南也有分布。生于海拔500～1600米的山谷密林下，阴湿的地方。

纽子果/米汤果、黑星紫金牛
Ardisia polysticta

科属：紫金牛科紫金牛属
产地：产于我国云南、广西、海南、台湾，从印度至印度尼西亚均有分布。生于海拔300～2700米的密林下，阴湿而土壤肥厚的地方。

山血丹
/沿海紫金牛、细罗伞树
Ardisia lindleyana

科属：紫金牛科紫金牛属
产地：产于我国浙江、江西、福建、湖南、广东、广西。生于海拔270～1150米的山谷、山坡密林下、水旁和阴湿的地方。

九节龙/五托莲、矮茶子
Ardisia pusilla

科属：紫金牛科紫金牛属
产地：产于我国四川、贵州、湖南、广西、广东、江西、福建、台湾，朝鲜、日本至菲律宾也有分布。生于海拔200～700米的山间密林下、路旁、溪边阴湿的地方。

大罗伞/火炭树
Ardisia quinquegona

科属：紫金牛科紫金牛属
产地：产于我国云南、广西、广东、福建、台湾，从马来半岛至琉球群岛均有分布。生于海拔200～1000米的山坡疏、密林中，或林中溪边阴湿处。

东方紫金牛
/兰屿紫金牛、东方紫金牛
Ardisia squamulosa

科属：紫金牛科紫金牛属
产地：产于我国台湾，马来西亚至菲律宾也有分布。

雪下红/卷毛紫金牛
Ardisia villosa

科属：紫金牛科紫金牛属
产地：产于我国云南、广西、广东，越南至印度半岛东部也有分布。生于海拔500～1540米的疏、密林下石缝间，坡边或路旁阳处，亦见于荫蔽的潮湿地方。

米珍果/尖叶杜茎山
Maesa acuminatissima

科属：紫金牛科杜茎山属
产地：产于我国云南、广西、海南，越南也有分布。生于海拔100～620米的山间密林下，溪边或湿润的地方。

包疮叶/大白饭果、千年树
Maesa indica

科属：紫金牛科杜茎山属
产地：产于我国云南，印度、越南也有分布。生于海拔500～2000米的山间疏、密林下，山坡、沟底阴湿处。

杜茎山/白花茶
Maesa japonica

科属：紫金牛科杜茎山属
产地：产于我国西南至台湾以南各地区，日本及越南北部也有分布。生于海拔300～2000米的山坡或石灰山杂木林下阳处，或路旁灌木丛中。

柳叶杜茎山/柳叶空心花
Maesa salicifolia

科属：紫金牛科杜茎山属
产地：产于我国广东，生于石灰岩山坡、杂木林中、阴湿的地方。

密花树/打铁树
Rapanea neriifolia

科属：紫金牛科密花树属
产地：产于我国西南各省至台湾，缅甸、越南、日本也有分布。生于海拔650～2400米的混交林中或苔藓林中，也见于林缘、路旁等灌木丛中。

岗松
Baeckea frutescens

科属：桃金娘科岗松属
产地：产于我国福建、广东、广西及江西，分布于东南亚各地。喜生于低丘及荒山草坡与灌丛中。

美花红千层
Callistemon citrinus

科属：桃金娘科红千层属
产地：产于澳大利亚的昆士兰。

串钱柳/垂枝红千层
Callistemon viminalis

科属：桃金娘科红千层属
产地：产于澳大利亚的新南威尔士及昆士兰。

野白红千层

Callistemon viminalis 'Wilderness White'

科属：桃金娘科红千层属
产地：园艺种，原种产于澳大利亚的新南威尔士及昆士兰。

皇帝红千层/红千层属

Callistemon 'King's Park'

科属：桃金娘科
产地：园艺种，我国华南有栽培。

岩生红千层

Callistemon pearsonii 'Rocky rambler'

科属：桃金娘科红千层属
产地：园艺种，原种产于澳大利亚昆士兰。

柠檬桉

Eucalyptus citriodora

科属：桃金娘科桉属
产地：原产于澳大利亚无霜冻的海岸地带，最高海拔分布为600米。

水翁/水榕

Cleistocalyx operculatus

科属：桃金娘科水翁属
产地：产于我国广东、广西及云南，分布于中南半岛、印度、马来西亚、印度尼西亚及大洋洲等地。喜生于水边。

红果仔/番樱桃

Eugenia uniflora

科属：桃金娘科番樱桃属
产地：原产于巴西，在我国南部有少量栽培。

菲律宾番石榴

/南美稔、菲油果

Feijoa sellowiana

科属：桃金娘科南美稔属
产地：产于巴西、哥伦比亚、乌拉圭、阿根廷等地。

美丽细子木

Leptospermum brachyandrum

科属：桃金娘科细子木属
产地：产于澳大利亚的新南威尔士与昆士兰。

皇后澳洲茶

Leptospermum laevigatum 'Burgundy Queen'

科属：桃金娘科细子木属
产地：园艺种，原种产于澳大利亚及南非。

布亚斯鳞子
Leptospermum wooroonooran

科属：桃金娘科细子木属
产地：产于澳大利亚昆士兰。

麦瑞达鳞子
Leptospermum 'Merinda'

科属：桃金娘科细子木属
产地：园艺种，我国华南有栽培。

松红梅/澳洲茶
Leptospermum scoparium

科属：桃金娘科细子木属
产地：产于澳大利亚及新西兰，我国南方广泛栽培。

黄金香柳/金丝香柳、千层金
Melaleuca bracteata

科属：桃金娘科白千层属
产地：产于澳大利亚，我国南方引种栽培。

红梢白千层
Melaleuca 'Claret Tops'

科属：桃金娘科白千层属
产地：园艺种，我国华南有栽培。

白千层/千层皮
Melaleuca leucadendron

科属：桃金娘科白千层属
产地：原产于澳大利亚，我国广东、台湾、福建、广西等地均有栽种。

细花白千层
Melaleuca parviflora

科属：桃金娘科白千层属
产地：原产于澳大利亚，我国广东有栽培。

红胶木/毛刷木
Lophostemon confertus

科属：桃金娘科毛刷木属
产地：原产于澳大利亚，我国广东及广西等地栽培。

新西兰圣诞树
Metrosideros excelsa

科属：桃金娘科铁心木属
产地：产于新西兰。

嘉宝果/拟爱神木、树葡萄

Plinia cauliflora

科属：桃金娘科拟爱神木属

产地：产于巴西，我国南方有引种。

众香

Pimenta racemosa var. *racemosa*

科属：桃金娘科众香属

产地：产于西印度群岛。

番石榴

Psidium guajava

科属：桃金娘科番石榴属属

产地：原产于南美洲，我国华南各地栽培，为常见野生种。

香番石榴

Psidium guajava 'Odorata'

科属：桃金娘科番石榴属

产地：园艺种，我国华南有栽培。

桃金娘/岗棯

Rhodomyrtus tomentosa

科属：桃金娘科桃金娘属

产地：产于我国台湾、福建、广东、广西、云南、贵州及湖南最南部，中南半岛、菲律宾、日本、印度、斯里兰卡、马来西亚及印度尼西亚等地也有分布。生于丘陵坡地。

水竹蒲桃

Syzygium fluviatile

科属：桃金娘科蒲桃属

产地：产于我国广东、广西等地。常见于1000米以下的森林溪涧边。

方枝蒲桃

Syzygium globiflorum

科属：桃金娘科蒲桃属

产地：产于我国海南、广西及云南等地。生于中海拔、山谷密林中。

亨青溪蒲桃

Syzygium globiflorum 'Hinchinbrook Gold'

科属：桃金娘科蒲桃属

产地：园艺种，华南植物园有栽培。

钟花蒲桃/红鳞蒲桃

Syzygium myrtifolium

科属：桃金娘科蒲桃属

产地：原产于热带亚洲，广泛栽培。

马来蒲桃/马六甲蒲桃

Syzygium malaccense

科属：桃金娘科蒲桃属

产地：产于马来西亚。

蒲桃/蒲桃树、水葡桃

Syzygium jambos

科属：桃金娘科蒲桃属

产地：产于我国台湾、福建、广东、广西、贵州、云南等地，中南半岛、马来西亚、印度尼西亚等地也有分布。喜生于河边及河谷湿地。

洋蒲桃/莲雾

Syzygium samarangense

科属：桃金娘科蒲桃属

产地：产于马来半岛及安达曼群岛，热带地区广为栽培。

年青蒲桃

Xanthostemon youngii

科属：桃金娘科金蒲桃属

产地：产于澳大利亚。

金蒲桃/澳洲黄花树

Xanthostemon chrysanthus

科属：桃金娘科金蒲桃属

产地：产于澳大利亚昆士兰的热带雨林中。

猪笼草/猴子埕

Nepenthes mirabilis

科属：猪笼草科猪笼草属

产地：产于我国广东西部、南部，亚洲中南半岛至大洋洲北部均有产。生于海拔50～400米的沼地、路边、山腰和山顶等处的灌丛中、草地上或林下。

杂种猪笼草

Nepenthes hybrida

科属：猪笼草科猪笼草属

产地：园艺种，我国各地广泛栽培。

美丽猪笼草/辛布亚猪笼草

Nepenthes sibuyanensis

科属：猪笼草科猪笼草属

产地：产于菲律宾。

澳洲猪笼草

Nepenthes truncata ‘Red flush’

科属：猪笼草科猪笼草属

产地：园艺种，原种产于菲律宾，现我国南方引种栽培。

杂交红瓶猪笼草

Nepenthes × *ventrata*

科属：猪笼草科猪笼草属

产地：园艺种，我国引种栽培。

大猪笼草
Nepenthes 'Miranda'

科属：猪笼草科猪笼草属
产地：园艺种，我国引种栽培。

绿叶白苞光叶子花
/宝巾、簕杜鹃、二角花
Bougainvillea glabra 'Shweta'

科属：紫茉莉科叶子花属
产地：原产于巴西，我国南北方均有栽培。

叶子花/毛宝巾、九重葛
Bougainvillea spectabilis

科属：紫茉莉科叶子花属
产地：原产于热带美洲，我国南北方广泛栽培。

白斑蓝莓叶子花
Bougainvillea 'Blueberry Ice'

科属：紫茉莉科叶子花属
产地：园艺种，我国南方引种栽培。

绿叶橙红苞叶子花
Bougainvillea 'Mrs. McLean'

科属：紫茉莉科叶子花属
产地：园艺种，我国南方引种栽培。

金心紫白双色叶子花
Bougainvillea 'Thimma'

科属：紫茉莉科叶子花属
产地：园艺种，我国南方引种栽培。

紫茉莉/胭脂花、夜饭花
Mirabilis jalapa

科属：紫茉莉科紫茉莉属
产地：原产于热带美洲，我国南北各地常栽培，有时逸为野生。

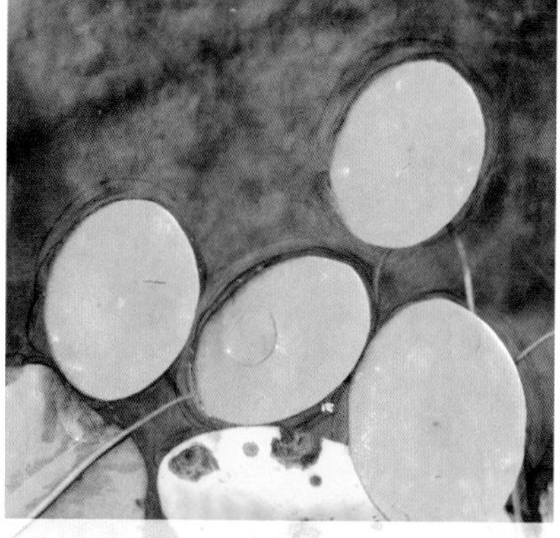

莼菜/水案板
Brasenia schreberi

科属：睡莲科莼属
产地：产于我国江苏、浙江、江西、湖南、四川、云南，俄罗斯、日本、印度、美国、加拿大、大洋洲东部及非洲西部均有分布。生在池塘、河湖或沼泽。

芡实/鸡头米、鸡头莲
Euryale ferox

科属：睡莲科芡属
产地：产于我国南北各省，从黑龙江至云南、广东。生在池塘、湖沼中。

荷花/莲、芙蕖
Nelumbo nucifera

科属：睡莲科莲属
产地：产于我国南北各省，俄罗斯、朝鲜、日本、印度、越南、亚洲南部和大洋洲均有分布。自生或栽培在池塘或水田内。

日本荷根/日本萍蓬草

Nuphar japonicum

科属：睡莲科萍蓬草属

产地：产于日本及韩国。

萍蓬草/萍蓬莲

Nuphar pumila

科属：睡莲科萍蓬草属

产地：产于我国黑龙江、吉林、江苏、浙江、江西、福建及广东，俄罗斯、日本、欧洲也有分布。生于湖沼中。

齿叶白睡莲/齿叶睡莲

Nymphaea lotus

科属：睡莲科睡莲属

产地：产于我国云南南部及西南部、台湾，印度、越南、缅甸、泰国也有分布。生在低山池塘中。

亚马逊王莲/王莲

Victoria amazonica

科属：睡莲科王莲属

产地：产于南美洲热带，我国南方引种栽培。

克鲁兹王莲/小王莲

Victoria cruziana

科属：睡莲科王莲属

产地：产于南美洲热带，我国南方引种栽培。

喜树/旱莲木、千丈树

Camptotheca acuminata

科属：蓝果树科喜树属

产地：产于我国江苏、浙江、福建、江西、湖北、湖南、四川、贵州、广东、广西、云南。常生于海拔1000米以下的林边或溪边。

红睡莲

Nymphaea alba 'Rubra'

科属：睡莲科睡莲属

产地：园艺种，原种产于我国河北、山东、陕西、浙江。生在池沼中。

珙桐/空桐

Davidia involucrata

科属：蓝果树科珙桐属

产地：产于我国湖北、湖南、四川、贵州和云南，生于海拔1500～2200米润湿的常绿阔叶落叶阔叶混交林中。

蓝果树/紫树

Nyssa sinensis

科属：蓝果树科蓝果树属

产地：产于我国江苏、浙江、安徽、江西、湖北、四川、湖南、贵州、福建、广东、广西、云南等地。常生于海拔300～1700米的山谷或溪边潮湿混交林中。

桂叶黄梅/金莲木

Ochna integerrima

科属：金莲木科金莲木属

产地：产于我国广东、海南和广西，印度、巴基斯坦、缅甸、泰国、马来西亚、柬埔寨和越南南部也有分布。生于海拔300～1400米谷石旁和溪边较湿润的空旷地方。

合柱金莲木/辛木

Sinia rhodoleuca

科属：金莲木科合柱金莲木属

产地：产于我国广西和广东。生于海拔1000米的山谷水旁密林中。

流苏树/四月雪、晚皮树

Chionanthus retusus

科属：木犀科流苏树属

产地：产于我国甘肃、陕西、山西、河北、河南以南至云南、四川、广东、福建、台湾，朝鲜、日本也有分布。生于海拔3000米以下的稀疏混交林中或灌丛中，或山坡、河边。

白腊

Fraxinus chinensis

科属：木犀科梣属

产地：产于我国南北各地，越南、朝鲜也有分布。多为栽培，也见于海拔800～1600米的山地杂木林中。

对节白腊/湖北梣

Fraxinus hupehensis

科属：木犀科梣属

产地：产于我国湖北，生于海拔600米以下的低山丘陵。

水曲柳/东北白蜡、东北梣

Fraxinus mandschurica

科属：木犀科梣属

产地：产于我国东北、华北、陕西、甘肃、湖北等地，朝鲜、俄罗斯、日本也有分布。生于海拔700～2100米的山坡疏林中或河谷平缓山地。

连翘/黄花杆、黄寿丹

Forsythia suspensa

科属：木犀科连翘属

产地：产于我国河北、山西、陕西、山东、安徽西部、河南、湖北、四川。生于海拔250～2200米山坡灌丛、林下或草丛中。

金钟花/迎春柳、金梅花

Forsythia viridissima

科属：木犀科连翘属

产地：产于我国江苏、安徽、浙江、江西、福建、湖北、湖南、云南西北部。生于海拔300～2600米的山地、谷地、河谷边林缘、溪沟边或山坡路旁灌丛中。

樟叶素馨

Jasminum cinnamomifolium

科属：木犀科素馨属

产地：产于我国海南、云南。生于海拔1400米以下的林中、沙地中。

扭肚藤/谢三娘

Jasminum elongatum

科属：木犀科素馨属

产地：产于我国广东、海南、广西、云南，越南、缅甸至喜马拉雅山一带也有分布。生于海拔850米以下的灌木丛、混交林及沙地。

探春/迎夏

Jasminum floridum

科属：木犀科素馨属

产地：产于我国河北、陕西、山东、河南、湖北、四川、贵州，生于海拔2000米以下的坡地、山谷或林中。

素馨

Jasminum grandiflorum

科属：木犀科素馨属

产地：产于我国云南、四川、西藏及喜马拉雅地区。生于海拔约1800米的石灰岩山地。

清香藤/川清茉莉、光清香藤

Jasminum lanceolarium

科属：木犀科素馨属

产地：产于长江流域以南各地以及台湾、陕西、甘肃，印度、缅甸、越南等国也有分布。生于海拔2200米以下的山坡、灌丛、山谷密林中。

云南素馨/云南黄素馨、金腰带

Jasminum mesnyi

科属：木犀科素馨属

产地：产于我国四川、贵州、云南，模式标本采自贵州威宁附近。生于海拔500～2600米的峡谷、林中，我国各地均有栽培。

毛茉莉

Jasminum multiflorum

科属：木犀科素馨属

产地：原产于东南亚及印度，我国及世界各地广泛栽培。

清藤仔/鸡骨香、香花藤

Jasminum nervosum

科属：木犀科素馨属

产地：产于我国台湾、广东、海南、广西、贵州、云南、西藏，印度、不丹、缅甸、越南、老挝和柬埔寨也有分布。生于海拔2000米以下的山坡、沙地、灌丛及混交林中。

迎春/迎春花

Jasminum nudiflorum

科属：木犀科素馨属

产地：产于我国甘肃、陕西、四川、云南、西藏，生于海拔800～2000米的山坡灌丛中。

厚叶素馨

Jasminum pentaneurum

科属：木犀科素馨属

产地：产于我国广东、海南、广西，越南也有分布。生于海拔900米以下的山谷、灌丛或混交林中。

茉莉/茉莉花

Jasminum sambac

科属：木犀科素馨属

产地：原产于印度，我国南方以及世界各地都广泛栽培。

光素馨/滇素馨、粉毛素馨

Jasminum subhumile

科属：木犀科素馨属

产地：产于我国云南、四川西南部，印度、尼泊尔及缅甸也有分布。生于海拔700～3300米的溪边或林中。

日本女贞

Ligustrum japonicum

科属：木犀科女贞属

产地：原产于日本，朝鲜南部也有分布。生于低海拔的林中或灌丛中。

女贞/白蜡树

Ligustrum lucidum

科属：木犀科女贞属

产地：产于我国长江以南至华南、西南各地，向西北分布至陕西、甘肃，朝鲜也有分布。生于海拔2900米以下的疏、密林中。

银白卵叶女贞

Ligustrum ovalifolium 'Argenteum'

科属：木犀科女贞属

产地：园艺种，原种产于日本，我国庭院内有栽培。

小叶女贞

Ligustrum quihoui

科属：木犀科女贞属

产地：产于我国陕西、山东、江苏、安徽、浙江、江西、河南、湖北、四川、贵州、云南、西藏。生于海拔100～2500米的沟边、路旁或河边灌丛中。

山指甲/小蜡

Ligustrum sinense

科属：木犀科女贞属

产地：产于我国中南部，越南也有分布。生于海拔200～2600米山坡、山谷、溪边、河旁、路边的密林、疏林或混交林中。

花叶山指甲

Ligustrum sinense 'Variegatum'

科属：木犀科女贞属

产地：园艺种，我国华南、西南有栽培。

金叶女贞

Ligustrum × vicaryi

科属：木犀科女贞属

产地：园艺杂交种，我国华东、华中、华南等地有栽培。

油橄榄/木犀榄

Olea europaea

科属：木犀科木犀榄属

产地：可能原产于小亚细亚，后广植于地中海地区，现全球亚热带地区都有栽培。

尖叶木犀榄/锈鳞木犀榄

Olea ferruginea

科属：木犀科木犀榄属

产地：产于我国云南，印度、巴基斯坦、阿富汗、喀什米尔等地也有分布。生于海拔600～2800米的林中或河畔灌丛。

桂花/木犀

Osmanthus fragrans

科属：木犀科木犀属

产地：原产于我国西南部，现各地广泛栽培。

三色柊树

Osmanthus heterophyllus 'Tricolor'

科属：木犀科木犀属

产地：产于我国台湾及日本，华东等地有栽培。

花叶丁香/裂叶丁香、波斯丁香

Syringa × *persica*

科属：木犀科丁香属

产地：园艺杂交种，现我国北方有栽培。

华北紫丁香/紫丁香

Syringa oblata

科属：木犀科丁香属

产地：产于我国东北、华北、西北至西南达四川西北部。生于海拔300～2400米的山坡丛林、山沟溪边、山谷路旁及滩地水边。

白丁香/白花丁香

Syringa oblata var. *alba*

科属：木犀科丁香属

产地：我国长江流域以北普遍栽培。

暴马丁香/荷花丁香、暴马子

Syringa reticulata subsp. *amurensis*

科属：木犀科丁香属

产地：产于我国黑龙江、吉林、辽宁，俄罗斯远东地区和朝鲜也有分布。生于海拔10～1200米的山坡灌丛、林边、草地、沟边或针阔混交林中。

关东丁香/关东巧玲花

Syringa pubescens subsp. *patula*

科属：木犀科丁香属

产地：产于我国辽宁、吉林长白山区，朝鲜也有分布。生于海拔300～1200米的山坡草地、灌丛、林下或岩石坡。

欧洲丁香/洋丁香

Syringa vulgaris

科属：木犀科丁香属

产地：原产于东南欧，我国华北各省普遍栽培。

辽东丁香

Syringa wolfii

科属：木犀科丁香属

产地：产于我国黑龙江、吉林、辽宁，朝鲜也有分布。生于海拔500～1600米的山坡杂木林中、灌丛中、林缘、河边或针阔混交林中。

什锦丁香

Syringa × chinensis

科属：木犀科丁香属
产地：原产于欧洲，我国有栽培。

云南丁香

Syringa yunnanensis

科属：木犀科丁香属
产地：产于我国云南、四川、西藏。生于海拔2000～3900米的山坡灌丛、林下、沟边或河滩地。

柳兰/铁筷子、火烧兰

Epilobium angustifolium

科属：柳叶菜科柳叶菜属
产地：产于我国黑龙江、吉林、内蒙古、河北、山西、宁夏、甘肃、青海、新疆、四川、云南、西藏，也广布于北温带与寒带地区。生于500～4700米的山区半开阔或开阔较湿润草坡灌丛、火烧迹地、高山草甸、河滩、砾石坡。

柳叶菜/鸡脚参

Epilobium hirsutum

科属：柳叶菜科柳叶菜属
产地：广布于我国温带与热带地区，广布于欧亚大陆与非洲温带。生于海拔150～3500米的河谷、溪流河床沙地、石砾地或沟边、湖边向阳湿处。

古代稀

Clarkia amoena

科属：柳叶菜科克拉花属
产地：产于北美西部。生于沿海丘陵及山区。

山桃草/白桃花

Gaura lindheimeri

科属：柳叶菜科山桃草属
产地：原产于北美，我国引种栽培，在部分地区逸为野生。

红花山桃草

Gaura 'Siskiyou Pink'

科属：柳叶菜科
产地：园艺种，我国华东、西南有栽培。

倒挂金钟/吊钟海棠、灯笼花

Fuchsia hybrida

科属：柳叶菜科倒挂金钟属
产地：园艺杂交种，园艺品种很多，广泛栽培于全世界。

短筒倒挂金钟

Fuchsia magellanica

科属：柳叶菜科倒挂金钟属
产地：产于阿根廷南部及智利。

水龙/过塘蛇、猪肥草
Ludwigia adscendens

科属：柳叶菜科丁香蓼属

产地：产于我国福建、江西、湖南、广东、香港、海南、广西、云南，东南亚至澳大利亚北部也有分布。生于海拔100～1500米的水田、浅水塘。

叶底红
Ludwigia palustris

科属：柳叶菜科丁香蓼属

产地：产于北美，我国南方有栽培。

卵叶丁香蓼/卵叶水丁香
Ludwigia ovalis

科属：柳叶菜科丁香蓼属

产地：产于我国安徽、江苏、浙江、江西、湖南、福建、台湾，日本也有分布。生于海拔40～200米的塘湖边、田边、沟边、草坡、沼泽湿润处。

黄花水龙
Ludwigia peploides subsp. *stipulacea*

科属：柳叶菜科丁香蓼属

产地：产于我国浙江、福建与广东东部，日本也有分布。生于海拔50～200米的运河、池塘、水田湿地。

毛草龙/水丁香
Ludwigia octovalvis

科属：柳叶菜科丁香蓼属

产地：产于我国江西、浙江、福建、台湾、广东、香港、海南、广西、云南，亚洲、非洲、大洋洲、南美洲、太平洋岛屿热带与亚热带地区也有分布。生于海拔750米以下的田边、湖塘边、沟谷旁及开阔湿润处。

草龙/细叶水丁香
Ludwigia hyssopifolia

科属：柳叶菜科丁香蓼属

产地：产于我国台湾、广东、香港、海南、广西、云南南部，东南亚至澳大利亚，西达热带非洲也有分布。生于海拔50～750米的田边、水沟、河滩、塘边、湿草地等湿润向阳处。

月见草/山芝麻、夜来香
Oenothera biennis

科属：柳叶菜科月见草属

产地：原产于北美，我国东北、华北、华东、西南有栽培，并早已逸生，常生于开阔的荒坡路旁。

海滨月见草/海芙蓉
Oenothera drummondii

科属：柳叶菜科月见草属

产地：原产于美国大西洋海岸与墨西哥湾海岸，我国福建、广东等地有栽培，并在沿海海滨野化。

粉花月见草
Oenothera rosea

科属：柳叶菜科月见草属

产地：原产于美国至墨西哥，在我国南方地区逸为野生。生于海拔1000～2000米的荒地、草地、沟边半阴处。

美丽月见草
Oenothera speciosa

科属：柳叶菜科月见草属

产地：产于北美洲，我国南方引种栽培。

多花脆兰
Acampe rigida

科属：兰科脆兰属

产地：产于我国华南及西南等地，东南亚也有分布。生于海拔560～1600米的林中树干上或林下岩石上。

坛花兰/钟馗兰、台湾坛花兰
Acanthephippium sylhetense

科属：兰科坛花兰属

产地：产于我国台湾和云南，地生兰，东南亚也有分布。生于海拔540～800米的密林下或沟谷林下阴湿处。

指甲兰
Aerides falcata

科属：兰科指甲兰属

产地：产于我国云南东南部，东南亚也有分布。生于山地常绿阔叶林中树干上。

香花指甲兰
Aerides odorata

科属：兰科指甲兰属

产地：产于喜马拉雅地区、越南、马来西亚及印度尼西亚一带。多附生于树上。

多花指甲兰
Aerides rosea

科属：兰科指甲兰属

产地：产于我国广西、贵州、云南等地，东南亚也有分布。生于海拔320～1530米的山地林缘或山坡疏生的常绿阔叶林中树干上。

大武夷兰
Angraecum sesquipedale

科属：兰科武夷兰属

产地：产于马达加斯加。生于海拔100米以下的森林树干上。

维奇风兰
Angraecum Veitchii

科属：兰科武夷兰属

产地：园艺种。

滇南开唇兰
Anoectochilus burmannicus

科属：兰科开唇兰属

产地：产于我国云南，缅甸、老挝、泰国也有分布。生于海拔1050～2150米的山坡或沟谷常绿阔叶林下阴湿处。

艳丽齿唇兰
Anoectochilus moulmeinensis

科属：兰科开唇兰属

产地：产于我国广西、四川、贵州、云南、西藏等地，缅甸、泰国也有分布。生于海拔450～2200米的山坡或沟谷密林下阴处。

金线兰
Anoectochilus roxburghii

科属：兰科开唇兰属

产地：产于我国中南部，日本及东南亚也有分布。生于海拔50～1600米的常绿阔叶林下或沟谷阴湿处。

竹叶兰
Arundina graminifolia

科属：兰科竹叶兰属

产地：产于我国华东、华中、华南及西南等地，东南亚及琉球群岛也有分布。生于海拔400～2800米的草坡、溪谷旁、灌丛下或林中。

鸟舌兰
Ascocentrum ampullaceum

科属：兰科鸟舌兰属

产地：产于我国云南，东南亚也有分布。生于海拔1100～1500米的常绿阔叶林中树干上。

小鸟舌兰
Ascocentrum garayi

科属：兰科鸟舌兰属

产地：产于印度、老挝、泰国、越南、爪哇、马来西亚及菲律宾等地。生于海拔1200米以上潮湿森林中。

白及
Bletilla striata

科属：兰科白及属

产地：产于我国陕西、甘肃、江苏、安徽、浙江、江西、福建、湖北、湖南、广东、广西、四川和贵州，朝鲜及日本也有分布。生于海拔100～3200米的常绿阔叶林下，栎树林或针叶林下、路边草丛或岩石缝中。

疣点长萼兰
Brassia verrucosa

科属：兰科长萼兰属

产地：产于墨西哥、危地马拉、伯利兹、萨尔瓦多、洪都拉斯、尼加拉瓜、哥斯达黎加、委瑞内拉及巴西等地。生于海拔900～2400米的林中。

芳香石豆兰
Bulbophyllum ambrosia

科属：兰科石豆兰属
产地：产于我国福建、广东、海南、香港、广西、云南，越南也有分布。生于海拔达1300米的山地林中树干上。

梳帽卷瓣兰
Bulbophyllum andersonii

科属：兰科石豆兰属
产地：产于我国广西、四川、贵州、云南，印度、缅甸、越南也有分布。生于海拔400～2000米的山地林中树干上或林下岩石上。

蟑螂石豆兰/布鲁氏豆兰
Bulbophyllum blumei

科属：兰科石豆兰属
产地：产于新几内亚、马来西亚、印度尼西亚等地。

鹅豆兰
Bulbophyllum grandiflorum

科属：兰科石豆兰属
产地：产于印度尼西亚及新几内亚等地。

广东石豆兰
Bulbophyllum kwangtungense

科属：兰科石豆兰属
产地：产于我国浙江、福建、江西、湖北、湖南、广东、香港、广西、贵州、云南。通常生于海拔约800米的山坡林下岩石上。

罗比石豆兰
Bulbophyllum lobbii

科属：兰科石豆兰属
产地：产于印度尼西亚、马来西亚及婆罗洲。生于海拔200～2000米的林中枝干上。

钩梗石豆兰
Bulbophyllum nigrescens

科属：兰科石豆兰属
产地：产于我国云南，泰国、越南也有分布。生于海拔800～1500米的山地常绿阔叶林中树干上。

长红蝉/长红蝉石豆兰
Bulbophyllum longisepalum

科属：兰科石豆兰属
产地：产于新几内亚。

密花石豆兰
Bulbophyllum odoratissimum

科属：兰科石豆兰属
产地：产于我国福建、广东、香港、广西、四川、云南、西藏，东南亚也有分布。生于海拔200～2300米的混交林中树干上或山谷岩石上。

领带兰/蝴蝶石豆兰

Bulbophyllum phalaenopsis

科属：兰科石豆兰属

产地：产于新几内亚。生于海拔500米的林中。

带叶卷瓣兰

Bulbophyllum taeniophyllum

科属：兰科石豆兰属

产地：产于我国云南，东南亚也有分布。生于海拔约800米的密林中树干上。

伞花卷瓣兰/伞形卷瓣兰

Bulbophyllum umbellatum

科属：兰科石豆兰属

产地：产于我国台湾、四川、云南、西藏，尼泊尔、不丹、印度、缅甸、泰国、越南也有分布。生于海拔1000～2200米的山地林中树干上。

等萼石豆兰/等萼卷瓣兰

Bulbophyllum violaceolabellum

科属：兰科石豆兰属

产地：产于我国云南，老挝也有分布。生于海拔约700米的石灰山疏林中树干上。

双叶卷瓣兰

Bulbophyllum wallichii

科属：兰科石豆兰属

产地：产于我国云南，分布于印度、尼泊尔、不丹、缅甸、泰国、越南等地。生于海拔1400～1500米的山坡林中树干上。

泽泻虾脊兰

Calanthe alismaefolia

科属：兰科虾脊兰属

产地：产于我国台湾、湖北、四川、云南和西藏，印度、越南、日本也有分布。生于海拔800～1700米的常绿阔叶林下。

流苏虾脊兰/高山虾脊兰、羽唇根节兰

Calanthe alpina

科属：兰科虾脊兰属

产地：产于我国陕西、甘肃、台湾、四川、云南和西藏，印度及日本也有分布。生于海拔1500～3500米的山地林下和草坡上。

银带虾脊兰

Calanthe argenteo-striata

科属：兰科虾脊兰属

产地：产于我国广东、广西、贵州和云南。生于海拔500～1200米山坡林下的岩石空隙或覆土的石灰岩面上。

虾脊兰

Calanthe discolor

科属：兰科虾脊兰属

产地：产于我国浙江、江苏、福建、湖北、广东和贵州，日本也有分布。生于海拔780～1500米的常绿阔叶林下。

长距虾脊兰

Calanthe sylvatica

科属：兰科虾脊兰属

产地：产于我国台湾、广东、香港、广西、云南和西藏，东南亚至南部非洲和马达加斯加也有分布。生于海拔800～2000米的山坡林下或山谷河边等阴湿处。

三棱虾脊兰
Calanthe tricarinata

科属：兰科虾脊兰属
产地：产于我国陕西、甘肃、台湾、湖北、四川、贵州、云南和西藏，东南亚及日本也有分布。生于海拔1600～3500米的山坡草地上或混交林下。

无距虾脊兰
Calanthe tsoongiana

科属：兰科虾脊兰属
产地：产于我国浙江、江西、福建、贵州。生于海拔450～1450米的山坡林下、路边和阴湿岩石上。

Cattleya Aloha Case

科属：兰科卡特兰属
产地：园艺种。

Cattleya guatemalensis × auatemalensis

科属：兰科卡特兰属
产地：园艺种。

白花中型卡特兰
Cattleya intermedia var. *alba*

科属：兰科卡特兰属
产地：产于巴西、乌拉圭、阿根廷，附生于大西洋沿岸的森林中。

太浩玫瑰卡特兰
Cattleya Tahoe Rose

科属：兰科卡特兰属
产地：园艺种。

独花兰
Changnienia amoena

科属：兰科独花兰属
产地：产于我国陕西、江苏、安徽、浙江、江西、湖北、湖南和四川。生于海拔400～1800米疏林下腐殖质丰富的土壤上或沿山谷荫蔽的地方。

头蕊兰/长叶头蕊兰
Cephalanthera longifolia

科属：兰科头蕊兰属
产地：产于我国山西、陕西、甘肃、河南、湖北、四川、云南和西藏，广泛分布于欧洲、中亚、北非至喜马拉雅地区。生于海拔1000～3300米的林下、灌丛中、沟边或草丛中。

云南叉柱兰
Cheirostylis yunnanensis

科属：兰科叉柱兰属
产地：产于我国湖南、广东、海南、广西、四川、贵州、云南，越南也有分布。生于海拔200～1100米的山坡或沟旁林下阴处地上或覆有土的岩石上。

长叶隔距兰
Cleisostoma fuerstenbergianum

科属：兰科隔距兰属
产地：产于我国贵州、云南，老挝、越南、柬埔寨、泰国也有分布。生于海拔690～2000米的山地常绿阔叶林中树干上。

大序隔距兰
Cleisostoma paniculatum

科属：兰科隔距兰属
产地：产于我国江西、福建、台湾、广东、香港、海南、广西、四川、贵州、云南等地，泰国、越南、印度也有分布。生于海拔240～1240米的常绿阔叶林中树干上或沟谷林下岩石上。

红花隔距兰
Cleisostoma williamsonii

科属：兰科隔距兰属
产地：产于我国广东、海南、广西、贵州、云南，东南亚也有分布。生于海拔300～2000米的山地林中树干上或山谷林下岩石上。

Clowesia Jumbo Grace

科属：兰科飘唇兰属
产地：园艺种。

贝母兰/毛唇贝母兰
Coelogyne cristata

科属：兰科贝母兰属
产地：产于我国西藏，尼泊尔、印度也有分布。生于林缘大岩石上，海拔1700～1800米。

流苏贝母兰
Cleisostoma williamsonii

科属：兰科贝母兰属
产地：产于我国江西、广东、海南、广西、云南、西藏，越南、老挝、柬埔寨、泰国、马来西亚和印度东北部也有分布。生于海拔500～1200米的溪旁岩石上或林中、林缘树干上。

栗鳞贝母兰
Coelogyne flaccida

科属：兰科贝母兰属
产地：产于我国贵州、广西和云南，东南亚也有分布。生于海拔约1600米林中树上。

Coelogyne glandulosa

科属：兰科贝母兰属
产地：产于印度南部。生于海拔1000～2000米的森林中。

疣鞘贝母兰/黄绿贝母
Coelogyne schultesii

科属：兰科贝母兰属
产地：产于我国云南。生于海拔1200～2000米林中树上或岩石上。

Coelogyne usitana

科属：兰科贝母兰属
产地：生于海拔800米左右的菲律宾棉兰老岛上。

禾叶贝母兰
Coelogyne viscosa

科属：兰科贝母兰属
产地：产于我国云南，东南亚也有分布。生于海拔1500~2000米的林下岩石上。

绿鹅颈兰
Cycnoches chlorochilon

科属：兰科鹅颈兰属
产地：产于巴拿马、哥伦比亚及委内瑞拉等地。生于海拔400~850米的森林中。

杜鹃兰
Cremastra appendiculata

科属：兰科杜鹃兰属
产地：产于我国山西、陕西、甘肃、江苏、安徽、浙江、江西、台湾、河南、湖北、湖南、广东、四川、贵州、云南和西藏，东南亚及日本也有分布。生于海拔500~2900米的林下湿地或沟边湿地上。

硬叶兰
Cymbidium bicolor

科属：兰科兰属
产地：产于我国华南及西南地区，东南亚也有分布。生于海拔1600米以下林中或灌木林中的树上。

纹瓣兰
Cymbidium aloifolium

科属：兰科兰属
产地：产于我国华南及西南地区，从斯里兰卡北至尼泊尔，东至印度尼西亚爪哇也有分布。生于海拔100~1100米的疏林中或灌木丛中树上或溪谷旁岩壁上。

黄鹅颈兰
Cycnoches herrenhusanum

科属：兰科鹅颈兰属
产地：产于厄瓜多尔、哥伦比亚等地。生于海拔50~210米的森林中。

独占春
Cymbidium eburneum

科属：兰科兰属
产地：产于我国海南、广西和云南，尼泊尔、印度、缅甸也有分布。生于溪谷旁岩石上。

建兰/四季兰

Cymbidium ensifolium

科属：兰科兰属

产地：产于我国中南部，广泛分布于东南亚和南亚各国，北至日本。生于海拔600～1800米的疏林下、灌丛中、山谷旁或草丛中。

惠兰碧蕊

Cymbidium faberi 'Birui'

科属：兰科兰属

产地：园艺种，原种产于我国中南部，尼泊尔、印度北部也有分布。生于海拔700～3000米湿润但排水良好的透光处。

惠兰楚色牡丹

Cymbidium faberi 'Chusemudan'

科属：兰科兰属

产地：园艺种。

惠兰大一品

Cymbidium faberi 'Dayipin'

科属：兰科兰属

产地：园艺种。

蕙兰端蕙梅

Cymbidium faberi 'Duanhuimei'

科属：兰科兰属

产地：园艺种。

惠兰风华

Cymbidium faberi 'Fenghua'

科属：兰科兰属

产地：园艺种。

惠兰荷仙碧玉

Cymbidium faberi 'Hexianbiyu'

科属：兰科兰属

产地：园艺种。

惠兰荷仙鼎

Cymbidium faberi 'Hexianding'

科属：兰科兰属

产地：园艺种。

惠兰皇梅

Cymbidium faberi 'Huangmei'

科属：兰科兰属

产地：园艺种。

蕙兰虎头三星蝶
Cymbidium faberi 'Hutousanxingdie'

科属：兰科兰属
产地：园艺种。

惠兰凌云
Cymbidium faberi 'Lingyun'

科属：兰科兰属
产地：园艺种。

蕙兰卢氏雄狮
Cymbidium faberi 'Lushixiongshi'

科属：兰科兰属
产地：园艺种。

春兰大富荷
Cymbidium goeringii 'Dafuhe'

科属：兰科兰属
产地：园艺种。

惠兰新科
Cymbidium faberi 'Xinke'

科属：兰科兰属
产地：园艺种。

惠兰欣玉
Cymbidium faberi 'Xinyu'

科属：兰科兰属
产地：园艺种。

蕙兰西子牡丹
Cymbidium faberi 'Xizimudan'

科属：兰科兰属
产地：园艺种。

多花兰
Cymbidium floribundum

科属：兰科兰属
产地：产于我国中南部。生于海拔100~3300米的林中或林缘树上，或溪谷旁透光的岩石上或岩壁上。

春兰飞天凤凰
Cymbidium goeringii 'Feitianfenghuang'

科属：兰科兰属
产地：园艺种。

春兰桂圆梅
Cymbidium goeringii 'Guiyuanmei'

科属：兰科兰属
产地：园艺种。

春兰黑旋风
Cymbidium goeringii 'Heixuanfeng'

科属：兰科兰属
产地：园艺种。

春兰华夏红花

Cymbidium goeringii 'Huaxiahonghua'

科属：兰科兰属
产地：园艺种。

春兰朱金花

Cymbidium goeringii 'Zhujinhua'

科属：兰科兰属
产地：园艺种。

春兰老蕊蝶

Cymbidium goeringii 'Laoruidie'

科属：兰科兰属
产地：园艺种，原种产于我国中南部，日本与朝鲜半岛也有分布。生于海拔300～3000米的多石山坡、林缘、林中透光处。

春兰神花

Cymbidium goeringii 'Shenhua'

科属：兰科兰属
产地：园艺种。

春兰玉树临风

Cymbidium goeringii 'Yushulinfeng'

科属：兰科兰属
产地：园艺种。

春兰龙字

Cymbidium goeringii 'Longzi'

科属：兰科兰属
产地：园艺种。

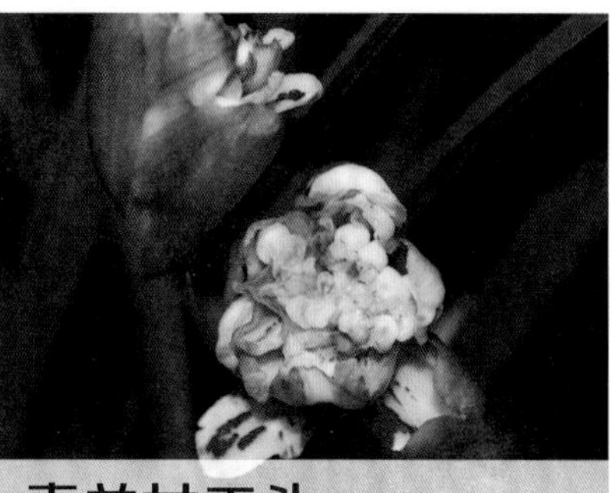

春兰女王头

Cymbidium goeringii 'Nvwangtou'

科属：兰科兰属
产地：园艺种。

春兰紫阳素

Cymbidium goeringii 'Ziyangsu'

科属：兰科兰属
产地：园艺种。

春剑二龙聚鼎

Cymbidium goeringii var. *longibracteatum* 'Erlongjuding'

科属：兰科兰属

产地：园艺种。

春剑绿荷

Cymbidium goeringii var. *longibracteatum* 'Lvhe'

科属：兰科兰属

产地：园艺种，变种春剑产于我国四川、贵州和云南。生于海拔1000～2500米的杂木丛生的山坡上多石之地。

春剑天玺梅

Cymbidium goeringii var. *longibracteatum* 'Tianximei'

科属：兰科兰属

产地：园艺种。

春剑仙桃梅

Cymbidium goeringii var. *longibracteatum* 'Xiantaomei'

科属：兰科兰属

产地：园艺种。

豆瓣兰高原红

Cymbidium goeringii var. *serratum* 'Gaoyuanhong'

科属：兰科兰属

产地：园艺种。

豆瓣兰红嘴鹦鹉

Cymbidium goeringii var. *serratum* 'Hongzuiyingwu'

科属：兰科兰属

产地：园艺种。

寒兰

Cymbidium kanran

科属：兰科兰属

产地：产于我国中南部，日本和朝鲜半岛也有分布。生于海拔400～2400米的林下、溪谷旁或稍荫蔽、湿润、多石之土壤上。

美花兰

Cymbidium insigne

科属：兰科兰属

产地：产于我国海南，越南与泰国也有分布。生于海拔1700～1850米的疏林中多石草丛中或岩石上或潮湿、多苔藓岩壁上。

虎头兰/青蝉兰

Cymbidium hookerianum

科属：兰科兰属

产地：产于我国广西、四川、贵州、云南和西藏等地，东南亚也有分布。生于海拔1100～2700米的林中树上或溪谷旁岩石上。

兔耳兰
Cymbidium lancifolium

科属：兰科兰属
产地：产于我国中南部，自喜马拉雅地区至东南亚以及日本南部和新几内亚岛均有分布。生于海拔300～2200米的疏林下、竹林下、林缘、阔叶林下或溪谷旁的岩石上、树上、地上。

碧玉兰
Cymbidium lowianum

科属：兰科兰属
产地：产于我国云南，缅甸和泰国也有分布。生于海拔1300～1900米的林中树上或溪谷旁岩壁上。

大花蕙兰开心果
Cymbidium Dorothy Stockstill 'Forgotten Fruits'

科属：兰科兰属
产地：园艺杂交种。

大花蕙兰黄金小神童
Cymbidium Golden Elf 'Sundust'

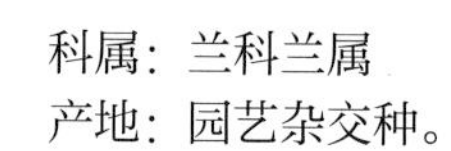

科属：兰科兰属
产地：园艺杂交种。

大花蕙兰龙袍
Cymbidium 'NachiYellow'

科属：兰科兰属
产地：园艺杂交种。

大花蕙兰爱神
Cymbidium Khai Loving Fantasy 'More Je Taime'

科属：兰科兰属
产地：园艺杂交种。

大花蕙兰漫月
Cymbidium Mighty Tracey 'Moon Walk'

科属：兰科兰属
产地：园艺杂交种。

大花蕙兰绿洲
Cymbidium Pearl Dawson 'Procyon'

科属：兰科兰属
产地：园艺杂交种。

大花蕙兰亚洲宝石
Cymbidium Ruby Sarah 'Gem Stone'

科属：兰科兰属
产地：园艺杂交种。

大花蕙兰冰瀑
Cymbidium Sarah Jean 'Ice Cascade'

科属：兰科兰属
产地：园艺杂交种。

大花蕙兰纯色记忆
Cymbidium Seaside Star 'Pure Memory'

科属：兰科兰属
产地：园艺杂交种。

软剑白墨
Cymbidium sinense 'Ruanjianbaimo'

科属：兰科兰属
产地：园艺种。

企剑白墨
Cymbidium sinense 'Qijianbaimo'

科属：兰科兰属
产地：园艺种，原种产于我国中南部，东南亚及琉球群岛也有分布。生于海拔300～2000米林下、灌木林中或溪谷旁湿润但排水良好的荫蔽处。

墨兰文山佳龙
Cymbidium sinense 'Wengshanjialong'

科属：兰科兰属
产地：园艺种。

墨兰小香
Cymbidium sinense 'Xiaoxiang'

科属：兰科兰属
产地：园艺种。

莲瓣兰滇梅
Cymbidium tortisepalum 'Dianmei'

科属：兰科兰属
产地：园艺种，原种产于台湾与云南西部。生于海拔800～2000米草坡或透光的林中或林缘。

莲瓣兰丽江新蝶
Cymbidium tortisepalum 'Lijiangxindie'

科属：兰科兰属
产地：园艺种。

莲瓣兰红素
Cymbidium tortisepalum 'Hongsu'

科属：兰科兰属
产地：园艺种。

莲瓣兰黄金海岸
Cymbidium tortisepalum 'Huangjinhaian'

科属：兰科兰属
产地：园艺种。

莲瓣兰素冠荷鼎

Cymbidium tortisepalum 'Suguaheding'

科属：兰科兰属

产地：园艺种。

虎头兰杂交种

Cymbidium tracyanum × *eburneum*

科属：兰科兰属

产地：为我国西藏虎头兰与独占春的杂交种。

文山红柱兰

Cymbidium wenshanense

科属：兰科兰属

产地：产于我国云南。生于林中树干上。

黄花杓兰

Cypripedium flavum

科属：兰科杓兰属

产地：产于我国甘肃南部、湖北西部（房县）、四川、云南西北部和西藏东南部，模式标本采于四川。生于海拔1800～3450米的林下、林缘、灌丛中或草地上多石湿润之地。

扇脉杓兰

Cypripedium japonicum

科属：兰科杓兰属

产地：产于我国陕西、甘肃、安徽、浙江、江西、湖北、湖南、四川和贵州。生于海拔1000～2000米的林下、灌木林下、林缘、溪谷旁、荫蔽山坡等湿润和腐殖质丰富的土壤上。

大花杓兰

Cypripedium macranthum

科属：兰科杓兰属

产地：产于我国黑龙江、吉林、辽宁、内蒙古、河北、山东和台湾，日本、朝鲜半岛和俄罗斯也有分布。生于海拔400～2400米的林下、林缘或草坡上腐殖质丰富和排水良好之地。

离萼杓兰

Cypripedium plectrochilum

科属：兰科杓兰属

产地：产于我国湖北、四川、云南和西藏，缅甸也有分布。生于海拔2000～3600米的林下、林缘、灌丛中或草坡上多石之地。

西藏杓兰

Cypripedium tibeticum

科属：兰科杓兰属

产地：产于我国甘肃、四川、贵州、云南和西藏，不丹和锡金也有分布。生于海拔2300～4200米的透光林下、林缘、灌木坡地、草坡或乱石地上。

云南杓兰

Cypripedium yunnanense

科属：兰科杓兰属

产地：产于我国四川、云南和西藏。生于海拔2700～3800米的松林下、灌丛中或草坡上。

Dendrobium Gracillimum

科属：兰科石斛属
产地：园艺种。

剑叶石斛

Dendrobium acinaciforme

科属：兰科石斛属
产地：产于我国福建、香港、海南、广西及云南等地，东南亚也有分布。生于海拔850～1270米的山地林缘树干上和林下岩石上。

钩状石斛

Dendrobium aduncum

科属：兰科石斛属
产地：产于我国湖南、广东、香港、海南、广西、贵州、云南等地，东南亚也有分布。生于海拔700～1000米的山地林中树干上。

紫晶舌石斛

Dendrobium amethystoglossum

科属：兰科石斛属
产地：产于菲律宾，分布于海拔1000米左右山区的树干上。

檀香石斛/卓花石斛

Dendrobium anosmum

科属：兰科石斛属
产地：主要分布于东南亚各国，多生于海拔200～1000米的林中树干上。

兜唇石斛

Dendrobium aphyllum

科属：兰科石斛属
产地：产于我国广西、贵州、云南等地，东南亚也有分布。生于海拔400～1500米的疏林中树干上或山谷的岩石上。

线叶石斛/金草石斛

Dendrobium aurantiacum

科属：兰科石斛属
产地：产于我国台湾、四川、云南等地，印度、缅甸也有分布。生于海拔2600米的高山阔叶林中树干上。

长苞石斛

Dendrobium bracteosum

科属：兰科石斛属
产地：产于新几内亚。

长苏石斛

Dendrobium brymerianum

科属：兰科石斛属
产地：产于我国云南，泰国、缅甸、老挝也有分布。生于海拔1100～1900米的山地林缘树干上。

短棒石斛/丝梗石斛

Dendrobium capillipes

科属：兰科石斛属
产地：产于我国云南，分布于印度、缅甸、泰国、老挝、越南。生于海拔900～1450米的常绿阔叶林内树干上。

头状石斛
Dendrobium capituliflorum

科属：兰科石斛属
产地：产于新几内亚及所罗门群岛。生于海拔750米左右的林中及低地热带草原的树干上。

翅萼石斛
Dendrobium cariniferum

科属：兰科石斛属
产地：产于我国云南，东南亚也有分布。生于海拔1100～1700米的山地林中树干上。

喉红石斛
Dendrobium christyanum

科属：兰科石斛属
产地：产于我国云南，印度、泰国、缅甸及越南也有分布。生于海拔850米左右的山地林缘树干上。

束花石斛
Dendrobium chrysanthum

科属：兰科石斛属
产地：产于我国广西、贵州、云南、西藏等地，东南亚也有分布。生于海拔700～2500米的山地密林中树干上或山谷阴湿的岩石上。

鼓槌石斛
Dendrobium chrysotoxum

科属：兰科石斛属
产地：产于我国云南，东南亚也有分布。生于海拔520～1620米阳光充足的常绿阔叶林中树干上或疏林下的岩石上。

栗斑鼓槌石斛
Dendrobium chrysotoxum var. *suavissimum*

科属：兰科石斛属
产地：鼓槌石斛变种，与鼓槌石斛的区别在于唇瓣带有栗色斑块。

玫瑰石斛
Dendrobium crepidatum

科属：兰科石斛属
产地：产于我国云南、贵州等地，东南亚也有分布。生于海拔1000～1800米的山地疏林中树干上或山谷岩石上。

晶帽石斛
Dendrobium crystallinum

科属：兰科石斛属
产地：产于我国云南，东南亚也有分布。生于海拔540～1700米的山地林缘或疏林中树干上。

密花石斛
Dendrobium densiflorum

科属：兰科石斛属
产地：产于我国广东、海南、广西、西藏等地，东南亚也有分布。生于海拔420～1000米的常绿阔叶林中树干上或山谷岩石上。

齿瓣石斛
Dendrobium devonianum

科属：兰科石斛属
产地：产于我国广西、贵州、云南及西藏等地，东南亚也有分布。生于海拔达1850米的山地密林中树干上。

Dendrobium eximium

科属：兰科石斛属

产地：产于新几内亚。生于海拔400～650米的覆有苔藓的林中树干上。

反瓣石斛/黄毛石斛

Dendrobium ellipsophyllum

科属：兰科石斛属

产地：产于我国云南，东南亚也有分布。生于海拔1100米的山地阔叶林中树干上。

串珠石斛

/红鹏石斛、新竹石斛

Dendrobium falconeri

科属：兰科石斛属

产地：产于我国湖南、台湾、广西、云南，东南亚也有分布。生于海拔800～1900米的山谷岩石上和山地密林中树干上。

流苏石斛

Dendrobium fimbriatum

科属：兰科石斛属

产地：产于我国广西、贵州、云南，东南亚也有分布。生于海拔600～1700米的密林中树干上或山谷阴湿岩石上。

蜂腰石斛/棒节石斛

Dendrobium findlayanum

科属：兰科石斛属

产地：产于我国云南，缅甸、泰国、老挝也有分布。生于海拔800～900米的山地疏林中树干上。

滇桂石斛

Dendrobium guangxiense

科属：兰科石斛属

产地：产于我国广西、贵州、云南。生于海拔约1200米的石灰山岩石上或树干上。

海南石斛

Dendrobium hainanense

科属：兰科石斛属

产地：产于我国香港及海南，分布于越南、泰国。生于海拔1000～1700米的山地阔叶林中树干上。

细叶石斛

Dendrobium hancockii

科属：兰科石斛属

产地：产于我国陕西、甘肃、河南、湖北、湖南、广西、四川、贵州及云南等地。

苏瓣石斛

Dendrobium harveyanum

科属：兰科石斛属

产地：产于我国云南，东南亚也有分布。生于海拔1100～1700米的疏林中树干上。

重唇石斛

Dendrobium hercoglossum

科属：兰科石斛属

产地：产于我国安徽、江西、湖南、广东、海南、广西、贵州、云南等地。

尖刀唇石斛

Dendrobium heterocarpum

科属：兰科石斛属

产地：产于我国云南，东南亚也有分布。生于海拔1500～1750米的山地疏林中树干上。

秋石斛

Dendrobium hybird

科属：兰科石斛属

产地：园艺种，现我国广泛栽培。

小黄花石斛

Dendrobium jenkinsii

科属：兰科石斛属

产地：产于我国云南，东南亚也有分布。常生于海拔700～1300米的疏林中树干上。

聚石斛

Dendrobium lindleyi

科属：兰科石斛属

产地：产于我国广东、香港、海南、广西、贵州等地，东南亚也有分布。喜生于海拔1000米阳光充裕的疏林中树干上。

美花石斛

Dendrobium loddigesii

科属：兰科石斛属

产地：产于我国广西、广东、贵州、云南等地。生于海拔400～1500米的山地林中树干上或林下岩石上。

红花石斛

Dendrobium miyakei

科属：兰科石斛属

产地：又名红石斛，产于我国台湾，菲律宾也有分布。生于海拔200～400米的树干上。

澳洲石斛

Dendrobium kingianum

科属：兰科石斛属

产地：产于澳大利亚。生于阔叶林中树干上。

细茎石斛

/铜皮石斛、清水山石斛

Dendrobium moniliforme

科属：兰科石斛属

产地：产于我国陕西、甘肃、安徽、浙江、江西、福建、台湾、河南、湖南、广东、广西、贵州、四川、云南等地，印度、朝鲜、日本也有分布。生于海拔590～3000米的阔叶林中树干上或山谷岩壁上。

杓唇石斛

Dendrobium moschatum

科属：兰科石斛属

产地：产于我国云南，东南亚也有分布。生于海拔达1300米的疏林中树干上。

变色石斛/双色石斛

Dendrobium mutabile

科属：兰科石斛属

产地：产于印度尼西亚。生于海拔500～1800的林中树干上。

石斛/金钗石斛

Dendrobium nobile

科属：兰科石斛属

产地：产于我国台湾、湖北、香港、海南、广西、四川、贵州、云南、西藏等地，东南亚也有分布。生于海拔480～1700米的山地林中树干上或山谷岩石上。

铁皮石斛/黑节草、云南铁皮

Dendrobium officinale

科属：兰科石斛属

产地：产于我国安徽、浙江、福建、广西、四川、云南等地。生于海拔达1600米的山地半阴湿的岩石上。

肿节石斛

Dendrobium pendulum

科属：兰科石斛属

产地：产于我国云南，东南亚也有分布。生于海拔1050～1600米的山地疏林中树干上。

报春石斛

Dendrobium primulinum

科属：兰科石斛属

产地：产于我国云南，东南亚也有分布。生于海拔700～1800米的山地疏林中树干上。

大花桑德石斛

Dendrobium sanderae var. *major*

科属：兰科石斛属

产地：产于菲律宾吕宋岛中部山区。生于海拔1000～1650米的林中树干上。

绿宝石斛

Dendrobium smillieae

科属：兰科石斛属

产地：产于澳大利亚、巴布亚新几内亚。生于海拔600米以下的林中树干及岩石上。

具槽石斛

Dendrobium sulcatum

科属：兰科石斛属

产地：产于我国云南，印度、缅甸、泰国、老挝也有分布。生于海拔700～800米的密林中树干上。

刀叶石斛
Dendrobium terminale

科属：兰科石斛属
产地：产于我国云南，分布于印度、缅甸、泰国、越南、马来西亚。生于海拔850～1080米的山地林缘树干上或山谷岩石上。

球花石斛
Dendrobium thyrsiflorum

科属：兰科石斛属
产地：产于我国云南，东南亚也有分布。生于海拔1100～1800的山地林中树干上。

翅梗石斛
Dendrobium trigonopus

科属：兰科石斛属
产地：产于我国云南，缅甸、泰国、老挝也有分布。生于海拔1150～1600米的山地林中树干上。

独角石斛
Dendrobium unicum

科属：兰科石斛属
产地：产于老挝、缅甸及泰国。生于海拔800～1550米的林中小灌木上或山石上。

大苞鞘石斛/腾冲石斛
Dendrobium wardianum

科属：兰科石斛属
产地：产于我国云南，东南亚也有分布。生于海拔1350～1900米的山地疏林中树干上。

黑毛石斛
Dendrobium williamsonii

科属：兰科石斛属
产地：产于我国海南、广西、云南等地，印度、缅甸、越南也有分布。生于海拔约1000米的林中树干上。

淡雅石斛
Dendrobium delicatum

科属：兰科石斛属
产地：园艺种。

破晓石斛
Dendrobium Frosty Dawn

科属：兰科石斛属
产地：园艺种。

猫眼石斛
Dendrobium Gatton Sunray

科属：兰科石斛属
产地：园艺种。

金斯卡石斛

Dendrobium Ginsekai

科属：兰科石斛属
产地：园艺种。

金日成花

Dendrobium Kim il Sung

科属：兰科石斛属
产地：园艺种。

火鸟石斛

Dendrobium Stardust 'Fire Bird'

科属：兰科石斛属
产地：园艺种。

无耳沼兰/阔叶沼兰

Dienia ophrydis

科属：兰科无耳沼兰属
产地：产于我国福建、台湾、广东、海南、广西和云南，东南亚、琉球群岛以及新几内亚岛和澳大利亚也有分布。生于海拔2000米以下的林下、灌丛中或溪谷旁荫蔽处的岩石上。

蛇舌兰/倒吊兰、黄吊兰

Diploprora championii

科属：兰科蛇舌兰属
产地：产于我国台湾、福建、香港、海南、广西、云南，东南亚也有分布。生于海拔250～1450米的山地林中树干上或沟谷岩石上。

胶水树兰/白花树兰

Epidendrum ciliare

科属：兰科树兰属
产地：产于热带美洲。

波旁娜树兰

Epidendrum paniculatum

科属：兰科树兰属
产地：产于美洲南部。生于海拔2100米左右的森林中。

异型树兰

Epidendrum difforme

科属：兰科树兰属
产地：产于中美洲，我国南方有栽培。

红甘蔗树兰

Epidendrum floribundum

科属：兰科树兰属
产地：产于热带美洲。

Epidendrum Forest Valley 'Fairy Kiss'

科属：兰科树兰属
产地：园艺种。

树兰
Epidendrum hybrid

科属：兰科树兰属
产地：杂交种，现我国南方普遍栽培。

多球树兰
Epidendrum polybulbon 'Sunshine'

科属：兰科树兰属
产地：产于墨西哥、尼加拉瓜、牙买加、古巴等地。生于海拔600~3200米的湿润森林中。

史丹佛树兰
Epidendrum stamfordianum

科属：兰科树兰属
产地：产于美洲。生于海拔20~800米的干旱森林中。

白花史丹佛树兰
Epidendrum stamfordianum var. *alba*

科属：兰科树兰属
产地：园艺变种。

香港毛兰
Eria gagnepainii

科属：兰科毛兰属
产地：产于我国海南、香港、云南和西藏，越南也有分布。生于林下岩石上。

白绵毛兰
Eria lasiopetala

科属：兰科毛兰属
产地：产于海南东南部。生于海拔1200~1700米的林荫下或近溪流的岩石上或树干上。

棒茎毛兰
Eria marginata

科属：兰科毛兰属
产地：产于我国云南，泰国和缅甸也有分布。生于海拔1000~2000米的林缘树干上。

竹枝毛兰
Eria paniculata

科属：兰科毛兰属
产地：产于我国云南，东南亚也有分布。生于海拔800米左右的林中树上。

黄绒毛兰/海南毛兰
Eria tomentosa

科属：兰科毛兰属
产地：附生兰，产于我国海南和云南，印度、缅甸、泰国、老挝和越南均有分布。附生于海拔800~1500米的树上或岩石上。

玫瑰毛兰
Eria rosea

科属：兰科毛兰属
产地：产于我国香港和海南。生于海拔1300米左右的密林中，附生于树干或岩石上。

钳唇兰
Erythrodes blumei

科属：兰科钳唇兰属
产地：产于我国台湾、广东、广西、云南，斯里兰卡、印度、缅甸、越南、泰国也有分布。生于海拔400～1500米的山坡或沟谷常绿阔叶林下阴处。

美冠兰
Eulophia graminea

科属：兰科美冠兰属
产地：产于我国安徽、台湾、广东、香港、海南、广西、贵州和云南，东南亚及琉球群岛也有分布。生于海拔900～1200米疏林中的草地上、山坡阳处、海边沙滩林中。

大花盆距兰
Gastrochilus bellinus

科属：兰科盆距兰属
产地：产于我国云南，泰国、缅甸也有分布。生于海拔1600～1900米的山地密林中树干上。

地宝兰
Geodorum densiflorum

科属：兰科地宝兰属
产地：产于我国台湾、广东、海南、广西、四川、贵州和云南，东南亚及琉球群岛也有分布。生于海拔1500米以下的林下、溪旁、草坡。

爪唇兰
Gongora claviodora

科属：兰科爪唇兰属
产地：产于尼加拉瓜至哥伦比亚。生于海拔1500米以下的林中。

格瑞沙爪唇兰
Gongora grossa

科属：兰科爪唇兰属
产地：产于委内瑞拉、哥伦比亚及厄瓜多尔。生于海拔50～1300米以下的热带雨林中。

高斑叶兰
Goodyera procera

科属：兰科斑叶兰属
产地：产于我国安徽、浙江、福建、台湾、广东、香港、海南、广西、四川、贵州、云南、西藏等地，东南亚及日本也有分布。生于海拔250～1550米的林下。

斑叶兰
Goodyera schlechtendaliana

科属：兰科斑叶兰属
产地：产于我国中南部，东南亚、朝鲜半岛、日本也有分布。生于海拔500～2800米的山坡或沟谷阔叶林下。

橙黄瓜立安斯兰
Guarianthe aurantiaca

科属：兰科瓜立安斯兰属
产地：产于墨西哥至洪都拉斯。生于海拔1600米以下的山地雨林中的。

危地马拉瓜立安斯兰
Guarianthe guatemalensis 'Cherry Valley'

科属：兰科瓜立安斯兰属
产地：园艺种，原为为天然杂交种，产于危地马拉。

史氏瓜立安斯兰
Guarianthe skinneri

科属：兰科瓜立安斯兰属
产地：原产于巴西、乌拉圭及阿根廷。附生于近海的岩石或树干上。

手参/手掌参
Gymnadenia conopsea

科属：兰科手参属
产地：产于我国东北、华北及西北，西南也有分布，朝鲜、日本、俄罗斯西伯利亚至欧洲一些国家也有分布。生于海拔265～4700米的山坡林下、草地或砾石滩草丛中。

毛葶玉凤花/丝裂玉凤花
Habenaria ciliolaris

科属：兰科玉凤花属
产地：产于我国甘肃、浙江、江西、福建、台湾、湖北、湖南、广东、香港、海南、广西、四川、贵州。生于海拔140～1800米的山坡或沟边林下阴处。

橙黄玉凤花/红唇玉凤花
Habenaria rhodocheila

科属：兰科玉凤花属
产地：产于我国江西、福建、湖南、广东、香港、海南、广西、贵州等地，东南亚也有分布。生于海拔300～1500米的山坡或沟谷林下阴处地上或覆土岩石上。

大根槽舌兰
Holcoglossum amesianum

科属：兰科槽舌兰属
产地：产于我国云南，分布于缅甸、泰国、老挝、越南。生于海拔1250～2000米的山地常绿阔叶林中树干上。

汪氏槽舌兰
Holcoglossum wangii

科属：兰科槽舌兰属
产地：产于我国云南、广西。附生于海拔800～1200米的山地岩石或树干上。

中华槽舌兰
Holcoglossum sinicum

科属：兰科槽舌兰属
产地：产于我国云南西部。生于海拔2700～3200米的山地林中树干上。

湿唇兰
Hygrochilus parishii

科属：兰科湿唇兰属
产地：分布于印度东北部、缅甸、泰国、越南、老挝至我国南部。

大尖囊兰

Kingidium deliciosum

科属：兰科尖囊兰属

产地：产于我国海南，东南亚也有分布。生于海拔450～1100米的山地林中树干上或山谷岩石上。

羊耳蒜

Liparis japonica

科属：兰科羊耳蒜属

产地：产于我国东北、内蒙古、河北、山西、陕西、甘肃、山东、河南、四川、贵州、云南和西藏，日本、朝鲜半岛和俄罗斯也有分布。生于海拔1100～2750米的林下、灌丛中或草地荫蔽处。

见血清

Liparis nervosa

科属：兰科羊耳蒜属

产地：产于我国华东、华中、华南及西南地区，广泛分布于全世界热带与亚热带地区。生于海拔1000～2100米的林下、溪谷旁、草丛阴处或岩石覆土上。

扇唇羊耳蒜

Liparis stricklandiana

科属：兰科羊耳蒜属

产地：产于我国广东南部、海南、广西、贵州、云南，不丹、印度也有分布。生于海拔1000～2400米的林中树上或山谷阴处石壁上。

血叶兰/金线莲、异色血叶兰

Ludisia discolor

科属：兰科血叶兰属

产地：产于我国广东、香港、海南、广西和云南，东南亚及大洋洲也有分布。生于海拔900～1300米的山坡或沟谷常绿阔叶林下阴湿处。

血叶兰变种

Ludisia discolor var. *nigrescens*

科属：兰科血叶兰属

产地：变种，我国华南等地有栽培。

钗子股

Luisia morsei

科属：兰科钗子股属

产地：产于我国海南、广西、云南、贵州，老挝、越南、泰国也有分布。生于海拔330～700米的山地林中树干上。

大叶薄叶兰

Lycaste Aurantiaca

科属：兰科蒲叶兰属

产地：园艺种。

叉唇钗子股/金钗兰

Luisia teres

科属：兰科钗子股属
产地：产于我国台湾、广西、四川、贵州、云南，日本、朝鲜半岛南部也有分布。生于海拔1200～1600米的山地林中树干上。

赤塔薄叶兰

Lycaste Chita Impulse

科属：兰科蒲叶兰属
产地：园艺种。

专注薄叶兰

Lycaste Concentration

科属：兰科蒲叶兰属
产地：园艺种。

橙黄薄叶兰

Lycaste macrophylla

科属：兰科蒲叶兰属
产地：园艺种。

布赖特薄叶兰

Lycaste Shonan Bright

科属：兰科蒲叶兰属
产地：园艺种。

阳光薄叶兰

Lycaste Sunray

科属：兰科蒲叶兰属
产地：园艺种。

美洛蒂薄叶兰

Lycaste Shonan Melody

科属：兰科蒲叶兰属
产地：园艺种。

天使心尾萼兰

Masdevallia Angel Heart

科属：兰科尾萼兰属
产地：园艺种。

尾萼兰

Masdevallia coccinea var. nana 'Dwarf Pink'

科属：兰科尾萼兰属
产地：园艺种，原种产于哥伦比亚及秘鲁。生于海拔2400～2800米的岩石峭壁上。

火红尾萼兰

Masdevallia ignea

科属：兰科尾萼兰属
产地：产于哥伦比亚。生于海拔3350～3650米的岩壁上。

玛丽尾萼兰

Masdevallia Mary Staal

科属：兰科尾萼兰属
产地：园艺种。

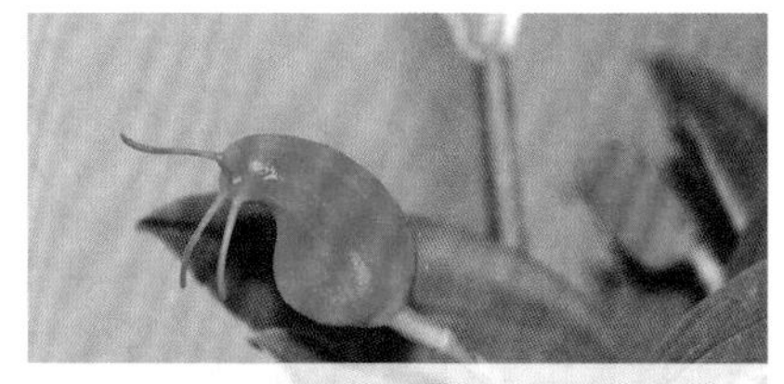

蛞蝓状尾萼兰

Masdevallia limax

科属：兰科尾萼兰属

产地：产于厄瓜多尔。生于海拔1400～2400米安第斯山脉的森林中。

门多萨尾萼兰

Masdevallia mendozae

科属：兰科尾萼兰属

产地：产于厄瓜多尔。生于海拔1800～2300米长满苔藓的树干上，偶有生于布满落叶的地上。

密花颚唇兰

Maxillaria densa

科属：兰科颚唇兰属

产地：产于墨西哥、萨尔瓦多、哥伦比亚、危地马拉、洪都拉斯及尼加拉瓜等地。生于海拔2500米的林中。

多彩颚唇兰

Maxillaria picta

科属：兰科颚唇兰属

产地：产于巴西及阿根廷。生于海拔600米以上沿海山区的湿润森林中或岩石上。

紫柱腋唇兰

Maxillaria porphyrostele

科属：兰科颚唇兰属

产地：产于巴西。

条叶鄂唇兰/腋唇兰

Maxillaria tenuifolia

科属：兰科颚唇兰属

产地：产于墨西哥、危地马拉、萨尔瓦多、洪都拉斯及哥斯达黎加。生于海拔1500米以下的林中。

小蜡烛兰/小石榴

Mediocalcar decoratum

科属：兰科

产地：产于巴布亚和新几内亚。生于海拔900～2500米的林中。

杂交美堇兰

Miltoniopsis hybrid

科属：兰科美堇兰属

产地：园艺种。

风兰

Neofinetia falcata

科属：兰科风兰属

产地：产于我国甘肃、浙江、江西、福建、湖北、四川，日本、朝鲜半岛也有分布。生于海拔达1520米的山地林中树干上。

黄风兰

Neofinetia falcata 'Kohou'

科属：兰科风兰属

产地：园艺种。

樱姬千鸟

Oerstedella centradenia

科属：兰科奥特兰属

产地：产于尼加拉瓜、哥斯达黎加及巴拿马等地。生于海拔1200～1500米的林中。

满天星文心兰
Oncidium obryzatum

科属：兰科文心兰属
产地：产于哥斯达黎加、巴拿马、哥伦比亚、委内瑞拉、厄瓜多尔及秘鲁。生于海拔400～1600米的林中树冠上部。

华彩文心兰
Oncidium splendidum

科属：兰科文心兰属
产地：产于危地马拉、洪都拉斯及尼加拉瓜。生于海拔825～850的林中。

广布红门兰
Orchis chusua

科属：兰科红门兰属
产地：产于我国东北、内蒙古、陕西、宁夏、甘肃、青海、湖北、四川、云南、西藏，朝鲜半岛、日本、俄罗斯西伯利亚及东南亚也有分布。生于海拔500～4500米的山坡林下、灌丛下、高山灌丛草地或高山草甸中。

长叶山兰
Oreorchis fargesii

科属：兰科山兰属
产地：产于我国陕西、甘肃、浙江、福建、台湾、湖北和四川。生于海拔700～2600米的林下、灌丛中或沟谷旁。

矮山兰
Oreorchis parvula

科属：兰科山兰属
产地：产于我国四川西南部（马边、稻城、雷波）和云南西北部（丽江、中甸）。生于林下或开旷草坡上，海拔3000～3800米。

单花曲唇兰
Panisea uniflora

科属：兰科曲唇兰属
产地：产于我国云南，东南亚也有分布。生于海拔800～1100米的林中、茶园内岩石上或树上。

卷萼兜兰
Paphiopedilum appletonianum

科属：兰科兜兰属
产地：产于我国海南和广西，越南、老挝、柬埔寨和泰国也有分布。生于海拔300～1200米的林下阴湿、腐殖质多的土壤上或岩石上。

杏黄兜兰
Paphiopedilum armeniacum

科属：兰科兜兰属
产地：产于我国云南。生于海拔1400～2100米的石灰岩壁积土处或多石而排水良好的草坡上。

同色兜兰
Paphiopedilum concolor

科属：兰科兜兰属
产地：产于我国广西、贵州和云南，东南亚也有分布。生于海拔300～1400米的石灰岩地区多腐殖质土壤上或岩壁缝隙或积土处。

越南美人兜兰

Paphiopedilum delenatii

科属：兰科兜兰属
产地：产于越南。生于海拔750～1300米森林河谷中石灰岩石隙的冲积土中。

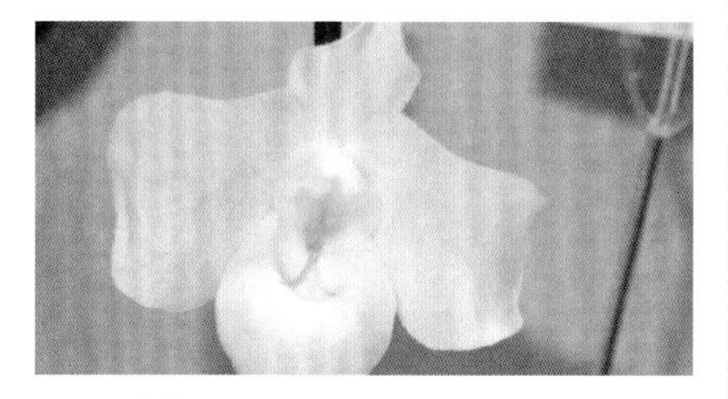

白花越南美人兜兰

Paphiopedilum delenatii var. *alba*

科属：兰科兜兰属
产地：变种，我国有栽培。

带叶兜兰

Paphiopedilum hirsutissimum

科属：兰科兜兰属
产地：产于我国广西、贵州和云南，东南亚也有分布。生于海拔700～1500米的林下或林缘岩石缝中或多石湿润土壤上。

虎斑兜兰

Paphiopedilum markianum

科属：兰科兜兰属
产地：产于我国云南。生于海拔1500～2200米的林下荫蔽多石处或山谷旁灌丛边缘。

麻栗坡兜兰

Paphiopedilum malipoense

科属：兰科兜兰属
产地：产于我国广西、贵州和云南，越南也有分布。生于海拔1100～1600米的石灰岩山坡林下多石处或积土岩壁上。

劳伦斯兜兰

Paphiopedilum lawrenceanum

科属：兰科兜兰属
产地：产于婆罗洲。生于海拔300～450米的森林地面上，偶有生于覆有苔藓的石灰岩上。

硬叶兜兰

Paphiopedilum micranthum

科属：兰科兜兰属
产地：产于我国广西、贵州和云南，越南也有分布。生于海拔1000～1700米的石灰岩山坡草丛中、石壁缝隙或积土处。

菲律宾兜兰

Paphiopedilum philippinense

科属：兰科兜兰属
产地：产于菲律宾。生于海拔500米以下的林下或覆土的岩石上。

报春兜兰

Paphiopedilum primulinum

科属：兰科兜兰属
产地：产于印度尼西亚苏门答腊岛，分布于海拔500米以下林中附近的石灰岩上。

国王兜兰
Paphiopedilum rothschildianum

科属：兰科兜兰属
产地：产于印度尼西亚和马来西亚。生于海拔500～900米的密林中石上或腐殖土中。

桑德兜兰
Paphiopedilum sanderianum

科属：兰科兜兰属
产地：产于马来西亚。生于海拔1000米以下的布满苔藓的石灰岩壁上。

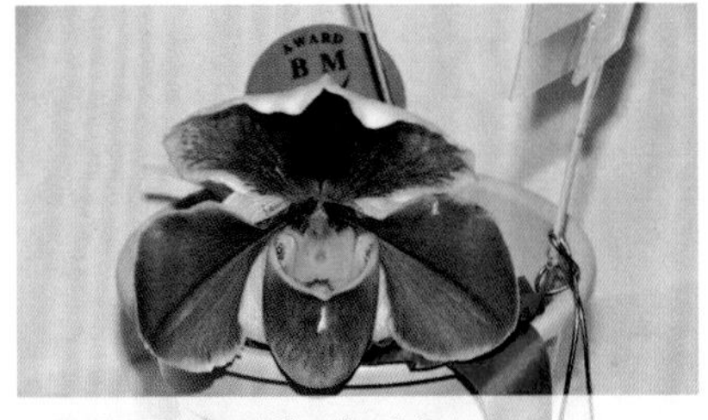

爱默杂种兜兰
Paphiopedilum Special Report 'Emotional'

科属：兰科兜兰属
产地：园艺种。

苏氏兜兰
Paphiopedilum sukhakulii

科属：兰科兜兰属
产地：产于泰国。

秀丽兜兰
Paphiopedilum venustum

科属：兰科兜兰属
产地：产于我国西藏，东南亚也有分布。生于海拔1100～1600米的林缘或灌丛中腐殖质丰富处。

紫毛兜兰/美丽兜兰
Paphiopedilum villosum

科属：兰科兜兰属
产地：产于我国云南及广西，越南及老挝也有分布。生于海拔1300～2000米的林缘、树上或含有腐殖质的多石处。

彩云兜兰
Paphiopedilum wardii

科属：兰科兜兰属
产地：产于我国云南，缅甸也有分布。生于海拔1200～1700米的山坡草丛多石积土中。

文山兜兰
Paphiopedilum wenshanense

科属：兰科兜兰属
产地：为同色兜兰及巨瓣兜兰的天然杂交种。产于我国云南。生于海拔1000米左右的石灰岩地区多腐殖质土壤上或岩石上。

白花凤蝶兰
Papilionanthe biswasiana

科属：兰科凤蝶兰属
产地：产于我国云南，缅甸、泰国也有分布。生于海拔1700～1900米的山地林中树干上。

凤蝶兰
Papilionanthe teres

科属：兰科凤蝶兰属
产地：产于我国云南，东南亚也有分布。生于海拔约600米的林缘或疏林中树干上。

婆罗洲鹤顶兰
Phaius borneensis

科属：兰科鹤顶兰属
产地：产于印度尼西亚及马来西亚。

长距鹤顶兰

Phaius wallichii

科属：兰科鹤顶兰属
产地：产于越南。

紫花鹤顶兰/细茎鹤顶兰

Phaius mishmensis

科属：兰科鹤顶兰属
产地：产于我国台湾、广东、广西、云南和西藏，也分布于不丹、印度、缅甸、越南、老挝、泰国、菲律宾和琉球群岛。生于海拔1400米的常绿阔叶林下阴湿处。

鹤顶兰

Phaius tankervilliae

科属：兰科鹤顶兰属
产地：产于我国台湾、福建、广东、香港、海南、广西、云南和西藏东南部，广布于亚洲热带和亚热带地区以及大洋洲。生于海拔700～1800米的林缘、沟谷或溪边阴湿处。

花叶鹤顶兰

Phaius tankervilliae 'Vaiegata'

科属：兰科鹤顶兰属
产地：园艺种。

安纹蝴蝶兰

Phalaenopsis amboinensis

科属：兰科蝴蝶兰属
产地：产于巴布亚和新几内亚、印度尼西亚等地。生于低海拔阴暗潮湿的森林树干上。

蝴蝶兰

Phalaenopsis aphrodite

科属：兰科蝴蝶兰属
产地：产于澳大利亚、印度尼西亚、巴布亚、新几内亚及菲律宾等地。生于海拔高达600米的树干上。

姬蝴蝶兰/小兰屿蝴蝶兰

Phalaenopsis equestris 'Orange'

科属：兰科蝴蝶兰属
产地：园艺种，原种产于菲律宾、我国台湾等地。生于海拔300米以下的山谷溪流的树干上。

白花姬蝴蝶兰/白花小兰屿蝴蝶兰

Phalaenopsis equestris 'alba'

科属：兰科蝴蝶兰属
产地：园艺种。

洛比蝴蝶兰

Phalaenopsis lobbii

科属：兰科蝴蝶兰属
产地：产于喜马拉雅山脉、印度、不丹及越南等地。生于海拔360～1200米的森林中。

版纳蝴蝶兰

Phalaenopsis mannii

科属：兰科蝴蝶兰属
产地：产于我国云南，东南亚也有分布。生于海拔1350米的常绿阔叶林中树干上。

虎斑蝴蝶兰
Phalaenopsis schilleriana

科属：兰科蝴蝶兰属
产地：产于菲律宾吕宋岛及周边地区。生于海拔450米以下的林中。

黄史塔基蝴蝶兰
Phalaenopsis stuartiana 'yellow'

科属：兰科蝴蝶兰属
产地：园艺种，原种产于菲律宾。生于海拔300米以下温暖湿润的森林中。

盾花蝴蝶兰
Phalaenopsis tetraspis

科属：兰科蝴蝶兰属
产地：产于印度尼西亚的苏门答腊岛、印度的安达曼群岛及尼科巴等岛屿上。

莹光蝴蝶兰
Phalaenopsis violacea

科属：兰科蝴蝶兰属
产地：产于马来半岛及印度尼西亚的苏门答腊。生于海拔150米的林中。

蝴蝶兰兄弟女孩
Phalaenopsis Brother Girl

科属：兰科蝴蝶兰属
产地：园艺种。

华西蝴蝶兰
/小蝶兰、楚雄蝶兰
Phalaenopsis wilsonii

科属：兰科蝴蝶兰属
产地：产于我国广西、贵州、四川、云南、西藏等地。生于海拔800～2150米的山地疏生林中树干上或林下阴湿的岩石上。

卡珊德拉杂种蝴蝶兰
Phalaenopsis Cassandra var. *alba*

科属：兰科蝴蝶兰属
产地：园艺种。

刘氏杂种蝴蝶兰
Phalaenopsis Liu's Berry

科属：兰科蝴蝶兰属
产地：园艺种。

克氏杂利蝴蝶兰
Phalaenopsis Timothy Christopher

科属：兰科蝴蝶兰属
产地：园艺种。

V3'蝴蝶兰

Phalaenopsis Sogo Yukidian V3

科属：兰科蝴蝶兰属
产地：园艺种。

小舍蝴蝶兰

Phalaenopsis intermedia

科属：兰科蝴蝶兰属
产地：园艺种。

石仙桃

Pholidota chinensis

科属：兰科石仙桃属
产地：产于我国浙江、福建、广东、海南、广西、贵州、云南和西藏，越南、缅甸也有分布。生于海拔2500米以下的林中或林缘树上、岩壁上或岩石上。

宿苞石仙桃

Pholidota imbricata

科属：兰科石仙桃属
产地：产于我国四川、云南和西藏，东南亚及新几内亚岛也有分布。生于海拔1000～2700米的林中树上或岩石上。

云南石仙桃

Pholidota yunnanensis

科属：兰科石仙桃属
产地：产于我国广西、湖北、湖南、四川、贵州和云南，越南也有分布。生于海拔1200～1700米林中或山谷旁的树上和岩石上。

长白舌唇兰/东北舌唇兰

Platanthera cornu-bovis

科属：兰科舌唇兰属
产地：产于我国黑龙江、吉林，俄罗斯、朝鲜半岛北部、日本也有分布。生于海拔1300～1900米的山坡林下或草地中。

舌唇兰

Platanthera japonica

科属：兰科舌唇兰属
产地：产于我国陕西、甘肃、江苏、安徽、浙江、河南、湖北、湖南、广西、四川、贵州和云南等地，朝鲜半岛和日本也有分布。生于海拔600～2600米的山坡林下或草地。

小舌唇兰

/小长距兰、卵唇粉蝶兰

Platanthera minor

科属：兰科舌唇兰属
产地：产于我国华东、华中、华南及西南等地，朝鲜半岛、日本也有分布。生于海拔250～2700米的山坡林下或草地。

独蒜兰

Pleione bulbocodioides

科属：兰科独蒜兰属
产地：产于我国陕西、甘肃、安徽、湖北、湖南、广东、广西、四川、贵州、云南和西藏。生于海拔900～3600米的常绿阔叶林下或灌木林缘腐殖质丰富的土壤上或苔藓覆盖的岩石上。

黄花独蒜兰
Pleione forrestii

科属：兰科独蒜兰属
产地：产于我国云南。生于海拔2200～3100米疏林下或林缘腐殖质丰富的岩石上，也见于岩壁和树干上。

柄唇兰
Podochilus khasianus

科属：兰科柄唇兰属
产地：产于我国广东、广西和云南，印度也有分布。生于海拔450～1900米的林中或溪谷旁树上。

黄绣球兰/台湾鹿角兰
Pomatocalpa acuminatum

科属：兰科鹿角兰属
产地：产于我国台湾高雄。生于海拔约800米的林中树干上。

章鱼兰/贝壳兰
Prosthechea cochleata

科属：兰科章鱼兰属
产地：产于美洲。

汉斯章鱼兰
Prosthechea cochleata 'Hans'

科属：兰科章鱼兰属
产地：园艺种。

扇形文心兰
Erycina pusilla

科属：兰科埃利兰属
产地：产于美洲。

火焰兰
Renanthera coccinea

科属：兰科火焰兰属
产地：产于我国海南、广西，缅甸、泰国、老挝、越南也有分布。生于海拔达1400米的沟边林缘、疏林中树干上和岩石上。

黄花魔鬼文心兰/黄花拟蝶唇兰
Psychopsis papilio var. *alba*

科属：兰科拟蝶唇兰属
产地：园艺变种。

魔鬼文心兰/拟蝶唇兰
Psychopsis papilio

科属：兰科拟蝶唇兰属
产地：产于热带中南美洲。

云南火焰兰

Renanthera imschootiana

科属：兰科火焰兰属

产地：产于我国云南，越南也有分布。生于海拔500米以下的河谷林中树干上。

豹斑火焰兰

Renanthera monachica

科属：兰科火焰兰属

产地：产于菲律宾的吕宋岛。生于海拔500以下的林中树干上。

中华火焰兰

Renanthera sinica

科属：兰科火焰兰属

产地：产于我国云南。生于海拔700米左右的河谷林中树干上。

麒麟火焰兰

Renanthera Tom Thumb 'Qi Lin'

科属：兰科火焰兰属

产地：园艺种。

海南钻喙兰

Rhynchostylis gigantea

科属：兰科钻喙兰属

产地：产于我国海南，东南亚也有分布。生于海拔约1000米的山地疏林中树干上。

白花海南钻喙兰

Rhynchostylis gigantea var. *alba*

科属：兰科钻喙兰属

产地：园艺种。

钻喙兰

Rhynchostylis retusa

科属：兰科钻喙兰属

产地：产于我国贵州、云南，广布于亚洲热带地区。生于海拔310～1400米的疏林中或林缘树干上。

苞舌兰

Spathoglottis pubescens

科属：兰科苞舌兰属

产地：产于我国浙江、华东、华南、华中及西南等地，印度、缅甸、柬埔寨、越南、老挝和泰国也有分布。生于海拔380～1700米的山坡草丛中或疏林下。

萼脊兰

Sedirea japonica

科属：兰科萼脊兰属

产地：产于我国浙江、云南，琉球群岛、朝鲜半岛也有分布。生于海拔600～1350米的疏林中树干上或山谷崖壁上。

盖喉兰

Smitinandia micrantha

科属：兰科盖喉兰属

产地：产于我国云南，东南亚也有分布。生于海拔约600米的山地林中树干上。

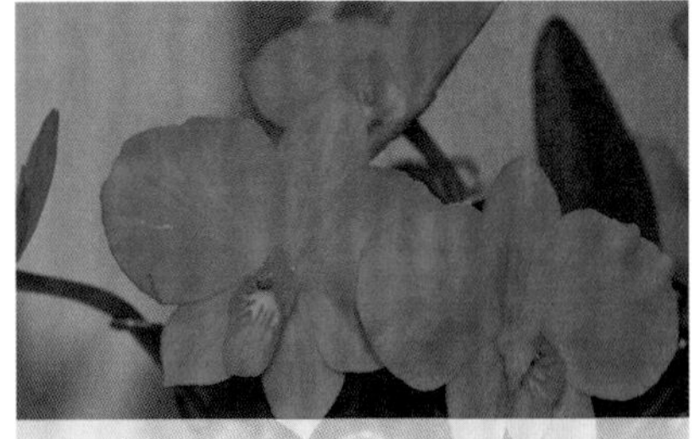

贞兰/朱色兰
Sophronitis coccinea

科属：兰科贞兰属
产地：产于巴西。生于海拔650~1670米的森林中。

绶草/盘龙参
Spiranthes sinensis

科属：兰科绶草属
产地：我国产于全国各地，俄罗斯、蒙古、朝鲜、日本、阿富汗、澳大利亚及东南亚也有分布。生于海拔200~3400米的山坡林下、灌丛下、草地或河滩沼泽草甸中。

虎班钟馗兰
Stanhopea tigrina

科属：兰科奇唇兰属
产地：产于墨西哥。

坚唇兰
Stereochilus dalatensis

科属：兰科奇唇兰属
产地：产于泰国及越南。

大苞兰
Sunipia scariosa

科属：兰科大苞兰属
产地：产于我国云南，东南亚也有分布。生于海拔870~2500米的山地疏林中树干上。

香港带唇兰/香港安兰
Tainia hongkongensis

科属：兰科带唇兰属
产地：产于我国福建、广东和香港，越南也有分布。通常生于海拔150~500米的山坡林下或山间路旁。

白点兰
Thrixspermum centipeda

科属：兰科白点兰属
产地：产于我国海南、香港、广西，分布于不丹、印度、缅甸、泰国、老挝、柬埔寨、越南、马来西亚、印度尼西亚。通常生于海拔700~1150米的山地林中树干上。

笋兰
Thunia alba

科属：兰科笋兰属
产地：产于我国四川、云南和西藏，东南亚也有分布。生于海拔1200~2300米的林下岩石上或树杈凹处，也见于多石地上。

毛舌兰
Trichoglottis latisepala

科属：兰科毛舌兰属
产地：产于菲律宾。附生于海拔1000米左右的树干上。

白柱万代兰
Vanda brunnea

科属：兰科万代兰属
产地：产于我国云南，缅甸、泰国也有分布。生于海拔800~1800米的疏林中或林缘树干上。

琴唇万代兰
Vanda concolor

科属：兰科万代兰属
产地：产于我国广东、广西、贵州、云南。生于海拔800~1200米的山地林缘树干上或岩壁上。

霸王榈/霸王棕
Bismarckia nobilis

科属：棕榈科霸王棕属
产地：产于马达加斯加，我国华南及西南地区有引种。

布迪椰子/弓葵、冻子椰子
Butia capitata

科属：棕榈科布迪椰子属
产地：产于巴西及乌拉圭，我国南方有栽培。

单穗鱼尾葵
Caryota monostachya

科属：棕榈科鱼尾葵属
产地：产于我国广东、广西、贵州、云南，越南、老挝也有分布。生于海拔130～1600米的山坡或沟谷林中。

菲岛鱼尾葵
Caryota cumingii

科属：棕榈科鱼尾葵属
产地：产于菲律宾群岛。

短穗鱼尾葵/酒椰子
Caryota mitis

科属：棕榈科鱼尾葵属
产地：产于我国海南、广西，东南亚等地也有分布。生于山谷林中或植于庭院。

董棕/钝齿鱼尾葵
Caryota obtusa

科属：棕榈科鱼尾葵属
产地：产于我国广西、云南，印度、斯里兰卡、缅甸至中南半岛也有分布。生于海拔370～2450米的石灰岩山地或沟谷林中。

鱼尾葵/青棕、假桄榔
Caryota ochlandra

科属：棕榈科鱼尾葵属
产地：产于我国福建、广东、海南、广西、云南，亚热带地区有分布。生于海拔450～700米的山坡或沟谷林中。

袖珍椰子
Chamaedorea elegans

科属：棕榈科竹棕属
产地：产于墨西哥及危地马拉。

散尾葵/黄椰子
Chrysalidocarpus lutescens

科属：棕榈科散尾葵属
产地：原产于马达加斯加，我国全国各地均有栽培。

琼棕
Chuniophoenix hainanensis

科属：棕榈科琼棕属
产地：产于我国海南的陵水、琼中等地。生于山地疏林中。

小琼棕/矮琼棕
Chuniophoenix nana

科属：棕榈科琼棕属
产地：产于我国海南陵水县吊罗山，越南亦有分布。

老人葵
Coccothrinax crinita

科属：棕榈科银榈属
产地：产于古巴。

射叶银棕
Coccothrinax readii

科属：棕榈科银榈属
产地：产于美国。

贝叶棕/行李叶椰子
Corypha umbraculifera

科属：棕榈科贝叶棕属
产地：原产于印度、斯里兰卡等亚洲热带国家，西南地区栽培较多。

椰子/可可椰子
Cocos nucifera

科属：棕榈科椰子属
产地：椰子主要产于我国广东南部诸岛、雷州半岛、海南、台湾及云南南部热带地区。

红槟榔/猩红椰子
Cyrtostachys renda

科属：棕榈科红槟榔属
产地：产于东南亚沿海低地沼泽地区，我国西南地区有引种。

油棕/油椰子
Elaeis guineensis

科属：棕榈科油棕属
产地：原产于热带非洲，我国台湾、海南及云南热带地区有栽培。

酒瓶椰子
Hyophorbe lagenicaulis

科属：棕榈科酒瓶椰子属
产地：原产于马斯克林群岛，现热带地区广为栽培。

蓝脉葵
Latania loddigesii

科属：棕榈科脉葵属
产地：产于毛里求斯，我国华南及西南引种栽培。

红脉葵
Latania lontaroides

科属：棕榈科脉葵属
产地：产于留尼旺岛及毛里求斯等地，我国南方引种栽培。

黄脉葵

Latania verschaffeltii

科属：棕榈科脉葵属

产地：产于毛里求斯，我国华南地区引种栽培。

蒲葵/葵树

Livistona chinensis

科属：棕榈科蒲葵属

产地：产于我国南部，中南半岛亦有分布。

美丽蒲葵/香蒲葵

Livistona jenkinsiana

科属：棕榈科蒲葵属

产地：产于我国云南南部，缅甸也有分布。

三角椰子

Neodypsis decaryi

科属：棕榈科三角椰子属

产地：产于马达加斯加。

红冠棕/红领椰子

Dypsis lastelliana

科属：棕榈科三角椰子属

产地：产于马达加斯加。

长叶刺葵/加拿利刺葵

Phoenix canariensis

科属：棕榈科刺葵属

产地：产于加那利群岛，我国南方广泛栽培。

软叶刺葵/美丽针葵、江边刺葵

Phoenix roebelenii

科属：棕榈科刺葵属

产地：产于我国云南，缅甸、越南、印度亦产。常见于海拔480～900米江岸边。

银海枣/林刺葵

Phoenix sylvestris

科属：棕榈科刺葵属

产地：原产于印度、缅甸，我国华南、华东南部及西南引种栽培。

象鼻棕/酒椰

Raphia vinifera

科属：棕榈科酒椰属

产地：原产于热带非洲，我国云南、广西以及台湾有引种。

国王椰子/国王椰

Ravenea rivularis

科属：棕榈科国王椰子属

产地：产于马达加斯加，我国华南及西南等地广泛栽培。

棕竹/筋头竹、观音竹

Rhapis excelsa

科属：棕榈科棕竹属

产地：产于我国南部至西南部，日本亦有分布。

斑叶棕竹

Rhapis excelsa var. *variegata*

科属：棕榈科棕竹属

产地：栽培变种，我国华南、西南等地引种栽培。

多裂棕竹/金山棕

Rhapis multifida

科属：棕榈科棕竹属

产地：产于我国广西西部及云南东南部，现广为栽培。

大王椰子/王棕

Roystonea regia

科属：棕榈科王棕属

产地：原产于古巴，我国南部热带地区常见栽培。

蛇皮果

Salacca edulis

科属：棕榈科蛇皮果属

产地：原产于印度尼西亚及马来西亚。

棕榈/棕树

Trachycarpus fortunei

科属：棕榈科棕榈属

产地：分布于我国长江以南各地，日本也有分布。罕见野生于疏林中，海拔上限2000米。

华盛顿椰子/老人葵、丝葵

Washingtonia filifera

科属：棕榈科丝葵属

产地：原产于美国西南部及墨西哥。我国福建、台湾、广东及云南引种栽培。

大丝葵/华盛顿葵

Washingtonia robusta

科属：棕榈科丝葵属

产地：原产于墨西哥西北部，我国南方有引种栽培。

狐尾椰/二枝棕

Wodyetia bifurcata

科属：棕榈科丝葵属

产地：产于澳大利亚的昆士兰等地。

分叉露兜/山菠萝

Pandanus urophyllus

科属：露兜树科露兜树属

产地：产于我国广东、广西、云南、西藏，也分布于印度至中南半岛。生于水边、林中沟边或栽培作绿篱。

金边露兜

Pandanus pygmaeus 'Golden Pygmy'

科属：露兜树科露兜树属

产地：园艺种，我国华南、西南栽培较多。

露兜树/露兜簕、林投

Pandanus tectorius

科属：露兜树科露兜树属

产地：产于我国福建、台湾、广东、海南、广西、贵州和云南，亚洲热带、澳大利亚也有分布。生于海边沙地或引种作绿篱。

红刺露兜

Pandanus utilis

科属：露兜树科露兜树属

产地：产于马达加斯加。

白屈菜/土黄连

Chelidonium majus

科属：罂粟科白屈菜属

产地：我国大部分地区均有分布，朝鲜、日本、俄罗斯及欧洲也有分布。生于海拔500～2200米的山坡、山谷林缘草地、路旁或石缝中。

滇西灰绿黄堇

Corydalis adunca subsp. *microsperma*

科属：罂粟科紫堇属

产地：产于我国云南西北部。生于海拔2100～3500米左右的河谷两岸。

台湾黄堇/北越紫堇

Corydalis balansae

科属：罂粟科紫堇属

产地：产于我国云南、广西、贵州、湖南、广东、香港、福建、台湾、湖北、江西、安徽、浙江、江苏、山东，日本、越南、老挝有分布。生于海拔200～700米左右的山谷或沟边湿地。

地柏枝/地黄连

Corydalis cheilanthifolia

科属：罂粟科紫堇属

产地：产于我国湖北、贵州、四川、重庆、甘肃，生于海拔850～1700米左右的阴湿山坡或石隙。

夏天无/伏生紫堇

Corydalis decumbens

科属：罂粟科紫堇属

产地：产于我国江苏、安徽、浙江、福建、江西、湖南、湖北、山西、台湾，日本南部也有分布。生于海拔80～300米左右的山坡或路边。

紫堇/蝎子花、闷头花

Corydalis edulis

科属：罂粟科紫堇属

产地：产于我国辽宁、北京、河北、山西、河南、陕西、甘肃、四川、云南、贵州、湖北、江西、安徽、江苏、浙江、福建，日本也有分布。生于海拔400～1200米左右的丘陵、沟边或多石地。

北京延胡索
Corydalis gamosepala

科属：罂粟科紫堇属
产地：产于我国辽宁、北京、河北、山东、内蒙古、山西、陕西、甘肃、宁夏。生于海拔500～2500米的山坡、灌丛或阴湿地。

土元胡
Corydalis humosa

科属：罂粟科紫堇属
产地：产于我国浙江天目山。生于海拔800～1000米的山地林下或林缘。

刻叶紫堇
/羊不吃、紫花鱼灯草
Corydalis incisa

科属：罂粟科紫堇属
产地：产于我国河北、山西、河南、陕西、甘肃、四川、湖北、湖南、广西、安徽、江苏、浙江、福建、台湾，日本和朝鲜也有分布。生于近海平面至1800米的林缘、路边或疏林下。

条裂黄堇/铜棒锤、铜锤紫堇
Corydalis linarioides

科属：罂粟科紫堇属
产地：产于我国陕西、宁夏、甘肃、青海、四川、西藏。生于海拔2100～4700米的林下、林缘、灌丛下、草坡或石缝中。

黄紫堇/黄龙脱壳
Corydalis ochotensis

科属：罂粟科紫堇属
产地：产于我国黑龙江、吉林、辽宁、河北，俄罗斯、朝鲜、日本也有分布。生于杂木林下或水沟边。

蛇果黄堇/弯果黄堇
Corydalis ophiocarpa

科属：罂粟科紫堇属
产地：产于我国西南、西北、华中及台湾等地，印度、不丹、日本也有分布。生于海拔200～4000米的沟谷林缘。

浪穹紫堇
Corydalis pachycentra

科属：罂粟科紫堇属
产地：产于我国青海、四川、云南和西藏。生于海拔2700～5200米的林下、灌丛下、草地或石隙间。

黄堇/山黄堇、珠果黄堇
Corydalis pallida

科属：罂粟科紫堇属
产地：主要产于我国中北部及华东地区，朝鲜、日本及俄罗斯也有分布。生于林间空地、火烧迹地、林缘、河岸或多石坡地。

地锦苗/尖距紫堇
Corydalis sheareri

科属：罂粟科紫堇属
产地：产于我国江苏、安徽、浙江、江西、福建、湖北、湖南、广东、香港、广西、陕西、四川、贵州、云南。生于海拔170～2600米的水边或林下潮湿地。

小花黄堇/黄花地锦苗

Corydalis racemosa

科属：罂粟科紫堇属

产地：主产于我国中南部，日本也有分布。生于海拔400～2070米的林缘阴湿地或多石溪边。

陕西紫堇/秦岭弯花紫堇

Corydalis shensiana

科属：罂粟科紫堇属

产地：产于我国山西、陕西、河南。生于海拔1350～3250米的林下、灌丛下或山顶。

金钩如意草/大理紫堇

Corydalis taliensis

科属：罂粟科紫堇属

产地：产于我国云南。生于海拔1500～1800米的林下、灌丛下或草丛中，房前屋后、田间地头也常见。

延胡索

Corydalis yanhusuo

科属：罂粟科紫堇属

产地：产于我国安徽、江苏、浙江、湖北、河南。生于丘陵草地。

滇黄堇

Corydalis yunnanensis

科属：罂粟科紫堇属

产地：产于我国四川、云南，缅甸东北部有分布。生于海拔2100～3400米的林下、山坡灌丛中、草坡或山脚荒地。

秃疮花/秃子花、勒马回

Dicranostigma leptopodum

科属：罂粟科秃疮花属

产地：产于我国云南、四川、西藏、青海、甘肃、陕西、山西、河北。生于海拔400～3700米的草坡或路旁。

荷包牡丹/荷包花

Dicentra spectabilis

科属：罂粟科荷包牡丹属

产地：产于我国北部，日本、朝鲜、俄罗斯有分布。生于海拔780～2800米的湿润草地和山坡。

血水草/水黄莲、雪花罂粟

Eomecon chionantha

科属：罂粟科血水草属

产地：产于我国安徽、浙江、江西、福建、广东、广西、湖南、湖、四川、贵州、云南。生于海拔1400～1800米的林下、灌丛下或溪边、路旁。

花菱草/金英花

Eschscholtzia californica

科属：罂粟科花菱草属

产地：原产于美国加利福尼亚州，我国广泛引种作庭院观赏植物。

荷青花/鸡蛋黄花

Hylomecon japonica

科属：罂粟科荷青花属

产地：产于我国东北至华中、华东，朝鲜、日本及俄罗斯也有分布。生于海拔300～2400米的林下、林缘或沟边。

博落回/落回

Macleaya cordata

科属：罂粟科博落回属

产地：我国长江以南、南岭以北的大部分地区均有分布，日本也产。生于海拔150～830米的丘陵或低山林中、灌丛中或草丛间。

全缘叶绿绒蒿/黄芙蓉

Meconopsis integrifolia

科属：罂粟科绿绒蒿属

产地：产于我国甘肃、青海、四川、云南、西藏，缅甸东北部也有分布。生于海拔2700～5100米的草坡或林下。

柱果绿绒蒿

Meconopsis oliverana

科属：罂粟科绿绒蒿属

产地：产于我国河南、湖北、陕西、四川。生于海拔1500～2400米的山坡林下或灌丛中。

五脉绿绒蒿/野毛金莲

Meconopsis quintuplinervia

科属：罂粟科绿绒蒿属

产地：产于我国湖北、四川、西藏、青海、甘肃、陕西。生于海拔2300～4600米的荫坡灌丛中或高山草地。

野罂粟/山大烟、山罂粟

Papaver nudicaule

科属：罂粟科罂粟属

产地：产于我国河北、山西、内蒙古、黑龙江、陕西、宁夏、新疆等地，北极区及中亚和北美等地有分布。生于海拔580～3500米的林下、林缘、山坡草地。

东方罂粟/鬼罂粟

Papaver orientale

科属：罂粟科罂粟属

产地：原产于地中海地区，我国引种栽培。

蓟罂粟/刺罂粟

Argemone mexicana

科属：罂粟科罂粟属

产地：原产于中美洲和热带美洲，我国引种栽培。

长白罂粟
/长白山罂粟、白山罂粟
Papaver radicatum var. *pseudo-radicatum*

科属：罂粟科罂粟属
产地：产于我国吉林，朝鲜有分布。生于长白山海拔1600米以上的砾石地、沙地、岩石坡以及高山冻原带。

虞美人/丽春花
Papaver rhoeas

科属：罂粟科罂粟属
产地：原产于欧洲，我国各地常见栽培，为观赏植物。

罂粟/鸦片、大烟
Papaver somniferum

科属：罂粟科罂粟属
产地：原产于南欧，我国许多地区有关药物研究单位有栽培。

球腺蔓
Adenia ballyi

科属：西番莲科蒴莲属
产地：原产于索马里，我国有少量引种。

幻蝶蔓/徐福之酒瓮
Adenia glauca

科属：西番莲科蒴莲属
产地：产于南非，我国有少量引种。

紫花西番莲/紫冠西番莲
Passiflora amethystina

科属：西番莲科西番莲属
产地：原产于巴西，我国有少量引种。

西番莲/计时草、转心莲
Passiflora caerulea

科属：西番莲科西番莲属
产地：原产于南美洲，我国引种栽培。

红花西番莲
Passiflora coccinea

科属：西番莲科西番莲属
产地：产于秘鲁、巴西、玻利维亚、圭亚那以及委内瑞拉等地。

杯叶西番莲
/燕尾草、半截叶
Passiflora cupiformis

科属：西番莲科西番莲属
产地：分布于我国湖北、广东、广西、四川、云南，越南也有分布。生于海拔1700～2000米的山坡、路边草丛和沟谷灌丛中。

鸡蛋果/百香果

Passiflora edulis

科属：西番莲科西番莲属

产地：产于巴拉圭、巴西及阿根廷等地。

杂交西番莲

Passiflora hybird

科属：西番莲科西番莲属

产地：园艺种，我国南方有引种。

蛇王藤/蛇眼藤、海南西番莲

Passiflora cochinchinensis

科属：西番莲科西番莲属

产地：产于我国广西、广东、海南，老挝、越南、马来西亚均有分布。生于海拔100～1000米的山谷灌木丛中。

三角叶西番莲/细柱西番莲

Passiflora suberosa

科属：西番莲科西番莲属

产地：原产于美洲，我国华南地区有栽培。

芝麻/胡麻、脂麻

Sesamum indicum

科属：胡麻科胡麻属

产地：原产于印度，我国南北方均有栽培。

茶菱/铁菱角

Trapella sinensis

科属：胡麻科茶菱属

产地：分布于我国东北、河北、安徽、江苏、浙江、福建、湖南、湖北、江西、广西，在朝鲜、日本、俄罗斯远东地区也有分布。群生于海拔300米左右的池塘或湖泊中。

五列木

Pentaphylax euryoides

科属：五列木科五列木属

产地：产于我国云南、贵州、广西、广东、湖南、江西、福建，越南、马来半岛及印度尼西亚也有分布。生于海拔650～2000米的密林中。

黄花胡麻

Uncarina grandidieri

科属：胡麻科黄花胡麻属

产地：原产于非洲，我国南方有少量引种。

商陆/山萝卜

Phytolacca acinosa

科属：商陆科商陆属

产地：我国除东北、内蒙古、青海、新疆外均有分布，朝鲜、日本及印度也有分布。普遍野生于海拔500～3400米的沟谷、山坡林下、林缘路旁。

垂序商陆/美洲商陆、洋商陆

Phytolacca americana

科属：商陆科商陆属

产地：原产于北美，我国引种栽培，在我国部分地区逸生。

多雄蕊商陆/多蕊商陆、多药商陆

Phytolacca polyandra

科属：商陆科商陆属

产地：产于我国甘肃、广西、四川、贵州、云南，生于海拔1100～3000米的山坡林下、山沟、河边、路旁。

蕾芬/数珠珊瑚

Rivina humilis

科属：商陆科蕾芬属

产地：原产于热带美洲，我国南方有栽培。

西瓜皮椒草

Peperomia argyreia

科属：胡椒科草胡椒属

产地：原产于南美洲，我国广泛栽培。

豆瓣绿

Peperomia arifolia

科属：胡椒科草胡椒属

产地：原产于南美洲，我国引种栽培。

斑叶豆瓣绿

Peperomia arifolia 'Variegata'

科属：胡椒科草胡椒属

产地：园艺种，多用作盆栽。

皱叶椒草/皱叶草胡椒

Peperomia caperata

科属：胡椒科草胡椒属

产地：原产于巴西，我国南方引种栽培。

红皱椒草

Peperomia caperata 'Autumn Leaf'

科属：胡椒科草胡椒属

产地：园艺种，多用作盆栽。

红边椒草

Peperomia clusiifolia

科属：胡椒科草胡椒属

产地：产于热带美洲，我国南方引种栽培。

圆叶椒草/卵叶豆瓣绿

Peperomia obtusifolia

科属：胡椒科草胡椒属

产地：原产于委内瑞拉，我国南方引种栽培。

荷叶椒草
Peperomia polybotrya

科属：胡椒科草胡椒属
产地：原产于美洲，我国引种栽培。

草胡椒
Peperomia pellucida

科属：胡椒科草胡椒属
产地：原产于热带美洲，现广布于各热带地区。生于林下湿地、石缝中或庭院墙脚下。

斑叶垂椒草
Peperomia serpens 'Variegata'

科属：胡椒科草胡椒属
产地：园艺种，原种产于热带美洲。

树胡椒
Piper aduncum

科属：胡椒科胡椒属
产地：原产于墨西哥、加勒比海、南美洲的热带地区及亚洲热带地区。

山蒟
Piper hancei

科属：胡椒科胡椒属
产地：产于我国浙江、福建、江西、湖南、广东、广西、贵州及云南。生于山地溪涧边、密林或疏林中，攀援于树上或石上。

荜茇
Piper longum

科属：胡椒科胡椒属
产地：产于我国云南，尼泊尔、印度、斯里兰卡、越南及马来西亚也有分布。生于海拔约580米的疏荫杂木林中。

白脉椒草/白脉豆瓣绿
Peperomia tetragona

科属：胡椒科草胡椒属
产地：原产于南美洲。

华南胡椒
Piper austrosinense

科属：胡椒科胡椒属
产地：产于我国广西、广东、海南。生于密林或疏林中，攀援于树上或石上。

胡椒

Piper nigrum

科属：胡椒科胡椒属

产地：原产于东南亚，现广植于热带地区。我国华东南部、华南及西南有栽培。

观赏胡椒

Piper ornatum

科属：胡椒科胡椒属

产地：原产于印度尼西亚，我国华南植物园有栽培。

假蒟/蛤蒟

Piper sarmentosum

科属：胡椒科胡椒属

产地：产于我国福建、广东、广西、云南、贵州及西藏，印度、越南、马来西亚、菲律宾、印度尼西亚、巴布亚新几内亚也有分布。生于林下或村旁湿地上。

齐头绒

Zippelia begoniaefolia

科属：胡椒科草齐头绒属

产地：产于我国云南、广西及海南，菲律宾、印度尼西亚、马来西亚、老挝及越南北部也有分布。生于山谷林下。

聚花海桐

Pittosporum balansae

科属：海桐花科海桐花属

产地：分布于我国海南、广西，亦见于越南。

兰屿海桐/南洋海桐

Pittosporum moluccanum

科属：海桐花科海桐花属

产地：产于我国台湾及马来西亚等地的低海拔次生林中。

光叶海桐/长果满天香

Pittosporum glabratum

科属：海桐花科海桐花属

产地：分布于我国海南、广西、贵州、湖南。

圆锥海桐

Pittosporum paniculiferum

科属：海桐花科海桐花属

产地：分布于我国云南南部。

台湾海桐/台琼海桐

Pittosporum pentandrum var. *formosanum*

科属：海桐花科海桐花属

产地：原种分布于菲律宾及苏拉威西的北部，本变种分布于我国台湾、海南，越南也产。

海桐

Pittosporum tobira

科属：海桐花科海桐花属

产地：分布于我国长江以南滨海各省，内地多为栽培供观赏，亦见于日本及朝鲜。

花叶海桐

Pittosporum tobira 'variegatum'

科属：海桐花科海桐花属
产地：园艺种，我国华南、西南有栽培。

车前/车轮草、车轱辘菜

Plantago asiatica

科属：车前科车前属
产地：我国全国大部分地区有分布，朝鲜、俄罗斯、日本、尼泊尔、马来西亚、印度尼西亚也有分布。生于海拔3200米以下的草地、沟边、河岸湿地、田边、路旁或村边空旷处。

长叶车前/窄叶车前、欧车前

Plantago lanceolata

科属：车前科车前属
产地：产于我国辽宁、甘肃、新疆、山东，欧洲、俄罗斯、蒙古、朝鲜、北美洲有分布。生于海拔900米以下的海滩、河滩、草原湿地、山坡多石处或沙质地、路边、荒地。

紫叶车前

Plantago major 'Purpurea'

科属：车前科车前属
产地：园艺种，我国华东有栽培。

大车前/大猪耳朵草

Plantago major

科属：车前科车前属
产地：产于我国大部分地区，分布于欧亚大陆温带及寒温带，在世界各地归化。生于海拔2800米以下的草地、草甸、河滩、沟边、沼泽地、山坡路旁、田边或荒地。

花叶车前

Plantago major 'Variegata'

科属：车前科车前属
产地：园艺种，我国华东地区有栽培。

北美毛车前

/毛车前、北美车前

Plantago virginica

科属：车前科车前属
产地：原产于北美洲，在中美洲、欧洲、日本及中国归化。生于低海拔草地、路边、湖畔。

一球悬铃木/美国梧桐

Platanus occidentalis

科属：悬铃木科悬铃木属
产地：原产于北美洲，现广泛被引种，我国北部及中部有栽培。

二球悬铃木/英国梧桐

Platanus × *acerifolia*

科属：悬悬铃木科悬铃木属
产地：本种是三球悬铃木与一球悬铃木的杂交种，久经栽培。

三球悬铃木
/法国梧桐、悬铃木
Platanus orientalis

科属：悬铃木科悬铃木属
产地：原产于欧洲东南部及亚洲西部，久经栽培，据记载我国晋代即已引种。

海石竹
Armeria maritima

科属：白花丹科海石竹属
产地：原产于北美及欧洲等地的沿海地区。

紫金标/岷江蓝雪花、紫金莲
Ceratostigma willmottianum

科属：白花丹科蓝雪花属
产地：分布于我国贵州、云南、西藏、四川、甘肃，生于干热河谷的林边或灌丛间。

二色补血草
/二色矶松、矶松
Limonium bicolor

科属：白花丹科补血草属
产地：产于我国东北、黄河流域和江苏北部，蒙古也有分布。主要生于平原地区，也见于山坡下部、丘陵和海滨，喜生于含盐的钙质土上或沙地。

大叶补血草
Limonium gmelinii

科属：白花丹科补血草属
产地：产于我国新疆，东起西伯利亚至中欧东南部也有分布。通常生于盐渍化的荒地上和盐土上，低洼处常见。

黄花矶松/黄花补血草
Limonium aureum

科属：白花丹科补血草属
产地：产于我国东北、华北和西北，蒙古和俄罗斯也有分布。

勿忘我/不凋花
Limonium sinuatum

科属：白花丹科补血草属
产地：产于地中海沿岸，我国南方引种栽培。

蓝雪花/蓝花丹
Plumbago auriculata

科属：白花丹科白花丹属
产地：原产于南非南部，已广泛被各国引种作观赏植物，我国全国各地有栽培。

红花丹/紫雪花、紫花丹
Plumbago indica

科属：白花丹科白花丹属
产地：产于我国云南和海南，广泛分布于亚洲热带地区。生于向阳湿润而土质松软的地方，我国南方各地也有栽培。

白花丹/白花藤、白花谢三娘

Plumbago zeylanica

科属：白花丹科白花丹属

产地：产于我国台湾、福建、广东、广西、贵州、云南和四川，南亚和东南亚各国也有分布。生于污秽阴湿处或半遮阴的地方。

福禄考/小天蓝绣球

Phlox drummondii

科属：花荵科天蓝绣球属

产地：原产于墨西哥。我国各地庭院有栽培。

星花福禄考/星花天蓝绣球

Phlox drummondii var. *stellaris*

科属：花荵科天蓝绣球属

产地：变种，我国华东、华北常见栽培。

宿根福禄考/天蓝绣球

Phlox paniculata

科属：花荵科天蓝绣球属

产地：原产于北美洲东部。我国各地庭院常见栽培。

丛生福禄考/针叶天蓝绣球

Phlox subulata

科属：花荵科天蓝绣球属

产地：原产于北美洲东部。我国各地庭院常见栽培。

中华花荵/山波菜

Polemonium chinense

科属：花荵科花荵属

产地：产于我国青海、甘肃、陕西、山西、湖北、四川东部和北部。生于海拔2000～3600米的潮湿草丛、河边、沟边林下、山谷密林或山坡路旁杂草间。

花荵/鱼翅菜、电灯花

Polemonium coeruleum

科属：花荵科花荵属

产地：产于我国东北三省及河北、山西、内蒙古、新疆、云南西北部，欧洲温带、亚洲和北美也有分布。生于海拔1000～3700米的山坡草丛、山谷疏林下等地。

黄花倒水莲/假黄花远志、黄花远志

Polygala fallax

科属：远志科远志属

产地：产于我国江西、福建、湖南、广东、广西和云南。生于海拔360～1650米的山谷林下水旁阴湿处。

西伯利亚远志

Polygala sibirica

科属：远志科远志属

产地：产于我国全国各地，欧洲、俄罗斯、尼泊尔、克什米尔地区、印度、蒙古和朝鲜也有分布。生于海拔1100～4300米沙质土、石砾和石灰岩山地的灌丛、林缘或草地。

齿果草

Salomonia cantoniensis

科属：远志科齿果草属

产地：产于我国华东、华中、华南和西南地区，印度、缅甸、泰国、越南、菲律宾至热带澳大利亚也有分布。生于海拔600～1450米的山坡林下、灌丛中或草地。

金线草

Antenoron filiforme

科属：蓼科金线草属

产地：产于我国陕西、甘肃、华东、华中、华南及西南地区，朝鲜、日本、越南也有分布。生于海拔100～2500米的山坡林缘、山谷路旁。

白花珊瑚藤/白花旭日藤

Antigonon leptopus 'Album'

科属：蓼科珊瑚藤属

产地：园艺种，原种产于墨西哥。

珊瑚藤/旭日藤

Antigonon leptopus

科属：蓼科珊瑚藤属

产地：原产于墨西哥，现我国华南等地引种栽培。

树蓼/海葡萄

Coccoloba uvifera

科属：蓼科海葡萄属

产地：主要分布在美洲及加勒比海地区。

金荞麦/天荞麦

Fagopyrum dibotrys

科属：蓼科荞麦属

产地：产于我国陕西、华东、华中、华南及西南，印度、尼泊尔、克什米尔、越南、泰国也有分布。生于海拔250～3200米的山谷湿地、山坡灌丛中。

荞麦/甜荞

Fagopyrum esculentum

科属：蓼科荞麦属

产地：我国各地有栽培，有时逸为野生。生于荒地、路边。

木藤蓼/奥氏蓼

Fallopia aubertii

科属：蓼科何首乌属

产地：产于我国内蒙古、山西、河南、陕西、甘肃、宁夏、青海、湖北、四川、贵州、云南及西藏。生于海拔900～3200米的山坡草地、山谷灌丛。

何首乌

/多花蓼、紫乌藤、夜交藤

Fallopia multiflora

科属：蓼科何首乌属

产地：产于我国陕西、甘肃、华东、华中、华南、四川、云南及贵州，日本也有分布。生于海拔200～3000米的山谷灌丛、山坡林下、沟边石隙。

竹节蓼/扁竹、飞天蜈蚣
Homalocladium platycladum

科属：蓼科竹节蓼属
产地：原产于南太平洋所罗门群岛。

千叶兰
Muehlenbeckia complexa

科属：蓼科千叶兰属
产地：原产于新西兰，我国引种栽培。

肾叶高山蓼/山蓼、肾叶山蓼
Oxyria digyna

科属：蓼科山蓼属
产地：产于我国吉林、陕西、新疆、四川、云南及西藏，欧洲、亚洲北部及东南亚也有分布。生于海拔1700～4900米的高山山坡及山谷砾石滩。

中华山蓼
Oxyria sinensis

科属：蓼科山蓼属
产地：产于我国四川、云南和西藏，生于海拔1600～3800米的山坡、山谷路旁。

头花蓼/草石椒
Polygonum capitatum

科属：蓼科蓼属
产地：产于我国江西、湖南、湖北、四川、贵州、广东、广西、云南及西藏，印度、尼泊尔、不丹、缅甸及越南也有分布。生于海拔600～3500米的山坡、山谷湿地，常成片生长。

狐尾蓼
Polygonum alopecuroides

科属：蓼科蓼属
产地：产于我国东北、内蒙古，俄罗斯也有分布。生于海拔900～2300米的草甸、山坡草地。

火炭母
Polygonum chinense

科属：蓼科蓼属
产地：产于我国陕西、甘肃、华东、华中、华南和西南，喜马拉雅山地区有分布，日本、菲律宾、马来西亚、印度也有分布。生于海拔30～2400米的山谷湿地、山坡草地。

水蓼/辣蓼
Polygonum hydropiper

科属：蓼科蓼属
产地：分布于我国南北各地，朝鲜、日本、印度尼西亚、印度、欧洲及北美也有分布。生于海拔50～3500米的河滩、水沟边、山谷湿地。

酸模叶蓼/大马蓼
Polygonum lapathifolium

科属：蓼科蓼属
产地：广布于我国南北各地，朝鲜、日本、蒙古、菲律宾、印度、巴基斯坦及欧洲也有分布。生于海拔30～3900米的田边、路旁、水边、荒地或沟边湿地。

圆穗蓼

Polygonum macrophyllum

科属：蓼科蓼属

产地：产于我国陕西、甘肃、青海、湖北、四川、云南、贵州和西藏，印度、尼泊尔、不丹也有分布。生于海拔2300～5000米的山坡草地、高山草甸。

倒根蓼

Polygonum ochotense

科属：蓼科蓼属

产地：产于我国吉林，俄罗斯、朝鲜也有分布。生于海拔1500～2500米的山坡草地。

红蓼/东方蓼

Polygonum orientale

科属：蓼科蓼属

产地：我国除西藏外，广布于全国各地，野生或栽培，朝鲜、日本、俄罗斯、菲律宾、印度、欧洲和大洋洲也有分布。生于海拔30～2700米的沟边湿地、村边路旁。

杠板归/贯叶蓼

Polygonum perfoliatum

科属：蓼科蓼属

产地：我国大部分地区有分布，朝鲜、日本、印度尼西亚、菲律宾、印度及俄罗斯也有分布。生于海拔80～2300米的田边、路旁、山谷湿地。

赤胫散

Polygonum runcinatum var. *sinense*

科属：蓼科蓼属

产地：产于我国河南、陕西、甘肃、浙江、安徽、湖北、湖南、广西、四川、贵州、云南及西藏。生于海拔800～3900米的山坡草地、山谷灌丛。

珠芽蓼

Polygonum viviparum

科属：蓼科蓼属

产地：产于我国东北、华北、西北、西南、河南，朝鲜、日本、蒙古、高加索、哈萨克斯坦、印度、欧洲及北美也有分布。生于海拔1200～5100米的山坡林下、高山或亚高山草甸。

虎杖/大接骨

Reynoutria japonica

科属：蓼科虎杖属

产地：产于我国陕西、甘肃、华东、华中、华南、四川、云南及贵州，朝鲜、日本也有分布。生于海拔140～2000米的山坡灌丛、山谷、路旁、田边湿地。

苞叶大黄/水黄

Rheum alexandrae

科属：蓼科大黄属

产地：产于我国西藏、四川及云南。生于海拔3000～4500米的山坡草地，常长在较潮湿处。

药用大黄

Rheum officinale

科属：蓼科大黄属

产地：产于我国陕西、四川、湖北、贵州、云南、河南、湖北。生于海拔1200～4000米的山沟或林下。

波叶大黄

Rheum rhabarbarum

科属：蓼科大黄属

产地：产于我国黑龙江、吉林及内蒙古，俄罗斯、蒙古也有分布。生于海拔1000米左右的山地。

羊蹄
Rumex japonicus

科属：蓼科酸模属
产地：产于我国东北、华北、华南、华东、华中、陕西、四川及贵州，朝鲜、日本、俄罗斯也有分布。生于海拔30～3400米的田边路旁、河滩、沟边湿地。

凤眼莲
/凤眼蓝、水浮莲，水葫芦
Eichhornia crassipes

科属：雨久花科凤眼蓝属
产地：原产于巴西，现广布于我国长江、黄河流域及华南各省，亚洲热带地区也已广泛生长。生于海拔200～1500米的水塘、沟渠及稻田中。

雨久花
Monochoria korsakowii

科属：雨久花科雨久花属
产地：产于我国东北、华北、华中、华东和华南，朝鲜、日本、俄罗斯西伯利亚地区也有分布。生于池塘、湖沼、靠岸的浅水处和稻田中。

梭鱼草
Pontederia cordata

科属：雨久花科梭鱼草属
产地：原产于北美，我国中南部广泛栽培。

白花梭鱼草
Pontederia cordata var. *alba*

科属：雨久花科梭鱼草属
产地：变种，现我国华南、华东及西南地区有栽培。

回欢草/吹雪之松
Anacampseros arachnoides

科属：马齿苋科回欢草属
产地：产于纳米比亚。

大花马齿苋
/太阳花、死不了
Portulaca grandiflora

科属：马齿苋科马齿苋属
产地：原产于巴西，我国公园、花圃常有栽培。

剑叶雨久花

Monochoria hastata

科属：雨久花科雨久花属
产地：产于我国广东、海南、贵州和云南，亚洲热带和亚热带地区广泛分布。生于海拔150～700米的水塘、沟边、稻田等湿地。

马齿苋/马苋菜、蚂蚱菜
Portulaca oleracea

科属：马齿苋科马齿苋属
产地：我国南北各地均产，广布全世界温带和热带地区。

环翅马齿苋

Portulaca umbraticola

科属：马齿苋科马齿苋属

产地：产于美国，现在栽培的大多为园艺种。

毛马齿苋/多毛马齿苋

Portulaca pilosa

科属：马齿苋科马齿苋属

产地：产于我国福建、台湾、广东、海南、西沙群岛、广西、云南，菲律宾、马来西亚、印度尼西亚和热带美洲也有分布。多生于海边沙地及开阔地。

树马齿苋/金枝玉叶

Portulacaria afra

科属：马齿苋科马齿苋属

产地：产于南非干旱地区。

斑叶树马齿苋

Portulacaria afra 'foliis variegatis'

科属：马齿苋科马齿苋属

产地：变种，我国南北方均有栽培，多盆栽。

土人参/栌兰

Talinum paniculatum

科属：马齿苋科土人参属

产地：原产于热带美洲，我国中部和南部均有栽植，有的逸为野生。生于阴湿地。

斑叶土人参/斑叶栌兰

Talinum paniculatum 'Variegatum'

科属：马齿苋科土人参属

产地：园艺种，我国华南有少量栽培。

棱轴土人参/棱轴假人参

Talinum triangulare

科属：马齿苋科土人参属

产地：产于热带美洲。

丝叶眼子菜

Potamogeton filiformis

科属：眼子菜科眼子菜属

产地：产于我国陕西、宁夏、新疆等地，欧洲、中亚和北美温带水域也有分布。生于微碱性沟塘、湖沼等静水体。

光叶眼子菜

Potamogeton lucens

科属：眼子菜科眼子菜属

产地：产于我国东北、华北、华东、西北及云南，北半球广布。生于湖泊、沟塘等静水水体。

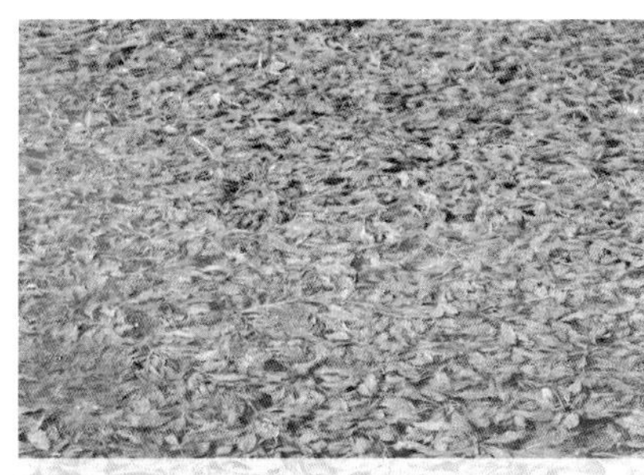

竹叶眼子菜/箬叶藻

Potamogeton malaianus

科属：眼子菜科眼子菜属

产地：产于我国南北各地，俄罗斯、朝鲜、日本、东南亚各国及印度也有分布。生于灌渠、池塘、河流等静水和流水体。

穿叶眼子菜/抱茎眼子菜
Potamogeton perfoliatus

科属：眼子菜科眼子菜属
产地：产于我国东北、华北、西北及山东、河南、湖南、湖北、贵州、云南，广布欧洲、亚洲、北美、南美、非洲和大洋洲。生于湖泊、池塘、灌渠、河流等水体。

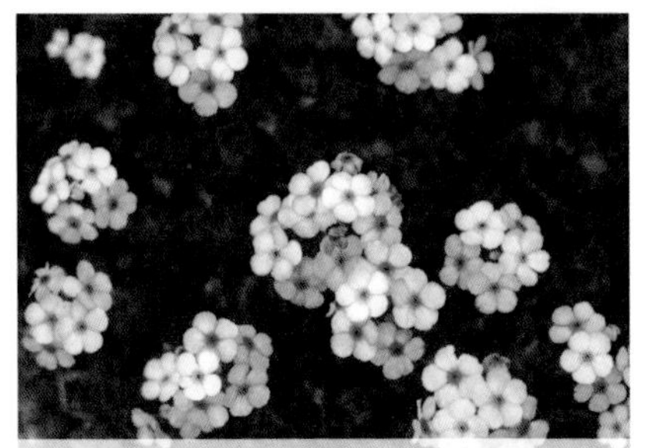

秦巴点地梅
Androsace laxa

科属：报春花科点地梅属
产地：产于我国四川、湖北、陕西。生于海拔2700~3600米的山坡林缘和岩石上。

景天点地梅/砵红点地梅
Androsace bulleyana

科属：报春花科点地梅属
产地：产于我国云南西北部，生于海拔1800~3200米的山坡、砾石地和冲积扇上。

硬枝点地梅
Androsace rigida

科属：报春花科点地梅属
产地：产于我国云南西北部和四川西南部。生于海拔2900~3800米的山坡草地、林缘和石缝中。

刺叶点地梅
Androsace spinulifera

科属：报春花科点地梅属
产地：产于我国四川、云南。生于海拔2900~4450米的山坡草地、林缘、砾石缓坡和湿润处。

点地梅/天星花、清明花
Androsace umbellata

科属：报春花科点地梅属
产地：产于我国东北、华北和秦岭以南各地，朝鲜、日本、菲律宾、越南、缅甸、印度均有分布。生于林缘、草地和疏林下。

粗毛点地梅
Androsace wardii

科属：报春花科点地梅属
产地：产于我国四川、云南和西藏。生于海拔3400~4200米的山坡、林间草地和河边。

河北假报春
Cortusa matthioli subsp. *pekinensis*

科属：报春花科假报春属
产地：产于我国陕西、山西、河北，俄罗斯和朝鲜北部也有分布。生于溪边、林缘和灌丛中。

仙客来/兔耳花、一品冠
Cyclamen persicum

科属：报春花科仙客来属
产地：原产于希腊、叙利亚、黎巴嫩等地，现已广为栽培。

广西过路黄/四叶一枝花

Lysimachia alfredii

科属：报春花科珍珠菜属

产地：产于我国贵州、广西、广东、湖南、江西、福建。生于海拔220～900米的山谷溪边、沟旁湿地、林下和灌丛中。

狼尾花/虎尾草

Lysimachia barystachys

科属：报春花科珍珠菜属

产地：产于我国东北、西南、华北、华东、西北、华中部分地区，俄罗斯、朝鲜、日本有分布。生于海拔2000米以下的草甸、山坡路旁灌丛间。

泽珍珠菜/白水花

Lysimachia candida

科属：报春花科珍珠菜属

产地：产于我国陕西、河南、山东以及长江以南各地，越南、缅甸也有分布。生于海拔2100米以下的田边、溪边和山坡路旁潮湿处。

临时救/聚花过路黄

Lysimachia congestiflora

科属：报春花科珍珠菜属

产地：产于我国长江以南地区以及陕西、甘肃和台湾，印度、不丹、缅甸、越南也有分布。生于海拔2100米以下的水沟边、田埂上和山坡林缘、草地等湿润处。

距萼过路黄

Lysimachia crista-galli

科属：报春花科珍珠菜属

产地：产于我国四川、湖北和陕西。生于海拔1000～1600米的溪沟旁。

黄连花

Lysimachia davurica

科属：报春花科珍珠菜属

产地：产于我国东北、内蒙古、山东、江苏、浙江、云南，俄罗斯、朝鲜和日本也有分布。生于海拔2100米以下的草甸、林缘和灌丛中。

星宿菜/大田基黄、红脚兰

Lysimachia fortunei

科属：报春花科珍珠菜属

产地：产于我国中南、华南、华东地区，分布于朝鲜、日本、越南。 生于沟边、田边等低湿处。

宜昌过路黄

Lysimachia henryi

科属：报春花科珍珠菜属

产地：产于我国四川东部和湖北西部，生于长江沿岸石缝中。

金钱草/圆叶遍地金

Lysimachia nummularia

科属：报春花科珍珠菜属

产地：原产于欧洲。

金叶过路黄/黄金钱草
Lysimachia nummularia 'Aurea'

科属：报春花科珍珠菜属
产地：园艺种，原种产于欧洲，我国华东等地广泛栽培。

矮星宿菜
Lysimachia pumila

科属：报春花科珍珠菜属
产地：产于我国云南。生于海拔3500～4000米的山坡草地、潮湿谷地和河滩上。

巴东过路黄
Lysimachia patungensis

科属：报春花科珍珠菜属
产地：产于我国湖北、湖南、广东、江西、安徽、浙江、福建。生于海拔1000米以下的山谷溪边和林下。

中甸独花报春
Omphalogramma forrestii

科属：报春花科独花报春属
产地：产于我国云南和四川。生长于海拔3500～4000米的砾石草地和杜鹃灌丛中。

短叶紫晶报春
Primula amethystina subsp. *brevifolia*

科属：报春花科报春花属
产地：产于我国四川、云南以及西藏。生于海拔3400～5000米的高山草地。

橘红灯台报春/桔红报春
Primula bulleyana

科属：报春花科报春花属
产地：产于我国云南和四川。生于海拔2600～3200米的高山草地潮湿处。

美花报春/雪山厚叶报春
Primula calliantha

科属：报春花科报春花属
产地：产于我国云南大理、巍山、泸水等地。生于海拔4000米的山顶草地。

紫花雪山报春
/玉葶报春、华紫报春
Primula chionantha

科属：报春花科报春花属
产地：产于我国四川、云南和西藏。生于海拔3000～4400米的高山草地、草甸、流石滩和杜鹃丛中。

毛茛叶报春/堇叶报春
Primula cicutariifolia

科属：报春花科报春花属
产地：产于我国安徽、浙江、江西、湖南、湖北。生长于山谷林下阴湿处和常有滴水的岩石上。

穗花报春
Primula deflexa

科属：报春花科报春花属
产地：产于我国云南、西藏和四川。生于海拔3300～4800米的山坡草地和水沟边。

双花报春/双花雪山报春

Primula diantha

科属：报春花科报春花属

产地：产于我国四川、云南和西藏。生于海拔4000～4800米多石的湿草地和流石滩上。

小报春/瘌痢头花

Primula forbesii

科属：报春花科报春花属

产地：产于我国云南。生于海拔1500～2000米的湿草地、田埂上。

太白山紫穗报春/季氏报春

Primula giraldiana

科属：报春花科报春花属

产地：我国陕西太白山特有种。生于海拔3000～3700米的山地草坡和路边。

陕西报春/西北厚叶报春

Primula handeliana

科属：报春花科报春花属

产地：产于我国陕西太白山、佛坪等地。生于海拔2500～3600米的山坡疏林下和岩石上。

阔萼粉报春/克努报春

Primula knuthiana

科属：报春花科报春花属

产地：产于我国陕西。生于海拔2400～2800米的山坡林下。

安徽羽叶报春

Primula merrilliana

科属：报春花科报春花属

产地：我国安徽特有种，分布于黄山、歙县等地。生于海拔800～1100米的山谷、沟边草丛中。

雪山小报春/小报春

Primula minor

科属：报春花科报春花属

产地：产于我国云南和西藏。生于海拔4300～5000米多石的山坡草地、杜鹃矮林下和石壁缝中。

四季报春/鄂报春

Primula obconica

科属：报春花科报春花属

产地：产于我国云南、四川、贵州、湖北、湖南、广西、广东和江西，本种现在世界各地广泛栽培。生于海拔500～2200米的林下、水沟边和湿润岩石上。

多脉报春/多脉掌叶报春

Primula polyneura

科属：报春花科报春花属

产地：产于我国云南、四川和甘肃。生于海拔2000～4000米的林缘和潮湿沟谷边。

紫罗兰报春/朴氏报春

Primula purdomii

科属：报春花科报春花属

产地：产于我国青海、甘肃和四川，生于海拔3300～4100米的湿草地、灌木林下和潮湿石缝中。

偏花报春
Primula secundiflora

科属：报春花科报春花属

产地：产于我国青海、四川、云南和西藏，生于海拔3200～4800米的水沟边、河滩地、高山沼泽和湿草地。

锡金报春/钟花报春
Primula sikkimensis

科属：报春花科报春花属

产地：产于我国四川、云南和西藏。生于海拔3200～4400米的林缘湿地、沼泽草甸和水沟边。

苣叶报春/苣叶脆蒴报春
Primula sonchifolia

科属：报春花科报春花属

产地：产于我国四川、云南和西藏，缅甸北部亦有分布。生于海拔3000～4600米的高山草地和林缘。

狭萼报春
Primula stenocalyx

科属：报春花科报春花属

产地：产于我国甘肃、青海、四川。生于海拔2700～4300米的阳坡草地、林下、沟边和河漫滩石缝中。

四川报春/四川雪山报春
Primula szechuanica

科属：报春花科报春花属

产地：产我国四川和云南。生于海拔3300～4500米的高山湿草地、草甸和杜鹃丛中。

黄花九轮草/硕萼报春
Primula veris

科属：报春花科报春花属

产地：产于我国新疆，俄罗斯、伊朗也有分布。生于海拔1500～2000米的山阴坡草地。

华柔毛报春
Primula sinomollis

科属：报春花科报春花属

产地：产于我国云南。生于海拔1800～2700米的林下。

欧洲报春/欧报春
Primula vulgaris

科属：报春花科报春花属

产地：产于欧洲及非洲，我国南北方广泛栽培。

海岸斑克木/斑克木
Banksia integrifolia

科属：山龙眼科佛塔树属
产地：产于澳大利亚东海岸。

白金汉/白金汉木
Buckinghamia celsissima

科属：山龙眼科白金汉属
产地：产于澳大利亚昆士兰州。

阔叶银桦
Grevillea baileyana

科属：山龙眼科银桦属
产地：产于澳大利亚昆士兰州的热带雨林中。

地被银桦
Grevillea baueri

科属：山龙眼科银桦属
产地：产于澳大利亚的新南威尔士州。

红花银桦
Grevillea banksii

科属：山龙眼科银桦属
产地：产于澳大利亚的昆士兰。

澳洲银桦杂交种
Grevillea hybrid

科属：山龙眼科银桦属
产地：园艺杂交种，我国华南植物园引种栽培。

银桦/澳洲银桦
Grevillea robusta

科属：山龙眼科银桦属
产地：原产于澳大利亚东部，全世界热带、亚热带地区有栽种。

澳洲坚果
Macadamia ternifolia

科属：山龙眼科澳洲坚果属
产地：原产于澳大利亚的东南部热带雨林中，现世界热带地区有栽种。

小王子帝王花
Protea cynaroides 'Little Prince'

科属：山龙眼科帝王花属
产地：园艺种，原种产于南非。

石榴/丹若、若榴木
Punica granatum

科属：石榴科石榴属
产地：原产于巴尔干半岛至伊朗及其邻近地区，全世界的温带和热带都有种植。

玛瑙石榴
Punica granatum 'Lagrellei'

科属：石榴科石榴属
产地：园艺种，我国引种栽培。

重瓣白花石榴
Punica granatum 'Multiplex'

科属：石榴科石榴属
产地：园艺种，我国引种栽培。

皱叶鹿蹄草
Pyrola rugosa

科属：鹿蹄草科鹿蹄草属
产地：产于我国陕西、甘肃、四川、云南。生于海拔1900～4000米的山地针叶林及阔叶林下或灌丛下。

单侧花
Orthilia secunda

科属：鹿蹄草科单侧花属
产地：产于我国东北、内蒙古、新疆，朝鲜、蒙古、日本、俄罗斯、欧洲、北美均有分布。生于海拔800～2000米的山地针阔叶混交林或暗针叶林下。

圆叶鹿蹄草/鹿蹄草
Pyrola rotundifolia

科属：鹿蹄草科鹿蹄草属
产地：产于我国新疆，蒙古、俄罗斯、欧洲为其分布中心。生于海拔1000～2000米的山地针叶林、针阔叶混交林或阔叶林下。

牛扁/扁桃叶根
Aconitum barbatum var. *puberulum*

科属：毛茛科乌头属
产地：分布于我国新疆东部、山西、河北、内蒙古，俄罗斯西伯利亚也有分布。生于海拔400～2700米间的山地疏林下或较阴湿处。

长白乌头
Aconitum tschangbaischanense

科属：毛茛科乌头属
产地：产于我国吉林长白山区。生于海拔1000～1700米间的山地草坡或林边草地。

短柱侧金盏花
Adonis brevistyla

科属：毛茛科侧金盏花属
产地：分布于我国西藏、云南、四川、甘肃、陕西和山西，不丹也有分布。生于海拔1900～3500米间的山地草坡、沟边、林边或林中。

欧洲银莲花
Anemone coronaria

科属：毛茛科银莲花属
产地：原产于欧洲，现园艺种较多，世界各地有栽培。

条叶银莲花

Anemone coelestina var. *linearis*

科属：毛茛科银莲花属

产地：分布于我国云南、四川、甘肃、青海、西藏。生于海拔3500～5000米的间高山草地或灌丛中。

鹅掌草/林荫银莲花

Anemone flaccida

科属：毛茛科银莲花属

产地：分布于我国云南、四川、贵州、湖北、湖南、江西、浙江、江苏、陕西、甘肃，日本和俄罗斯也有分布。生于山地谷中草地或林下。

钝裂银莲花

Anemone obtusiloba

科属：毛茛科银莲花属

产地：分布于我国西藏、四川，尼泊尔、不丹、印度北部也有分布。生于海拔2900～4000米间的高山草地或铁杉林下。

疏齿银莲花

Anemone geum subsp. *ovalifolia*

科属：毛茛科银莲花属

产地：分布于我国西藏、云南、四川、青海、新疆、甘肃、宁夏、陕西、山西、河北。生于高山草地或灌丛边。

草玉梅/虎掌草、白花舌头草

Anemone rivularis

科属：毛茛科银莲花属

产地：分布于我国西藏、云南、广西、贵州、湖北、四川、甘肃、青海，尼泊尔、不丹、印度、斯里兰卡也有分布。生于山地草坡、小溪边或湖边。

小花草玉梅

Anemone rivularis var. *flore-minore*

科属：毛茛科银莲花属

产地：分布于我国四川、青海、新疆、甘肃、宁夏、陕西、河南、山西、河北、内蒙古、辽宁。生于山地林边或草坡上。

大火草/大头翁

Anemone tomentosa

科属：毛茛科银莲花属

产地：分布于我国四川、青海、甘肃、陕西、湖北、河南、山西、河北。生于山地草坡或路边阳处。

野棉花

Anemone vitifolia

科属：毛茛科银莲花属

产地：分布于我国云南、四川、西藏，缅甸、不丹、尼泊尔、印度北部也有分布。生于山地草坡、沟边或疏林中。

福克银莲花

Anemone 'Mr.Fokker'

科属：毛茛科银莲花属

产地：园艺种，我国引种栽培。

加拿大耧斗菜

Aquilegia canadensis

科属：毛茛科耧斗菜属

产地：产于北美的东部。生于岩石间或林地中。

无距耧斗菜

Aquilegia ecalcarata

科属：毛茛科耧斗菜属

产地：分布于我国西藏、四川、贵州、湖北、河南、陕西、甘肃、青海。生于海拔1800～3500米间的山地林下或路旁。

长白耧斗菜

Aquilegia japonica

科属：毛茛科耧斗菜属

产地：分布于我国吉林长白山一带，朝鲜及日本也有分布。生于海拔1400～2500米的山坡草地。

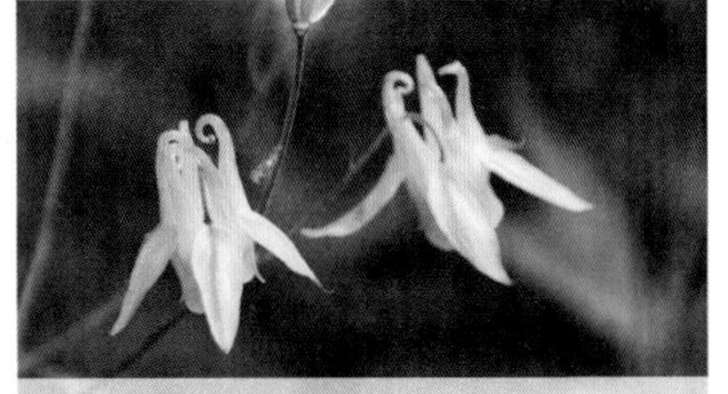

尖萼耧斗菜

Aquilegia oxysepala

科属：毛茛科耧斗菜属

产地：分布于我国东北，朝鲜、俄罗斯远东地区也有分布。生于海拔450～1000米间的山地杂木林边和草地中。

小花耧斗菜/血见愁

Aquilegia parviflora

科属：毛茛科耧斗菜属

产地：分布于我国黑龙江，在俄罗斯西伯利亚、蒙古及日本也有分布。生于林缘、开阔的坡地或林下。

直距耧斗菜

Aquilegia rockii

科属：毛茛科耧斗菜属

产地：分布于我国西藏、云南及四川。生于海拔2500～3500米间的山地杂木林下或路旁。

欧耧斗菜/欧洲耧斗菜

Aquilegia vulgaris

科属：毛茛科耧斗菜属

产地：产于欧洲，我国南北方均有栽培。

华北耧斗菜/紫霞耧斗菜

Aquilegia yabeana

科属：毛茛科耧斗菜属

产地：分布于我国四川、陕西、河南、山西、山东、河北和辽宁。生于山地草坡或林边。

水毛茛

Batrachium bungei

科属：毛茛科水毛茛属

产地：分布于我国辽宁、河北、山西、江西、江苏、甘肃、青海、四川、云南和西藏。生于海拔3000多米以下的高山山谷溪流、河滩积水地、平原湖中或水塘中。

美花草

Callianthemum pimpinelloides

科属：毛茛科美花草属

产地：分布于我国西藏、云南、四川、青海，尼泊尔、印度北部也有分布。生于高山草地。

太白美花草/重叶莲

Callianthemum taipaicum

科属：毛茛科美花草属

产地：产于我国陕西秦岭太白山。生于海拔3450～3600米间的山坡草地。

驴蹄草/马蹄草

Caltha palustris

科属：毛茛科驴蹄草属

产地：分布于我国西藏、云南、四川、浙江、甘肃、陕西、河南、山西、河北、内蒙古、新疆，在北半球温带及寒温带地区广布。通常生于山谷溪边或湿草甸。

华东驴蹄草

Caltha palustris var.*orientali-sinensis*

科属：毛茛科驴蹄草属

产地：产于我国华东等地。生于山谷溪边、草甸或沼泽地及林下。

花葶驴蹄草

Caltha scaposa

科属：毛茛科驴蹄草属

产地：分布于我国西藏、云南、四川、青海及甘肃，尼泊尔、不丹及印度也有分布。生于海拔2800～4100米的高山湿草甸或山谷沟边湿草地。

单穗升麻/野菜升麻

Cimicifuga simplex

科属：毛茛科升麻属

产地：分布于我国四川、甘肃、陕西、河北、内蒙古、东北，俄罗斯、蒙古、日本也有分布。生于海拔300～2300米间的山地草坪、潮湿的灌丛、草丛或草甸的草墩中。

威灵仙/白钱草、铁脚威灵仙

Clematis chinensis

科属：毛茛科铁线莲属

产地：分布于我国西南、华东、陕西、广西、广东、湖南、湖北、河南，越南也有分布。生于山坡、山谷灌丛中或沟边、路旁草丛中。

铁线莲

Clematis florida

科属：毛茛科铁线莲属

产地：分布于我国广西、广东、湖南、江西。生于低山区的丘陵灌丛中，山谷、路旁及小溪边。

紫花铁线莲

Clematis fusca var. *violacea*

科属：毛茛科铁线莲属

产地：产于我国吉林、黑龙江，朝鲜、俄罗斯远东地区也有分布。生于路旁灌丛中。

大叶铁线莲/木通花

Clematis heracleifolia

科属：毛茛科铁线莲属

产地：分布于我国湖南、湖北、陕西、河南、安徽、浙江、江苏、山东、河北、山西、辽宁、吉林，日本、朝鲜也有分布。常生于山坡沟谷、林边及路旁的灌丛中。

绣球藤/淮木通

Clematis Montana

科属：毛茛科铁线莲属

产地：分布于我国西南、甘肃、宁夏、陕西、河南、湖北、湖南、广西、江西、福建、台湾、安徽，喜马拉雅山区西部一直到尼泊尔、印度北部也有分布。生于山坡、山谷灌丛中、林边或沟旁。

棉团铁线莲/棉花子花

Clematis hexapetala

科属：毛茛科铁线莲属

产地：分布于我国甘肃、陕西、山西、河北、内蒙古、东北，朝鲜、蒙古、俄罗斯西伯利亚东部也有分布。生于固定沙丘、干山坡或山坡草地。

杂种铁线莲

Clematis hybrids

科属：毛茛科铁线莲属

产地：园艺种，我国广为栽培。

黄花铁线莲/透骨草

Clematis intricata

科属：毛茛科铁线莲属

产地：分布于我国青海、甘肃、陕西、山西、河北、辽宁、内蒙古。生于山坡、路旁或灌丛中。

长瓣铁线莲/大瓣铁线莲

Clematis macropetala

科属：毛茛科铁线莲属

产地：在我国产于青海、甘肃、陕西、宁夏、山西、河北，蒙古东部、俄罗斯远东地区也有分布。生于荒山坡、草坡岩石缝中及林下。

杨子铁线莲

Clematis puberula var. *ganpiniana*

科属：毛茛科铁线莲属

产地：产于我国安徽、福建、广东、广西、贵州、河南、湖北、湖南、江西、陕西、四川、西藏、云南及浙江等地。

陕西铁线莲/武当铁线莲

Clematis shensiensis

科属：毛茛科铁线莲属

产地：分布于我国陕西、湖北、河南、山西。生于山坡灌丛中、山沟边或石壁上。

辣蓼铁线莲

Clematis terniflora var. *mandshurica*

科属：毛茛科铁线莲属

产地：分布于我国东北、山西、内蒙古，朝鲜、蒙古、俄罗斯西伯利亚东部也有分布。生于山坡灌丛中、杂木林内或林边。

千鸟草/飞燕草

Consolida ajacis

科属：毛茛科飞燕草属

产地：原产于欧亚大陆，园艺种极多，现世界各地广为种植。

还亮草/鱼灯苏、车子野芫荽

Delphinium anthriscifolium

科属：毛茛科翠雀属

产地：分布于我国广东、广西、贵州、湖南、江西、福建、浙江、江苏、安徽、河南、山西。生于海拔200～1200米间丘陵或低山的山坡草丛或溪边草地。

大花飞燕草/大花翠雀

Delphinium × cultorum

科属：毛茛科翠雀属

产地：园艺种，我国南北方均有栽培。

翠雀/鸽子花

Delphinium grandiflorum

科属：毛茛科翠雀属

产地：分布于我国云南、四川、山西、河北、内蒙古、东北，在俄罗斯西伯利亚、蒙古也有分布。生于海拔500～2800米的山地草坡或丘陵沙地。

杂交铁筷子

Helleborus hybrida

科属：毛茛科铁筷子属

产地：本属主要分布于欧洲东南部和亚洲西部，我国有1种，现大多为栽培种。

独叶草

Kingdonia uniflora

科属：毛茛科独叶草属

产地：分布于我国云南、四川、甘肃、陕西。生于海拔2750～3900米间的山地冷杉林下或杜鹃灌丛下。

鸦跖花

Oxygraphis glacialis

科属：毛茛科鸦跖花属

产地：分布于我国西藏、云南、四川、陕西、甘肃、青海和新疆，印度至俄罗斯也有分布。生于海拔3600～5100米间的高山草甸或高山灌丛中。

小鸦跖花

Oxygraphis tenuifolia

科属：毛茛科鸦跖花属

产地：分布于我国云南、四川。生于海拔3500米左右湿润多石的草甸上。

川赤芍

Paeonia anomala subsp. *veitchii*

科属：毛茛科芍药属

产地：分布于我国西藏、四川、青海、甘肃及陕西。生于山坡林下草丛中及路旁。

紫牡丹/野牡丹

Paeonia delavayi

科属：毛茛科芍药属

产地：分布于我国云南、四川及西藏。生于海拔2300～3700米的山地阳坡及草丛中。

黄牡丹

Paeonia delavayi var. *lutea*

科属：毛茛科芍药属

产地：分布于我国云南、四川及西藏。生于海拔2500～3500米的山地林缘。

芍药

Paeonia lactiflora

科属：毛茛科芍药属

产地：分布于我国东北、华北、陕西及甘肃南部，朝鲜、日本、蒙古及俄罗斯西伯利亚地区也有分布。生于海拔480～2300米的山坡草地及林下。

草芍药/山芍药、野芍药

Paeonia obovata

科属：毛茛科芍药属

产地：分布于我国四川、贵州、湖南、江西、浙江、安徽、湖北、河南、陕西、宁夏、山西、河北、东北，朝鲜、日本及俄罗斯远东地区也有分布。生于海拔800～2600米的山坡草地及林缘。

牡丹

Paeonia suffruticosa

科属：毛茛科芍药属

产地：可能由产于我国陕西延安一带的矮牡丹引种而来，目前世界各地广泛栽培。

拟耧斗菜/假耧斗菜

Paraquilegia microphylla

科属：毛茛科拟耧斗菜属

产地：分布于我国西藏、云南、四川、甘肃、青海和新疆，不丹、尼泊尔、俄罗斯、中亚地区也有分布。生于海拔2700～4300米间的高山山地石壁或岩石上。

白头翁/羊胡子花、毛姑朵花

Pulsatilla chinensis

科属：毛茛科白头翁属

产地：分布于我国四川、湖北、江苏、安徽、河南、甘肃、陕西、山西、山东、河北、内蒙古、东北，朝鲜和俄罗斯远东地区也有分布。生于平原和低山山坡草丛中、林边或干旱多石的坡地。

花毛茛

Ranunculus asiaticus

科属：毛茛科毛茛属

产地：原产于亚洲西南部、欧洲东南部、非洲东北部，现世界各地广为种植。

小茴茴蒜/禺毛茛、自扣草

Ranunculus cantoniensis

科属：毛茛科毛茛属

产地：分布于我国西南、华东、广西、广东、江西、湖南、湖北，印度、越南、朝鲜、日本也有分布。生于海拔500～2500米的平原或丘陵田边、沟旁水湿地。

茴茴蒜

Ranunculus chinensis

科属：毛茛科毛茛属

产地：分布于我国广大地区，印度、朝鲜、日本及俄罗斯也有分布。生于海拔700～2500米的平原与丘陵、溪边、田旁水湿草地。

刺果毛茛

Ranunculus muricatus

科属：毛茛科毛茛属

产地：分布于我国江苏、浙江和广西，分布于北美洲、大洋洲、欧洲及亚洲。生于道旁田野的杂草丛中。

白山毛茛

Ranunculus paishanensis

科属：毛茛科毛茛属

产地：产于我国吉林长白山。生于海拔2400米左右的高山潮湿草原。

太白山毛茛

Ranunculus petrogeiton

科属：毛茛科毛茛属

产地：产于我国陕西秦岭太白山。生长于海拔3000～3700米的山顶湿润草地。

石龙芮

Ranunculus sceleratus

科属：毛茛科毛茛属

产地：我国全国各地均有分布，在亚洲、欧洲、北美洲的亚热带至温带地区广布。生于河沟边及平原湿地。

小毛茛/猫爪草

Ranunculus ternatus

科属：毛茛科毛茛属

产地：分布于我国广西、台湾、江苏、浙江、江西、湖南、安徽、湖北、河南，日本也有分布。生于平原湿草地或田边荒地。

天葵/紫背天葵

Semiaquilegia adoxoides

科属：毛茛科天葵属

产地：分布于我国四川、贵州、湖北、湖南、广西、江西、福建、浙江、江苏、安徽、陕西，日本也有分布。生于海拔100～1050米间的疏林下、路旁或山谷地的较阴处。

黄三七/太白黄连、土黄连

Souliea vaginata

科属：毛茛科黄三七属

产地：分布于我国西藏、云南、四川、青海、甘肃、陕西，缅甸、不丹、印度也有分布。生于海拔2800～4000米间的山地林中、林缘或草坡中。

高原唐松草/马尾黄连、草黄连

Thalictrum cultratum

科属：毛茛科唐松草属

产地：分布于我国云南、西藏、四川、甘肃，尼泊尔、印度也有分布。生于海拔1700～3800米间的山地草坡、灌丛中或沟边草地，有时生于林中。

翼果唐松草/唐松草

Thalictrum aquilegifolium var. *sibiricum*

科属：毛茛科唐松草属

产地：分布于我国浙江、山东、河北、山西、东北，朝鲜、日本、俄罗斯西伯利亚地区也有分布。生于海拔500～1800米间的草原、山地林边草坡或林中。

华东唐松草

Thalictrum fortunei

科属：毛茛科唐松草属

产地：分布于我国江西、安徽、江苏和浙江。生于海拔100～1500米间的丘陵、山地林下或较阴湿处。

长喙唐松草

Thalictrum macrorhynchum

科属：毛茛科唐松草属

产地：分布于我国四川东、湖北、甘肃、陕西、山西、河北，生于海拔850～2900米间的山地林中或山谷灌丛中。

金莲花

Trollius chinensis

科属：毛茛科金莲花属

产地：分布于我国山西、河南、河北、内蒙古、辽宁和吉林。生于海拔1000～2200米的山地草坡或疏林下。

矮金莲花/五金草、一枝花

Paeonia obovata

科属：毛茛科金莲花属

产地：分布于我国云南、四川、西藏、青海、甘肃及陕西。生于海拔2000～4700米间的山地草坡。

长瓣金莲花

Trollius macropetalus

科属：毛茛科金莲花属

产地：分布于我国辽宁、吉林及黑龙江等地，俄罗斯远东地区及朝鲜北部也有分布。生于海拔450～600米间的湿草地。

长白金莲花

Trollius japonicus

科属：毛茛科金莲花属

产地：产于我国吉林长白山，在库页岛及日本也有分布。生于海拔1200～2300米的潮湿草坡。

毛茛状金莲花

Trollius ranunculoides

科属：毛茛科金莲花属

产地：分布于我国云南、西藏、四川、青海、甘肃。生于海拔2900～4100米间的山地草坡、水边草地或林中。

多叶勾儿茶/小通花

Berchemia polyphylla

科属：鼠李科勾儿茶属

产地：产于我国陕西、甘肃、四川、贵州、云南、广西，印度、缅甸也有分布。常生于海拔300～1900米的山地灌丛或林中。

拐枣/枳椇、鸡爪子

Hovenia acerba

科属：鼠李科枳椇属

产地：产于我国中南部大部分地区，印度、尼泊尔和缅甸北部也有分布。生于海拔2100米以下的开阔地、山坡林缘或疏林中。

铜钱树/鸟不宿、钱串树

Paliurus hemsleyanus

科属：鼠李科马甲子属

产地：产于我国甘肃、陕西、河南、安徽、江苏、浙江、江西、湖南、湖北、四川、云南、贵州、广西、广东。生于海拔1600米以下的山地林中。

马甲子/铁篱笆、铜钱树

Paliurus ramosissimus

科属：鼠李科马甲子属

产地：产于我国江苏、浙江、安徽、江西、湖南、湖北、福建、台湾、广东、广西、云南、贵州、四川，朝鲜、日本和越南也有分布。生于海拔2000米以下的山地和平原。

鼠李/臭李子、大绿

Rhamnus davurica

科属：鼠李科鼠李属

产地：产于我国东北、河北、山西，俄罗斯、蒙古和朝鲜也有分布。生于海拔1800米以下的山坡林下，灌丛或林缘和沟边阴湿处。

川滇鼠李

Rhamnus gilgiana

科属：鼠李科鼠李属

产地：产于我国四川、云南。生于海拔2200～2700米的杂木林下或灌木丛中。

冻绿/红冻、冻绿树

Rhamnus utilis

科属：鼠李科鼠李属

产地：产于我国西北、华中、西南、华东及华南部分地区，朝鲜、日本也有分布。常生于海拔1500米以下的山地、丘陵、山坡草丛、灌丛或疏林下。

钩刺雀梅藤/猴栗

Sageretia hamosa

科属：鼠李科雀梅藤属

产地：产于我国浙江、江西、福建、湖南、湖北、广东、广西、贵州、云南、四川及西藏，斯里兰卡、印度、尼泊尔、越南、菲律宾也有分布。生于海拔1600米以下的山坡灌丛或林中。

雀梅/刺冻绿

Sageretia theezans

科属：鼠李科雀梅藤属

产地：产于我国安徽、江苏、浙江、江西、福建、台湾、广东、广西、湖南、湖北、四川、云南，印度、越南、朝鲜、日本也有分布。常生于海拔2100米以下的丘陵、山地林下或灌丛中。

枣/枣子、红枣

Ziziphus jujuba

科属：鼠李科枣属

产地：产于我国大部分地区，现世界广为栽培。生于海拔1700米以下的山区、丘陵或平原。

马奶枣

Ziziphus jujuba 'Manai'

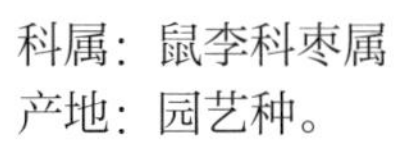

科属：鼠李科枣属
产地：园艺种。

胎里红枣

Ziziphus jujuba 'Tailihong'

科属：鼠李科枣属
产地：园艺种。

毛叶枣/青枣、印度枣

Zizyphus mauritiana

科属：鼠李科枣属
产地：原产于印度，现广泛归化于非洲到阿富汗及中国的热带地区。

竹节树/山竹公、山竹犁

Carallia brachiata

科属：红树科竹节树属
产地：产于我国广东、广西及沿海岛屿，分布于马达加斯加、斯里兰卡、印度、缅甸、泰国、越南、马来西亚至澳大利亚北部。生于低海拔至中海拔的丘陵灌丛或山谷杂木林中。

旁杞木/锯叶竹节树

Carallia pectinifolia

科属：红树科竹节树属
产地：产于我国广东、广西、云南。生于山谷或溪畔杂木林内。

秋茄/水笔仔、浪柴

Kandelia candel

科属：红树科秋茄树属
产地：产于我国广东、广西、福建、台湾，分布于印度、缅甸、泰国、越南、马来西亚、琉球群岛。生于浅海和河流出口冲积带的盐滩。

山红树

Pellacalyx yunnanensis

科属：红树科山红树属
产地：产于我国云南南部。生于海拔850米的林中。

红树/鸡笼答、五足驴

Rhizophora apiculata

科属：红树科红树属
产地：产于我国广东，东南亚热带、美拉尼西亚、密克罗尼西亚及澳大利亚北部也有分布。生于海浪平静、淤泥松软的浅海盐滩或海湾内的沼泽地。

红海榄/红海兰、厚皮
Rhizophora stylosa

科属：红树科红树属
产地：产于我国广东、海南、广西、合浦和台湾，分布于马来西亚、菲律宾、印度尼西亚、新西兰、澳大利亚等地。生于沿海盐滩红树林的内缘。

龙芽草/仙鹤草、路边黄
Agrimonia pilosa

科属：蔷薇科龙芽草属
产地：我国南北各地均产，欧洲中部以及俄罗斯、蒙古、朝鲜、日本和越南北部均有分布。常生于海拔100～3800米的溪边、路旁、草地、灌丛、林缘及疏林下。

唐棣/红枸子
Amelanchier sinica

科属：蔷薇科唐棣属
产地：产于我国河南、甘肃、陕西、湖北、四川。生于海拔1000～2000米的山坡、灌木丛中。

山桃/山毛桃、野桃
Amygdalus davidiana

科属：蔷薇科桃属
产地：产于我国山东、河北、河南、山西、陕西、甘肃、四川、云南等地。生于海拔800～3200米的山坡、山谷沟底或荒野疏林及灌丛内。

桃
Amygdalus persica

科属：蔷薇科桃属
产地：原产于我国，各地区广泛栽培，世界各地均有栽植。

千瓣白桃
Amygdalus persica f. *albo-plena*

科属：蔷薇科桃属
产地：变型种，我国各地有栽培。

绛桃
Amygdalus persica f. *camelliaeflora*

科属：蔷薇科桃属
产地：变型种，我国各地有栽培。

碧桃
Amygdalus persica f. *duplex*

科属：蔷薇科桃属
产地：变型种，我国各地有栽培。

垂枝桃
Amygdalus persica f. *pyramidalis*

科属：蔷薇科桃属
产地：变型种，我国各地有栽培。

洒金碧桃
Amygdalus persica f. *versicolor*

科属：蔷薇科桃属
产地：变型种，我国各地有栽培。

白花山碧桃
Amygdalus persica 'Bai Hua Shan Bi'

科属：蔷薇科桃属
产地：园艺种，我国有栽培。

菊花桃
Amygdalus persica 'Kikumomo'

科属：蔷薇科桃属
产地：园艺种，我国有栽培。

照手红桃花
Amygdalus persica 'Terutebeni'

科属：蔷薇科桃属
产地：园艺种，我国有栽培。

照手白桃花
Amygdalus persica 'Teruteshiro'

科属：蔷薇科桃属
产地：园艺种，我国有栽培。

照手姬桃花
Amygdalus persica 'Terutemhime'

科属：蔷薇科桃属
产地：园艺种，我国有栽培。

寿星桃
Amygdalus persica 'Densa'

科属：蔷薇科桃属
产地：园艺种，我国有栽培。

重瓣榆叶梅
Amygdalus triloba f. *multiplex*

科属：蔷薇科桃属
产地：变型种，我国中北部广泛栽培。

榆叶梅
Amygdalus triloba

科属：蔷薇科桃属
产地：产于我国东北、内蒙古、河北、山西、陕西、甘肃、山东、江西、江苏、浙江等地。生于低至中海拔的坡地或沟旁乔、灌木林下或林缘。

紫叶桃
Amygdalus persica 'Atropurpurea'

科属：蔷薇科桃属
产地：园艺种，我国有栽培。

梅/干枝梅、乌梅、春梅

Armeniaca mume

科属：蔷薇科杏属

产地：产于我国南方，我国各地均有栽培，但以长江流域以南各省最多，日本和朝鲜也有分布。

杏/杏花

Armeniaca vulgaris

科属·蔷薇科杏属

产地：产于我国全国各地，多数为栽培，在新疆伊犁一带野生成纯林或与新疆野苹果林混生。世界各地也均有栽培。

红苦味果/红果腺肋花楸

Aronia arbutifolia

科属：蔷薇科腺肋花楸属

产地：产于北美，我国有引种。

假升麻/棣棠升麻

Aruncus sylvester

科属：蔷薇科假升麻属

产地：产于我国东北、河南、甘肃、陕西、湖南、江西、安徽、浙江、四川、云南、广西、西藏，也分布于俄罗斯西伯利亚、日本、朝鲜等地。生于海拔1800~3500米的山沟、山坡杂木林下。

云南樱花

/高盆樱桃、云南欧李

Cerasus cerasoides

科属：蔷薇科樱属

产地：产与我国云南、西藏南部，克什米尔地区、尼泊尔、印度、不丹、缅甸北部也有分布。生于海拔1300~2200米的沟谷密林中。

麦李

Cerasus glandulosa

科属：蔷薇科樱属

产地：产于我国中南部，日本有分布。生于海拔800~2300米的山坡及平地，也有庭院栽培。

粉花重瓣麦李

Cerasus glandulosa f. *sinensis*

科属：蔷薇科樱属

产地：变型种，我国广为栽培。

欧李/酸丁

Cerasus humilis

科属：蔷薇科樱属

产地：产于我国东北、内蒙古、河北、山东、河南。生于海拔100~1800米的阳坡沙地、山地灌丛中或庭院栽培。

郁李/爵梅、秧李

Cerasus japonica

科属：蔷薇科樱属

产地：产于我国东北、河北、山东、浙江，日本和朝鲜也有分布。生于海拔100~200米的山坡林下、灌丛中或栽培。

日本晚樱/大山樱

Cerasus lannesiana

科属：蔷薇科樱属

产地：我国各地庭院栽培，引自日本，供观赏用。

八重红大岛樱花
Cerasus speciosa 'Yaebeni-ohshima'

科属：蔷薇科樱属
产地：园艺种，我国引种栽培。

一叶樱花
Cerasus lannesiana 'Hisakura'

科属：蔷薇科樱属
产地：园艺种，我国引种栽培。

关山樱花
Cerasus lannesiana 'Sekiyama'

科属：蔷薇科樱属
产地：园艺种，我国引种栽培。

白妙樱花
Cerasus lannesiana 'Shirotae'

科属：蔷薇科樱属
产地：园艺种，我国引种栽培。

潘朵拉樱桃
Cerasus 'Pandora'

科属：蔷薇科樱属
产地：园艺种，我国引种栽培。

樱桃/莺桃、荆桃
Cerasus pseudocerasus

科属：蔷薇科樱属
产地：产于我国辽宁、河北、陕西、甘肃、山东、河南、江苏、浙江、江西、四川。生于海拔300～600米的山坡阳处或沟边。

垂枝樱花/垂枝大叶早樱
Cerasus subhirtella var. *pendula*

科属：蔷薇科樱属
产地：变种，我国华东等地引种栽培。

毛樱桃/山樱桃、梅桃
Cerasus tomentosa

科属：蔷薇科樱属
产地：产于我国东北、西南、内蒙古、河北、山西、陕西、甘肃、宁夏、青海、山东。生于海拔100～3200米的山坡林中、林缘、灌丛中或草地。

东京樱花/日本樱花、樱花
Cerasus yedoensis

科属：蔷薇科樱属
产地：原产于日本，我国广为栽培。

翠绿东京樱花
Cerasus yedoensis var. *nikaii*

科属：蔷薇科樱属
产地：变种，我国华东等地引种栽培。

日本木瓜/倭海棠
Chaenomeles japonica

科属：蔷薇科木瓜属
产地：原产于日本，我国中北部有栽培。

木瓜/榠楂、木李
Chaenomeles sinensis

科属：蔷薇科木瓜属
产地：产于我国山东、陕西、湖北、江西、安徽、江苏、浙江、广东、广西等地，现我国中北部有栽培。

皱皮木瓜
/贴梗海棠、贴梗木瓜
Chaenomeles speciosa

科属：蔷薇科木瓜属
产地：产于我国陕西、甘肃、四川、贵州、云南、广东，缅甸亦有分布。

滇西北栒子/铺茎栒子
Cotoneaster delavayanus

科属：蔷薇科栒子属
产地：产于我国云南西部。

艾希候栒子
Cotoneaster 'Eichholz'

科属：蔷薇科栒子属
产地：园艺种，我国华东地区有栽培。

西南栒子/佛氏栒子
Cotoneaster franchetii

科属：蔷薇科栒子属
产地：产于我国四川、云南、贵州，泰国也有分布。生于多石向阳山地灌木丛中，海拔2000～2900米。

平枝栒子/平枝灰栒子
Cotoneaster horizontalis

科属：蔷薇科栒子属
产地：产于我国陕西、甘肃、湖北、湖南、四川、贵州、云南，尼泊尔也有分布。生于海拔2000～3500米的灌木丛中或岩石坡上。

小叶栒子/铺地蜈蚣
Cotoneaster microphyllus

科属：蔷薇科栒子属
产地：产于我国四川、云南、西藏，印度、缅甸、不丹、尼泊尔均有分布。普遍生于海拔2500～4100米的多石山坡地、灌木丛中。

水栒子/栒子木、多花栒子
Cotoneaster multiflorus

科属：蔷薇科栒子属
产地：产于我国黑龙江、辽宁、内蒙古、河北、山西、河南、陕西、甘肃、青海、新疆、四川、云南、西藏，俄罗斯及亚洲中西部均有分布。生于海拔1200～3500米的沟谷、山坡杂木林中。

绒毛细叶栒
Cotoneaster poluninii

科属：蔷薇科栒子属
产地：产于我国云南西北部及尼泊尔。

柳叶栒子/山米麻、木帚子
Cotoneaster salicifolius

科属：蔷薇科栒子属
产地：产于我国湖北、湖南、四川、贵州、云南。生于海拔1800～3000米的山地或沟边杂木林中。

毛叶水栒子
Cotoneaster submultiflorus

科属：蔷薇科栒子属
产地：产于我国内蒙古、山西、陕西、甘肃、宁夏、青海、新疆，亚洲中部也有分布。生于海拔900～2000米岩石缝间或灌木丛中。

中甸山楂
Crataegus chungtienensis

科属：蔷薇科山楂属
产地：产于我国云南。生于海拔2500～3500米的溪边杂木林或灌木丛中。

湖北山楂/猴楂子、大山枣

Crataegus hupehensis

科属：蔷薇科山楂属

产地：产于我国湖北、湖南、江西、江苏、浙江、四川、陕西、山西、河南。生于海拔500～2000米的山坡灌木丛中。

甘肃山楂/面旦子

Crataegus kansuensis

科属：蔷薇科山楂属

产地：产于我国甘肃、山西、河北、陕西、贵州、四川。生于海拔1000～3000米的杂木林中、山坡阴处及山沟旁。

毛山楂

Crataegus maximowiczii

科属：蔷薇科山楂属

产地：产于我国东北、内蒙古，俄罗斯西部、朝鲜及日本也有分布。生于海拔200～1000米的杂木林中或林边、河岸沟边及路边。

山楂/山里红

Crataegus pinnatifida

科属：蔷薇科山楂属

产地：产于我国东北、内蒙古、河北、河南、山东、山西、陕西、江苏，朝鲜和俄罗斯西伯利亚也有分布。生于海拔100～1500米的山坡林边或灌木丛中。

山里红/红果、棠棣、大山楂

Crataegus pinnatifida var. *major*

科属：蔷薇科山楂属

产地：变种，我国广为栽培，为重要果树之一。

牛筋条/红眼睛、白牛筋

Dichotomanthus tristaniaecarpa

科属：蔷薇科牛筋条属

产地：产于我国云南、四川。生于海拔1500～2300米的山坡开阔地杂木林中或常绿栎林边缘。

云南移依/西南移依、桃姨

Docynia delavayi

科属：蔷薇科移依属

产地：产于我国云南、四川、贵州。生于海拔1000～3000米的山谷、溪旁、灌丛中或路旁杂木林中。

宽叶仙女木/东亚仙女木

Dryas octopetala var. *asiatica*

科属：蔷薇科仙女木属

产地：产于我国吉林、新疆，日本、朝鲜、俄罗斯等地有分布。生于海拔2200～2800米的高山草原。

蛇莓/蛇泡草、龙吐珠

Duchesnea indica

科属：蔷薇科蛇莓属

产地：产于我国辽宁以南地区，从阿富汗东达日本，南达印度、印度尼西亚，在欧洲及美洲均有分布。生于海拔1800米以下山坡、河岸、草地、潮湿的地方。

枇杷/卢桔

Eriobotrya japonica

科属：蔷薇科枇杷属

产地：产于我国大部分地区，各地广为栽培，四川、湖北有野生。

红柄白鹃梅/纪氏白鹃梅

Exochorda giraldii

科属：蔷薇科白鹃梅属

产地：产于我国河北、河南、山西、陕西、甘肃、安徽、江苏、浙江、湖北、四川。生于海拔1000～2000米的山坡、灌木林中。

白鹃梅/总花白鹃梅、茧子花

Exochorda racemosa

科属：蔷薇科白鹃梅属

产地：产于我国河南、江西、江苏、浙江。生于海拔250～500米山坡阴地。

蚊子草/合叶子

Filipendula palmata

科属：蔷薇科蚊子草属

产地：产于我国东北、内蒙古、河北、山西，俄罗斯、蒙古、日本也有分布。生于海拔200～2000米的山麓、沟谷、草地、河岸、林缘及林下。

东方草莓

Fragaria orientalis

科属：蔷薇科草莓属

产地：产于我国东北、内蒙古、河北、山西、陕西、甘肃、青海，朝鲜、蒙古、俄罗斯也有分布。生于海拔600～4000米的山坡草地或林下。

草莓/凤梨草莓

Fragaria × ananassa

科属：蔷薇科草莓属

产地：原产于南美，我国及世界各地有栽培。

野草莓/欧洲草莓

Fragaria vesca

科属：蔷薇科草莓属

产地：产于我国吉林、陕西、甘肃、新疆、四川、云南、贵州，欧洲、北美均有分布，广布北温带。生于山坡、草地、林下。

路边青/水杨梅

Geum aleppicum

科属：蔷薇科路边青属

产地：产于我国东北、西南、内蒙古、山西、陕西、甘肃、新疆、山东、河南、湖北，广布北半球温带及暖温带。生于海拔200～3500米的山坡草地、沟边、地边、河滩、林间隙地及林缘。

棣棠/鸡蛋黄花、土黄条

Kerria japonica

科属：蔷薇科棣棠花属

产地：产于我国甘肃、陕西、山东、河南、湖北、江苏、安徽、浙江、福建、江西、湖南、四川、贵州、云南，日本也有分布。生于海拔200～3000米的山坡灌丛中。

重瓣棣棠

Kerria japonica f. *pleniflora*

科属：蔷薇科棣棠花属

产地：我国湖南、四川和云南有野生。我国南北各地普遍栽培。

银边棣棠

Kerria japonica f. *picta*

科属：蔷薇科棣棠花属

产地：变型种，我国华东、华北有少量栽培。

花红/林檎、沙果

Malus asiatica

科属：蔷薇科苹果属

产地：产于我国内蒙古、辽宁、河北、河南、山东、山西、陕西、甘肃、湖北、四川、贵州、云南、新疆。适宜海拔50～2800米，生长于山坡阳处、平原沙地。

垂丝海棠

Malus halliana

科属：蔷薇科苹果属

产地：产于我国江苏、浙江、安徽、陕西、四川、云南。生于海拔50～1200米的山坡丛林中或山溪边。

湖北海棠/野花红

Malus hupehensis

科属：蔷薇科苹果属

产地：产于我国湖北、湖南、江西、江苏、浙江、安徽、福建、广东、甘肃、陕西、河南、山西、山东、四川、云南、贵州。生于海拔50～2900米的山坡或山谷丛林中。

西府海棠/海红、小果海棠

Malus micromalus

科属：蔷薇科苹果属

产地：产于我国辽宁、河北、山西、山东、陕西、甘肃、云南。生于海拔100～2400米的坡地或平地。

八棱海棠/秋子、海棠果

Malus prunifolia

科属：蔷薇科苹果属

产地：产于我国河北、山东、山西、河南、陕西、甘肃、辽宁、内蒙古等地，野生或栽培。生于海拔50～1300米的山坡、平地或山谷梯田边。

苹果/奈、西洋苹果

Malus pumila

科属：蔷薇科苹果属

产地：我国辽宁、河北、山西、山东、陕西、甘肃、四川、云南、西藏常见栽培，原产于欧洲及亚洲中部。适生于海拔50～2500米的山坡梯田、平原矿野以及黄土丘陵等处。

丽江山荆子/喜马拉雅山荆子

Malus rockii

科属：蔷薇科苹果属

产地：产于我国云南、四川和西藏，不丹也有分布。生于海拔2400～3800米的山谷杂木林中。

三裂海棠/野黄子、山楂子

Malus sieboldii

科属：蔷薇科苹果属

产地：产于我国辽宁、山东、陕西、甘肃、江西、浙江、湖北、湖南、四川、贵州、福建、广东、广西，分布于日本、朝鲜等地。生于海拔150～2000米的山坡杂木林或灌木丛中。

新疆野苹果/塞威氏苹果
Malus sieversii

科属：蔷薇科苹果属
产地：产于我国新疆，分布中亚细亚。生于海拔1250米的山顶、山坡或河谷地带，有大面积野生林。

道格海棠
Malus 'Dolgo'

科属：蔷薇科苹果属
产地：园艺种，我国中北部地区引种栽培。

冬红果
Malus 'Donghongguo'

科属：蔷薇科苹果属
产地：园艺种，我国中北部地区引种栽培。

火焰海棠
Malus 'Flame'

科属：蔷蔷薇科苹果属
产地：园艺种，我国中北部地区引种栽培。

霍巴海棠
Malus 'Hope'

科属：蔷薇科苹果属
产地：园艺种，我国中北部地区引种栽培。

宝石海棠
Malus 'Jewelberry'

科属：蔷薇科苹果属
产地：园艺种，我国中北部地区引种栽培。

草莓果冻海棠
Malus 'Jewelberry'

科属：蔷薇科苹果属
产地：园艺种，我国中北部地区引种栽培。

凯尔斯海棠
Malus 'Kelsey'

科属：蔷薇科苹果属
产地：园艺种，我国中北部地区引种栽培。

绚丽海棠
Malus 'Radiant'

科属：蔷薇科苹果属
产地：园艺种，我国中北部地区引种栽培。

粉芽海棠
Malus 'Pink spires'

科属：蔷薇科苹果属
产地：园艺种，我国中北部地区引种栽培。

草地火海棠
Malus 'Prairie Fire'

科属：蔷薇科苹果属
产地：园艺种，我国中北部地区引种栽培。

红丽海棠
Malus 'Red splender'

科属：蔷薇科苹果属
产地：园艺种，我国中北部地区引种栽培。

王族海棠
Malus 'Royalty'

科属：蔷薇科苹果属
产地：园艺种，我国中北部地区引种栽培。

撒氏海棠
Malus sargentii

科属：蔷薇科苹果属
产地：园艺种，我国中北部地区引种栽培。

钻石海棠
Malus 'Sarkler'

科属：蔷薇科苹果属
产地：园艺种，我国中北部地区引种栽培。

华西小石积/沙糖果
Osteomeles schwerinae

科属：蔷薇科小石积属
产地：产于我国四川、云南、贵州、甘肃。生于海拔1500～3000米的山坡灌木丛中或田边路旁向阳干燥地。

稠李/欧洲稠李
Padus avium

科属：蔷薇科稠李属
产地：产于我国东北、内蒙古、河北、山西、河南、山东等地，朝鲜、日本、俄罗斯也有分布。生于海拔880～2500米的山坡、山谷或灌丛中。

柳叶石楠/奈石楠
Heteromeles arbutifolia

科属：蔷薇科石楠属
产地：产于北美洲，我国华东地区引种栽培。

红叶石楠

Photinia × fraseri 'Red robin'

科属：蔷薇科石楠属

产地：园艺种，我国华东地区栽培较多。

桃叶石楠

Photinia prunifolia

科属：蔷薇科石楠属

产地：产于我国广东、广西、福建、浙江、江西、湖南、贵州、云南，琉球群岛及越南也有分布。生于海拔900～1100米的疏林中。

石楠/千年红、石楠柴

Photinia serrulata

科属：蔷薇科石楠属

产地：产于我国陕西、甘肃、河南、江苏、安徽、浙江、江西、湖南、湖北、福建、台湾、广东、广西、四川、云南、贵州，日本、印度尼西亚也有分布。生于海拔1000～2500米的杂木林中。

风箱果/托盘幌

Physocarpus amurensis

科属：蔷薇科风箱果属

产地：产于我国黑龙江、河北，分布朝鲜北部及俄罗斯远东地区。生于山沟中，在阔叶林边常丛生。

金叶无毛风箱果

Physocarpus opulifolius 'Lutea'

科属：蔷薇科风箱果属

产地：园艺种，原种产于北美洲，我国引种栽培。

蕨麻/鹅绒委陵菜

Potentilla anserina

科属：蔷薇科委陵菜属

产地：产于我国东北、内蒙古、河北、山西、陕西、甘肃、宁夏、青海、新疆、四川、云南、西藏，欧、亚、美三洲北半球温带，以及南美智利、大洋洲新西兰及塔斯马尼亚岛等地均有分布。生于海拔500～4100米的河岸、路边、山坡草地及草甸。

蛇霉/蛇莓委陵菜

Potentilla centigrana

科属：蔷薇科委陵菜属

产地：产于我国东北、内蒙古、陕西、甘肃、四川、云南，俄罗斯、朝鲜、日本均有分布。生于海拔400～2300米的荒地、河岸阶地、林缘及林下湿地。

翻白草/翻白萎陵菜

Potentilla discolor

科属：蔷薇科委陵菜属

产地：产于我国大部分地区，日本、朝鲜也有分布。生于海拔100～1850米的荒地、山谷、沟边、山坡草地、草甸及疏林下。

毛果委陵菜/绵毛果委陵菜

Potentilla eriocarpa

科属：蔷薇科委陵菜属

产地：产于我国陕西、四川、云南、西藏，尼泊尔和印度也有分布。生于海拔2700～5000米的高山草地、岩石缝及疏林中。

莓叶委陵菜/毛猴子

Potentilla fragarioides

科属：蔷薇科委陵菜属

产地：产于我国大部分地区，日本、朝鲜、蒙古、俄罗斯等地均有分布。生于海拔350～2400米的地边、沟边、草地、灌丛及疏林下。

三叶委陵菜

Potentilla freyniana

科属：蔷薇科委陵菜属

产地：产于我国东北、西南、河北、山西、山东、陕西、甘肃、湖北、湖南、浙江、江西、福建。俄罗斯、日本和朝鲜也有分布。生于海拔300～2100米的山坡草地、溪边及疏林下阴湿处。

金露梅/金老梅、金蜡梅

Potentilla fruticosa

科属：蔷薇科委陵菜属

产地：产于我国东北、内蒙古、河北、山西、陕西、甘肃、新疆、四川、云南、西藏。生于海拔1000～4000米的山坡草地、砾石坡、灌丛及林缘。

银露梅/银老梅

Potentilla glabra

科属：蔷薇科委陵菜属

产地：产于我国内蒙古、河北、山西、陕西、甘肃、青海、安徽、湖北、四川、云南，朝鲜、俄罗斯、蒙古也有分布。生于海拔1400～4200米的山坡草地、河谷岩石缝中、灌丛及林中。

蛇含委陵菜/蛇含

Potentilla kleiniana

科属：蔷薇科委陵菜属

产地：产于我国大部分地区，朝鲜、日本、印度、马来西亚及印度尼西亚均有分布。生于海拔400～3000米的田边、水旁、草甸及山坡草地。

娜娜纽曼委陵菜

Potentilla neumanniana 'Nana'

科属：蔷薇科委陵菜属

产地：园艺种，原种产于欧洲，现我国华东地区有栽培。

狭叶委陵菜

Potentilla stenophylla

科属：蔷薇科委陵菜属

产地：产于我国四川、云南、西藏。生于海拔2700～4500米的山坡草地及多砾石地。

绢毛匍匐委陵菜

Potentilla reptans var. *sericophylla*

科属：蔷薇科委陵菜属

产地：产于我国内蒙古、河北、山西、陕西、甘肃、河南、山东、江苏、浙江、四川、云南。生于海拔300～3500米的山坡草地、渠旁、溪边灌丛中及林缘。

扁核木/枪刺果

Prinsepia utilis

科属：蔷薇科扁核木属

产地：产于我国云南、贵州、四川、西藏，巴基斯坦、尼泊尔、不丹和印度北部也有分布。生于海拔1000～2560米的山坡、荒地、山谷或路旁等处。

美国李

Prunus americana

科属：蔷薇科李属

产地：原产于北美洲，我国中部地区有引种。

美人梅

Prunus × blireana

科属：蔷薇科李属
产地：园艺种，我国华北栽培较多。

紫叶李/紫叶樱桃李

Prunus cerasifera f. *atropurpurea*

科属：蔷薇科李属
产地：园艺变型，原种产于我国新疆，现全国各地有栽培。

桂樱

Prunus laurocerasus

科属：蔷薇科李属
产地：原产于欧洲大陆，品种繁多，我国华东地区有引种。

李/嘉庆子

Prunus salicina

科属：蔷薇科李属
产地：产于我国西南、陕西、甘肃、湖南、湖北、江苏、浙江、江西、福建、广东、广西和台湾。生于海拔400～2600米的山坡灌丛中、山谷疏林中或水边、沟底、路旁等处。

黑刺李/刺李

Prunus spinosa

科属：蔷薇科李属
产地：原产于欧洲、北非和西亚。我国引种栽培。多生于海拔800～1200米的森林草原地带、林中旷地、林缘和河谷旁。

紫叶矮樱

Prunus × cistena

科属：蔷薇科李属
产地：为紫叶李与矮樱的杂交种，我国有栽培。

火棘/火把果、救军粮

Pyracantha fortuneana

科属：蔷薇科火棘属
产地：产于我国陕西、河南、江苏、浙江、福建、湖北、湖南、广西、贵州、云南、四川、西藏。生于海拔500～2800米的山地、丘陵地阳坡灌丛草地及河沟路旁。

小丑火棘

Pyracantha fortuneana 'Harlequin'

科属：蔷薇科火棘属
产地：园艺种，我国华东地区栽培较多。

杜梨/海棠梨、灰梨

Pyrus betulifolia

科属：蔷薇科梨属
产地：产于我国辽宁、河北、河南、山东、山西、陕西、甘肃、湖北、江苏、安徽、江西。生于海拔50～1800米的平原或山坡阳处。

白梨/白挂梨、罐梨

Pyrus bretschneideri

科属：蔷薇科梨属

产地：产于我国河北、河南、山东、山西、陕西、甘肃、青海，适宜生长在海拔100~2000米干旱寒冷的地区或山坡阳处。

沙梨/麻安梨

Pyrus pyrifolia

科属：蔷薇科梨属

产地：产于我国安徽、江苏、浙江、江西、湖北、湖南、贵州、四川、云南、广东、广西、福建。适宜生长海拔100~1400米，长在温暖而多雨的地区。

苹果梨

Pyrus ussuriensis var. *ovoidea* × *pyrifolia*

科属：蔷薇科梨属

产地：园艺种，我国东北地区有栽培。

木梨/棠梨

Pyrus xerophila

科属：蔷薇科梨属

产地：产于我国山西、陕西、河南、甘肃。生于海拔500~2000米的山坡、灌木丛中。

石斑木/春花、车轮梅

Raphiolepis indica

科属：蔷薇科石斑木属

产地：产于我国安徽、浙江、江西、湖南、贵州、云南、福建、广东、广西、台湾，日本、老挝、越南、柬埔寨、泰国和印度尼西亚也有分布。生于海拔150~1600米的山坡、路边或溪边灌木林中。

柳叶石斑木

Raphiolepis salicifolia

科属：蔷薇科石斑木属

产地：产于我国广东、广西、福建，分布于越南。生于山坡林缘或山顶疏林下。

厚叶石斑木

Raphiolepis umbellata

科属：蔷薇科石斑木属

产地：产于我国浙江，日本广泛分布。

鸡麻

Rhodotypos scandens

科属：蔷薇科鸡麻属

产地：产于我国辽宁、陕西、甘肃、山东、河南、江苏、安徽、浙江、湖北，日本和朝鲜也有分布。生于海拔100~800米的山坡疏林中及山谷林下阴处。

木香花/木香

Rosa banksiae

科属：蔷薇科蔷薇属

产地：产于我国四川、云南。生于海拔500~1300米的溪边、路旁或山坡灌丛中。

硕苞蔷薇/野毛栗、糖钵

Rosa bracteata

科属：蔷薇科蔷薇属

产地：产于我国江苏、浙江、台湾、福建、江西、湖南、贵州、云南，琉球群岛也有分布。多生于海拔100~300米的溪边、路旁和灌丛中。

黄木香/黄木香花

Rosa banksiae f. *lutea*

科属：蔷薇科蔷薇属

产地：产于我国江苏，现我国中部、东部栽培较多。

小果蔷薇/山木香

Rosa cymosa

科属：蔷薇科蔷薇属

产地：产于我国江西、江苏、浙江、安徽、湖南、四川、云南、贵州、福建、广东、广西、台湾等地。多生于海拔250～1300米向阳的山坡、路旁、溪边或丘陵地。

软条七蔷薇/亨氏蔷薇

Rosa henryi

科属：蔷薇科蔷薇属

产地：产于我国陕西、河南、安徽、江苏、浙江、江西、福建、广东、广西、湖北、湖南、四川、云南、贵州等地。生于海拔1700～2000米的山谷、林边、田边或灌丛中。

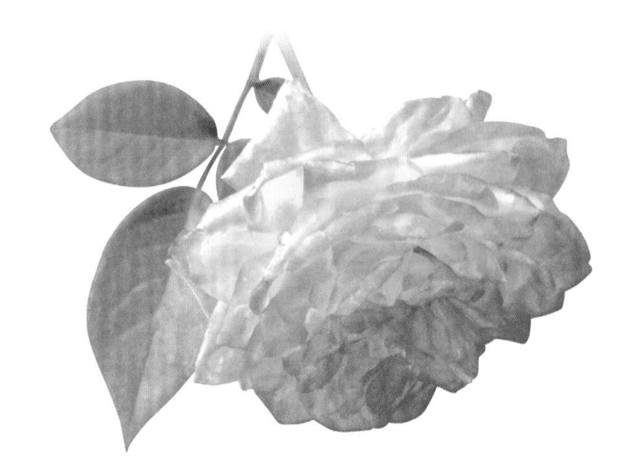

光谱藤本月季

Rosa 'Spectra'

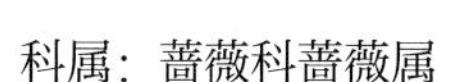

科属：蔷薇科蔷薇属

产地：园艺种，我国引种栽培。

现代月季/月季

Rosa hybrida

科属：蔷薇科蔷薇属

产地：园艺杂交种，现世界各广为栽培。

至高无上藤本月季

Rosa 'Altissimo'

科属：蔷薇科蔷薇属

产地：园艺种，我国引种栽培。

芭比娃娃月季

Rosa 'Babe'

科属：蔷薇科蔷薇属

产地：园艺种，我国引种栽培。

加纳月季

Rosa 'Jana'

科属：蔷薇科蔷薇属

产地：园艺种，我国引种栽培。

金刚月季

Rosa 'King Kong'

科属：蔷薇科蔷薇属

产地：园艺种，我国引种栽培。

冷妮月季

Rosa 'Lenne'

科属：蔷薇科蔷薇属

产地：园艺种，我国引种栽培。

喜爱月季

Rosa 'N-Joy'

科属：蔷薇科蔷薇属

产地：园艺种，我国引种栽培。

荷兰老人月季

Rosa 'Old Dutch'

科属：蔷薇科蔷薇属

产地：园艺种，我国引种栽培。

皇族月季

Rosa 'Royal Class'

科属：蔷薇科蔷薇属

产地：园艺种，我国引种栽培。

阳光月季

Rosa 'Sunlight'

科属：蔷薇科蔷薇属

产地：园艺种，我国引种栽培。

金樱子/山石榴、刺梨子

Rosa laevigata

科属：蔷薇科蔷薇属

产地：产于我国陕西、安徽、江西、江苏、浙江、湖北、湖南、广东、广西、台湾、福建、四川、云南、贵州等地。喜生于海拔200～1600米向阳的山野、田边、溪畔灌木丛中。

长白蔷薇

Rosa koreana

科属：蔷薇科蔷薇属

产地：产于我国东北，朝鲜也有分布。多生于海拔600～1200米的林缘、灌丛中或山坡多石地。

无腺刺蔷薇/深山蔷薇

Rosa davurica var. *alpestris*

科属：蔷薇科蔷薇属

产地：产于我国东北，朝鲜及俄罗斯也有分布。

野蔷薇/刺花、蔷薇

Rosa multiflora

科属：蔷薇科蔷薇属

产地：产于我国江苏、山东、河南等省，日本、朝鲜习见。

峨眉蔷薇/刺石榴、山石榴

Rosa omeiensis

科属：蔷薇科蔷薇属

产地：产于我国云南、四川、湖北、陕西、宁夏、甘肃、青海、西藏。多生于海拔750～4000米的山坡、山脚下或灌丛中。

扁刺峨嵋蔷薇

Rosa omeiensis f. *pteracantha*

科属：蔷薇科蔷薇属

产地：产于我国四川、云南、贵州、甘肃、青海、西藏等地，现西南地区引种栽培。

玫瑰

Rosa rugosa

科属：蔷薇科蔷薇属

产地：原产于我国华北以及日本和朝鲜。我国各地均有栽培。

缫丝花/刺梨
Rosa roxburghii

科属：蔷薇科蔷薇属
产地：产于我国陕西、甘肃、江西、安徽、浙江、福建、湖南、湖北、四川、云南、贵州、西藏等地，均有野生或栽培，也见于日本。

白玫瑰
Rosa rugosa var. *alba*

科属：蔷薇科蔷薇属
产地：变种，现我国中北部有少量栽培。

秦岭蔷薇
Rosa tsinglingensis

科属：蔷薇科蔷薇属
产地：产于我国陕西、甘肃。多生于海拔2800～3700米的桦木林下或灌丛中。

单瓣黄刺玫
Rosa xanthina var. *normalis*

科属：蔷薇科蔷薇属
产地：产于我国东北、内蒙古、河北、山东、山西、陕西、甘肃等地。生于向阳山坡或灌木丛中。

黄刺玫/黄刺莓
Rosa xanthina

科属：蔷薇科蔷薇属
产地：我国东北、华北各地庭院习见栽培。

秀丽莓/美丽悬钩子
Rubus amabilis

科属：蔷薇科悬钩子属
产地：产于我国陕西、甘肃、河南、山西、湖北、四川、青海。生于海拔1000～3700米的山麓、沟边或山谷丛林中。

掌叶覆盆子
/号角公、牛奶母
Rubus chingii

科属：蔷薇科悬钩子属
产地：产于我国江苏、安徽、浙江、江西、福建、广西，日本有分布。生于低海拔至中海拔地区，在山坡、路边阳处或阴处灌木丛中常见。

高丽悬钩子
Rubus coreanus

科属：蔷薇科悬钩子属
产地：产于我国陕西、甘肃、河南、江西、湖北、湖南、江苏、浙江、福建、安徽、四川、贵州、新疆，朝鲜和日本也有分布。生于海拔100～1700米的山坡灌丛或山谷、河边、路旁。

栽秧泡/椭圆悬钩子

Rubus ellipticus

科属：蔷薇科悬钩子属

产地：产于我国四川、云南、西藏，东南亚等地也有分布。生于海拔1000～2500米的干旱山坡、山谷或疏林内。

大红泡

Rubus eustephanus

科属：蔷薇科悬钩子属

产地：产于我国浙江、陕西、湖北、湖南、四川、贵州。生于海拔500～2310米的山麓潮湿地、山坡密林下或河沟边灌丛中。

蓬虆/三月泡

Rubus hirsutus

科属：蔷薇科悬钩子属

产地：产于我国河南、江西、安徽、江苏、浙江、福建、台湾、广东，朝鲜、日本也有分布。生于海拔达1500米的山坡路旁阴湿处或灌丛中。

树莓/覆盆子、绒毛悬钩子

Rubus idaeus

科属：蔷薇科悬钩子属

产地：产于我国吉林、辽宁、河北、山西、新疆，日本、俄罗斯、北美、欧洲也有分布。生于海拔500～2000米的山地杂木林边、灌丛或荒野。

茅莓/小叶悬钩子

Rubus parvifolius

科属：蔷薇科悬钩子属

产地：产于我国东北、华东、河北、河南、山西、陕西、甘肃、湖北、湖南、江西、广东、广西、四川、贵州，日本、朝鲜也有分布。生于海拔400～2600米的山坡杂木林下、向阳山谷、路旁或荒野。

金脉钩子/多腺悬钩子

Rubus phoenicolasius

科属：蔷薇科悬钩子属

产地：产于我国山西、河南、陕西、甘肃、山东、湖北、四川，日本、朝鲜、欧洲、北美也有分布。生于低海拔至中海拔的林下、路旁或山沟谷底。

空心泡/三月泡、蔷薇莓

Rubus rosaefolius

科属：蔷薇科悬钩子属

产地：产于我国江西、湖南、安徽、浙江、福建、台湾、广东、广西、四川、贵州，东南亚、大洋洲、非洲、马达加斯加也有分布。生于海拔达2000米的山地杂木林内阴处、草坡或高山腐殖质土壤上。

重瓣蔷薇莓/荼蘼花

Rubus rosifolius var. *coronarius*

科属：蔷薇科悬钩子属

产地：我国陕西和云南有野生，印度、印度尼西亚、马来西亚也有分布。

单茎悬钩子/单生莓

Rubus simplex

科属：蔷薇科悬钩子属

产地：产于我国陕西、甘肃、湖北、江苏、四川。生于海拔1500～2500米的山坡、路边或林中。

矮地榆/虫莲

Sanguisorba filiformis

科属：蔷薇科地榆属

产地：产于我国四川、云南、西藏，印度也有分布。生于海拔1200～4000米的山坡草地及沼泽。

地榆/黄爪香

Sanguisorba officinalis

科属：蔷薇科地榆属

产地：产于我国大部分地区，广布于欧洲、亚洲北温带。生于海拔30～3000米的草原、草甸、山坡草地、灌丛中、疏林下。

大白花地榆

Sanguisorba sitchensis

科属：蔷薇科地榆属

产地：产于我国吉林、辽宁，俄罗斯、朝鲜、日本及北美均有分布。生于海拔1400～2300米的山地、山谷、湿地、疏林下及林缘。

小白花地榆

Sanguisorba tenuifolia var. *alba*

科属：蔷薇科地榆属

产地：产于我国东北、内蒙古，俄罗斯、蒙古、朝鲜和日本均有分布。生于海拔200～1700米的湿地、草甸、林缘及林下。

楔叶山莓草

Sibbaldia cuneata

科属：蔷薇科山莓草属

产地：产于我国云南、青海、西藏、台湾，俄罗斯、阿富汗和尼泊尔均有分布。生于海拔3400～4500米的高山草地、岩石缝中。

隐瓣山莓草/隐瓣山金梅

Sibbaldia procumbens var. *aphanopetala*

科属：蔷薇科山莓草属

产地：产于我国陕西、甘肃、青海、四川、云南、西藏，生于海拔2500～4000米的山坡草地、岩石缝及林下。

大瓣紫花山莓草

Sibbaldia purpurea var. *macropetala*

科属：蔷薇科山莓草属

产地：产于我国陕西、四川、云南、西藏。生于海拔3600～4700米的高山草地、高冷林缘、雪线附近石砾间或岩石缝中。

华北珍珠梅

/吉氏珍珠梅、珍珠梅

Sorbaria kirilowii

科属：蔷薇科珍珠梅属

产地：产于我国河北、河南、山东、山西、陕西、甘肃、青海、内蒙古。生于海拔200～1300米的山坡阳处、杂木林中。

珍珠梅/华楸珍珠梅

Sorbaria sorbifolia

科属：蔷薇科珍珠梅属

产地：产于我国东北、内蒙古，俄罗斯、朝鲜、日本、蒙古亦有分布。生于海拔250～1500米的山坡疏林中。

水榆花楸/花楸
Sorbus alnifolia

科属：蔷薇科花楸属
产地：产于我国东北、河北、河南、陕西、甘肃、山东、安徽、湖北、江西、浙江、四川，朝鲜和日本也有分布。生于海拔500～2300米的山坡、山沟、山顶混交林或灌木丛。

陕甘花楸
Sorbus koehneana

科属：蔷薇科花楸属
产地：产于我国山西、河南、陕西、甘肃、青海、湖北、四川。生于海拔2300～4000米的山区杂木林。

花楸/花楸树
Sorbus pohuashanensis

科属：蔷薇科花楸属
产地：产于我国东北、内蒙古、河北、山西、甘肃、山东，生于海拔900～2500米的山坡或山谷杂木林内。

太白花楸
Sorbus tapashana

科属：蔷薇科花楸属
产地：产于我国陕西、甘肃、新疆。生于海拔1900～3500米的云杉、冷杉、杜鹃林中。

高山绣线菊
Spiraea alpina

科属：蔷薇科绣线菊属
产地：产于我国陕西、甘肃、青海、四川、西藏，蒙古、俄罗斯也有分布。生于海拔2000～4000米的向阳坡地或灌丛中。

尖绣线菊
Spiraea 'Arguta'

科属：蔷薇科绣线菊属
产地：园艺种，我国华东地区有引种。

金焰绣线菊
Spiraea × bumalda 'Gold Flame'

科属：蔷薇科绣线菊属
产地：园艺杂交种，我国中部、东部及北部地区栽培较多。

绣球绣线菊/珍珠绣球
Spiraea blumei

科属：蔷薇科绣线菊属
产地：产于我国辽宁、内蒙古、河北、河南、山西、陕西、甘肃、湖北、江西、山东、江苏、浙江、安徽、四川、广东、广西、福建，日本和朝鲜也有分布。生于海拔500～2000米的向阳山坡、杂木林内或路旁。

金山绣线菊
Spiraea × bumalda 'Gold Mound'

科属：蔷薇科绣线菊属
产地：园艺杂交种，我国中部、东部及北部地区栽培较多。

麻叶绣线菊/麻叶绣球
Spiraea cantoniensis

科属：蔷薇科绣线菊属
产地：产于我国广东、广西、福建、浙江、江西，日本也有分布。

中华绣线菊/铁黑汉条
Spiraea chinensis

科属：蔷薇科绣线菊属
产地：产于我国内蒙古、河北、河南、陕西、湖北、湖南、安徽、江西、江苏、浙江、贵州、四川、云南、福建、广东、广西。生于海拔500~2040米的山坡灌木丛中、山谷溪边、田野路旁。

彩叶绣线菊
Spiraea × vanhouttei 'Pink Ice'

科属：蔷薇科绣线菊属
产地：园艺种，我国华东地区有引种。

华北绣线菊/弗氏绣线菊
Spiraea fritschiana

科属：蔷薇科绣线菊属
产地：产于我国河南、陕西、山东、江苏、浙江，朝鲜也有分布。生于海拔100~1000米的岩石坡地、山谷丛林间。

粉花绣线菊/日本绣线菊
Spiraea japonica

科属：蔷薇科绣线菊属
产地：原产于日本、朝鲜，我国各地栽培供观赏。

李叶绣线菊/单瓣笑靥花
Spiraea prunifolia

科属：蔷薇科绣线菊属
产地：产于我国陕西、湖北、湖南、山东、江苏、浙江、江西、安徽、贵州、四川，朝鲜、日本也有分布。

土庄绣线菊/土庄花
Spiraea pubescens

科属：蔷薇科绣线菊属
产地：产于我国东北、内蒙古、河北、河南、山西、陕西、甘肃、山东、湖北、安徽，蒙古、俄罗斯和朝鲜也有分布。生于海拔200~2500米的干燥岩石坡地、向阳或半阴处、杂木林内。

柳叶绣线菊/绣线菊
Spiraea salicifolia

科属：蔷薇科绣线菊属
产地：产于我国东北、内蒙古、河北，蒙古、日本、朝鲜、俄罗斯以及欧洲有分布。生长于海拔200~900米的河流沿岸、湿草原、空旷地和山沟中。

喷雪花/珍珠绣线菊、雪柳
Spiraea thunbergii

科属：蔷薇科绣线菊属
产地：原产于我国华东，现山东、陕西、辽宁等地均有栽培，供观赏用，日本也有分布。

菱叶绣线菊/范氏绣线菊
Spiraea × vanhouttei

科属：蔷薇科绣线菊属
产地：此种是麻叶绣线菊和三裂绣线菊的杂交种，栽培供观赏用。

水团花/水杨梅、假马烟树
Adina pilulifera

科属：茜草科水团花属
产地：产于我国长江以南地区，国外分布于日本和越南。生于海拔200~350米的山谷疏林下或旷野路旁、溪边水畔。

细叶水团花/水杨梅
Adina rubella

科属：茜草科水团花属
产地：产于我国广东、广西、福建、江苏、浙江、湖南、江西和陕西，国外分布于朝鲜。生于溪边、河边、沙滩等湿润地区。

阔叶丰花草
Borreria latifolia

科属：茜草科丰花草属
产地：原产于南美洲，本种生长快，现已逸为野生，多见于废墟和荒地上。

猪肚木/猪肚簕
Canthium horridum

科属：茜草科鱼骨木属
产地：产于我国广东、香港、海南、广西、云南，印度、中南半岛、马来西亚、印度尼西亚、菲律宾等地也有分布。生于低海拔的灌丛中。

山石榴/牛头簕、刺榴
Catunaregam spinosa

科属：茜草科山石榴属
产地：产于我国台湾、广东、香港、澳门、广西、海南、云南，东南亚、非洲东部热带地区也有分布。生于海拔30~1600米处的旷野、丘陵、山坡、山谷沟边的林中或灌丛中。

风箱树
Cephalanthus occidentalis

科属：茜草科风箱树属
产地：产于北美，我国多生于沼泽湿地中，西南地区有引种。

弯管花
Chassalia curviflora

科属：茜草科弯管花属
产地：产于我国广东、海南、广西、云南、西藏，分布于中南半岛和印度、不丹、斯里兰卡、孟加拉国、马来西亚、加里曼丹等地。常见于低海拔林中湿地上。

小粒咖啡/小果咖啡
Coffea arabica

科属：茜草科咖啡属
产地：原产于埃塞俄比亚或阿拉伯半岛，我国引种栽培。

中粒咖啡/中果咖啡
Coffea canephora

科属：茜草科咖啡属
产地：原产于非洲，我国华南、西南地区有引种。

大粒咖啡/大果咖啡

Coffea liberica

科属：茜草科咖啡属

产地：原产于非洲西海岸利比里亚的低海拔森林内，现广植各热带地区。

狗骨柴/三萼木

Diplospora dubia

科属：茜草科狗骨柴属

产地：产于我国华东、华南、湖南、四川、云南，日本、越南也有分布。生于海拔40~1500米处的山坡、山谷沟边、丘陵、旷野的林中或灌丛中。

栀子/水横枝、山黄枝

Gardenia jasminoides

科属：茜草科栀子属

产地：产于我国山东、湖北、湖南、华东、华南、西南，日本、朝鲜、东南亚、太平洋岛屿和美洲北部也有分布。生于海拔10~1500米处的旷野、丘陵、山谷、山坡、溪边的灌丛或林中。

白蟾

Gardenia jasminoides var. *fortuniana*

科属：茜草科栀子属

产地：产于我国和日本，现我国全国各地有栽培。

水栀子

Gardenia jasminoides 'Radicans'

科属：茜草科栀子属

产地：变种，我国华东等地常见栽培。

花叶栀子

Gardenia jasminoides 'Variegata'

科属：茜草科栀子属

产地：园艺种，我国华南、西南等地引种栽培。

粗栀子

Gardenia scabrella

科属：茜草科栀子属

产地：产于澳大利亚的昆士兰，我国华南植物园有引种。

大黄栀子

Gardenia sootepensis

科属：茜草科栀子属

产地：产于我国云南，泰国和老挝也有分布。生于海拔700~1600米处的山坡、村边或溪边林中。

狭叶栀子/野白蝉、花木

Gardenia stenophylla

科属：茜草科栀子属

产地：产于我国安徽、浙江、广东、广西、海南，越南也有分布。生于海拔90~800米处的山谷、溪边林中、灌丛或旷野河边，常见于岩石上。

爱地草

Geophila herbacea

科属：茜草科爱地草属

产地：产于我国台湾、广东、香港、海南、广西和云南，广布于全世界的热带地区。生于林缘、路旁、溪边等较潮湿的地方。

希茉莉/长隔木

Hamelia patens

科属：茜草科长隔木属

产地：原产于巴拉圭等拉丁美洲各国，我国南部和西南部有栽培。

牛白藤

Hedyotis hedyotidea

科属：茜草科耳草属

产地：产于我国广东、广西、云南、贵州、福建和台湾等地区，国外分布于越南。生于低海拔至中海拔的沟谷灌丛或丘陵坡地。

抱茎龙船花

Ixora amplexicaulis

科属：茜草科龙船花属

产地：产于我国云南。生于山谷密林内或溪旁。

大王龙船花/大王仙丹

Ixora casei var. *casei* 'Super King'

科属：茜草科龙船花属

产地：园艺种，产于我国华南及西南。

龙船花/山丹

Ixora chinensis

科属：茜草科龙船花属

产地：产于我国福建、广东、香港、广西，越南、菲律宾、马来西亚、印度尼西亚等热带地区也有分布。生于海拔200～800米的山地灌丛中和疏林下，有时村落附近的山坡和旷野路旁亦有生长。

黄花龙船花/黄仙丹花

Ixora coccinea var. *coccinea*

科属：茜草科龙船花属

产地：原产于印度，我国南方引种栽培。

海南龙船花

Ixora hainanensis

科属：茜草科龙船花属

产地：产于我国广东、海南。生于低海拔沙质土壤的丛林内，多见于密林的溪旁或林谷湿润的土壤上。

川滇野丁香

Leptodermis pilosa

科属：茜草科野丁香属

产地：产于我国陕西、四川、云南、西藏。常生于海拔600～3800米的向阳山坡或路边灌丛。

火焰草

Manettia paraguariensis

科属：茜草科炮仗藤属

产地：产于美洲巴拉圭、乌拉圭等地，现我国引种栽培。

黄木巴戟

Morinda angustifolia

科属：茜草科巴戟天属

产地：产于我国云南，印度、尼泊尔、不丹、缅甸和老挝有栽培或野生。生于海拔500～1400米的林中。

狭叶巴戟天/狭叶鸡眼藤

Morinda brevipes var. *stenophylla*

科属：茜草科巴戟天属

产地：产于我国海南。生于丘陵地林下湿处。

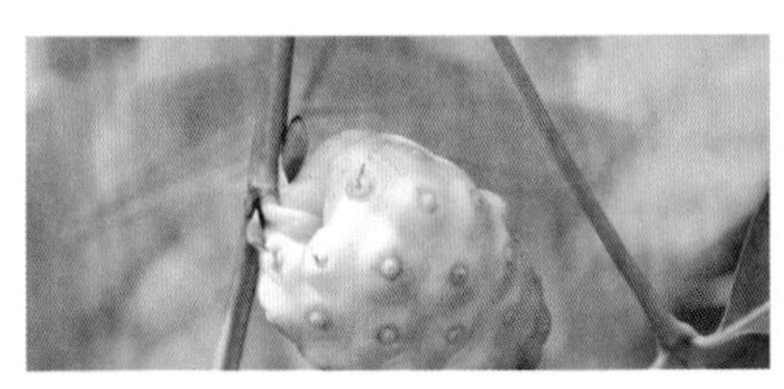

海巴戟/海滨木巴戟

Morinda citrifolia

科属：茜草科巴戟天属

产地：产于我国台湾、海南，印度和斯里兰卡，经中南半岛，南至澳大利亚北部，东至波利尼西亚等广大地区及其海岛均有分布。生于海滨平地或疏林下。

巴戟天/大巴戟
Morinda officinalis

科属：茜草科巴戟天属
产地：产于我国福建、广东、海南、广西，中南半岛也有分布。生于山地疏、密林下和灌丛中，常攀于灌木或树干上。

百眼藤/鸡眼藤、细叶巴戟天
Morinda parvifolia

科属：茜草科巴戟天属
产地：产于我国江西、福建、台湾、广东、香港、海南、广西，菲律宾和越南也有分布。生于平原或丘陵的路旁、沟边、灌丛中或平卧于裸地上。

羊角藤
Morinda umbellata subsp. *obovata*

科属：茜草科巴戟天属
产地：产于我国江苏、安徽、浙江、江西、福建、台湾、湖南、广东、香港、海南、广西。攀援于海拔300～1200米的山地林下、溪旁、路旁等疏阴或密阴的灌木上。

楠藤/厚叶白纸扇
Mussaenda erosa

科属：茜草科玉叶金花属
产地：产于我国广东、香港、广西、云南、四川、贵州、福建、海南和台湾，中南半岛和琉球群岛也有分布。常攀援于疏林乔木树冠上。

红纸扇
Mussaenda erythrophylla

科属：茜草科玉叶金花属
产地：原产于西非，我国南方广泛栽培。

粉萼花/粉萼金花
Mussaenda hybrida ‘Alicia’

科属：茜草科玉叶金花属
产地：园艺种，我国华南、西南地区广泛栽培。

广西玉叶金花
Mussaenda kwangsiensis

科属：茜草科玉叶金花属
产地：我国特有种，产于广西。生于山谷溪旁疏林下。

玉叶金花/野白纸扇
Mussaenda pubescens

科属：茜草科玉叶金花属
产地：产于我国华南、福建、湖南、江西、浙江和台湾。生于灌丛、溪谷、山坡或村旁。

团花/黄梁木
Neolamarckia cadamba

科属：茜草科团花属
产地：产于我国广东、广西和云南，越南、马来西亚、缅甸、印度和斯里兰卡也有分布。生于山谷溪旁或杂木林下。

日本蛇根草/蛇根草
Ophiorrhiza japonica

科属：茜草科蛇根草属
产地：产于我国陕西、四川、湖北、湖南、安徽、江西、浙江、福建、台湾、贵州、云南、广西和广东，日本、越南也有分布。生于常绿阔叶林下的沟谷沃土上。

鸡爪簕/猫簕、凉粉木

Oxyceros sinensis

科属：茜草科鸡爪簕属

产地：产于我国福建、台湾、广东、香港、广西、海南、云南，越南、日本也有分布。生于海拔20～1200米处旷野、丘陵、山地的林中、林缘或灌丛。

鸡矢藤/牛皮冻

Paederia scandens

科属：茜草科鸡矢藤属

产地：产于我国中部以南地区，朝鲜、日本、东南亚等地也有分布。生于海拔200～2000米的山坡、林中、林缘、沟谷边灌丛中或缠绕在灌木上。

香港大沙叶/茜木

Pavetta hongkongensis

科属：茜草科大沙叶属

产地：产于我国华南、云南等地，越南也有分布。生于海拔200～1300米的灌木丛中。

繁星花/五星花

Pentas lanceolata

科属：茜草科五星花属

产地：原产于热带非洲和阿拉伯地区，我国各地有栽培。

九节/刀伤木、九节木

Psychotria rubra

科属：茜草科九节属

产地：产于我国浙江、福建、台湾、湖南、广东、香港、海南、广西、贵州、云南，日本及东南亚也有分布。生于海拔20～1500米的平地、丘陵、山坡、山谷溪边的灌丛或林中。

墨苜蓿

Richardia scabra

科属：茜草科墨苜蓿属

产地：原产于热带美洲，在我国南部部分地区逸生。

山东茜草

Rubia truppeliana

科属：茜草科茜草属

产地：我国特有种，产于山东。生于低海拔的林中或灌丛。

郎德木

Rondeletia odorata

科属：茜草科郎德木属

产地：原产于古巴、巴拿马、墨西哥等地，我国华南及西南地区有少量栽培。

六月雪/满天星
Serissa japonica

科属：茜草科白马骨属
产地：产于我国江苏、安徽、江西、浙江、福建、广东、香港、广西、四川、云南，日本、越南也有分布。生于河溪边或丘陵的杂木林内。

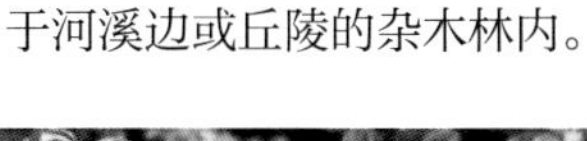

红花六月雪/红花满天星
Serissa japonica 'Rubescens'

科属：茜草科白马骨属
产地：园艺种，我国南方地区有少量引种。

银边六月雪/银边满天星
Serissa japonica 'Variegata'

科属：茜草科白马骨属
产地：园艺种，我国各地有栽培。

线萼蜘蛛花
Silvianthus tonkinensis

科属：茜草科蜘蛛花属
产地：产于我国云南，老挝和越南也有分布。生于海拔900～1500米处的林下沟谷边。

大叶钩藤
Uncaria macrophylla

科属：茜草科钩藤属
产地：产于我国云南、广西、广东、海南，印度、不丹、孟加拉国、缅甸、泰国、老挝、越南也有分布。生于次生林中，常攀援于林冠之上。

钩藤
Uncaria rhynchophylla

科属：茜草科钩藤属
产地：产于我国广东、广西、云南、贵州、福建、湖南、湖北及江西，日本也有分布。常生于山谷溪边的疏林或灌丛中。

广东水锦树
Wendlandia guangdongensis

科属：茜草科水锦树属
产地：产于我国广东、海南。生于海拔100～800米的山坡、山谷溪边灌丛中或林中。

山油柑/山柑
Acronychia pedunculata

科属：芸香科柑橘属
产地：产于我国福建、广东、广西、台湾及云南等地，东南亚各国也有分布。

代代/代代酸橙
Citrus aurantium 'Daidai'

科属：芸香科柑橘属
产地：园艺种，原种产于我国秦岭南坡以南各地，通常栽种，有时逸为半野生。

柠檬/洋柠檬、西柠檬
Citrus limon

科属：芸香科柑橘属
产地：从国外引进，我国长江以南地区有栽培。

柚/文旦
Citrus maxima

科属：芸香科柑橘属
产地：产于我国长江以南各地，最北限见于河南省信阳及南阳一带，全为栽培。

佛手/五指柑

Citrus medica var. *sarcodactylis*

科属：芸香科柑橘属

产地：我国长江以南各地有栽培。

柑橘

Citrus reticulata

科属：芸香科柑橘属

产地：产于我国秦岭南坡以南、伏牛山南坡诸水系及大别山区南部，向东南至台湾，南至海南岛，西南至西藏东南部海拔较低地区。

朱砂橘

Citrus reticulata 'Zhuhong'

科属：芸香科柑橘属

产地：园艺种，现我国南方广泛栽培。

甜橙

Citrus sinensis

科属：芸香科柑橘属

产地：我国秦岭南坡以南各地广泛栽种，为著名水果。

黑果黄皮/齿叶黄皮

Clausena dunniana

科属：芸香科黄皮属

产地：产于我国湖南、广东、广西、贵州、四川及云南，越南也有分布。生于海拔300～1500米的山地杂木林中，土山和石灰岩山地均有。

黄皮/黄弹

Clausena lansium

科属：芸香科黄皮属

产地：原产于我国南部，世界热带及亚热带地区有引种。

白鲜/山牡丹、羊蹄草

Dictamnus dasycarpus

科属：芸香科白鲜属

产地：产于我国东北、华北、河南、山西、宁夏、甘肃、陕西、新疆、安徽、江苏、江西、四川，朝鲜、蒙古、俄罗斯也有分布。生于丘陵土坡或平地灌木丛中或草地或疏林下。

三椏苦/三脚鳖、白芸香

Evodia lepta

科属：芸香科吴茱萸属

产地：产于我国台湾、福建、江西、广东、海南、广西、贵州及云南，越南、老挝、泰国等国也有分布。生于平地至海拔2000米的山地，常见于较阴蔽的山谷湿润地。

吴茱萸

Evodia rutaecarpa

科属：芸香科吴茱萸属

产地：产于我国秦岭以南各地，但海南未见有自然分布，日本也有分布。生于平地至海拔1500米的山地疏林或灌木丛中，多见于向阳坡地。

小尤第木

Evodiella muelleri

科属：芸香科尤第木属

产地：产于澳大利亚的昆士兰州，我国华南植物园有栽培。

金橘/牛奶柑、公孙橘

Fortunella margarita

科属：芸香科金橘属

产地：未见有野生，我国南方各地栽种。

四季橘

Fortunella 'Calamondin'

科属：芸香科金橘属

产地：园艺种，我国南方各地栽培较多。

金弹

Fortunella 'Chintan'

科属：芸香科金橘属

产地：园艺种，多盆栽。

小花山小桔/山小橘、山橘仔

Glycosmis parviflora

科属：芸香科山小桔属

产地：产于我国台湾、福建、广东、广西、贵州、云南及海南，越南也有分布。生于低海拔缓坡或山地杂木林，路旁树下的灌木丛中亦常见。

咖喱/调料九里香

Murraya koenigii

科属：芸香科九里香属

产地：产于我国海南、云南，越南、老挝、缅甸、印度也有分布。较常见于海拔500～1600米较湿润的阔叶林中，河谷沿岸也有生长。

九里香/石桂树

Murraya exotica

科属：芸香科九里香属

产地：产于我国台湾、福建、广东、海南、广西。常见于离海岸不远的平地、缓坡、小丘的灌木丛中。

黄檗/黄柏、关黄柏

Acronychia pedunculata

科属：芸香科黄檗属

产地：主产于我国东北和华北各地以及河南、安徽、宁夏，朝鲜、日本、俄罗斯也有分布，也见于中亚和欧洲东部。

枸橘/枳

Poncirus trifoliata

科属：芸香科枳属

产地：产于我国山东、河南、山西、陕西、甘肃、安徽、江苏、浙江、湖北、湖南、江西、广东、广西、贵州、云南。

芸香/臭草

Ruta graveolens

科属：芸香科芸香属

产地：原产于地中海沿岸地区，我国南北方均有栽培。

鲁贝拉茵芋

Skimmia japonica 'Rnbella'

科属：芸香科茵芋属

产地：园艺种，原种产于我国和日本。

竹叶花椒/万花针、山花椒

Zanthoxylum armatum

科属：芸香科花椒属

产地：产于我国山东以南，南至海南，东南至台湾，西南至西藏东南部，日本，朝鲜及东南亚也有分布。见于低丘陵坡地至海拔2200米山地的多类生境，石灰岩山地亦常见。

花椒/秦椒

Zanthoxylum bungeanum

科属：芸香科花椒属

产地：产地北起我国东北南部，南至五岭北坡，东南至江苏、浙江沿海地带，西南至西藏东南部。见于平原至海拔较高的山地。

清香木

Zanthoxylum beecheyanum

科属：芸香科花椒属

产地：产于亚洲东部。

两面针/大叶猫爪簕

Zanthoxylum nitidum

科属：芸香科花椒属

产地：产于我国台湾、福建、广东、海南、广西、贵州及云南。见于海拔800米以下的温热地区，山地、丘陵、平地的疏林、灌丛中、荒山草坡的有刺灌丛中较常见。

柔毛泡花树/多花泡花树

Meliosma myriantha

科属：清风藤科泡花树属

产地：产于我国江苏北部、山东，朝鲜、日本也有分布。生于海拔600米以下湿润山地落叶阔叶林中。

鄂西清风藤

Sabia campanulata subsp. *ritchieae*

科属：清风藤科清风藤属

产地：产于我国江苏、安徽、浙江、福建、江西、广东、湖南、湖北、陕西、甘肃、四川、贵州。生于海拔500～1200米的山坡及湿润山谷林中。

响叶杨/绵杨

Populus adenopoda

科属：杨柳科杨属

产地：产于我国陕西、河南、安徽、江苏、浙江、福建、江西、湖北、湖南、广西、四川、贵州和云南等地。生于海拔300～2500米的阳坡灌丛中、杂木林中或沿河两旁。

新疆杨

Populus alba var. *pyramidalis*

科属：杨柳科杨属

产地：我国北方各地常栽培，以新疆最为普遍。分布在中亚、西亚、巴尔干、欧洲等地。

河北杨/椴杨

Populus hopeiensis

科属：杨柳科杨属

产地：产于我国华北、西北地区，为河北省山区常见杨树之一，各地有栽培。多生于海拔700～1600米的河流两岸、沟谷阴坡及冲积扇上。

钻天杨/美国白杨

Populus nigra var. *italica*

科属：杨柳科杨属
产地：我国长江、黄河流域各地广为栽培，北美、欧洲、高加索、地中海、西亚及中亚等地区均有栽培。原产地不明。

小叶杨/南京白杨、青杨

Populus simonii

科属：杨柳科杨属
产地：我国东北、华北、华中、西北及西南均产。垂直分布一般多生在2000米以下，最高可达2500米，沿溪沟可见。

毛白杨/大叶杨、响杨

Populus tomentosa

科属：杨柳科杨属
产地：分布广泛，以我国黄河流域中、下游为中心分布区。喜生于海拔1500米以下的温和平原地区。

加杨/加拿大杨

Populus × canadensis

科属：杨柳科杨属
产地：我国除广东、云南、西藏外，各地均有引种栽培。

金丝柳

Salix alba 'Tristis'

科属：杨柳科柳属
产地：产于我国新疆，多沿河生长，可以分布到海拔3100米，在伊朗、巴基斯坦、印度北部、阿富汗、俄罗斯、欧洲均有分布和引种。

垂柳/垂丝柳、清明柳

Salix babylonica

科属：杨柳科柳属
产地：产于我国长江流域与黄河流域，全国各地均栽培，为道旁、水边等绿化树种。

密齿柳/陇山柳

Salix characta

科属：杨柳科柳属
产地：产于我国内蒙古、河北、陕西、山西、甘肃、青海。生于海拔2200~3200米的山坡及山谷中。

杯腺柳/高山柳

Salix cupularis

科属：杨柳科柳属
产地：产于我国陕西、甘肃、青海、四川。生于海拔2540~4000米间的高寒山坡。

花叶杞柳

Salix integra 'Hakuro Nishiki'

科属：杨柳科柳属
产地：园艺种，原种产于我国河北、东北，俄罗斯东部、朝鲜、日本也有分布。生于山地河边、湿草地。

龙爪柳

Salix matsudana f. *tortuosa*

科属：杨柳科柳属
产地：我国各地多栽于庭院做绿化树种，日本、欧洲、北美均引种栽培。

旱柳
Salix matsudana

科属：杨柳科柳属
产地：产于我国东北、华北、西北，西至甘肃、青海，南至淮河流域以及浙江、江苏，为平原地区常见树种，朝鲜、日本、俄罗斯远东地区也有分布。

绦柳
Salix matsudana.f. pendula

科属：杨柳科柳属
产地：产于我国东北、华北、西北及华东等地，多为栽培。

长白柳
Salix polyadenia var. *tschanbaischanica*

科属：杨柳科柳属
产地：产于我国吉林。生于长白山高山苔原。

沙柳/北沙柳
Salix psammophila

科属：杨柳科柳属
产地：产于我国陕西、内蒙古、宁夏、山西等地。

檀香
Santalum album

科属：檀香科檀香属
产地：原产于太平洋岛屿，我国广东、台湾、广西、云南等地有栽培。

滨木患
Arytera littoralis

科属：无患子科滨木患属
产地：产于我国云南、广西、广东、海南，广布于亚洲东南部，向南至伊里安岛。生于低海拔地区的林中或灌丛中。

龙眼/桂圆
Dimocarpus longan

科属：无患子科龙眼属
产地：我国西南部至东南部栽培很广，云南及广东、广西南部亦见野生或半野生于疏林中。

倒地铃/风船葛
Cardiospermum halicacabum

科属：无患子科倒地铃属
产地：我国东部、南部和西南部很常见，北部较少，广布于全世界的热带和亚热带地区。生长于田野、灌丛、路边和林缘。

坡柳/车桑子
Dodonaea viscosa

科属：无患子科车桑子属
产地：分布于我国西南部、南部至东南部，广布于全世界的热带和亚热带地区。常生于干旱山坡、旷地或海边的沙土上。

复羽叶栾树
Koelreuteria bipinnata

科属：无患子科栾树属
产地：产于我国云南、贵州、四川、湖北、湖南、广西、广东。生于海拔400~2500米的山地疏林中。

黄山栾树
/山膀胱、全缘叶栾树

Koelreuteria bipinnata var. *integrifoliola*

科属：无患子科栾树属

产地：产于我国广东、广西、江西、湖南、湖北、江苏、浙江、安徽、贵州。生于海拔100~300米的丘陵地、村旁或600~900米的山地疏林中。

栾树/栾华、木栾
Koelreuteria paniculata

科属：无患子科栾树属

产地：产于我国大部分地区，东北自辽宁起经中部至西南部的云南都有分布。

假山萝
Harpullia cupanoides

科属：无患子科假山萝属

产地：产于我国云南、广东、海南，亚洲东南部至伊里安岛也有分布。生于林中、村边或路旁，海拔通常不超过700米。

荔枝
Litchi chinensis

科属：无患子科荔枝属

产地：产于我国西南部、南部和东南部，尤以广东和福建南部栽培最盛，亚洲东南部也有栽培。

红毛丹
Nephelium lappaceum

科属：无患子科韶子属

产地：原产地在亚洲热带，我国广东南部、海南、云南南部和台湾有少量栽培。

番龙眼
Pometia pinnata

科属：无患子科番龙眼属

产地：产于我国台湾的台东和兰屿，菲律宾至萨摩亚群岛也有分布。

文冠果/文冠花、文冠树
Xanthoceras sorbifolia

科属：无患子科文冠果属

产地：产于我国北部和东北部，西至宁夏、甘肃，东北至辽宁，北至内蒙古，南至河南。野生于丘陵山坡等处。

蛋黄果
Lucuma nervosa

科属：山榄科蛋黄果属

产地：我国广东、广西、云南西双版纳有少量栽培。

人心果
Manilkara zapota

科属：山榄科铁线子属

产地：原产于墨西哥南部、中美洲及加勒比海地区。

牛乳树
Mimusops elengi

科属：山榄科香榄属

产地：产于东南亚及澳大利亚的热带雨林中。

神秘果

Synsepalum dulcificum

科属：山榄科神秘果属

产地：原产于非洲，我国南方引种栽培。

红皮鸡心果/滇刺榄

Xantolis stenosepala

科属：山榄科刺榄属

产地：产于我国云南。生于海拔1150~1770米的林中、村落附近。

黄瓶子草

Sarracenia flava

科属：瓶子草科瓶子草属

产地：原产于北美洲，我国有少量引种。

红瓶子草杂交种

Sarracenia hybrida

科属：瓶子草科瓶子草属

产地：园艺种，盆栽观赏。

鹦鹉瓶子草

Sarracenia psittacina

科属：瓶子草科瓶子草属

产地：产于北美洲，我国有引种。

猩红瓶子草

Sarracenia 'Scarlet Belle'

科属：瓶子草科瓶子草属

产地：园艺杂交种，多盆栽。

朱迪斯瓶子草

Sarracenia 'Judith Hindle'

科属：瓶子草科瓶子草属

产地：园艺杂交种，多盆栽。

紫瓶子草

Sarracenia purpurea

科属：瓶子草科瓶子草属

产地：产于北美洲，我国有引种。

鱼腥草/蕺菜
Houttuynia cordata

科属：三白草科蕺菜属
产地：产于我国中部、东南至西南部各地，东起台湾，西南至云南、西藏，北达陕西、甘肃，亚洲东部和东南部广布。生于沟边、溪边或林下湿地上。

花叶鱼腥草/花叶蕺菜
Houttuynia cordata 'Variegata'

科属：三白草科蕺菜属
产地：变种，我国华东地区栽培较多。

三白草/塘边藕
Saururus chinensis

科属：三白草科三白草属
产地：产于我国河北、山东、河南和长江流域及其以南各地，日本、菲律宾至越南也有分布。生于低湿沟边，塘边或溪旁。

落新妇/小升麻
Astilbe chinensis

科属：虎耳草科落新妇属
产地：产于我国东北、河北、山西、陕西、甘肃、青海、山东、浙江、江西、河南、湖北、湖南、四川、云南等地，俄罗斯、朝鲜和日本也有分布。生于海拔390～3600米的山谷、溪边、林下、林缘和草甸等处。

山荷叶/大叶子
Astilboides tabularis

科属：虎耳草科大叶子属
产地：产于我国吉林、辽宁等省，朝鲜也有分布。生于山坡杂木林下或山谷沟边。

岩白菜/滇岩白菜
Bergenia purpurascens

科属：虎耳草科岩白菜属
产地：产于我国四川、云南及西藏，缅甸北部、印度、不丹、尼泊尔也有分布。生于海拔2700～4800米的林下、灌丛、高山草甸和高山碎石隙。

伯力木
Brexia madagascariensis

科属：虎耳草科伯力木属
产地：产于莫桑比克及马达加斯加，我国南方引种栽培。

肾叶金腰/高山金腰子
Chrysosplenium griffithii

科属：虎耳草科金腰属
产地：产于我国陕西、甘肃、四川西部、云南和西藏，缅甸北部、不丹、尼泊尔和印度北部也有分布。生于海拔2500～4800米的林下、林缘、高山草甸和高山碎石隙。

日本金腰/珠芽金腰子
Chrysosplenium japonicum

科属：虎耳草科金腰属
产地：产于我国吉林、辽宁、安徽、浙江和江西，朝鲜、日本也有分布。生于海拔500米左右的林下或山谷湿地。

大叶金腰/马耳朵草

Chrysosplenium macrophyllum

科属：虎耳草科金腰属

产地：产于我国陕西、安徽、浙江、江西、湖北、湖南、广东、四川、贵州和云南。生于海拔1000～2236米的林下或沟旁阴湿处。

中华金腰/华金腰子

Chrysosplenium sinicum

科属：虎耳草科金腰属

产地：产于我国东北、河北、山西、陕西、甘肃、青海、安徽、江西、河南、湖北、四川等地，朝鲜、俄罗斯、蒙古也有分布。生于海拔500～3550米的林下或山沟阴湿处。

白重瓣溲疏

Deutzia crenata f. *candidissima*

科属：虎耳草科溲疏属

产地：齿叶溲疏的变型，我国华东地区有栽培。

异色溲疏/白花溲疏

Deutzia discolor

科属：虎耳草科溲疏属

产地：产于我国陕西、甘肃、河南、湖北和四川。生于海拔1000～2500米的山坡或溪边灌丛中。

冰生溲疏/细梗溲疏

Deutzia gracilis

科属：虎耳草科溲疏属

产地：原产于日本，我国华东地区有栽培。

大花溲疏/华北溲疏

Deutzia grandiflora

科属：虎耳草科溲疏属

产地：产于我国辽宁、内蒙古、河北、山西、陕西、甘肃、山东、江苏、河南、湖北。生于海拔800～1600米的山坡、山谷和路旁灌丛中。

溲疏

Deutzia scabra

科属：虎耳草科溲疏属

产地：产于我国浙江、江西、安徽、山东、四川、江苏等地，广为栽培。

川溲疏/白茂树

Deutzia setchuenensis

科属：虎耳草科溲疏属

产地：产于我国江西、福建西部、湖北、湖南、广东北部、广西北部、贵州、四川和云南西北部。生于海拔300～2000米的山地灌丛中。

常山/白常山

Dichroa febrifuga

科属：虎耳草科常山属

产地：产于我国华东、华南、西南、陕西、甘肃、湖北、湖南，东南亚、琉球群岛亦有分布。生于海拔200～2000米的阴湿林中。

红花矾根

Heuchera sanguinea

科属：虎耳草科矾根属

产地：原产于北美，我国引种栽培。

雪山八仙花/雪山绣球

Hydrangea arborescens 'Annabelle'

科属：虎耳草科绣球属

产地：园艺种，原种产于美国，我国有少量引种。

银边八仙花/银边绣球

Hydrangea macrophylla 'Maculata'

科属：虎耳草科绣球属

产地：园艺种，我国有栽培。

八仙花/绣球

Hydrangea macrophylla

科属：虎耳草科绣球属

产地：产于我国山东、江苏、安徽、浙江、福建、河南、湖北、湖南、广东、广西、四川、贵州、云南，日本、朝鲜有分布。生于海拔380～1700米的山谷溪旁或山顶疏林中。

圆锥绣球/轮叶绣球

Hydrangea paniculata

科属：虎耳草科绣球属

产地：产于我国西北、华东、华中、华南、西南等地区，日本也有分布。生于海拔360～2100米的山谷、山坡疏林下或山脊灌丛中。

泽八仙

Hydrangea serrata f. *acuminata*

科属：虎耳草科绣球属

产地：变型种，原产于日本、朝鲜，我国有栽培。

阳春鼠刺

Itea yangchunensis

科属：虎耳草科鼠刺属

产地：特产于我国广东。生于溪边。

腺鼠刺

Itea glutinosa

科属：虎耳草科鼠刺属

产地：产于我国福建、湖南、广西及贵州。生于林下、山坡、灌丛或路旁。

多枝梅花草

Parnassia palustris var. *multiseta*

科属：虎耳草科梅花草属

产地：产于我国黑龙江、吉林、辽宁、内蒙古、河北、山西、陕西、甘肃，朝鲜、日本及俄罗斯也有分布。生于海拔1250～2220米的山坡和山沟阴处、河边以及草原和路边等处。

鸡眼梅花草/鸡肫梅花草

Parnassia wightiana

科属：虎耳草科梅花草属

产地：产于我国陕西、湖北、湖南、广东、广西、贵州、四川、云南和西藏，印度北部至不丹也有分布。生于海拔600～2000米的山谷疏林下、山坡杂草中、沟边和路边等处。

云南山梅花/西南山梅花

Philadelphus delavayi

科属：虎耳草科山梅花属

产地：产于我国四川、云南和西藏，缅甸亦产。生于海拔700～3800米的林中或林缘。

太平花/京山梅花

Philadelphus pekinensis

科属：虎耳草科山梅花属

产地：产于我国内蒙古、辽宁、河北、河南、山西、陕西、湖北，朝鲜亦有分布。生于海拔700～900米的山坡杂木林中或灌丛中。

紫萼山梅花

Philadelphus purpurascens

科属：虎耳草科山梅花属

产地：产于我国四川西北部、云南。生于海拔2600～3500米的山地灌丛中。

大花山梅花

Philadelphus 'Natchez'

科属：虎耳草科山梅花属

产地：园艺种，我国华东地区有栽培。

大刺茶藨子

/长刺李、光果高山醋栗

Ribes alpestre

科属：虎耳草科茶藨子属

产地：产于我国山西、甘肃、宁夏、青海、四川。生于海拔2500～3700米的山坡阴处阔叶林或针叶林下及林缘。

糖茶藨子

Ribes himalense

科属：虎耳草科茶藨子属

产地：产于我国湖北、四川、云南、西藏，克什米尔地区、尼泊尔、印度和不丹也有分布。生于海拔1200～4000米的山谷、河边灌丛及针叶林下和林缘。

长序茶藨子/红花茶藨子

Ribes longiracemosum

科属：虎耳草科茶藨子属

产地：产于我国湖北、四川、云南。生于海拔1700～3800米的山坡灌丛、山谷林下或沟边杂木林下。

香茶藨子/黄花茶藨子

Ribes odoratum

科属：茶藨子科茶藨子属

产地：原产于北美洲。

刺果茶藨子/刺李、醋栗

Ribes burejense

科属：虎耳草科茶藨子属

产地：产于我国黑龙江东北、内蒙古、河北、山西、陕西、甘肃、河南，蒙古、朝鲜、俄罗斯也有分布。生于海拔900～2300米的山地针叶林、阔叶林或针、阔叶混交林下及林缘。

渐尖茶藨子/川西茶藨子

Ribes takare

科属：虎耳草科茶藨子属

产地：产于我国陕西、甘肃、四川、贵州、云南、西藏，缅甸、印度北部、不丹至克什米尔地区也有分布。生于海拔1400～3250米的山坡疏、密林下，灌丛中或山谷沟边。

七叶鬼灯檠
/鬼灯檠、黄药子
Rodgersia aesculifolia

科属：虎耳草科鬼灯檠属
产地：产于我国陕西、宁夏、甘肃、河南、湖北、四川和云南。生于海拔1100～3400米的林下、灌丛、草甸和石隙。

羽叶鬼灯檠/九叶岩陀
Rodgersia pinnata

科属：虎耳草科鬼灯檠属
产地：产于我国四川、贵州和云南。生于海拔2400～3800米的林下、林缘、灌丛、高山草甸或石隙。

华中虎耳草/齿瓣虎耳草
Saxifraga fortunei

科属：虎耳草科虎耳草属
产地：产于我国湖北和四川。生于海拔2200～2900米的林下或石隙。

芽生虎耳草
Saxifraga gemmipara

科属：虎耳草科虎耳草属
产地：产于我国云南和四川西部。生于海拔2100～4900米的林下、林缘、灌丛、草甸和山坡石隙。

珠芽虎耳草
/零余虎耳草、点头虎耳草
Saxifraga granulifera

科属：虎耳草科虎耳草属
产地：产于我国吉林、内蒙古、河北、山西、陕西、宁夏、青海、新疆、四川、云南、西藏，俄罗斯、日本、朝鲜、不丹至印度及北半球其他高山地区和寒带均有分布。生于海拔2200～5550米的林下、林缘、高山草甸和高山碎石隙。

杂种虎耳草
Saxifraga hybird

科属：虎耳草科虎耳草属
产地：园艺种，我国有少量栽培。

长白虎耳草/条裂虎耳草
Saxifraga laciniata

科属：虎耳草科虎耳草属
产地：产于我国吉林，朝鲜、日本也有分布。生于海拔2300～2600米的草甸或石隙。

黑蕊虎耳草/黑心虎耳草
Saxifraga melanocentra

科属：虎耳草科虎耳草属
产地：产于我国陕西、甘肃、青海、四川、云南，尼泊尔、印度也有分布。生于海拔3000～5300米的高山灌丛、高山草甸和高山碎山隙。

红毛虎耳草/红毛大字草
Saxifraga rufescens

科属：虎耳草科虎耳草属
产地：产于我国湖北西部、四川、云南和西藏。生于海拔1000～4000米的林下、林缘、灌丛、高山草甸及岩壁石隙。

球茎虎耳草/楔基虎耳草
Saxifraga sibirica

科属：虎耳草科虎耳草属
产地：产于我国黑龙江、河北、山西、陕西、甘肃、新疆、山东、湖北、湖南、四川、云南、西藏，俄罗斯、蒙古、尼泊尔、印度、克什米尔地区及欧洲东部均有分布。生于海拔770～5100米的林下、灌丛、高山草甸和石隙。

山地虎耳草

Saxifraga sinomontana

科属：虎耳草科虎耳草属

产地：产于我国陕西、甘肃、青海、四川、云南及西藏，不丹至克什米尔地区也有分布。生于海拔2700～5300米的灌丛、高山草甸、高山沼泽化草甸和高山碎石隙。

虎耳草/金线吊芙蓉

Saxifraga stolonifera

科属：虎耳草科虎耳草属

产地：产于我国河北、陕西、甘肃以南大部分地区，朝鲜、日本也有分布。生于海拔400～4500米的林下、灌丛、草甸和阴湿岩隙。

黄水枝/水前胡

Tiarella polyphylla

科属：虎耳草科黄水枝属

产地：产于我国陕西、甘肃、江西、台湾、湖北、湖南、广东、广西、四川、贵州、云南和西藏南部，日本及东南亚各地均有分布。生于海拔980～3800米的林下、灌丛和阴湿地。

毛麝香

Adenosma glutinosum

科属：玄参科毛麝香属

产地：分布于我国江西、福建、广东、广西及云南，南亚、东南亚及大洋洲也有分布。生于海拔300～2000米的荒山坡、疏林下湿润处。

心叶假面花

Alonsoa meridionalis

科属：玄参科假面花属

产地：原产于秘鲁，我国引种栽培。

天使花/天使花

Angelonia salicariifolia

科属：玄参科香彩雀属

产地：原产于美洲，我国栽培广泛。

金鱼草/龙头花

Antirrhinum majus

科属：玄参科金鱼草属

产地：原产于地中海地区，世界各国广泛栽培。

水过长沙

Bacopa caroliniana

科属：玄参科假马齿苋属

产地：产于美洲，我国有栽培。

百可花/白可花

Bacopa diffusa

科属：玄参科假马齿苋属

产地：主要产于美洲，现我国引种栽培。

假马齿苋

Bacopa monnieri

科属：玄参科假马齿苋属

产地：分布于我国台湾、福建、广东、云南，全球热带地区广布。生于水边、湿地及沙滩。

铙钹花/蔓柳穿鱼

Cymbalaria muralis

科属：玄参科铙钹藤属

产地：产于地中海地区，现世界各地广为栽培。

云南兔耳草

Lagotis yunnanensis

科属：玄参科兔耳草属

产地：分布于我国云南、西藏、四川等地。生于海拔3350～4700米的高山草地。

毛地黄/洋地黄

Digitalis purpurea

科属：玄参科毛地黄属

产地：原产于欧洲，我国广为栽培。

鞭打绣球/羊膜草

Hemiphragma heterophyllum

科属：玄参科鞭打绣球属

产地：分布于我国云南、西藏、四川、贵州、湖北、陕西、甘肃及台湾，尼泊尔，印度，菲律宾也有分布。生于海拔3000～4000米的高山草地或石缝中。

肉果草

Lancea tibetica

科属：玄参科肉果草属

产地：分布于我国西藏、青海、甘肃、四川、云南，印度也有分布。生于海拔2000～4500米的草地、疏林中或沟谷旁。

蒲包花/荷包花

Calceolaria crenatiflora

科属：玄参科蒲包花属

产地：原产于南美洲，现世界各地广为栽培。

红花玉芙蓉

Leucophyllum frutescens

科属：玄参科红花玉芙蓉属

产地：产于美洲及墨西哥，我国华南及西南地区有少量引种。

大宝塔

Limnophila aquatica

科属：玄参科石龙尾属

产地：产于斯里兰卡及印度，我国华南植物园有引种。

紫苏草/麻省草、双漫草

Limnophila aromatica

科属：玄参科石龙尾属

产地：分布于我国广东、福建、台湾、江西等地，日本、南亚、东南亚及澳大利亚也有分布。生于旷野、塘边水湿处。

中华石龙尾

Limnophila chinensis

科属：玄参科石龙尾属

产地：分布于我国广东、广西、云南等地，东南亚及澳大利亚也有分布。生于水旁或田边湿地。

抱茎石龙尾

Limnophila connata

科属：玄参科石龙尾属

产地：分布于我国广东、广西、福建、江西、湖南、云南、贵州等地，印度、尼泊尔、缅甸也有分布。生于溪旁、草地、水湿处。

大叶石龙尾

Limnophila rugosa

科属：玄参科石龙尾属

产地：分布于我国广东、福建、台湾、湖南、云南等地，日本、东南亚也有分布。生于水旁、山谷、草地。

石龙尾

Limnophila sessiliflora

科属：玄参科石龙尾属

产地：产于我国广东、广西、福建、江西、湖南、四川、云南、贵州、浙江、江苏、安徽、河南、辽宁等地，朝鲜、日本及东南亚等地分布。生于水塘、沼泽、水田或路旁、沟边湿处。

柳穿鱼/摩洛哥柳穿鱼

Linaria maroccana

科属：玄参科柳穿鱼属

产地：产于摩洛哥，园艺种较多，现世界各地广为栽培。

长蒴母草/长果母草

Lindernia anagallis

科属：玄参科母草属

产地：分布于我国四川、云南、贵州、广西、广东、湖南、江西、福建、台湾等地，亚洲东南部也有分布。多生于海拔1500米以下的林边，溪旁及田野的较湿润处。

刺齿泥花草

Lindernia ciliata

科属：玄参科母草属

产地：分布于我国西藏、云南、广西、广东、福建和台湾，从越南、缅甸、印度到澳大利亚北部的热带和亚热带地区广布。生于海拔1300米左右的稻田、草地、荒地和路旁等低湿处。

母草

Lindernia crustacea

科属：玄参科母草属

产地：产于我国华东、华南、四川、贵州、湖南、湖北、河南，热带和亚热带广布。生于田边、草地、路边等低湿处。

圆叶母草

Lindernia rotundifolia

科属：玄参科母草属

产地：产于毛里求斯、马达加斯加、印度及斯里兰卡。常生于田边及水岸边。

旱田草

Lindernia ruellioides

科属：玄参科母草属

产地：产于我国台湾、福建、江西、湖北、湖南、广东、广西、贵州、四川、云南、西藏，印度至印度尼西亚、菲律宾也有分布。生于草地、平原、山谷及林下。

早落通泉草

Mazus caducifer

科属：玄参科通泉草属

产地：分布于我国安徽、浙江、江西。生于海拔1300米以下的阴湿的路旁、林下、草坡。

匍茎通泉草

Mazus miquelii

科属：玄参科通泉草属

产地：分布于我国江苏、安徽、浙江、江西、湖南、广西、福建、台湾，日本也有分布。生于海拔300米以下的潮湿的路旁、荒林及疏林中。

弹刀子菜

Mazus stachydifolius

科属：玄参科通泉草属

产地：分布于我国东北、华北、南至广东、台湾，西至四川、陕西，俄罗斯、蒙古及朝鲜也有分布。生于海拔1500米以下较湿润的路旁、草坡及林缘。

过长沙舅/黄花过长沙舅

Mecardonia procumbens

科属：玄参科过长沙舅属

产地：产于美洲，在印度尼西亚的爪哇、我国台湾及华南部分地区已归化。

山罗花

Melampyrum roseum

科属：玄参科山萝花属

产地：分布于我国东北、河北、山西、陕西、甘肃、河南、湖北、湖南及华东各地，朝鲜、日本及俄罗斯也有分布。生于山坡灌丛及高草丛中。

猴面花/锦花沟酸浆

Mimulus luteus

科属：玄参科沟酸浆属

产地：原产于南美智利，现我国南北方均有栽培。

棉毛鹿绒草/沙氏鹿茸草
Monochasma savatieri

科属：玄参科鹿绒草属
产地：产于我国浙江、福建、江西等地。生于山坡向阳处杂草中。

龙面花
Nemesia strumosa

科属：玄参科龙面花属
产地：产于南非，我国南北方均有栽培。

蓝金花/巴西金鱼花
Otacanthus azureus

科属：玄参科蓝金花属
产地：原产于巴西，我国华南地区有引种。

兰考泡桐
Paulownia elongata

科属：玄参科泡桐属
产地：分布于我国河北、河南、山西、陕西、山东、湖北、安徽、江苏，多数栽培，河南有野生。

泡桐/白花泡桐
Paulownia fortunei

科属：玄参科泡桐属
产地：分布于我国安徽、浙江、福建、台湾、江西、湖北、湖南、四川、云南、贵州、广东、广西，野生或栽培，越南、老挝也有分布。生于低海拔的山坡、林中、山谷及荒地。

毛泡桐
Paulownia tomentosa

科属：玄参科泡桐属
产地：分布于我国辽宁、河北、河南、山东、江苏、安徽、湖北、江西，通常栽培，西部地区有野生，日本、朝鲜、欧洲和北美洲也有引种栽培。生长海拔可达1800米。

美观马先蒿
Pedicularis decora

科属：玄参科马先蒿属
产地：产于我国陕西、甘肃、湖北与四川。生于海拔2200～2700米的荒草坡上及疏林中。

条纹马先蒿
Pedicularis lineata

科属：玄参科马先蒿属
产地：产于我国陕西南部、甘肃，经四川达云南西北部，再达缅甸北部。生于海拔1900～4570米的林中或草地上。

藓生马先蒿
Pedicularis muscicola

科属：玄参科马先蒿属
产地：广布于我国山西、陕西、甘肃、青海及湖北西部等地。生于海拔1750～2650米杂林、冷杉林的苔藓层中，也见于其他阴湿处。

欧氏马先蒿
Pedicularis oederi

科属：玄参科马先蒿属
产地：我国见于新疆和西藏，欧洲、亚洲、美洲及北极地区均有分布。多生于海拔2600～4300米以上的高山沼泽草甸和阴湿的林下。

中国欧氏马先蒿

Pedicularis oederi var. *sinensis*

科属：玄参科马先蒿属

产地：分布于我国河北、山西、陕西、甘肃、青海、四川和云南。

返顾马先蒿

Pedicularis resupinata

科属：玄参科马先蒿属

产地：产于我国东北、内蒙古、山东、河北、山西、陕西、安徽、甘肃、四川、贵州等地，欧洲、俄罗斯、蒙古、朝鲜与日本也有分布。生长于海拔300～2000米的湿润草地及林缘。

穗花马先蒿

Pedicularis spicata

科属：玄参科马先蒿属

产地：产于我国湖北、四川、甘肃、陕西、山西、河北，经我国内蒙古、东北各地及蒙古至俄罗斯东部西伯利亚地区均有分布。生于海拔1500～2600米的草地、溪流旁及灌丛中。

轮叶马先蒿

Pedicularis verticillata

科属：玄参科马先蒿属

产地：广布于北温带较寒地带，我国产于东北、内蒙古与河北等处，向西至四川北部及西部均有分布。生于海拔2100～3350米的湿润处，在北极则生于海岸及冻原中。

红花钓钟柳/五蕊花

Penstemon barbatus

科属：玄参科钓钟柳属

产地：产于北美，我国引种栽培。

钓钟柳

Penstemon campanulatus

科属：玄参科钓钟柳属

产地：产于美洲，世界各地有栽培。

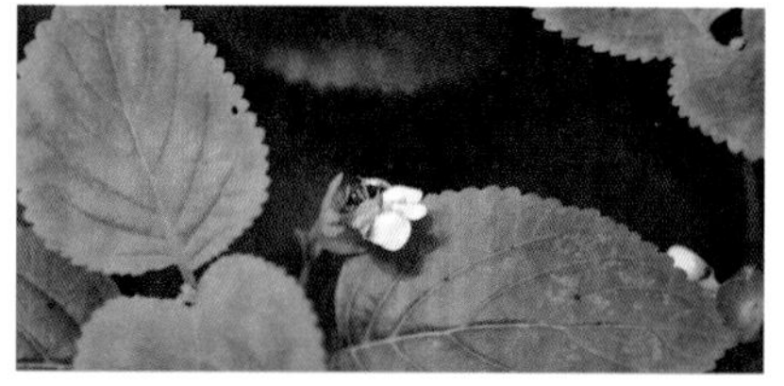

苦玄参

Picria felterrae

科属：玄参科苦玄参属

产地：分布于我国广东、广西、贵州和云南南部，印度至菲律宾也有分布。生于海拔750～1400米的疏林中及荒田中。

狭叶毛地黄/毛花洋地花雕

Digitalis lanata

科属：玄参科地黄属

产地：原产于欧洲，我国有栽培。

天目地黄

Rehmannia chingii

科属：玄参科地黄属

产地：分布于我国浙江、安徽。生于海拔190～500米的山坡、路旁草丛中。

地黄/生地

Rehmannia glutinosa

科属：玄参科地黄属

产地：分布于我国辽宁、河北、河南、山东、山西、陕西、甘肃、内蒙古、江苏、湖北等地。生于海拔50～1100米的沙质壤土、荒山坡、山脚、墙边、路旁等处。

炮仗竹

Russelia equisetiformis

科属：玄参科炮仗竹属

产地：产于美洲，我国华南、西南等地广泛栽培。

大花玄参

Scrophularia delavayi

科属：玄参科玄参属

产地：为我国特有种，产于云南、四川。生于海拔3100～3800米的山坡草地或灌木丛中湿润岩隙。

玄参/浙玄参

Scrophularia ningpoensis

科属：玄参科玄参属

产地：我国特产，产于河北、河南、山西、陕西、湖北、安徽、江苏、浙江、福建、江西、湖南、广东、贵州、四川。生于海拔1700米以下的竹林、溪旁、丛林及高草丛中。

长柱玄参

Scrophularia stylosa

科属：玄参科玄参属

产地：为我国特有种，产于我国陕西。生于海拔2000～3000米的石崖上。

单色蝴蝶草

Torenia concolor

科属：玄参科蝴蝶草属

产地：分布于我国广东、广西、贵州及台湾等地。生于林下、山谷及路旁。

紫斑蝴蝶草

Torenia fordii

科属：玄参科蝴蝶草属

产地：分布于我国广东、江西、湖南、福建等地。生于山边、溪旁或疏林下。

夏堇/蓝猪耳

Torenia fournieri

科属：玄参科蝴蝶草属

产地：本种原产于越南，我国南方常见栽培，偶见逸生。

长叶蝴蝶草/光叶蝴蝶草

Torenia asiatica

科属：玄参科蝴蝶草属

产地：分布于我国云南、贵州，南亚和东南亚也有分布。生于海拔1100～1800米间的沟边湿润处。

紫萼蝴蝶草

Torenia violacea

科属：玄参科蝴蝶草属

产地：分布于我国华东、华南、西南、华中及台湾。生于海拔200～2000米间的山坡草地、林下、田边及路旁潮湿处。

毛蕊花

Verbascum thapsus

科属：玄参科毛蕊花属

产地：广布于北半球，我国新疆、西藏、云南、四川有分布，生于海拔1400～3200米的山坡草地、河岸草地。

轮叶婆婆纳/草本威灵仙

Veronicastrum sibiricum

科属：玄参科腹水草属

产地：分布于我国东北、华北、陕西、甘肃东部及山东半岛，朝鲜，日本及俄罗斯亚洲部分也有分布。生于海拔达2500米的路边、山坡草地及山坡灌丛内。

直立婆婆纳

Veronica arvensis

科属：玄参科婆婆纳属

产地：原产于欧洲，其他地方归化，我国华东和华中常见。生于海拔2000米以下的路边及荒野草地。

达尔文蓝婆婆纳

Veronica 'Darwin's Blue'

科属：玄参科婆婆纳属

产地：园艺种，我国中北部有栽培。

红狐婆婆纳

Veronica 'Red Fox'

科属：玄参科婆婆纳属

产地：园艺种，我国中北部有栽培。

细叶婆婆纳/水蔓青

Veronica linariifolia

科属：玄参科婆婆纳属

产地：分布于我国东北、河北、内蒙古、陕西、山西。生于山坡草地、灌丛间或路边阳光充分的地方。

阿拉伯婆婆纳/波斯婆婆纳

Veronica persica

科属：玄参科婆婆纳属

产地：分布于我国华东、华中、贵州、云南、西藏及新疆，为归化的路边及荒野杂草，原产于亚洲西部及欧洲。

穗花婆婆纳/穗花

Veronica spicata

科属：玄参科婆婆纳属

产地：产于我国新疆西北部，欧洲至俄罗斯西伯利亚和中亚地区也有分布。生于海拔2500米以下的草原和针叶林带内。

长白婆婆纳

Veronica stelleri var. *longistyla*

科属：玄参科婆婆纳属

产地：产于我国吉林长白山，朝鲜、日本及俄罗斯远东地区也有分布。生于海拔2200～2700米的高山草甸。

臭椿

Ailanthus altissima

科属：苦木科臭椿属

产地：我国除黑龙江、吉林、新疆、青海、宁夏、甘肃和海南外，各地均有分布。世界各地广为栽培。

颠茄

Atropa belladonna

科属：茄科颠茄属

产地：原产于欧洲中部、西部和南部，我国南北药物种植场有引种栽培。

紫水晶/蓝英花

Browallia speciosa

科属：茄科蓝英花属

产地：原产于哥伦比亚，我国引种栽培。

红花曼陀罗

Brugmansia sanguinea

科属：茄科木曼陀罗属

产地：产于秘鲁，我国有少量引种。

大花曼陀罗/木本曼陀罗

Brugmansia arborea

科属：茄科蓝英花属

产地：原产于热带美洲，我国引种栽培。

粉花曼陀罗

Brugmansia suaveolens

科属：茄科木曼陀罗属

产地：产于巴西东南部，我国引种栽培。

鸳鸯茉莉/双色茉莉

Brunfelsia acuminata

科属：茄科鸳鸯茉莉属

产地：原产于美洲，我国华南、西南等地广为栽培。

黄花曼陀罗

Brugmansia pittieri

科属：茄科木曼陀罗属

产地：产于美洲，我国引种栽培。

大花鸳鸯茉莉/大花双色茉莉

Brunfelsia calycina

科属：茄科鸳鸯茉莉属

产地：产于热带美洲，我国华南等地有栽培。

小花矮牵牛

Calibrachoa hybrida

科属：茄科小花矮牵牛属
产地：园艺杂交种，现我国南北方均有栽培。

朝天椒

Capsicum annuum var. *conoides*

科属：茄科辣椒属
产地：变种，我国南北方均有栽培。

五色椒/珍珠椒

Capsicum annuum var. *cerasiforme*

科属：茄科辣椒属
产地：变种，我国南北方均有栽培，多盆栽。

风铃辣椒

Capsicum baccatum

科属：茄科辣椒属
产地：产于秘鲁，我国华南植物园有引种。

黄瓶子花/黄花夜香树

Cestrum aurantiacum

科属：茄科夜香树属
产地：原产于南美洲，我国广东有栽培。

洋素馨/夜香树

Cestrum nocturnum

科属：茄科夜香树属
产地：原产于南美洲，现广泛栽培于世界热带地区。

瓶儿花/紫瓶子花、毛茎夜香树

Cestrum elegans

科属：茄科夜香树属
产地：原产于墨西哥，我国南方地区有栽培。

树番茄/缅茄

Cyphomandra betacea

科属：茄科树番茄属
产地：原产于南美洲，现在世界热带和亚热带地区有引种。

洋金花/白曼陀罗

Datura metel

科属：茄科曼陀罗属
产地：分布于热带及亚热带地区，温带地区普遍栽培，在我国台湾、福建、广东、广西、云南、贵州等地常为野生。常生于向阳的山坡草地或住宅旁。

曼陀罗/枫茄花

Datura stramonium

科属：茄科曼陀罗属
产地：广布于世界各大洲，我国各地都有分布。常生于住宅旁、路边或草地上，也有作药用或观赏而栽培。

天仙子/莨菪

Hyoscyamus niger

科属：茄科天仙子属

产地：分布于我国华北、西北及西南，华东有栽培或逸为野生，蒙古、俄罗斯、欧洲、印度亦有分布。常生于山坡、路旁、住宅区及河岸沙地。

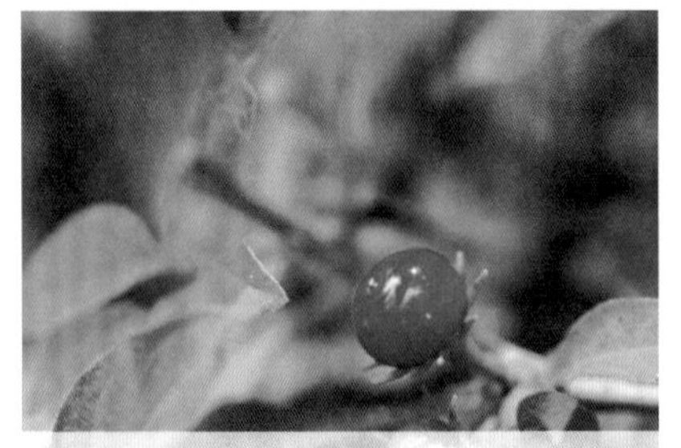

红丝线/十萼茄、野灯笼花

Lycianthes biflora

科属：茄科红丝线属

产地：产于我国云南、四川、广西、广东、江西、福建、台湾等地，印度、马来西亚、印度尼西亚的爪哇至琉球群岛也有分布。生于海拔150～2000米的荒野阴湿地、林下、路旁、水边及山谷中。

宁夏枸杞/山枸杞

Lycium barbarum

科属：茄科枸杞属

产地：原产于我国河北、内蒙古、山西、陕西、甘肃、宁夏、青海、新疆等地，现中部和南部地区引种栽培。

枸杞/枸杞菜、狗奶子

Lycium chinense

科属：茄科枸杞属

产地：分布于我国东北、河北、山西、陕西、甘肃以及西南、华中、华南和华东各地，朝鲜、日本、欧洲有栽培或逸为野生。常生于山坡、荒地、丘陵地、盐碱地、路旁及村边宅旁。

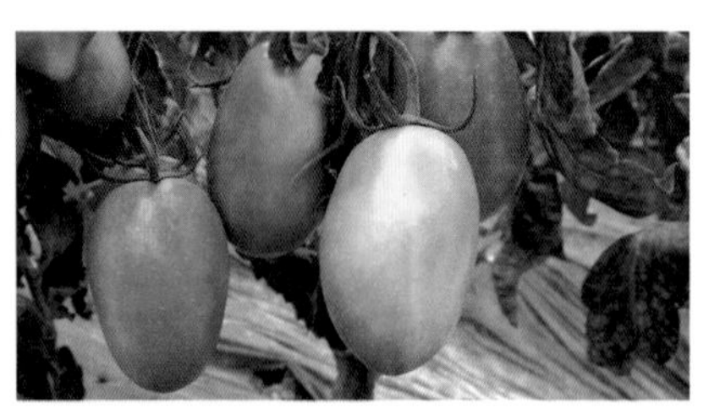

番茄/西红柿、蕃柿

Lycopersicon esculentum

科属：茄科蕃茄属

产地：原产于南美洲，我国南北方广泛栽培。

樱桃番茄

Lycopersicon esculentum var. *cerasiforme*

科属：茄科蕃茄属

产地：变种，现世界各地均有栽培。

茄参/曼陀茄

Mandragora caulescens

科属：茄科茄参属

产地：分布于我国四川、云南和西藏，印度也有分布。常生于海拔2200～4200米的山坡草地。

假酸浆/冰粉

Nicandra physalodes

科属：茄科假酸浆属

产地：原产于南美洲，我国南北方均有作药用或观赏栽培。生于田边、荒地或住宅区。

花烟草

Nicotiana alata

科属：茄科烟草属

产地：原产于阿根廷和巴西，我国全国各地均有栽培。

红花烟草/烟草

Nicotiana tabacum

科属：茄科烟草属

产地：原产于南美洲，我国南北方各地区广为栽培。

矮牵牛/碧冬茄

Petunia × hybrida

科属：茄科碧冬茄属

产地：本种是一个杂交种，现世界各地广为栽培。

挂金灯/锦灯笼、红姑娘

Physalis alkekengi var. *francheti*

科属：茄科酸浆属

产地：本变种在我国分布广泛，除西藏尚未见到外其他各地均有分布，朝鲜和日本也有分布。常生于田野、沟边、山坡草地、林下或路旁水边。

毛酸浆/黄菇娘

Physalis pubescens

科属：茄科酸浆属

产地：原产于美洲，我国吉林、黑龙江有栽培或逸为野生。多生于草地或田边路旁。

泡囊草/汤乌普

Physochlaina physaloides

科属：茄科泡囊草属

产地：分布于我国新疆、内蒙古、黑龙江和河北，蒙古、俄罗斯亦有分布。生于山坡草地或林边。

蛾蝶花

Schizanthus pinnatus

科属：茄科蛾蝶花属

产地：产于智利，现世界各地引种栽培。

长花金杯藤/长筒金杯藤

Solandra longiflora

科属：茄科金杯藤属

产地：产于南美洲，我国华南等地引种栽培。

金杯藤/金杯花

Solandra nitida

科属：茄科金杯藤属

产地：原产于中美洲，我国华南、西南等地有引种。

白英/北风藤

Solanum lyratum

科属：茄科茄属

产地：产于我国华东、华南、甘肃、陕西、山西、河南、山东、湖南、湖北、四川、云南，日本、朝鲜、中南半岛也有分布。喜生于海拔600～2800米的山谷草地或路旁、田边。

乳茄/五指茄

Solanum mammosum

科属：茄科茄属

产地：原产于美洲，现我国广东、广西及云南均引种成功。

南美香瓜茄/人参果

Solanum muricatum

科属：茄科茄属

产地：原产于南美洲，我国有少量栽培。

龙葵/野海椒

Solanum nigrum

科属：茄科茄属

产地：我国几乎全国均有分布，广泛分布于欧、亚、美洲的温带至热带地区。喜生于田边，荒地及村庄附近。

冬珊瑚/珊瑚豆

Solanum pseudocapsicum var. *diflorum*

科属：茄科茄属

产地：原产于巴西，在我国栽培，有时归化为野生。

青杞/枸杞子

Solanum septemlobum

科属：茄科茄属

产地：产于我国新疆、甘肃、内蒙古、东北、河北、山西、陕西、山东、河南、安徽、江苏及四川。喜生于海拔900～1600米的山坡向阳处。

旋花茄/白条花

Solanum spirale

科属：茄科茄属

产地：产于我国云南、广西、湖南，印度、孟加拉国、缅甸及越南也有分布。多生长于海拔500～1900米的溪边灌木丛中或林下，稀生于荒地。

白蛋茄/金银茄

Solanum texanum

科属：茄科茄属

产地：原产于巴西，我国引种栽培。

水茄/野茄子

Solanum torvum

科属：茄科茄属

产地：产于我国云南、广西、广东、台湾，广布于东南亚及热带美洲。生于海拔200～1650米热带地区的路旁、荒地、灌木丛中、沟谷及村庄附近等潮湿地。

马铃薯/阳芋、土豆

Solanum tuberosum

科属：茄科茄属

产地：原产于热带美洲的山地，我国各地均有栽培。

假烟叶树/野烟叶

Solanum verbascifolium

科属：茄科茄属

产地：产于我国四川、贵州、云南、广西、广东、福建和台湾，广泛分布于热带亚洲、大洋洲、南美洲。常见于海拔300～2100米的荒山荒地灌丛中。

大花茄

Solanum wrightii

科属：茄科茄属

产地：原产于南美洲玻利维亚至巴西，我国华南及西南有栽培。

八宝树

Duabanga grandiflora

科属：海桑科八宝树属

产地：产于我国云南南部，印度、缅甸、泰国、老挝、柬埔寨、越南、马来西亚、印度尼西亚也有分布。生于海拔900～1500米的山谷或空旷地。

无瓣海桑

Sonneratia apetala

科属：海桑科海桑属

产地：原产于孟加拉国、印度、缅甸、斯里兰卡等国，现我国广东、海南有栽培。

曲轴黑三棱

Sparganium fallax

科属：黑三棱科黑三棱属

产地：产于我国浙江、福建、台湾、贵州、云南，日本、缅甸、印度亦有分布。生于湖泊、沼泽、河沟、水塘边浅水处。

黑三棱

Sparganium stoloniferum

科属：黑三棱科黑三棱属

产地：产于我国东北、内蒙古、河北、山西、陕西、甘肃、新疆、江苏、江西、湖北、云南等地，朝鲜、日本、中亚地区和俄罗斯也有分布。通常生于海拔1500米以下的湖泊、河沟、沼泽、水塘边浅水处。

中国旌节花/旌节花

Stachyurus chinensis

科属：旌节花科旌节花属

产地：产于我国河南、陕西、西藏、浙江、安徽、江西、湖南、湖北、四川、贵州、福建、广东、广西和云南，越南北部也有分布。生于海拔400～3000米的山坡谷地林中或林缘。

野鸭椿/酒药花、山海椒

Euscaphis japonica

科属：省沽油科野鸦椿属

产地：我国除西北外，全国均产，主产江南，西至云南东北部，日本、朝鲜也有分布。

省沽油

Staphylea bumalda

科属：省沽油科省沽油属

产地：产于我国黑龙江、吉林、辽宁、河北、山西、陕西、浙江、湖北、安徽、江苏、四川。生于路旁、山地或丛林中。

膀胱果/大果省沽油

Staphylea holocarpa

科属：省沽油科省沽油属

产地：产于我国陕西、甘肃、湖北、湖南、广东、广西、贵州、四川、西藏东部。

台湾山香圆/锐尖山香圆、五寸铁树

Turpinia formosana

科属：省沽油科山香圆属

产地：产于我国福建、江西、湖南、广东、广西、贵州、四川、台湾等地。

金刚大/黄精叶钩吻
Croomia japonica

科属：百部科黄精叶钩吻属
产地：产于我国浙江、安徽、江西、福建，日本也有分布。生于海拔830～1200米的山谷杂木林下。

昂天莲/水麻
Ambroma augusta

科属：梧桐科昂天莲属
产地：产于我国广东、广西、云南、贵州，印度、越南、马来西亚、泰国、印度尼西亚、菲律宾等地也有分布。生于山谷沟边或林缘。

澳洲火焰木/槭叶酒瓶树
Brachychiton acerifolius

科属：梧桐科槭子树属
产地：产于澳大利亚东海岸，我国广州有栽培。

昆士兰瓶树/瓶干树
Brachychiton rupestris

科属：梧桐科瓶树属
产地：产于澳大利亚的昆士兰，我国华南及西南有引种。

刺果藤
Byttneria aspera

科属：梧桐科刺果藤属
产地：产于我国广东、广西、云南，印度、越南、柬埔寨、老挝、泰国等地也有分布。生于疏林中或山谷溪旁。

非洲芙蓉/铃铃花
Dombeya burgessiae

科属：梧桐科铃铃花属
产地：产于马达加斯加，我国华南及西南等地引种栽培。

海南梧桐
Firmiana hainanensis

科属：梧桐科梧桐属
产地：产于我国海南。喜生于沙质土上。

云南梧桐
Firmiana major

科属：梧桐科梧桐属
产地：产于我国云南及四川西部。生于海拔1600～3000米的山地或坡地，村边、路边也常见。

美丽梧桐/美丽火桐
Firmiana pulcherrima

科属：梧桐科梧桐属
产地：产于我国海南。生于森林中和山谷溪旁。

梧桐/青桐
Firmiana simplex

科属：梧桐科梧桐属
产地：产于我国南北方各省，从广东、海南到华北均产，也分布于日本。

山芝麻/山油麻

Helicteres angustifolia

科属：梧桐科山芝麻属

产地：产于我国湖南、江西、广东、广西、云南、福建，印度、缅甸、马来西亚、泰国、越南、老挝、柬埔寨、印度尼西亚、菲律宾等地有分布。常生于草坡上。

雁婆麻/肖婆麻

Helicteres hirsuta

科属：梧桐科山芝麻属

产地：产于我国广东、海南、广西，印度、马来西亚、柬埔寨、老挝、越南、泰国、菲律宾等地也有分布。生于旷野疏林中和灌丛中。

火索麻/扭蒴山芝麻

Helicteres isora

科属：梧桐科山芝麻属

产地：产于我国海南和云南，印度、越南、斯里兰卡、泰国、马来西亚、印度尼西亚和澳大利亚均有分布。生于海拔100～580米的草坡和村边的丘陵地上或灌丛中。

矮山芝麻

Helicteres plebeja

科属：梧桐科山芝麻属

产地：产于我国云南，越南、泰国、老挝、缅甸、印度、不丹也有分布。

长柄银叶树/大叶银叶树

Heritiera angustata

科属：梧桐科银叶树属

产地：产于我国海南和云南。生于山地或近海岸附近。

银叶树

Heritiera littoralis

科属：梧桐科银叶树属

产地：产于我国广东、广西和台湾，印度、越南、柬埔寨、斯里兰卡、菲律宾和东南亚各地以及非洲东部、大洋洲均有分布。

鹧鸪麻/馒头果

Kleinhovia hospita

科属：梧桐科鹧鸪麻属

产地：产于我国海南和台湾，亚洲、非洲和大洋洲的热带地区也有分布。生于丘陵地或山地疏林中。

马松子

Melochia corchorifolia

科属：梧桐科马松子属

产地：广泛分布在我国长江以南各省、台湾和四川内江地区，生于田野间或低丘陵地原野间。亚洲热带地区多有分布。

午时花/夜落金钱

Pentapetes phoenicea

科属：梧桐科午时花属

产地：原产于印度，我国广东、广西、云南南部等地多有栽培，亚洲热带地区和日本也有分布。

槭叶翅子树

Pterospermum acerifolium

科属：梧桐科翅子树属

产地：产于我国云南南部勐海、勐仑等地。生于海拔1200～1640米的山坡上。

翻白叶树/异叶翅子木

Pterospermum heterophyllum

科属：梧桐科翅子树属

产地：产于我国广东、海南、福建、广西等地，现我国华南各地有栽培。

截裂翻白树

Pterospermum truncatolobatum

科属：梧桐科翅子树属

产地：产于我国云南和广西等地，越南北部也有分布。生于海拔300～520米的石灰岩山上密林中。

梭罗木/梭罗树

Reevesia pubescens

科属：梧桐科梭罗树属

产地：产于我国海南、广西、云南、贵州和四川，泰国、印度、缅甸、老挝、越南、不丹等地也有分布。生于海拔550～2500米的山坡上或山谷疏林中。

长粒胖大海/圆粒胖大海

Scaphium lychnophorum

科属：梧桐科胖大海属

产地：原产于泰国、柬埔寨等地，我国云南有引种。

胖大海/舟状苹婆

Scaphium wallichii

科属：梧桐科胖大海属

产地：产于泰国，云南有引种。

掌叶苹婆/复叶苹婆

Sterculia foetida

科属：梧桐科苹婆属

产地：产于热带亚洲、东非及澳洲北部，现我国台湾，广东等地有栽培。

假苹婆/鸡冠木

Sterculia lanceolata

科属：梧桐科苹婆属

产地：产于我国广东、广西、云南、贵州和四川，在华南山野间很常见，缅甸、泰国、越南、老挝也有分布。喜生于山谷溪旁。

苹婆/凤眼果、七姐果

Sterculia monosperma

科属：梧桐科苹婆属

产地：产于我国广东、广西、福建、云南和台湾，广州附近和珠江三角洲多有栽培，印度、越南、印度尼西亚也有分布，多为人工栽培。

可可

Theobroma cacao

科属：梧桐科可可属

产地：原产于美洲中部及南部，现广泛栽培于全世界的热带地区。

银钟花/假杨桃、山杨桃

Halesia macgregorii

科属：安息香科银钟花属

产地：产于我国广东、广西、福建、江西、湖南、贵州和浙江。生于海拔700～1200米的山坡、山谷较阴湿的密林中。

陀螺果/冬瓜木、水冬瓜

Melliodendron xylocarpum

科属：安息香科陀螺果属

产地：产于我国云南、四川、贵州、广西、湖南、广东、江西和福建。生于海拔1000～1500米的山谷、山坡湿润林中。

江西秤锤树/狭果秤锤树

Sinojackia rehderiana

科属：安息香科秤锤树属

产地：产于我国江西、湖南和广东。生于林中或灌丛中。

秤锤树/捷克木

Sinojackia xylocarpa

科属：安息香科秤锤树属

产地：产于我国江苏南京，我国华东地区有栽培。生于海拔500～800米的林缘或疏林中。

中华安息香/大果安息香

Styrax chinensis

科属：安息香科安息香属

产地：产于我国广西、云南。生于海拔300～1200米密林中。

青山安息香/越南安息香

Styrax tonkinensis

科属：安息香科安息香属

产地：产于我国云南、贵州、广西、广东、福建、湖南和江西，越南也有分布。生于海拔100～2000米的山坡、山谷、疏林中或林缘。

老鼠矢

Symplocos stellaris

科属：山矾科山矾属

产地：产于我国长江以南及台湾。生于海拔1100米的山地、路旁、疏林中。

山矾

Symplocos sumuntia

科属：山矾科山矾属

产地：产于我国江苏、浙江、福建、台湾、广东、广西、江西、湖南、湖北、四川、贵州、云南，尼泊尔、不丹、印度也有分布。生于海拔200～1500米的山林间。

裂果薯/水田七

Schizocapsa plantaginea

科属：蒟蒻薯科裂果薯属

产地：产于我国湖南、江西、广东、广西、贵州、云南，泰国、越南、老挝也有分布。生于海拔200～600米的水边、沟边、山谷、林下、路边、田边潮湿地方。

老虎须/箭根薯

Tacca chantrieri

科属：蒟蒻薯科蒟蒻薯属

产地：产于我国湖南、广东、广西、云南，越南、老挝、柬埔寨、泰国、新加坡、马来西亚等地都有分布。生于海拔170～1300米的水边、林下、山谷阴湿处。

红砂

Reaumuria soongarica

科属：柽柳科红砂属

产地：产于我国新疆、青海、甘肃、宁夏和内蒙古，俄罗斯、蒙古也有分布。生于荒漠地区的山前冲积、洪积平原上和戈壁侵蚀面上，亦生于低地边缘，基质多为粗砾质戈壁，也生于壤土上。

四蕊非洲柽柳

Tamarix africana 'Tetrandra'

科属：柽柳科柽柳属
产地：园艺种，原种产于欧洲至北非。生于河岸等处。

甘肃柽柳

Tamarix austromongolica

科属：柽柳科柽柳属
产地：产于我国青海、甘肃、宁夏、内蒙古、陕西、山西、河北及河南。生于盐渍化河漫滩及冲积平原，盐碱沙荒地及灌溉盐碱地边。

柽柳/三春柳、观音柳

Tamarix chinensis

科属：柽柳科柽柳属
产地：野生于我国辽宁、河北、河南、山东、江苏、安徽等地。喜生于河流冲积平原、海滨、滩头、潮湿盐碱地和沙荒地。

海南红楣/茶梨、猪头果

Anneslea fragrans

科属：山茶科茶梨属
产地：产于我国福建、江西、湖南、广东、海南、广西、贵州及云南等地，东南亚等地也有分布。多生于海拔300～2500米的山坡林中或林缘沟谷地以及山坡溪沟边阴湿地。

杜鹃红山茶/杜鹃叶山茶

Camellia azalea

科属：山茶科山茶属
产地：产于我国广东、云南等地，现已引种栽培。

红花油茶/浙江红山茶

Camellia chekiangoleosa

科属：山茶科山茶属
产地：产于我国福建、江西、湖南、浙江。生于海拔500～1100米的山地。

红皮糙果茶

Camellia crapnelliana

科属：山茶科山茶属
产地：产于我国香港、广西、福建、江西及浙江。

淡黄金花茶

Camellia flavida

科属：山茶科山茶属
产地：产于我国广西。

凹脉金花茶

Camellia impressinervis

科属：山茶科山茶属
产地：产于我国广西石灰岩山地常绿林中。

山茶/茶花

Camellia japonica

科属：山茶科山茶属
产地：产于我国四川、台湾、山东、江西等地，国内各地广泛栽培。

白雪塔山茶

Camellia 'Baixueta'

科属：山茶科山茶属
产地：园艺种。

情人大卡特山茶
Camellia 'Bigkater'

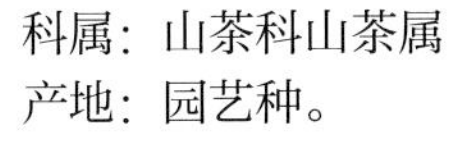

科属：山茶科山茶属
产地：园艺种。

嫦娥彩山茶
Camellia 'Changecai'

科属：山茶科山茶属
产地：园艺种。

黄达山茶
Camellia 'Dahlohnega'

科属：山茶科山茶属
产地：园艺种。

达婷山茶
Camellia 'Dating'

科属：山茶科山茶属
产地：园艺种。

宫粉山茶
Camellia 'Gongfen'

科属：山茶科山茶属
产地：园艺种。

九曲山茶
Camellia 'Jiuqu'

科属：山茶科山茶属
产地：园艺种。

白六角山茶
Camellia 'Bailiujiao'

科属：山茶科山茶属
产地：园艺种。

红六角山茶
Camellia 'Hongliujiao'

科属：山茶科山茶属
产地：园艺种。

粉心牡丹山茶
Camellia 'Mudan'

科属：山茶科山茶属
产地：园艺种。

赛牡丹山茶
Camellia 'Saimudan'

科属：山茶科山茶属
产地：园艺种。

十八学士山茶
Camellia 'Shibaxueshi'

科属：山茶科山茶属
产地：园艺种。

松子鳞山茶

Camellia 'Songzilin'

科属：山茶科山茶属
产地：园艺种。

香神山茶

Camellia 'Xiangshen'

科属：山茶科山茶属
产地：园艺种。

香太阳山茶

Camellia 'Xiangtaiyang'

科属：山茶科山茶属
产地：园艺种。

鸳鸯山茶

Camellia 'Yuanyang'

科属：山茶科山茶属
产地：园艺种。

玉玫瑰山茶

Camellia 'Yumeigui'

科属：山茶科山茶属
产地：园艺种。

紫金冠山茶

Camellia 'Zhijinguan'

科属：山茶科山茶属
产地：园艺种。

油茶

Camellia oleifera

科属：山茶科山茶属
产地：我国从长江流域到华南各地广泛栽培，是主要木本油料作物。海南800米以上的原生森林有野生种。

湖北瘤果茶

Camellia parvimuricata var. *hupehensis*

科属：山茶科山茶属
产地：产于我国湖北。

金花茶

Camellia petelotii

科属：山茶科山茶属
产地：产于我国广西，越南北部也有分布。

宛田红花油茶/多齿红山茶

Camellia polyodonta

科属：山茶科山茶属
产地：产于我国湖南西部、广西。

云南山茶/滇山茶

Camellia reticulata

科属：山茶科山茶属
产地：产于我国云南，多栽培，品种繁多。

茶梅/茶梅花

Camellia sasanqua

科属：山茶科山茶属
产地：分布于日本，多栽培，我国有栽培。

广宁红花油茶/南山茶

Camellia semiserrata

科属：山茶科山茶属

产地：产于我国广东及广西。生于海拔200～350米的山地。

茶

Camellia sinensis

科属：山茶科山茶属

产地：野生种遍见于我国长江以南各省的山区，广为栽培。

普洱茶

Camellia sinensis var. *assamica*

科属：山茶科山茶属

产地：产于我国云南西南部各地老林中，在云南广为栽培。

越南油茶

Camellia vietnamensis

科属：山茶科山茶属

产地：产于我国广西，现华南等地作油料植物栽培。

猴子木/五柱滇山茶

Camellia yunnanensis

科属：山茶科山茶属

产地：产于我国云南、四川。生于海拔2200～3200米的山地。

越南抱茎茶

Camellia amplexicaulis

科属：山茶科山茶属

产地：产于越南，我国华南及西南地区有栽培。

窄叶柃

Eurya stenophylla

科属：山茶科柃木属

产地：产于我国湖北、广东、广西、四川、贵州等地。多生于海拔250～1500米的山坡溪谷路旁灌丛中。

大头茶

Gordonia axillaris

科属：山茶科大头茶属

产地：产于我国广东、海南、广西、台湾。

石笔木/短果石笔木

Pyrenaria spectabilis

科属：山茶科核果茶属

产地：产于我国广东、福建诏安。

木荷/荷树、荷木

Schima superba

科属：山茶科木荷属

产地：产于我国浙江、福建、台湾、江西、湖南、广东、海南、广西、贵州。

紫茎/马骝光

Stewartia sinensis

科属：山茶科紫茎属

产地：产于我国四川、安徽、江西、浙江、湖北。

日本厚皮香

Ternstroemia japonica

科属：山茶科厚皮香属

产地：产于我国台湾，日本有分布。

厚皮香

Ternstroemia gymnanthera

科属：山茶科厚皮香属
产地：广泛分布于我国安徽、浙江、江西、福建、湖北、湖南、广东、广西、云南、贵州等地，东南亚等地也有分布。多生于海拔200～2800米的山地林中、林缘路边或近山顶疏林中。

土沉香/白木香

Aquilaria sinensis

科属：瑞香科沉香属
产地：产于我国广东、海南、广西、福建。生于低海拔的山地、丘陵以及路边阳处疏林中。

芫花/荛花、药鱼草

Daphne genkwa

科属：瑞香科瑞香属
产地：产于我国河北、山西、陕西、甘肃、山东、江苏、安徽、浙江、江西、福建、台湾、河南、湖北、湖南、四川、贵州。生长海拔300～1000米。

橙花瑞香/黄花瑞香

Daphne aurantiaca

科属：瑞香科瑞香属
产地：产于我国四川、云南。生于海拔2600～3500米的石灰岩阴坡杂木林中或灌丛中。

长白瑞香

Daphne koreana

科属：瑞香科瑞香属
产地：分布于我国吉林省，朝鲜也有分布。生于山地阔叶林中。

金边瑞香/金边睡香

Daphne odora f. *marginata*

科属：瑞香科瑞香属
产地：原产地可能为我国、中南半岛或日本，我国各大城市都有栽培。

唐古特瑞香/陕甘瑞香

Daphne tangutica

科属：瑞香科瑞香属
产地：产于我国山西、陕西、甘肃、青海、四川、贵州、云南、西藏。生于海拔1000～3800米的润湿林中。

结香/打结花、梦花

Edgeworthia chrysantha

科属：瑞香科结香属
产地：产于我国河南、陕西及长江流域以南各地，野生或栽培，美国东南部佐治亚州也有分布。

皇冠果

Phaleria macrocarpa

科属：瑞香科皇冠果属
产地：产于新几内亚及印度尼西亚，我国华南植物园引种栽培。

狼毒/断肠草

Stellera chamaejasme

科属：瑞香科狼毒属

产地：产于我国北方地区及西南地区，俄罗斯西伯利亚地区也有分布。生于海拔2600～4200米干燥而向阳的高山草坡、草坪或河滩台地。

了哥王/南岭荛花

Wikstroemia indica

科属：瑞香科荛花属

产地：产于我国广东、海南、广西、福建、台湾、湖南、四川、贵州、云南、浙江等地，越南、印度、菲律宾也有分布。生于海拔1500米以下地区的开阔林下或石山上。

细轴荛花/地棉麻

Wikstroemia nutans

科属：瑞香科荛花属

产地：产于我国广东、海南、广西、湖南、福建、台湾，越南也有分布。常见于海拔300～1650米的常绿阔叶林中。

柄翅果

Burretiodendron esquirolii

科属：椴树科柄翅果属

产地：产于我国云南、贵州、广西。生长于石灰岩及砂岩山地的常绿林里。

田麻

Corchoropsis tomentosa

科属：椴树科田麻属

产地：产于我国东北、华北、华东、华中、华南及西南等地，朝鲜、日本有分布。

海南椴

Diplodiscus trichosperma

科属：椴树科海南椴属

产地：产于我国海南、广西等地，生长于中海拔的山地疏林中。

小花扁担杆

Grewia biloba var. *parviflora*

科属：椴树科扁担杆属

产地：产于我国广西、广东、湖南、贵州、云南、四川、湖北、江西、浙江、江苏、安徽、山东、河北、山西、河南、陕西等地。

甜麻/假黄麻

Corchorus aestuans

科属：椴树科黄麻属

产地：产于我国长江以南各地，热带亚洲、中美洲及非洲有分布。生长于荒地、旷野、村旁，为南方各地常见的杂草。

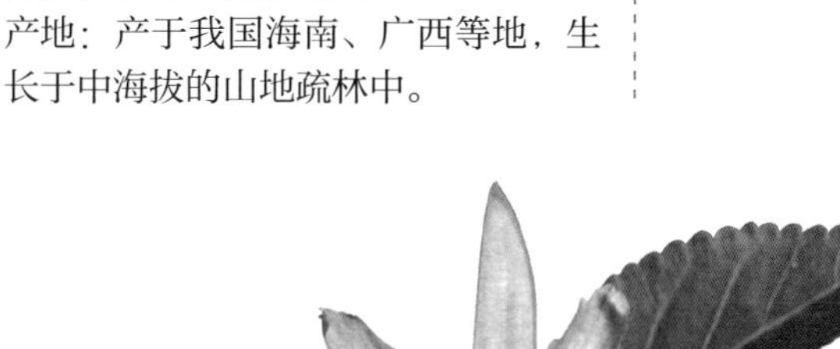

水莲木

Grewia occidentalis

科属：椴树科扁担杆属

产地：产于南非，我国台湾、广东等地引种栽培。

节花蚬木/蚬木
Excentrodendron tonkinense

科属：椴树科蚬木属
产地：产于我国广西，生长于石灰岩的常绿林里。

布渣叶/破布叶
Microcos paniculata

科属：椴树科破布叶属
产地：产于我国广东、广西、云南，中南半岛、印度及印度尼西亚有分布。

文丁果/文定果
Muntingia calabura

科属：椴树科文定果属
产地：原产于热带美洲，我国华南、西南等地引种栽培。

刺蒴麻
Triumfetta rhomboidea

科属：椴树科刺蒴麻属
产地：产于我国云南、广西、广东、福建、台湾，热带亚洲及非洲有分布。

蒙椴/小叶椴、米椴
Tilia mongolica

科属：椴树科椴树属
产地：产于我国内蒙古、河北、河南、山西及江宁西部。

菱角
Trapa natans var. *bispinosa*

科属：菱科菱属
产地：产于我国东北、华东、陕西、河北、河南、山东、广东、广西等地区水域，日本、朝鲜、印度、巴基斯坦也有分布。生于湖湾、池塘、河湾。

欧菱
Trapa natans

科属：菱科菱属
产地：产于欧洲及亚洲的温暖地区，我国有栽培。

旱金莲/荷叶七、旱莲花
Tropaeolum majus

科属：旱金莲科旱金莲属
产地：原产于南美秘鲁、巴西等地，世界各地广为栽培。

时钟花/白时钟花
Turnera subulata

科属：时钟花科时钟花属
产地：产于南美，我国华南及西南有引种。

黄时钟花
Turnera ulmifolia

科属：时钟花科时钟花属
产地：产于热带美洲及西印度群岛。

水烛/蒲草、狭叶香蒲
Typha angustifolia

科属：香蒲科香蒲属
产地：产于我国东北、华北、河南、陕西、甘肃、新疆、江苏、湖北、云南、台湾等地，日本、俄罗斯、欧洲、美洲、大洋洲及东南亚等亦有分布。生于湖泊、河流、池塘浅水处。

香蒲

Typha orientalis

科属：香蒲科香蒲属

产地：产于我国东北、内蒙古、河北、山西、河南、陕西、安徽、江苏、浙江、江西、广东、云南、台湾等地，菲律宾、日本、俄罗斯及大洋洲等地均有分布。生于湖泊、池塘、沟渠、沼泽及河流缓流带。

朴树/小叶朴

Celtis sinensis

科属：榆科朴属

产地：产于我国山东、河南、江苏、安徽、浙江、福建、江西、湖南、湖北、四川、贵州、广西、广东、台湾。多生于海拔100～1500米的路旁、山坡、林缘。

白颜树/大叶白颜树

Gironniera subaequalis

科属：榆科白颜树属

产地：产于我国广东、海南、广西和云南，印度、斯里兰卡、缅甸、中南半岛、马来半岛及印度尼西亚也有分布。生于海拔100～800米山谷、溪边的湿润林中。

青檀/檀树

Pteroceltis tatarinowii

科属：榆科青檀属

产地：产于我国华东、华中、辽宁、河北、山西、陕西、甘肃、青海、山东、广东、广西、四川和贵州。生于海拔100～1500米的山谷溪边石灰岩山地疏林中。

山黄麻/山麻、麻桐树

Trema tomentosa

科属：榆科山黄麻属

产地：产于我国福建、台湾、广东、海南、广西、四川、贵州、云南和西藏，非洲、亚洲南部、大洋洲均有分布。生于海拔100～2000米湿润的河谷和山坡混交林中。

琅琊榆

Ulmus chenmoui

科属：榆科榆属

产地：分布于我国安徽及江苏。生于海拔150～200米中性湿润黏土的阔叶林中及石灰岩缝中。

裂叶榆/大叶榆、大青榆

Ulmus laciniata

科属：榆科榆属

产地：分布于我国东北、内蒙古、河北、陕西、山西及河南，俄罗斯、朝鲜、日本也有分布。生于海拔700～2200米地带的山坡、谷地、溪边之林中。

榔榆/小叶榆

Ulmus parvifolia

科属：榆科榆属

产地：产于我国华北以南大部分地区，日本、朝鲜也有分布。生于平原、丘陵、山坡及谷地。

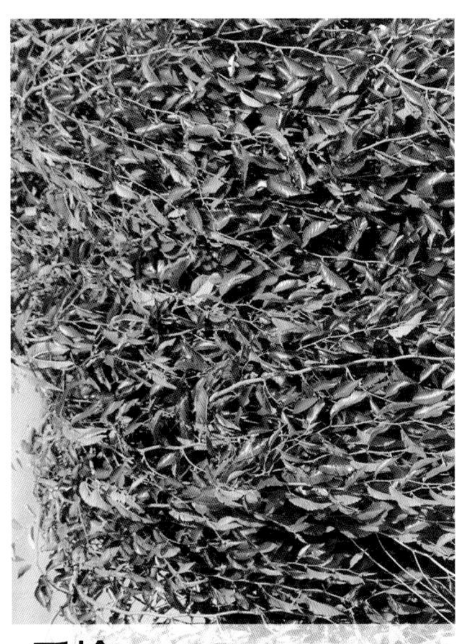

垂榆

Ulmus pumila ‘Pendula’

科属：榆科榆属

产地：园艺种，我国中北部地区广为栽培。

中华金叶榆

Ulmus pumila 'Jinye'

科属：榆科榆属

产地：园艺种，我国北部地区有栽培。

龙爪榆

Ulmus pumila 'Pendula'

科属：榆科榆属

产地：园艺种，我国中北地区部有栽培。

榆树/白榆、家榆

Ulmus pumila

科属：榆科榆属

产地：分布于我国东北、华北、西北及西南各地，朝鲜、俄罗斯、蒙古也有分布。生于海拔1000～2500米以下的山坡、山谷、川地、丘陵及沙岗等处。

东当归/日本当归

Angelica acutiloba

科属：伞形科当归属

产地：产于日本，我国有栽培。

白芷/兴安白芷、河北独活

Angelica dahurica

科属：伞形科当归属

产地：产于我国东北及华北地区。常生长于林下、林缘、溪旁、灌丛及山谷草地。

当归/云归、秦归

Angelica sinensis

科属：伞形科当归属

产地：主产于我国甘肃、云南、四川、陕西、湖北等地，均为栽培。

紫叶鸭儿芹

Cryptotaenia japonica 'Atropurpurea'

科属：伞形科鸭儿芹属

产地：园艺种，我国华东等地有栽培。

积雪草/崩大碗

Centella asiatica

科属：伞形科积雪草属

产地：分布于我国陕西、江苏、安徽、浙江、江西、湖南、湖北、福建、台湾、广东、广西、四川、云南等地，南部亚洲、大洋洲群岛、日本、非洲也有分布。喜生于海拔200～1900米阴湿的草地或水沟边。

扁叶刺芹

Eryngium planum

科属：伞形科刺芹属

产地：产于我国新疆天山、阿尔泰山等地区，欧洲中部、南部和俄罗斯的高加索、西伯利亚西部也有分布。生长在杂草地带。

球茎茴香/甜茴香

Foeniculum vulgare var. *dulce*

科属：伞形科茴香属

产地：变种，我国引种栽培。

白云花根/鹤庆独活

Heracleum rapula

科属：伞形科独活属

产地：产于我国云南。生长于海拔2000～2200米的山坡沟边或稻田地。

红马蹄草/铜钱草、一串钱

Hydrocotyle nepalensis

科属：伞形科天胡荽属

产地：产于我国西南、陕西、安徽、浙江、江西、湖南、湖北、广东、广西，印度、马来西亚、印度尼西亚也有分布。生长于海拔350～2080米的山坡、路旁、阴湿地、水沟和溪边草丛中。

天胡荽/鹅不食草

Hydrocotyle sibthorpioides

科属：伞形科天胡荽属

产地：产于我国陕西、江苏、安徽、浙江、江西、福建、湖南、湖北、广东、广西、台湾、四川、贵州、云南等地，朝鲜、日本、东南亚至印度也有分布。通常生于海拔475～3000米湿润的草地、河沟边、林下。

铜钱草/香菇草

Hydrocotyle vulgaris

科属：伞形科天胡荽属

产地：产于南美，世界各地引种栽培。

大叶苎麻/野线麻

Boehmeria japonica

科属：荨麻科苎麻属

产地：产于我国广东、广西、贵州、湖南、江西、福建、台湾、浙江、江苏、安徽、湖北、四川、陕西、河南、山东，日本也有分布。生于海拔300～600米的丘陵或低山山地灌丛中、疏林中、田边或溪边。

庐山楼梯草/娱蚣七

Elatostema stewardii

科属：荨麻科楼梯草属

产地：产于我国湖南、江西、福建、浙江、安徽、四川、陕西、河南。生于山谷沟边或林下，海拔580～1400米。

花叶吐烟花

Pellionia pulchra

科属：荨麻科赤车属

产地：原产于越南，我国引种栽培。

宽叶楼梯草/大叶楼梯草

Elatostema platyphyllum

科属：荨麻科楼梯草属

产地：产于我国西藏、云南、四川，尼泊尔、印度北部也有分布。生于海拔800～1750米的山谷林中或溪边阴处。

糯米团/糯米草

Gonostegia hirta

科属：荨麻科糯米团属

产地：我国自西藏东南部、云南、华南至陕西南部及河南南部广布，亚洲热带和亚热带地区及澳大利亚也广布。生于海拔100～1000米的丘陵、低山林中、灌丛中或沟边草地。

花点草/高墩草

Nanocnide japonica

科属：荨麻科花点草属

产地：产于我国台湾、福建、浙江、江苏、安徽、江西、湖北、湖南、贵州、云南、四川、陕西和甘肃，也分布于日本和朝鲜。生于海拔100～1600米的山谷林下和石缝阴湿处。

圆叶冷水花/泡叶冷水花

Pilea nummulariifolia

科属：荨麻科冷水花属

产地：原产于热带美洲，我国引种栽培。

吐烟花

Pellionia repens

科属：荨麻科赤车属

产地：产于我国云南、海南，越南、老挝、柬埔寨有分布。生于海拔800～1100米的山谷林中或石上阴湿处。

小叶冷水花/透明草

Pilea microphylla

科属：荨麻科冷水花属

产地：原产于南美洲热带地区，后引入亚洲、热带非洲，在我国南部一些地区已归化。常生长于路边石缝和墙上阴湿处。

镜面草/翠屏草

Pilea peperomioides

科属：荨麻科冷水花属

产地：产于我国云南与四川西南。生于海拔1500～3000米的山谷林下阴湿处。

红缬草/红鹿子草、距药草

Centranthus ruber

科属：败酱科距药草属

产地：产于欧洲地中海地区，我国中北部栽培较多。

败酱/黄花败酱

Patrinia scabiosaefolia

科属：败酱科败酱属

产地：分布很广，我国除宁夏、青海、新疆、西藏、广东和海南外，全国各地均有分布，俄罗斯、蒙古、朝鲜和日本也有分布。常生于海拔50～2600米的山坡林下、林缘和灌丛中以及路边、田埂边的草丛中。

白花败酱/攀倒甑

Patrinia villosa

科属：败酱科败酱属

产地：产于我国台湾、江苏、浙江、江西、安徽、河南、湖北、湖南、广东、广西、贵州和四川，日本也有分布。生于海拔50～2000米的山地林下、林缘或灌丛中、草丛中。

北缬草/缬草

Valeriana officinalis

科属：败酱科缬草属

产地：产于我国东北至西南的广大地区，欧洲和亚洲西部也广为分布。生于海拔2500米以下的山坡草地、林下、沟边。

蜘蛛香/马蹄香

Valeriana jatamansi

科属：败酱科缬草属

产地：产于我国河南、陕西、湖南、湖北、四川、贵州、云南、西藏，印度也有分布。生于海拔2500米以下的山顶草地、林中或溪边。

白骨壤/海榄雌、咸水矮让木

Avicennia marina

科属：马鞭草科海榄雌属

产地：产于我国福建、台湾、广东，生长于海边和盐沼地带，非洲东部至印度、马来西亚、澳大利亚、新西兰也有分布。

紫珠/珍珠枫

Callicarpa bodinieri

科属：马鞭草科紫珠属

产地：产于我国河南、江苏、安徽、浙江、江西、湖南、湖北、广东、广西、四川、贵州、云南，越南也有分布。生于海拔200～2300米的林中、林缘及灌丛中。

短柄紫珠

Callicarpa brevipes

科属：马鞭草科紫珠属

产地：产于我国浙江、广东、广西，越南也有分布。生于海拔600～1400米的山坡林下。

杜虹花/粗糠仔

Callicarpa formosana

科属：马鞭草科紫珠属

产地：产于我国江西、浙江、台湾、福建、广东、广西、云南，菲律宾也有分布。生于海拔1590米以下的平地、山坡和溪边的林中或灌丛中。

老鸦糊/小米团花

Callicarpa giraldii

科属：马鞭草科紫珠属

产地：产于我国甘肃、陕西、河南、江苏、安徽、浙江、江西、湖南、湖北、福建、广东、广西、四川、贵州、云南。生于海拔200～3400米的疏林和灌丛中。

大叶紫珠/羊耳朵

Callicarpa macrophylla

科属：马鞭草科紫珠属

产地：产于我国广东、广西、贵州、云南，东南亚等地也有分布。生于海拔100～2000米的疏林下和灌丛中。

红紫珠/小红米果

Callicarpa rubella

科属：马鞭草科紫珠属

产地：产于我国安徽、浙江、江西、湖南、广东、广西、四川、贵州、云南，东南亚等地也有分布。生于海拔300～1900米的山坡、河谷的林中或灌丛中。

金叶莸
Caryopteris × clandonensis 'Worcester Gold'

科属：马鞭草科莸属
产地：园艺种，我国长江流域有栽培。

兰香草/卵叶莸、莸
Caryopteris incana

科属：马鞭草科莸属
产地：产于我国江苏、安徽、浙江、江西、湖南、湖北、福建、广东、广西，日本、朝鲜也有分布。多生长于较干旱的山坡、路旁或林边。

蒙古莸/兰花茶
Caryopteris mongholica

科属：马鞭草科莸属
产地：产于我国河北、山西、陕西、内蒙古、甘肃，蒙古也有分布。生长在海拔1100~1250米的干旱坡地，沙丘荒野及干旱碱质土壤上。

单花莸/莸
Caryopteris nepetaefolia

科属：马鞭草科莸属
产地：产于我国江苏、安徽、浙江、福建。生于阴湿山坡、林边、路旁或水沟边。

三花莸/黄刺泡
Caryopteris terniflora

科属：马鞭草科莸属
产地：产于我国河北、山西、陕西、甘肃、江西、湖北、四川、云南。生于海拔550~2600米的山坡、平地或水沟河边。

臭牡丹/大红袍
Clerodendrum bungei

科属：马鞭草科大青属
产地：产于我国华北、西北、西南以及江苏、安徽、浙江、江西、湖南、湖北、广西，印度北部、越南、马来西亚也有分布。生于海拔2500米以下的山坡、林缘、沟谷、路旁、灌丛润湿处。

腺茉莉
Clerodendrum colebrookianum

科属：马鞭草科大青属
产地：产于我国广东、广西、云南、西藏，亚洲南部也有分布。生于海拔500~2000米的山坡疏林、灌丛或路边。

大青/野靛青
Clerodendrum cyrtophyllum

科属：马鞭草科大青属
产地：产于我国华东、中南、西南各地，朝鲜、越南和马来西亚也有分布。生于海拔1700米以下的平原、丘陵、山地林下或溪谷旁。

鬼灯笼/白花灯笼
Clerodendrum fortunatum

科属：马鞭草科大青属
产地：产于我国江西、福建、广东、广西。生于海拔1000米以下的丘陵、山坡、路边、村旁和旷野。

海南赪桐

Clerodendrum hainanense

科属：马鞭草科大青属
产地：产于我国海南、广西。生于海拔150～900米的山坡林下、沟谷阴湿处。

许树/苦郎树

Clerodendrum inerme

科属：马鞭草科大青属
产地：产于我国福建、台湾、广东、广西，印度、东南亚至大洋洲北部也有分布。常生长于海岸沙滩和潮汐能至的地方。

赪桐/贞桐花、状元红

Clerodendrum japonicum

科属：马鞭草科大青属
产地：产于我国江苏、浙江、江西、湖南、福建、台湾、广东、广西、四川、贵州、云南，日本及亚洲南部也有分布。通常生于平原、山谷、溪边或疏林中。

海通/满大青、鞋头树

Clerodendrum mandarinorum

科属：马鞭草科大青属
产地：产于我国江西、湖南、湖北、广东、广西、四川、云南、贵州，越南北部也有分布。生于海拔250～2200米的溪边、路旁或丛林中。

重瓣臭茉莉/大髻婆

Clerodendrum philippinum

科属：马鞭草科大青属
产地：产于我国福建、台湾、广东、广西、云南，多栽培，老挝、泰国、柬埔寨以至亚洲热带地区常见栽培或逸生，毛里求斯、夏威夷等地已归化。

臭茉莉/白花臭牡丹

Clerodendrum philippinum var. *simplex*

科属：马鞭草科大青属
产地：产于我国云南、广西、贵州。生于海拔650～1500米的林中或溪边。

烟火树/星烁山茉莉

Clerodendrum quadriloculare

科属：马鞭草科大青属
产地：产于菲律宾，我国华南、西南引种栽培。

红萼龙吐珠/美丽龙吐珠

Clerodendrum speciosum

科属：马鞭草科大青属
产地：产于热带非洲，我国华南等地广为栽培。

艳赪桐/美丽赪桐、红龙吐珠

Clerodendrum splendens

科属：马鞭草科大青属
产地：产于热带非洲，我国华南、西南等地引种较多。

龙吐珠/白萼赪桐

Clerodendrum thomsonae

科属：马鞭草科大青属
产地：原产于西非，我国引种栽培。

花叶龙吐珠

Clerodendrum thomsoniae 'Variegatum'

科属：马鞭草科大青属
产地：园艺种，我国华南地区有栽培。

海州常山/泡火桐、后庭花

Clerodendrum trichotomum

科属：马鞭草科大青属

产地：产于我国辽宁、甘肃、陕西以及华北、中南、西南各地，朝鲜、日本以至菲律宾北部也有分布。生于海拔2400米以下的山坡灌丛中。

垂茉莉

Clerodendrum wallichii

科属：马鞭草科大青属

产地：产于我国广西、云南和西藏，印度、孟加拉国、缅甸北部至越南中部也有分布。生于海拔100～1190米的山坡、疏林。

绒苞藤

Congea tomentosa

科属：马鞭草科绒苞藤属

产地：产于我国云南的西南部，孟加拉国、印度、缅甸、泰国、老挝、越南也有分布。常生长在海拔600～1200米的疏密林或灌丛中。

假连翘/篱笆树

Duranta erecta

科属：马鞭草科假连翘属

产地：原产于热带美洲，我国南部常见栽培，常逸为野生。

金叶假连翘

Duranta erecta 'Golden Leaves'

科属：马鞭草科假连翘属

产地：园艺种，我国华南等地广为栽培。

花叶假连翘

Duranta erecta 'Variegata'

科属：马鞭草科假连翘属

产地：园艺种，我国华南等地广为栽培。

云南石梓/滇石梓

Gmelina arborea

科属：马鞭草科石梓属

产地：产于我国云南，印度、孟加拉国、斯里兰卡、缅甸、泰国、老挝及马来西亚也有分布。生于海拔1500米以下的路边、村舍及疏林中。

菲律宾石梓

Gmelina philippensis

科属：马鞭草科石梓属

产地：原产地为印度、菲律宾、泰国等地，我国华南等地引种栽培。

冬红

Holmskioldia sanguinea

科属：马鞭草科冬红属

产地：原产于喜马拉雅地区。现我国华南、西南等地有栽培。

马樱丹/五色梅

Lantana camara

科属：马鞭草科马樱丹属

产地：原产于热带美洲，现在我国台湾、福建、广东、广西已逸生，世界热带地区均有分布。常生长于海拔80～1500米的海边沙滩和空旷地区。

蔓马樱丹/小叶马樱丹

Lantana montevidensis

科属：马鞭草科马樱丹属

产地：原产于西印度群岛，现我国华南、西南等地广为栽培。

蓝花藤

Petrea volubilis

科属：马鞭草科蓝花藤属

产地：原产于古巴，我国华东、华南及西南地区引种栽培。

臭娘子/伞序臭黄荆

Premna serratifolia

科属：马鞭草科腐柴属

产地：产于我国台湾，马来西亚、琉球群岛及菲律宾也有分布。

过江藤/过江龙

Phyla nodiflora

科属：马鞭草科过江藤属

产地：产于我国江苏、江西、湖北、湖南、福建、台湾、广东、四川、贵州、云南及西藏，全世界的热带和亚热带地区也有分布。常生长在海拔300～2300米的山坡、平地、河滩等湿润地方。

豆腐柴/臭黄荆

Premna microphylla

科属：马鞭草科豆腐柴属

产地：产于我国华东、中南、华南至四川、贵州等地，模式标本采自浙江宁波，日本也有分布。生于山坡林下或林缘。

假马鞭/假败酱

Stachytarpheta jamaicensis

科属：马鞭草科假马鞭属

产地：产于我国福建、广东、广西和云南南部，原产中南美洲，东南亚广泛分布。常生长在海拔300～580米的山谷阴湿处草丛中。

柚木/脂树、紫油木

Tectona grandis

科属：马鞭草科柚木属

产地：产于我国云南、广东、广西、福建、台湾等地，分布于印度、缅甸、马来西亚和印度尼西亚。生于海拔900米以下的潮湿疏林中。

羽裂美女樱/裂叶美妇女樱

Verbena bipinnatifida

科属：马鞭草科马鞭草属

产地：原产于北美，现我国华东地区引种栽培。

蓝花马鞭草

Verbena hastata

科属：马鞭草科马鞭草属

产地：原产于北美，我国陕西植物园有栽培。

柳叶马鞭草/南美马鞭草

Verbena bonariensis

科属：马鞭草科马鞭草属

产地：产于南美洲，我国各地有栽培。

马鞭草/铁马鞭

Verbena officinalis

科属：马鞭草科马鞭草属

产地：产于我国华东、西南、山西、陕西、甘肃、湖北、湖南、广东、广西、新疆，全世界的温带至热带地区均有分布。常生长在低至高海拔的路边、山坡、溪边或林旁。

细裂美女樱/细叶美女樱

Verbena tenera

科属：马鞭草科马鞭草属

产地：原产于热带美洲，现各地广为栽培。

美女樱

Verbena hybrida

科属：马鞭草科马鞭草属

产地：原产于南美地区，为杂交种，我国广泛种植。

黄荆

Vitex negundo

科属：马鞭草科牡荆属

产地：主要产于我国长江以南各省，北达秦岭淮河，非洲东部经马达加斯加、亚洲东南部及南美洲的玻利维亚也有分布。生于山坡路旁或灌木丛中。

牡荆

Vitex negundo var. *cannabifolia*

科属：马鞭草科牡荆属

产地：产于我国华东各省及河北、湖南、湖北、广东、广西、四川、贵州、云南，日本也有分布。生于山坡路边灌丛中。

异叶蔓荆

Vitex trifolia var. *subtrisecta*

科属：马鞭草科牡荆属

产地：产于我国广东、云南西南部至东南部，生于海拔300～1700米的山地路旁或林中。缅甸、泰国、印度尼西亚、菲律宾、日本及太平洋诸岛也有分布。

单叶蔓荆

Vitex rotundifolia

科属：马鞭草科牡荆属

产地：产于我国辽宁、河北、山东、江苏、安徽、浙江、江西、福建、台湾、广东，日本、印度、缅甸、泰国、越南、马来西亚、澳大利亚、新西兰也有分布。生于沙滩、海边及湖畔。

雷诺木/三角车

Rinorea bengalensis

科属：堇菜科

产地：产于我国海南、广西，越南、缅甸、印度、斯里兰卡、马来西亚、澳大利亚东北部有分布。生于灌丛或密林中。

犁头草 /尼泊尔堇菜、箭叶堇菜树

Viola betonicifolia

科属：堇菜科堇菜属

产地：产于我国华东、陕西、甘肃、河南、湖北、湖南、广东、海南、四川、云南、西藏，亚洲南部、大洋洲也有分布。生于田野、路边、山坡草地、灌丛、林缘等处。

双花堇菜/孪生堇菜

Viola biflora

科属：堇菜科堇菜属

产地：产于我国东北、西南、内蒙古、河北、山西、陕西、甘肃、青海、新疆、山东、台湾、河南，欧亚大陆、北美洲广布。生于海拔2500～4000米的高山及亚高山地带草甸、灌丛或林缘、岩石缝隙间。

南山堇菜/胡堇菜

Viola chaerophylloides

科属：堇菜科堇菜属

产地：产于我国东北、内蒙古、河北、山西、陕西、甘肃、青海、山东、江苏、安徽、浙江、江西、河南、湖北、四川，朝鲜、日本、俄罗斯也有分布。生于海拔1600米以下的山地阔叶林下或林缘、溪谷阴湿处、阳坡灌丛及草坡。

心叶堇菜/滇中堇菜

Viola yunnanfuensis

科属：堇菜科堇菜属

产地：产于我国江苏、安徽、浙江、江西、湖南、四川、贵州、云南。生于林缘、林下开阔草地间、山地草丛、溪谷旁。

香堇菜/角堇

Viola cornuta

科属：堇菜科堇菜属

产地：产于北欧，我国南北方均有栽培。

灰叶堇菜

Viola delavayi

科属：堇菜科堇菜属

产地：产于我国四川、贵州、云南。生于海拔1800～2800米的山地林缘、草坡、溪谷潮湿处。

七星莲/蔓茎堇菜

Viola diffusa

科属：堇菜科堇菜属

产地：产于我国浙江、台湾、四川、云南、西藏，印度、尼泊尔、菲律宾、马来西亚、日本也有分布。生于山地林下、林缘、草坡、溪谷旁、岩石缝隙中。

紫花堇菜/紫花高茎堇菜

Viola grypoceras

科属：堇菜科堇菜属

产地：产于我国华北、华东至华中、华南、西南各地的林区，日本、朝鲜南部亦有分布。

长萼堇菜/犁头草

Viola inconspicua

科属：堇菜科堇菜属

产地：产于我国华南、华东、陕西、甘肃、湖北、湖南、四川、贵州、云南，缅甸、菲律宾、马来西亚也有分布。生于林缘、山坡草地、田边及溪旁等处。

白花堇菜/宽叶白花堇菜

Viola lactiflora

科属：堇菜科堇菜属

产地：产于我国辽宁、江苏、浙江、江西、四川、云南，朝鲜南部及日本也有分布。多生于针叶林或针阔混交林林缘及山坡草地、草坡。

北京堇菜/拟弱距堇菜

Viola pekinensis

科属：堇菜科堇菜属

产地：产于我国河北、陕西。生于海拔500～1500米的阔叶林林下或林缘草地。

紫花地丁/野堇菜

Viola philippica

科属：堇菜科堇菜属

产地：产于我国东北、华北、西南、内蒙古、河北、山西、陕西、甘肃、山东、河南、湖北、湖南、广西，朝鲜、日本、俄罗斯远东地区也有分布。生于田间、荒地、山坡草丛、林缘或灌丛中。

辽宁堇菜/庐山堇菜

Viola rossii

科属：堇菜科堇菜属

产地：产于我国辽宁、内蒙古、甘肃、山东、江苏、安徽、浙江、江西，朝鲜、日本也有分布。生于山地腐殖质较厚的针阔混交林或阔叶林林下或林缘、灌丛、山坡草地。

三色堇/蝴蝶花

Viola tricolor

科属：堇菜科堇菜属

产地：原产于欧洲，世界各地广为栽培。

粗齿堇菜/尾叶黄堇菜

Viola urophylla

科属：堇菜科堇菜属

产地：产于我国四川、云南。生于海拔1800～2500米的山地林缘、草甸及溪边阴湿草地。

斑叶堇菜

Viola variegata

科属：堇菜科堇菜属

产地：产于我国东北、内蒙古、河北、山西、陕西、甘肃、安徽，朝鲜、日本、俄罗斯远东地区也有分布。生于山坡草地、林下、灌丛中或阴处岩石缝隙中。

如意草/堇菜

Viola arcuata

科属：堇菜科堇菜属
产地：产于我国大部分地区，从东北至西南均有分布，朝鲜、日本、蒙古、俄罗斯、印度、缅甸、越南及印度尼西亚亦有分布。生于湿草地、山坡草丛、灌丛、林缘、田野、宅旁等处。

三裂蛇葡萄/德氏蛇葡萄

Ampelopsis delavayana

科属：葡萄科蛇葡萄属
产地：产于我国福建、广东、广西、海南、四川、贵州、云南。生于海拔50～2200米的山谷林中、山坡灌丛或林中。

白蔹/鹅抱蛋

Ampelopsis japonica

科属：葡萄科蛇葡萄属
产地：产于我国辽宁、吉林、河北、山西、陕西、江苏、浙江、江西、河南、湖北、湖南、广东、广西、四川，日本也有分布。生于海拔100～900米的山坡地边、灌丛或草地。

青紫葛/花脸叶

Cissus javana

科属：葡萄科白粉藤属
产地：产于我国四川、云南，尼泊尔、印度、缅甸、越南、泰国和马来西亚也有分布。生于山坡林中、草丛或灌中，海拔600～2000米。

六方藤

/六棱粉藤、翅茎白粉藤

Cissus hexangularis

科属：葡萄科白粉藤属
产地：产于我国福建、广东、广西，越南北部也有分布。生于海拔50～400米的溪边林中。

翡翠阁/方茎青紫葛

Cissus quadrangularis

科属：葡萄科白粉藤属
产地：产于东南亚、非洲等地，我国引种栽培。

四方藤

/山老鸪藤、翼茎白粉藤

Cissus pteroclada

科属：葡萄科白粉藤属
产地：产于我国台湾、福建、广东、广西、海南、云南，中南半岛、马来半岛和印度尼西亚也有分布。生于海拔300～2100米的山谷疏林或灌丛。

白粉藤

Cissus repens

科属：葡萄科白粉藤属
产地：产于我国广东、广西、贵州、云南，越南、菲律宾、马来西亚和澳大利亚也有分布。生于海拔100～1800米的山谷疏林或山坡灌丛。

羽裂菱叶藤/栎叶粉藤

Cissus rhombifolia ‘Ellen danica’

科属：葡萄科白粉藤属
产地：园艺种，我国华东、华南及西南等地有栽培。

锦屏藤/珠帘
Cissus verticillata

科属：葡萄科白粉藤属
产地：产于热带美洲，我国华南、西南等地有栽培。

葡萄瓮
Cyphostemma juttae

科属：葡萄科葡萄瓮属
产地：产于南非，我国引种栽培。

火筒树/五指枫
Leea indica

科属：葡萄科火筒树属
产地：产于我国广东、广西、海南、贵州、云南，分布较广，从南亚到大洋洲北部均有分布。生于海拔200～1200米的山坡、溪边林下或灌丛中。

大叶火筒
Leea macrophylla

科属：葡萄科火筒树属
产地：产于我国云南，老挝、柬埔寨、缅甸、泰国、印度、尼泊尔和不丹也有分布。

异叶地锦/异叶爬山虎
Parthenocissus dalzielii

科属：葡萄科地锦属
产地：产于我国河南、湖北、湖南、江西、浙江、福建、台湾、广东、广西、四川、贵州。生于海拔200～3800米的山崖陡壁、山坡、山谷林中或灌丛岩石缝中。

五叶地锦/五叶爬山虎
Parthenocissus quinquefolia

科属：葡萄科地锦属
产地：原产于北美，我国东北、华北各地栽培。

绿叶爬墙虎/绿叶地锦
Parthenocissus laetevirens

科属：葡萄科地锦属
产地：产于我国河南、安徽、江西、江苏、浙江、湖北、湖南、福建、广东、广西。生于海拔140～1100米的山谷林中或山坡灌丛，攀援树上或崖石壁上。

地锦/红葡萄藤、爬山虎
Parthenocissus tricuspidata

科属：葡萄科地锦属
产地：产于我国吉林、辽宁、河北、河南、山东、安徽、江苏、浙江、福建、台湾，朝鲜、日本也有分布。生于海拔150～1200米的山坡崖石壁或灌丛。

茎花崖爬藤
Tetrastigma cauliflorum

科属：葡萄科崖爬藤属
产地：产于我国广东、广西、海南、云南，越南和老挝也有分布。生于海拔100～1000米的山谷林中。

三叶崖爬藤/三叶青

Tetrastigma hemsleyanum

科属：葡萄科葡萄属

产地：产于我国江苏、浙江、江西、福建、台湾、广东、广西、湖北、湖南、四川、贵州、云南、西藏。生于海拔300～1300米的山坡灌丛、山谷、溪边林下岩石缝中。

扁担藤

Tetrastigma planicaule

科属：葡萄科葡萄属

产地：产于我国福建、广东、广西、贵州、云南、西藏，老挝、越南、印度和斯里兰卡也有分布。生于海拔100～2100米的山谷林中或山坡岩石缝中。

山葡萄/阿穆尔葡萄

Vitis amurensis

科属：葡萄科葡萄属

产地：产于我国东北、河北、山西、山东、安徽、浙江，生于海拔200～2100米的山坡、沟谷林中或灌丛。

刺葡萄

Vitis davidii

科属：葡萄科葡萄属

产地：产于我国陕西、甘肃、江苏、安徽、浙江、江西、湖北、湖南、广东、广西、四川、贵州、云南。生于海拔600～1800米的山坡、沟谷林中或灌丛。

变叶葡萄/复叶葡萄

Vitis piasezkii

科属：葡萄科葡萄属

产地：产于我国山西、陕西、甘肃、河南、浙江、四川。生于海拔1000～2000米的山坡、河边灌丛或林中。

葡萄/草龙珠

Vitis vinifera

科属：葡萄科葡萄属

产地：原产于亚洲西部，现世界各地栽培。

百岁兰/千岁兰

Welwitschia mirabilis

科属：百岁兰科百岁兰属

产地：产于非洲，我国有少量引种。

黑仔树

Xanthorrhoea australis

科属：黄脂木科黄脂木属

产地：产于澳大利亚的新南威尔士及塔斯马尼亚岛。

红豆蔻/大高良姜

Alpinia galanga

科属：姜科山姜属

产地：产于我国台湾、广东、广西和云南等地。生于海拔100～1300米的山野沟谷阴湿林下或灌木丛中和草丛中。

桂南山姜

Alpinia guinanensis

科属：姜科山姜属

产地：产于我国广西，华南、西南有栽培。

海南山姜/小草蔻

Alpinia hainanensis

科属：姜科山姜属

产地：产于我国广东、海南，越南亦有分布。生于密林中。

山姜/九龙盘、鸡爪莲

Alpinia japonica

科属：姜科山姜属

产地：产于我国东南部、南部至西南部各地，日本也有分布。生于林下阴湿处。

草豆蔻

Alpinia katsumadai

科属：姜科山姜属

产地：产于我国广东、海南、广西。生于山地疏或密林中。

高良姜

Alpinia officinarum

科属：姜科山姜属

产地：产于我国广东、海南、广西。野生于荒坡灌丛或疏林中。

多花山姜

Alpinia polyantha

科属：姜科山姜属

产地：产于我国广西。生于山坡林中。

花叶山姜

Alpinia pumila

科属：姜科山姜属

产地：产于我国云南、广东、广西、湖南。生于海拔500~1100米的山谷阴湿之处。

益智

Alpinia oxyphylla

科属：姜科山姜属

产地：产于我国广东、海南、广西。野生于荒坡灌丛以及疏林中，或栽培。

滑叶山姜
Alpinia tonkinensis

科属：姜科山姜属
产地：产于我国广西，越南亦有分布。

艳山姜
Alpinia zerumbet

科属：姜科山姜属
产地：产于我国东南部至西南部各地，热带亚洲广布。

花叶艳山姜
Alpinia zerumbet 'Variegata'

科属：姜科山姜属
产地：园艺种，我国华南等地广为栽培。

雨花山姜
Alpinia zerumbet 'Springle'

科属：姜科山姜属
产地：园艺种，我国华南及西南等地有栽培。

砂仁/阳春砂仁
Amomum villosum

科属：姜科豆蔻属
产地：产于我国福建、广东、广西和云南，栽培或野生于山地阴湿之处。

宝塔姜
Costus barbatus

科属：姜科闭鞘姜属
产地：产于热带美洲，我国引种栽培。

大苞闭鞘姜
Costus dubius

科属：姜科闭鞘姜属
产地：产于刚果，我国引种栽培。

美叶闭鞘姜
Costus erythrophyllus

科属：姜科闭鞘姜属
产地：产于南美洲，我国引种栽培。

奥撒闭鞘姜
Costus osae

科属：姜科闭鞘姜属
产地：产于哥斯达黎加，我国华南地区有引种。

闭鞘姜/水蕉花
Costus speciosus

科属：姜科闭鞘姜属
产地：产于我国台湾、广东、广西、云南等地，热带亚洲广布。生于海拔45～1700米的疏林下、山谷阴湿地、路边草丛、荒坡、水沟边等处。

斑叶闭鞘姜

Costus speciosus 'Variegated'

科属：姜科闭鞘姜属

产地：园艺种，我国华南植物园有栽培。

奇丽闭鞘姜

Costus spectabilis

科属：姜科闭鞘姜属

产地：产于非洲，我国西南地区有种植。

姜荷花

Curcuma alismatifolia

科属：姜科姜黄属

产地：产于泰国，我国华南及西南等地引种栽培。

郁金/姜黄

Curcuma aromatica

科属：姜科姜黄属

产地：产于我国东南部至西南部各地，栽培或野生于林下，东南亚各地亦有分布。

广西莪术/毛莪术

Curcuma kwangsiensis

科属：姜科姜黄属

产地：产于我国广西、云南，栽培或野生于山坡草地及灌木丛中。

姜黄/郁金

Curcuma longa

科属：姜科姜黄属

产地：产于我国台湾、福建、广东、广西、云南、西藏等地，东亚及东南亚广泛栽培。

莪术/山姜黄

Curcuma phaeocaulis

科属：姜科姜黄属

产地：产于我国台湾、福建、江西、广东、广西、四川、云南等地，栽培或野生于林荫下，印度至马来西亚亦有分布。

双翅舞花姜

Globba schomburgkii

科属：姜科舞花姜属

产地：产于我国云南南部，中南半岛亦有分布。生于林中阴湿处。

舞花姜

Globba winitii

科属：姜科舞花姜属

产地：产于泰国，我国华南等地引种栽培。

白苞舞花姜

Globba winitii 'White Dragon'

科属：姜科舞花姜属

产地：园艺种，我国华南等地有栽培。

菠萝姜

Tapeinochilos ananassae

科属：姜科菠萝姜属

产地：产于马来西亚及印度尼西亚，我国华南植物园引种栽培。

紫花山柰/花叶山柰

Kaempferia pulchra

科属：姜科山柰属

产地：产于热带亚洲，我国华南、西南等地有栽培。

海南三七

Kaempferia rotunda

科属：姜科山柰属

产地：产于我国云南、广西、广东和台湾，亚洲南部至东南部亦有分布。生于草地阳处或栽培。

姜花/白草果

Hedychium coronarium

科属：姜科姜花属

产地：产于我国四川、云南、广西、广东、湖南和台湾，印度、越南、马来西亚至澳大利亚亦有分布。生于林中或栽培。

黄姜花

Hedychium flavum

科属：姜科姜花属

产地：产于我国西藏、四川、云南、贵州、广西，印度亦有分布。生于海拔900~1200米的山谷密林中。

瓷玫瑰

Etlingera elatior

科属：姜科火炬姜属

产地：产于印度及马来半岛，我国华南及西南引种栽培。

金姜花

Hedychium gardnerianum

科属：姜科姜花属

产地：产于亚洲南部，我国华南地区有栽培。

毛姜花

Hedychium villosum

科属：姜科姜花属

产地：产于我国云南、广西、广东等地，印度、缅甸、越南亦有分布。生于海拔80～3400米的林下阴湿处。

光果姜

Zingiber nudicarpum

科属：姜科姜属

产地：产于我国广西。生于海拔300米的森林中。

红球姜

Zingiber zerumbet

科属：姜科姜属

产地：产于我国广东、广西、云南等地，亚洲热带地区广布。生于林下阴湿处。

小果白刺

/西伯利亚白刺、白刺

Nitraria sibirica

科属：蒺藜科白刺属

产地：分布于我国各沙漠地区，华北及东北沿海沙滩地也有分布，蒙古、中亚、西伯利亚也有分布。生于湖盆边缘沙地、盐渍化沙地、沿海盐化沙地。

骆驼蓬/臭古朵

Peganum harmala

科属：蒺藜科骆驼蓬属

产地：分布于我国宁夏、内蒙古、甘肃、新疆、西藏，蒙古、中亚、西亚、伊朗、印度、地中海地区及非洲北部也有分布。多生于荒漠地带干旱草地。

霸王

Sarcozygium xanthoxylon

科属：蒺藜科霸王属

产地：分布于我国内蒙古、甘肃、宁夏、新疆、青海，蒙古也有分布。生于荒漠和半荒漠的沙砾质河流阶地、低山山坡、碎石低丘和山前平原。

蒺藜/白蒺藜

Tribulus terrester

科属：蒺藜科蒺藜属

产地：我国全国各地都有分布，全球温带地区都有分布。生于沙地、荒地、山坡、居民点附近。

拼音索引

C

D

E

F

G

H

J

K

L

M

N

O

P

Q

R

S

T

V

W

X

Y

Z

学名索引

B

C

D

E

F

G

H

I

J

K

L

M

N

O

P

Q

R

T

U

V

W

X

Y

Z

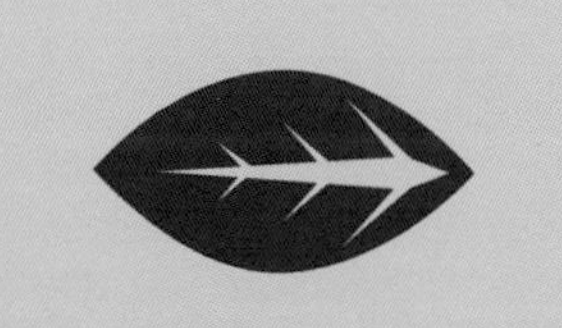

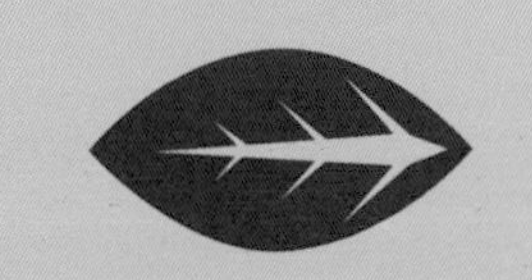